Entwurf und Diagnose komplexer digitaler Systeme

Dr.-Ing. Dietmar Reinert

VEB VERLAG TECHNIK BERLIN

Distributed by Springer-Verlag
Wien New York

152 Bilder
35 Tafeln

ISBN-13:978-3-7091-9498-0 e-ISBN-13:978-3-7091-9497-3
DOI: 10.1007/978-3-7091-9497-3

1. Auflage

Lizenz 201.370/82/83
DK 681.32:62-501.14[:72] · LSV 3505 · VT 3/5652-1
Lektor: Doris Netz
Einband: Kurt Beckert

Schreibsatz: VEB Verlag Technik
Offsetdruck und buchbinderische Verarbeitung:
Druckerei „Thomas Müntzer", 5820 Bad Langensalza

Vorwort

Durch die Fortschritte der elektronischen Technologie (Vergrößerung des Integrationsgrades, Verkürzung der Schaltzeit, Entwicklung neuer Elemente, Reduzierung der Kosten) erobert sich die Digitaltechnik ständig neue Bereiche in Technik und Wirtschaft. Dabei besitzen selbst äußerlich kleine Geräte eine logische Kompliziertheit, die ursprünglich nur in wenigen speziellen Fällen erreicht wurde. Immer mehr Fachleute, die zudem sehr oft von teilweise recht unterschiedlichen Fachgebieten zur Digitaltechnik übergehen, sehen sich folglich einem schwieriger gewordenen Entwurfsproblem gegenüber. Das erfordert ein entsprechend gefächertes Literaturangebot, welches alle technologischen, logisch-strukturellen und anwendungstechnischen Probleme (mikroelektronischer) digitaler Systeme überdeckt und es allen gestattet, die sich von Berufs wegen oder aus Interesse mit diesem Fachgebiet beschäftigen, entsprechende Kenntnisse zu erwerben.

Demgegenüber steht - nach meinen Erfahrungen - die Tatsache, daß zwar der technologische und anwendungstechnische Bereich in der Literatur im wesentlichen gut widergespiegelt wird, daß aber speziell die logisch-strukturelle Betrachtung mit den damit verbundenen Entwurfsproblemen in der Literatur nicht im erforderlichen Maß repräsentiert wird. Dies gilt insbesondere für die höheren Systemebenen, für die die elementaren klassischen Grundlagen wie Schaltalgebra und Automatentheorie allein nicht mehr ausreichen. Dies wurde unter anderem deutlich, als ich den Stoff einer Vorlesung „Rechnerentwurf" an der Sektion Informationstechnik der Technischen Universität Dresden mit entsprechenden Literaturangaben untermauern und ergänzen wollte.

Mit dem hiermit vorgelegten Buch will ich versuchen, die wichtigsten Grundlagen, Denkweisen und Lösungen beim Systementwurf darzustellen, um einen Beitrag zu diesem etwas unterrepräsentierten, praktisch aber besonders wichtigen Gebiet zu leisten. Dabei sind die Auswahl und der Aufbau des in Frage kommenden Stoffes durchaus ein Problem. Je nach Vorkenntnissen, speziellen Interessen und eigenen Erfahrungen wird der Leser unterschiedliche Erwartungen und Anforderungen an ein Buch dieser Zielstellung haben. In der vorgelegten Form kommen meine eigenen Auffassungen und Erfahrungen zum Ausdruck, was Auswahl, Wichtung und Darstellung der Probleme und ihres Zusammenhangs betrifft. Ich hoffe aber, daß damit die wichtigsten, allgemein interessierenden Probleme erfaßt werden und eine bestehende Lücke geschlossen wird.

Mein Dank gilt dem Verlag Technik, der sehr schnell auf den Vorschlag zu diesem Buch reagierte, und Frau Netz für die vertrauensvolle Zusammenarbeit. Ich danke ebenfalls meinem Betrieb, dem VEB Robotron ZFT, und besonders Kolln. Ch. Hinze, die die Arbeiten an diesem Buch gefördert und durch ihr Entgegenkommen unterstützt haben. Schließlich ist es mir ein Bedürfnis, meiner Familie, vor allem meiner lieben Frau zu danken, daß sie mir die Möglichkeiten und die Atmosphäre geschaffen haben, die nötig waren, um diese Arbeit in relativ kurzer Zeit zu bewältigen.

Dietmar Reinert

Inhaltsverzeichnis

1. Einleitung

Als digitale Systeme wird eine große Gruppe technischer Geräte bezeichnet, die sich durch die folgenden drei wesentlichen Eigenschaften auszeichnen:

- Darstellung von Zahlen und Zeichen (allgemein gesagt, von diskreten Symbolen) mit Hilfe geeigneter physikalischer Zustände,
- Möglichkeit zum Verknüpfen dieser Symbole nach vorgegebenen Regeln zu Ergebnissymbolen,
- Speichern von Symbolen über längere Zeit.

Dabei ist unwesentlich, welche physikalischen Prozesse bzw. Größen die Symboldarstellung übernehmen, wichtig ist nur, daß die makroskopisch meist kontinuierlich ablaufenden Prozesse bzw. kontinuierlich meßbaren Größen diskretisiert werden, d.h. in eine höchstens abzählbar unendliche Menge von Zuständen unterteilt werden. Diesen kommt dann die Bedeutung der darzustellenden Symbole zu.

Die ersten Geräte dieser Art waren mechanische Rechenmaschinen, in denen durch einrastende Zahnräder Dezimalzahlen dargestellt und mit Hilfe spezieller Mechanismen verarbeitet werden konnten. Die weitere technische Entwicklung verlief von diesen mechanischen digitalen Systemen über elektromechanische bzw. auch pneumatische Systeme bis zu den heute verwendeten elektronischen digitalen Systemen. Durch die drastische Verringerung der Baugröße und der Schaltzeiten können sehr komplizierte Aufgaben realisiert werden. Das typische Beispiel für die dabei erreichte Leistungsfähigkeit sind moderne Datenverarbeitungssysteme. (Zur historischen Entwicklung vgl. [1] .)

Gegenwärtig wird diese technische Entwicklung durch die Fortschritte der Mikroelektronik noch einmal enorm beschleunigt, werden neuartige Lösungen ermöglicht und neue Anwendungsgebiete erschlossen [2] .

Damit wird es erforderlich, die technische Vielfalt zu systematisieren, theoretisch zu durchdringen und die schöpferische Arbeit methodisch zu betreiben.

Um diese Aufgabe zu lösen, müssen zutreffende Abstraktionen ausgearbeitet werden, die das Wesen digitaler Systeme im erforderlichen Maß widerspiegeln und die sekundären Eigenschaften vernachlässigen. In diesem Sinn erweist sich insbesondere die diskrete Mathematik als wichtiges Werkzeug, um die eingangs genannten wesentlichen Eigenschaften digitaler Systeme theoretisch zu beherrschen. Die physikalisch-materiellen Eigenschaften dagegen werden wir als sekundär ansehen und in diesem Rahmen nicht behandeln.

Die ersten wichtigen Zweige einer Theorie digitaler Systeme wurden die Boolesche Algebra einschließlich ihrer Anwendungen [3] [4], Automatentheorie [5] [6] [7], Informations- und Algorithmentheorie [8] [9] [10] . (Im Überblick siehe auch [11] .) Daran schließen sich Arbeiten an, die den praktischen Entwurf und die Anwendung digitaler Systeme behandeln, z.B. [12] [13] [14] [15].

Die Entwicklung digitaler Systeme schreitet weiter schnell voran. Insbesondere sind hochleistungsfähige Rechnersysteme und mikroelektronische Systeme für den gegenwärtigen Stand der Digitaltechnik typisch [16] [17] [18]. Das erfordert den weiteren Ausbau der dazugehörigen Theorie vor allem mit dem Ziel des systematischen Entwurfs großer, komplizierter digitaler Systeme [19] [20] .

In den folgenden Abschnitten wird versucht, Grundlagen, Vorgehensweisen und Lösungsmöglichkeiten des Entwurfs komplexer digitaler Systeme darzustellen. Dabei wird das Schwergewicht auf den Entwurfsprozeß gelegt, er dient als Skelett der Darstellung und als Kristallisationskern für die Erläuterung aller damit verbundenen Probleme.

Im zweiten Abschnitt werden zunächst noch einmal die elementaren Grundlagen digitaler Systeme kurz vorgestellt. Sie bilden gewissermaßen die „atomistische" Theorie der digitalen Systeme. Daran schließen sich im dritten Abschnitt eine Charakterisierung komplexer digitaler Systeme und die Erläuterung ihrer Besonderheiten und Probleme an. Der vierte Abschnitt beschäftigt sich mit der wichtigen hierarchischen Herangehensweise, die benötigt wird, um komplexe Systeme zu beherrschen. Das betrifft Darstellungsmöglichkeiten und Beschreibungsmittel für die exakte Behandlung des Entwurfs von komplexen Systemen und die Arbeit mit ihnen. Im fünften Abschnitt werden der Entwurfsprozeß und die wichtigsten Lösungsvarianten ausführlich behandelt. Der sechste Abschnitt ist dem Fehleraspekt digitaler Systeme und den sich daraus ergebenden Entwurfsproblemen gewidmet. Schließlich wird im siebenten Abschnitt versucht, die wichtigsten Entwurfsschritte noch einmal am Beispiel eines geeignet gewählten Systems zu erläutern.

2. Einige Grundlagen digitaler Systeme

2.1. Symboldarstellung in Systemen

Die notwendige Diskretisierung physikalischer Zustände in digitalen Systemen ist technisch am besten zu beherrschen, wenn lediglich zwei Zustände unterschieden werden müssen. Insbesondere in elektrischen (Relais-) und in elektronischen (Röhren-, Transistor-) Schaltungen ist dies hinsichtlich Kompliziertheit und Sicherheit die günstigste Lösung, weil die beiden Zustände mit so elementaren Situationen wie „Strom fließt" und „Strom fließt nicht" identifiziert werden können. Übergänge zwischen diesen Zuständen lassen sich durch einfache Umschaltvorgänge realisieren.

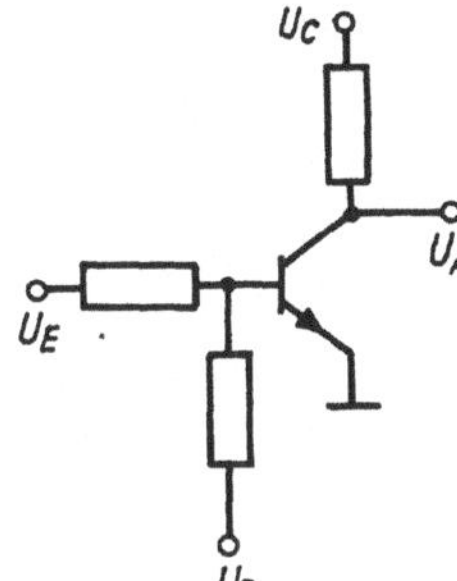

Bild 2.1. Einfacher digitaler Schalter

Bild 2.1 zeigt die Grundschaltung eines elektronischen Schalters (Übersteuerungsschalter). Als Eingangsspannungspegel U_E werden dabei nur die zwei Werte $U_{E\,max}$ und $U_{E\,min}$ verwendet. Diese sind so gewählt, daß der Transistor außerhalb des linearen Teils seiner Kennlinie betrieben wird, so daß kleine Änderungen von U_E praktisch keine Änderungen des Kollektorstroms I_C bewirken (Übersteuerungsprinzip). $U_{E\,min}$ ist so bemessen, daß der Transistor gesperrt ist, d.h., I_C ist bis auf einen kleinen Reststrom Null; damit nimmt die Ausgangsspannung U_A einen Wert $U_{A\,max}$ an. Bei $U_{E\,max}$ wird der Transistor voll geöffnet, d.h., I_C ist maximal, und U_A fällt auf einen Wert $U_{A\,min}$ ab. Durch geeignete Dimensionierung bzw. Anpassung können die Ausgangspegel $U_{A\,max}$ und $U_{A\,min}$ wieder als Eingangssignale $U_{E\,max}$ und $U_{E\,min}$ an nachfolgende Schalterstufen angelegt werden. (Zur digitalen Schaltungstechnik siehe z.B. [21] [22] [23].)

Wenn es bei solchen Schaltungen nicht um das physikalische Verhalten geht, speziell die elektrischen Verhältnisse (Ströme, Spannungen, Widerstände usw.), sondern um die rein digitalen Eigenschaften, so werden die beiden wesentlichen Zustände einfach durch zwei Zeichen symbolisiert. Meistens werden die beiden Ziffern „0" (Null) und „1" (Eins) verwendet. (In älteren Darstellungen war oft „0" und „L" üblich.) Mitunter findet man auch „H" (von engl. high - oberer Pegel) und „L" (engl. low - unterer Pegel), was den Zusammenhang zur elektronischen Realisierung symbolisieren soll.

Das digitale Verhalten der im Bild 2.1 dargestellten elektronischen Schalterstufe läßt sich dann durch Bild 2.2 beschreiben.

E A

a)

E	A
0	1
1	0

b)

Bild 2.2
Schaltsymbol und Wertetabelle des Schalters

Bild 2.2a zeigt das Schaltsymbol, wie es für bildliche Darstellungen verwendet wird. Dabei sind gewissermaßen die elektronischen Details der Schaltung in einer Black-box verschwunden, nur die außerhalb für die digitale Signalzuführung und -abführung notwendigen Leitungen sind als äußere Anschlüsse E und A dargestellt. Die Arbeitsweise der Schaltung, d.h. der funktionelle Zusammenhang zwischen E und A, ist im Bild 2.2b als vollständige Wertetabelle dargestellt. Sie beschreibt die Abbildungsvorschrift des Symbolvorrats von E auf den Symbolvorrat von A. In diesem Fall ist das eine einfache Umkehrung, die im Schaltsymbol auch durch den Kreis am Ausgang symbolisiert werden soll. Digitale Systeme auf dieser zweiwertigen Basis werden als binäre Systeme bezeichnet.

Damit ist eine Grundlage geschaffen, mit der die erste Haupteigenschaft digitaler Systeme technisch realisiert werden kann. Obwohl zunächst nur zwei Symbole eingeführt wurden, lassen sich auf diese Weise beliebig andere Zeichen systemintern darstellen, wenn letztere durch Gruppen der Elementarsymbole 0 und 1 symbolisiert werden.

So können etwa die zehn Dezimalziffern 0,1,2,3,4,5,6,7,8,9 durch folgende zehn Vierergruppen (auch als Tetraden bezeichnet) repräsentiert werden: 0000, 0001, 0010, 0011, 0100, 0101, 0110, 0111, 1000, 1001. Dabei kann die Gruppe sowohl durch zeitliches Nacheinander der Elementarsymbole als auch durch räumliches Nebeneinander (mehrere Signalleitungen) gebildet werden.

Um die Bedeutung einer korrekten Begriffsbildung zu betonen, sei an dieser Stelle angemerkt, daß die Ziffernsymbole 0, 1, ..., 9 nicht mit den Zahlen Null, Eins, ... Neun identisch sind. Sie dienen allerdings üblicherweise in der Dezimaldarstellung dazu, die Zahlen Null, Eins, ..., Neun zu bezeichnen. Es sind jedoch auch andere Zahlendarstellungen möglich. z.B. die des römischen Zahlensystems: I, II, ..., IV, V, ..., IX. (Allerdings kennt dieses keine Bezeichnung für die Zahl Null.)

Eine wichtige Frage ist für die Digitaltechnik unter anderem die, wie beliebige Zahlenbereiche systemintern dargestellt werden können. Man wird sich dabei zunächst an der allgemein verwendeten Dezimaldarstellung orientieren. Bekanntlich werden hierbei Zahlen durch Zifferngruppen dargestellt, wobei die Dezimalziffern 0, 1, ..., 9 die Zahlen Null, Eins, ..., Neun bezeichnen und außerdem jeder Position einer Zifferngruppe, von rechts beginnend, eine durch steigende Zehnerpotenzen bestimmte Wertigkeit zukommt, z.B.:

$$1453 = 1\cdot 10^3 + 4\cdot 10^2 + 5\cdot 10^1 + 3\cdot 10^0 \qquad (1)$$

Wertigkeit 1000
Wertigkeit 100
Wertigkeit 10
Wertigkeit 1

Unter Verwendung von Tetraden als Ziffernsymbole ließe sich diese Zahl systemintern so darstellen: 0001 0100 0101 0011.

Nach dem Vorbild des dezimalen Stellensystems sind auch andere Zahlendarstellungen möglich. Bekannt ist z.B. die oktale Zahlendarstellung. Sie beruht auf der Zahlenbasis Acht und benötigt die Symbole 0, 1, ..., 6, 7. Für binäre Systeme mit ihren zwei Elementarzuständen liegt jedoch das Dualsystem nahe. Es baut auf der Zahlenbasis Zwei auf und verwendet die Zahlen Null und Eins im Stellensystem. Diese werden selbstverständlich durch die Symbole 0 und 1 bezeichnet. Die Zahl Eintausendvierhundertdreiundfünfzig hat die folgende Dualdarstellung:

$$\begin{aligned} 10110101101 &= 1\cdot 2^{10} + 0\cdot 2^9 + 1\cdot 2^8 + 1\cdot 2^7 + 0\cdot 2^6 + 1\cdot 2^5 + 0\cdot 2^4 + 1\cdot 2^3 + 1\cdot 2^2 \\ &\quad + 0\cdot 2^1 + 1\cdot 2^0 \\ &= 1024 + 256 + 128 + 32 + 8 + 4 + 1 \\ &= 1453 \end{aligned} \qquad (2)$$

Wie hieraus zu erkennen ist, ist die vorgeschlagene Codierung für Dezimalziffern in Tetraden einfach durch die Dualdarstellung der zugehörigen Dezimalzahl bestimmt, z.B.:

$$1001 = 1\cdot 2^3 + 0\cdot 2^2 + 0\cdot 2^1 + 1\cdot 2^0 = 8 + 1 = 9 \qquad (3)$$

Diese Codierung wird als direkte Dual-Dezimal-Verschlüsselung bezeichnet. Es gibt noch andere Möglichkeiten, die aber an praktischer Bedeutung verloren haben. (Vgl. [3] [24].)

Grundsätzlich werden jedoch bei der Dezimaldarstellung von den sechzehn verschiedenen Wertebelegungen einer Tetrade nur zehn benötigt. Bei der direkten Dual-Dezimal-Verschlüsselung bleiben die sechs Belegungen 1010 ($\triangleq 1\cdot 2^3 + 1\cdot 2^1 = 10$), 1011 ($\triangleq$11), 1100 ($\triangleq$12), 1101 ($\triangleq$13), 1110 ($\triangleq$14), 1111 ($\triangleq$15) ungenutzt.

Eine bessere Tetradenausnutzung ergibt sich mit einem Zahlensystem auf der Basis sechzehn, welches Zahlensymbole für die Zahlen Null, Eins, ..., Neun, Zehn, Elf, ..., Fünfzehn benötigt. Dafür können gerade die sechzehn möglichen Tetradenbelegungen 0000, 0001, ..., 1001, 1010, 1011, ..., 1111 verwendet werden. In diesem sog. Hexadezimalsystem stellt sich die Zahl Eintausendvierhundertdreiundfünfzig folgendermaßen dar:

$$\begin{aligned} 0101\ 1010\ 1101 &= 5\cdot 16^2 + 10\cdot 16^1 + 13\cdot 16^0 \\ &= 5\cdot 256 + 10\cdot 16 + 13\cdot 1 \\ &= 1280 + 160 + 13 = 1453 \end{aligned} \qquad (4)$$

Dadurch kann mit drei Tetraden ein größerer Zahlenraum wiedergegeben werden. (Größte Zahl im Hexadezimalsystem 1111 1111 1111 $\triangleq 16^3 - 1 = 4095$, größte Zahl im Dezimalsystem 1001 1001 1001 $\triangleq 10^3 - 1 = 999$.)

Zur Schreiberleichterung und zur besseren Übersicht bei komplizierten Problemen ist es zweckmäßig, für die sechzehn Tetradenbelegungen spezielle Symbole zu verwenden. Es hat sich eingebürgert, für 0000, 0001, ..., 1001, 1010, 1011, 1100, 1101, 1110, 1111 die Symbole 0, 1, ..., 9, A, B, C, D, E, F zu verwenden. (Das heißt, die Zahl 1453 kann kurz so geschrieben werden: 5 AD.)

Die bisherigen Erläuterungen zur Zahlendarstellung in binären Systemen betrafen zunächst nur positive ganze Zahlen. Außerdem stellte sich heraus, daß mit einer gegebenen Anzahl von Binärstellen bzw. Tetraden jeweils nur ein begrenzter Zahlenraum dargestellt werden kann. Allgemein gilt:

$$G = B^n - 1, \qquad (5)$$

wobei B die gewählte Zahlenbasis, n die Anzahl der vorgesehenen Stellen und G die größte Zahl des bei Null beginnenden Zahlenraums sind. Je nach der für eine bestimmte Problemklasse notwendigen Genauigkeit bzw. Zahlenraumgröße muß also eine entsprechende Stellenzahl n vorgesehen werden. Praktisch bedeutet das entweder Schaltungsaufwand (jede Binärstelle benötigt eine Signalleitung mit mindestens einer Schalterstufe) oder Zeitaufwand, wenn die Stellen einer Zahlendarstellung zeitlich nacheinander realisiert werden.

Für die Verwendung digitaler Systeme zu rechentechnischen Zwecken ist die Darstellung von positiven ganzen Zahlen nicht ausreichend. Der dargestellte Zahlenraum muß auf negative und nicht-ganzzahlige Bereiche erweitert werden.

Negative Zahlen benötigen die Darstellung eines Vorzeichens. Für Dezimaldarstellungen, die grundsätzlich aus Tetraden aufgebaut sind, wird eine weitere Tetrade verwendet, wobei als Ziffern nicht benutzte Belegungen die Bedeutung eines Vorzeichens übernehmen (häufig 1100 für + und 1101 für -).

Für Dualzahlen genügt das Hinzunehmen einer weiteren Binärstelle. Das Festlegen, ob 0 oder 1 die Bedeutung des Pluszeichens übernimmt, muß günstigerweise unter Betrachtung der damit auszuführenden Operationen geschehen. Zum Verständnis der folgenden Ausführungen sei an dieser Stelle kurz erläutert, wie im Dualen zwei Zahlen addiert werden.

Grundsätzlich wird auch die duale Addition stellenweise ausgeführt. Es ist lediglich zu berücksichtigen, daß je Stelle nur die Ziffernsymbole 0 und 1 verwendet werden können, d.h., bereits bei einer Spaltensumme größer als eins gibt es einen Übertrag in die nächsthöhere Stelle.

Die folgende Rechnung zeigt das Prinzip:

```
+ 39  →  010111  →  010111
+ 37     010101     010101
  76     101100          2
                         ↓
                        10
                        2
                        ↓
                       10
                       3
                       ↓
                      11
                      1
                      ↓
                     01
                     2
                     ↓
                    10
                    101100
```

Falls ein Endübertrag die vorgesehene Stellenzahl überschreitet, ist die dargestellte Zahl zu klein.

Die Subtraktion kann auf die Addition zurückgeführt werden, wenn von der sog. komplementären Zahlendarstellung Gebrauch gemacht wird:

$$a - b = a + (-b) = a + (G+1-b) - (G+1). \qquad (6)$$

G ist die nach Gl. (5) größte darstellbare Zahl im gewählten Stellensystem, $G+1 = B^n$ ist die erste außerhalb des Zahlenbereichs liegende Zahl. $G+1-b = B^n-b$ wird als das Komplement der Zahl b bezeichnet. Die abschließende Subtraktion von G+1 bedeutet lediglich, daß die vorderste Binärstelle weggelassen werden muß. Da diese bei n Binärstellen ohnehin nicht mehr im dargestellten Bereich liegt, fällt sie gewissermaßen automatisch als auslaufender Übertrag weg.

Zum Verständnis sei zunächst im Dezimalen die Subtraktion zweier Zahlen mit Hilfe des Komplementes erläutert:

$$\begin{aligned} 53 - 35 &= 53 + (-35) = \\ &= 53 + (100-35) - 100 = \\ &= 53 + 65 - 100 = 118 - 100 = 18. \end{aligned} \qquad (7)$$

Wenn die negative Zahl größer ist, muß das Ergebnis negativ sein, was auch als Komplement geschrieben werden kann:

$$\begin{aligned} 35 - 53 &= 35 + (100-53) - 100 = \\ & 35 + 47 - 100 = 82 - 100 = \\ &= (100-18) - 100 = -18. \end{aligned} \qquad (8)$$

Man kann nach dieser Darstellung eine Zahl durch zwei Bestandteile charakterisieren: den Betrag der Zahl, z.B. 18 oder 82, und eine Angabe, ob die Zahl noch um 100 verringert werden muß. wie in Gl. (8), oder nicht, wie in Gl. (7). Dafür genügt eine zusätzliche Binärstelle; diese hat gewissermaßen Vorzeichencharakter, denn das Verringern eines - in diesem Fall - zweistelligen Wertes um 100 bedeutet, daß die Zahl negativ wird.

Für Operationen im Dualen (bzw. auch Hexadezimalen) ist diese Darstellung besonders geeignet, weil sich hierbei die einzelnen Schritte sehr einfach realisieren lassen: Das Komplement einer Zahl b

$$2^n - b = G + 1 - b = (G-b) + 1 \qquad (9)$$

ergibt sich als stellenweise Umkehrung (Negation) von b und einer nachträglichen Addition von eins. Die Vorzeichenbehandlung läßt sich wie die normale Addition einer Binärstelle ausführen, wenn das Minuszeichen als 1 und das Pluszeichen als 0 dargestellt wird.

Die beiden Beispiele bekommen damit im Dualen folgende Gestalt:

$$\begin{array}{r} +53 \\ -35 \\ \hline +18 \end{array} \rightarrow \begin{array}{r} +110101 \\ -100011 \\ \hline +010010 \end{array} \rightarrow \begin{array}{r} 0\;110101 \\ 1\;011100 \\ 1 \\ \hline \swarrow 0\;010010 \\ 1 \end{array} \qquad \begin{array}{r} +35 \\ -53 \\ \hline -18 \end{array} \rightarrow \begin{array}{r} +100011 \\ -110101 \\ \hline -010010 \end{array} \rightarrow \begin{array}{r} 0\;100011 \\ 1\;001010 \\ 1 \\ \hline \swarrow 1\;101110 \\ 0 \end{array}$$

Das zweite Problem einer praktisch relevanten Zahlendarstellung betrifft die Erweiterung auf nicht-ganzzahlige Zahlen. Das Prinzip jeder Darstellung gebrochener Zahlen in einem Stellensystem besteht bekanntlich im Einfügen eines Kommas. Dieses hat die Aufgabe, die Einerstelle, d.h. die Stelle mit der Wertigkeit B^0, zu kennzeichnen. Links vom Komma sind die Wertigkeiten durch positive Exponenten bestimmt, rechts vom Komma durch negative. Für Dezimalzahlen entspricht dies folgendem Zusammenhang:

$$21{,}625 = 2 \cdot 10^1 + 1 \cdot 10^0 + 6 \cdot 10^{-1} + 2 \cdot 10^{-2} + 5 \cdot 10^{-3}. \tag{10a}$$

Dieselbe Zahl hat im Dualen die Gestalt

$$\begin{aligned} 10101{,}101 &= 1 \cdot 2^4 + 1 \cdot 2^2 + 1 \cdot 2^0 + 1 \cdot 2^{-1} + 1 \cdot 2^{-3} \\ &= 16 + 4 + 1 + 1/2 + 1/8 = 21 + 5/8 = 21{,}625 \end{aligned} \tag{10b}$$

Ein nicht-ganzzahliger Wert kann folglich dargestellt werden, indem zu einer bereitgestellten Stellenzahl eine Vereinbarung über die Position des Kommas getroffen wird, wobei das Komma jedoch nicht dargestellt werden muß. Im Beispiel wäre das Komma nach der fünften Stelle von links von insgesamt acht Binärstellen zu denken. Der überdeckte Zahlenbereich beginnt bei null und reicht in Schritten von $1/8 = 0{,}125$ bis $G = (2^8-1)/8 = 31{,}875$. Eine solche Zahlendarstellung wird als binäre Festkommazahl bezeichnet.

Eine andere Möglichkeit ist die Gleitkommadarstellung, auch als halblogarithmische Zahlendarstellung bezeichnet. Mit ihr kann gegenüber anderen Darstellungen mit einer gegebenen Binärstellenzahl ein größerer Zahlenbereich überdeckt werden.

Die Gleitkommadarstellung ist einfach in der Weise zu verstehen, daß dem eigentlichen Zahlenwert eine Angabe vorgesetzt wird, wo das Komma zu denken ist. Wenn als Beispiel wiederum acht Binärstellen benutzt werden, so benötigt die Gleitkommadarstellung weitere drei Binärstellen, um die jetzt variable Position des Kommas zu bezeichnen. Das obige Beispiel bekommt dann diese Form:

$$10101{,}101 \quad \rightarrow \quad \underbrace{101}_{E} \; \underbrace{10101101}_{M}$$

Das heißt, die vorgesetzte Dualzahl Fünf gibt an, daß in diesem Fall das Komma hinter der fünften Binärstelle von links steht. Die Bezeichnung halblogarithmische Darstellung bringt den folgenden Zusammenhang zum Ausdruck:

$$\begin{aligned} 2^E \cdot M &= 2^5 \cdot 0{,}10101101 \\ &= 32 \cdot (1 \cdot 2^{-1} + 1 \cdot 2^{-3} + 1 \cdot 2^{-5} + 1 \cdot 2^{-6} + 1 \cdot 2^{-8}) \\ &= 32 \cdot \left(\frac{1}{2} + \frac{1}{8} + \frac{1}{32} + \frac{1}{64} + \frac{1}{256}\right) = 32 \cdot \frac{173}{256} \\ &= \frac{173}{8} = 21{,}625. \end{aligned} \tag{11}$$

E wird als Exponent, M als Mantisse der Gleitkommadarstellung bezeichnet. Die Mantisse wird als eine Festkommazahl verstanden, bei der das Komma links neben der höchstwertigen Stelle zu denken ist. Als kleinste und größte Zahl dieser Darstellung erhält man:

$$\begin{aligned} 000\;00000000 &\triangleq 2^0 \cdot 0{,}00000000 = 0 \\ 111\;11111111 &\triangleq 2^7 \cdot 0{,}11111111 = 128 \cdot \frac{255}{256} = 127{,}5 \end{aligned} \tag{12}$$

In der praktischen Rechentechnik wird bei der Gleitkommadarstellung meist auf das Hexadezimalsystem zurückgegriffen. Das heißt, die Mantisse besteht aus als Tetraden dargestellten Hexadezimalzahlen, und der Exponent gibt an, hinter welcher Tetrade das Komma steht.

Außerdem wird dem Exponenten, der selbst stets als posivite ganze Zahl zu verstehen ist, das Vorzeichen der Mantisse vorgesetzt. Auf diese Weise erhält man beispielsweise folgende systeminterne Gleitkommadarstellung:

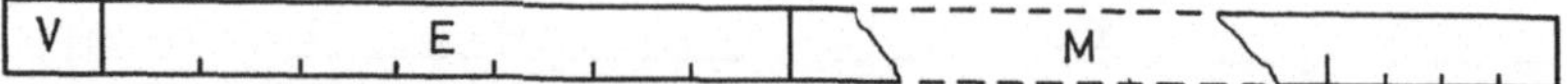

Es werden sechs oder auch mehr Tetraden als Mantisse benutzt. Als weitere Verfeinerung wird der Exponent stets um einen bestimmten Betrag zu groß dargestellt, um auch negative Exponenten benutzen zu können. Beipielsweise sind vom oben dargestellten siebenstelligen Exponenten, dessen Zahlenbereich von 0 bis 127 reicht, 64 abzuziehen, so daß in Wirklichkeit der Exponent das Intervall $-64 \leqq E < +64$ umfaßt.

Weitere Details der Darstellung arithmetischer Variabler müssen spezieller Literatur entnommen werden. Im wesentlichen sind es Varianten der hier erläuterten Grundlagen, die auf besondere Verhältnisse hinsichtlich Datenspeicherung und Leistungsfähigkeit von Algorithmen zugeschnitten sind.

Obwohl der Begriff „digitales System" die Zahlendarstellung als wesentlich hervorhebt, kommt es jedoch insgesamt darauf an, ganz allgemein beliebige Symbolvorräte darstellen zu können. So folgt etwa aus dem Aufgabenspektrum moderner Datenverarbeitungsanlagen, daß mindestens Buchstaben, Satzzeichen und weitere Sonderzeichen darstellbar sein müssen. Der prinzipielle Weg, wie dies zu lösen ist, wurde bereits durch die vorn erläuterte Gruppenbildung von Elementarsymbolen gezeigt.

Neben der Tetrade, die insbesondere zur Zahlendarstellung dient, wird allgemein als ein Grundbestandteil vieler Datenformate die Achtergruppe, das sogenannte Byte, verwendet. Es hat demzufolge $2^8=256$ mögliche Wertebelegungen, beginnend bei 00000000 und abschließend mit 11111111. Diesen Kombinationen lassen sich auf verschiedene Weise Symbole zuordnen, die im Rahmen bestimmter Anwendungsfälle gebraucht werden. Verbreitet ist der sog. ISO-Code, der Ziffern, große und kleine Buchstaben, Sonderzeichen usw. enthält [25] [26].

Tafel 2.1. Bytecodierungen für Druckzeichen

	0	1	2	3	4	5	6	7	8	9	A	B	C	D	E	F
0																
1																
2																
3																
4	ƀ										[	·	<	(	+	!
5	&										]	¤	*	)	;	¬
6	-	/									!	,	%	_	>	?
7											:	#	@	'	=	"
8		a	b	c	d	e	f	g	h	i						
9		j	k	l	m	n	o	p	q	r						
A		—	s	t	u	v	w	x	y	z						
B																
C	{	A	B	C	D	E	F	G	H	I						
D	}	J	K	L	M	N	O	P	Q	R						
E	\		S	T	U	V	W	X	Y	Z						
F	0	1	2	3	4	5	6	7	8	9						

Bytes bestehen gewissermaßen aus zwei Tetraden. Um eine Bytecodierung zu bezeichnen, beispielsweise 1011 0101, wird deshalb aus Gründen geringen Schreibaufwands oft auch von der Hexadezimalschreibweise der Tetraden Gebrauch gemacht. Für das Beispiel wäre das B5. Tafel 2.1 zeigt die Bytecodierungen und ihre Symbolzuordnung im ISO-Code. (Die linke Tetrade des Bytes ist den Zeilen, die rechte den Spalten der Tafel zugeordnet.)

Aus Bytes lassen sich wiederum größere Einheiten zusammensetzen. Gebräuchlich sind das Halbwort (= 2 Bytes), das Wort (= 2 Halbworte = 4 Bytes) und das Doppelwort (= 2 Worte = 4 Halbworte = 8 Bytes). Die elementare Binärstelle wird als Bit bezeichnet, weil sie in engem Zusammenhang mit der Informationseinheit [bit] steht. Damit ist

$$1 \text{ Doppelwort} = 2 \text{ Worte} = 4 \text{ Halbworte} = 8 \text{ Bytes} = 16 \text{ Tetraden} = 64 \text{ Bits}. \qquad (13)$$

2.2. Symbolverarbeitung in digitalen Systemen

Als zweite Haupteigenschaft digitaler Systeme war einleitend die Verknüpfung von Symbolen zu Ergebnissymbolen genannt worden. Eine erste, einfache Möglichkeit ergab sich schon im vorangegangenen Abschnitt durch die Funktion der Schalterstufe. Sie bildet gemäß der Wertetabelle nach Bild 2.2b aus jedem angebotenen Signal seine Umkehrung. Damit kann z.B. - wie schon erwähnt wurde - zu einer Dualzahl ihr G-Komplement gebildet werden.

Mit Schalterstufen allein lassen sich allerdings keine funktionell hinreichend reichhaltigen Systeme realisieren. Dazu wird eine echte Verknüpfung von zwei Binärvariablen benötigt. Man erreicht dies, indem in der Schaltung nach Bild 2.1 nicht nur ein steuernder Eingang vorgesehen wird, sondern zwei parallelgeschaltet werden, so daß der Transistor von jedem der beiden aufgesteuert werden kann (Bild 2.3).

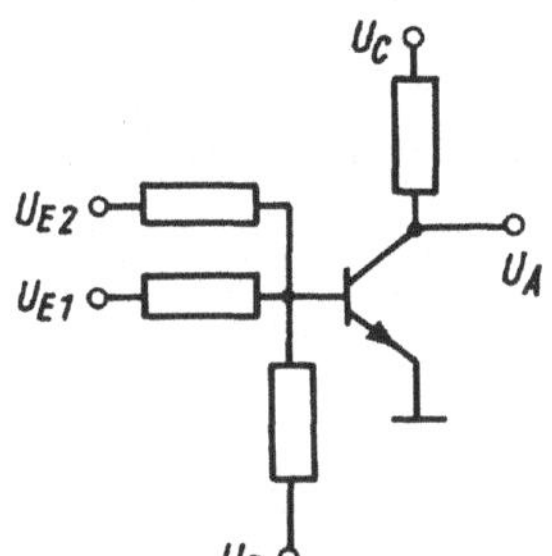

Bild 2.3
Verknüpfendes digitales Element

Elektronische Dimensionierungsprobleme bzw. auch Weiterentwicklungen dieser Grundschaltung sollen hier nicht interessieren (siehe dazu wieder [21] [22] [23]). Wichtig ist an dieser Stelle, daß damit die Möglichkeit gegeben ist, ein Signal U_A durch zwei voneinander unabhängige Signale U_{E1} und U_{E2} zu steuern oder - mit anderen Worten - zwei Signale miteinander zu einem Ergebnissignal zu verknüpfen. Bild 2.4 zeigt das verwendete Schaltsymbol und in Form einer Wertetabelle das aufs Binäre reduzierte Verhalten der Schaltung nach Bild 2.3. (Das Zeichen 1 im Kästchen symbolisiert, daß der Transistor aufgesteuert wird, wenn wenigstens ein Eingang auf hohem Potential liegt. Zur verwendeten Symbolik vgl. [27] .)

a)

E1	E2	A
0	0	1
0	1	0
1	0	0
1	1	0

b)

Bild 2.4
Schaltsymbol und Wertetabelle des Elements von Bild 2.3

Es erhebt sich an dieser Stelle die Frage, ob mit dem eben eingeführten verknüpfenden Schalterelement bereits eine hinreichend reichhaltige Symbolverarbeitung realisiert werden kann oder ob weitere Schaltungen ausgedacht werden müssen, um die benötigte Funktionsvielfalt zu erreichen. Die Antwort darauf ist kein technisches Problem. Es ist Sache der

Mathematik, in diesem Fall speziell der Booleschen Algebra, die Gesetzmäßigkeiten zu untersuchen, die in Zusammenhängen zwischen binären Variablen bestehen. (Siehe etwa [28] [29] , aber auch [3] [4] .) Die Boolesche Algebra ist dabei die allgemeine mathematische Disziplin, die für eine Reihe durchaus unterschiedlicher Anwendungsfälle den theoretischen Hintergrund bildet.

Die spezielle Interpretation der Booleschen Algebra für die hier behandelten technischen Systeme ist als Schaltalgebra bekannt. Eine andere wichtige Anwendung findet die Boolesche Algebra in der Logik, speziell der Aussagenlogik, die sich mit allgemeinen Gesetzmäßigkeiten der Wahrheit zusammengesetzter Aussagen beschäftigt (siehe z.B. [28] [30] [31]). Der innere mathematische Zusammenhang zwischen Schaltalgebra und Aussagenlogik ist so eng, daß die hier behandelten Schaltungen auch als logische Schaltungen bezeichnet werden.

In der Schaltalgebra läßt sich nachweisen, daß das oben eingeführte verknüpfende Schalterelement tatsächlich in der Lage ist, durch geeignete Zusammenschaltung sämtliche schaltalgebraische Funktionen zu realisieren. Die exakte Begründung soll hier nicht ausgeführt werden. Bild 2.5 zeigt jedoch als anschauliches Beispiel zwei Möglichkeiten zur Bildung neuer Funktionen A = f(E1,E2). Die erste läßt sich verbal so charakterisieren: Der Funktionswert A ist genau dann 1, wenn E1 gleich 1 ist und E2 gleich 1 ist, sie wird deshalb auch als logische UND-Funktion bezeichnet. (Siehe Bild 2.5a und 2.5b.) Die zweite wird in analoger Weise als ODER-Funktion bezeichnet, weil ihr Funktionswert A genau dann 1 ist, wenn E1 = 1 oder E2 = 1 ist. (Zur genaueren Charakterisierung wird dies oft auch als einschließendes bzw. inklusives ODER bezeichnet, weil der Funktionswert auch 1 ist, wenn beide Eingänge 1 sind. Im Gegensatz dazu ist das sog. ausschließende bzw. exklusive ODER am Ausgang nur dann 1, wenn entweder E1 = 1 oder E2 = 1 ist, aber nicht beide 1 sind. Umgangssprachlich werden diese beiden Funktionen meist nicht sauber auseinandergehalten.)

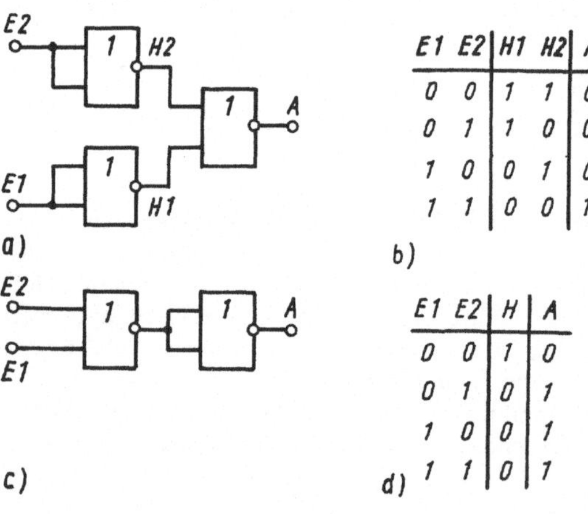

b)

E1	E2	H1	H2	A
0	0	1	1	0
0	1	1	0	0
1	0	0	1	0
1	1	0	0	1

d)

E1	E2	H	A
0	0	1	0
0	1	0	1
1	0	0	1
1	1	0	1

Bild 2.5
Digitalschaltungen und Wertetabellen für UND bzw. ODER

Praktisch ist es oft recht umständlich und aufwendig, alle benötigten Verknüpfungen nur aus einer Grundschaltung zusammenzusetzen. Es gibt deshalb in der digitalen Schaltungstechnik auch verschiedene andere Grundschaltungen, die häufig benötigte, wichtige schaltalgebraische Funktionen direkt realisieren. Welche Funktionen das im einzelnen sind, hängt auch von der konkreten Schaltungstechnologie ab und soll hier nicht weiter behandelt werden.

Die beiden Funktionen UND bzw. ODER haben jedoch für die weiteren Ausführungen aus theoretischen und anschaulichen Gründen besondere Bedeutung. Es soll deshalb angenommen werden, daß es dafür Grundschaltungen gibt. Ihre Schaltsymbole sind im Bild 2.6 dargestellt. Weiterhin spielt die einfache umkehrende Schalterstufe nach Bild 2.2 eine wichtige Rolle. Sie wird in der logischen Sprechweise auch als Negator bezeichnet. (Man erkennt übrigens, daß die verknüpfende Schalterstufe gemäß Bild 2.4 auch als ODER-Funktion mit anschließender Negation aufgefaßt werden kann. Sie wird deshalb auch als NODER-funktion bzw. häufiger noch - aus dem Englischen stammend - als NOR-Funktion bezeichnet.)

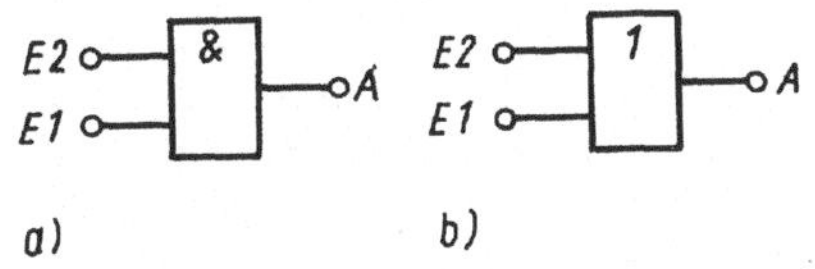

Bild 2.6
Schaltsymbole für UND bzw. ODER

Für die intensive Beschäftigung mit der Schaltalgebra und ihrer Anwendung in der Digitaltechnik kann auf die zahlreich vorhandene Literatur verwiesen werden, z.B. [3] [4] [12] [13] [14] [32] [33]. Um im Rahmen dieses Buches jedoch eine gewisse Abgeschlossenheit zu erreichen, sollen im folgenden noch einige wichtige Grundlagen zusammengestellt werden.

Als erstes ist eine handlichere Darstellungsweise schaltalgebraischer bzw. logischer Funktionen wünschenswert. Die Arbeit mit Wertetabellen wird sehr schnell aufwendig und unübersichtlich. Die Schaltalgebra gestattet aber eine sehr leistungsfähige analytische, d.h. formelmäßige Darstellung. Die folgende Überlegung entwickelt diese in einer Weise, die auch den beinahe untrennbaren Zusammenhang zwischen Schaltalgebra und Aussagenlogik sichtbar machen soll. Weiterhin kann dieser Gedankengang als Beispiel für später zu behandelnde Entwurfsaufgaben dienen, wie aus verbalen Formulierungen schaltalgebraische Funktionen und digitale Schaltungen abgeleitet werden können.

Ausgangspunkt sei eine Funktion, wie sie in der Wertetabelle von Bild 2.7b gegeben ist. Bild 2.7a zeigt dafür ein Schaltsymbol. Es handelt sich um das schon erwähnte ausschliessende bzw. exklusive ODER, auch als EXOR bezeichnet. Diese Funktion ist auch als Antivalenz bekannt, weil sie gerade dann 1 ist, wenn die Eingangswerte gegenwertig, d.h. ungleich sind. Sie hat in der Schaltalgebra ebenfalls grundlegende Bedeutung.

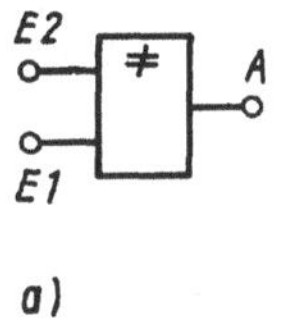

E1	E2	A
0	0	0
0	1	1
1	0	1
1	1	0

Bild 2.7
Schaltsymbol und Wertetabelle der Antivalenz

Aus der Wertetabelle der Antivalenz kann folgende verbale Formulierung abgeleitet werden: A ist 1 genau dann, wenn E1 0 ist und E2 1 ist oder E1 1 ist und E2 0 ist. Wenn für die sprachlichen Klauseln „ist", „genau dann, wenn", „und" sowie „oder" die Symbole „=", „<=>", „&", „|" verwendet werden, so wird die eben formulierte Aussage durch die folgende Zeichenreihe wiedergegeben:

$$(A=1)\ <=>\ ((E1=0)\,\&\,(E2=1))\ \mid\ ((E1=1)\,\&\,(E2=0)). \qquad (14)$$

Zur deutlichen Gliederung dieses Ausdrucks in Teilausdrücke werden außerdem Klammern verwendet.

Nun ist zu beachten, daß im Binären für (E1 = 0) auch gesagt werden kann: „Es ist nicht E1 = 1", was durch $\neg$(E1 = 1) symbolisiert werden soll. Weiter soll vereinbart werden, daß für (A = 1), (E1 = 1) usw. einfach A, E1 usw. geschrieben wird; außerdem soll das Operationssymbol „&" stärker binden als „|", so daß Klammern wegfallen können. Für „<=>" kann dann auch einfach „=" benutzt werden, und es ergibt sich die schaltalgebraische oder logische Gleichung:

$$A = \neg E1\&E2\ \mid\ E1\&\neg E2. \qquad (15)$$

(Für die Operationssymbole „¬", „&", „|" werden häufig auch andere Zeichen verwendet, beispielsweise „/", „∧", „∨" bzw. „-", „·", „+". Die hier verwendete Bezeichnungsweise lehnt sich an die in problemorientierten formalen Sprachen übliche Symbolik an, weil letztere in den späteren Abschnitten noch eine wichtige Rolle spielen wird.)

Für die exakte mathematische Begründung, daß die aus verbalen Formulierungen abgeleiteten Zeichenreihen nach Gl. (14) bzw. (15) mit einer Formel für oben genannte Antivalenz-Funktion identisch sind, reicht die äußere Ähnlichkeit an sich nicht aus. Dazu muß die Wertverlaufsgleichheit exakt nachgewiesen werden. Dies soll hier anschaulich geschehen, indem für die Formel (15) unter Verwendung von Negator, UND-Element, ODER-Element eine adäquate Schaltung und die dazugehörige Schaltbelegungstabelle angegeben werden (siehe Bild 2.8).

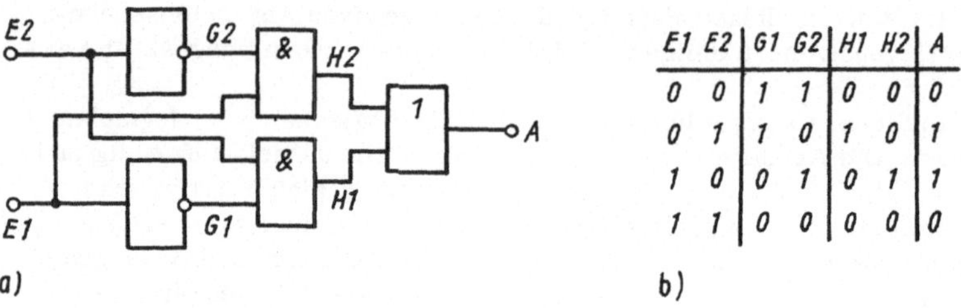

E1	E2	G1	G2	H1	H2	A
0	0	1	1	0	0	0
0	1	1	0	1	0	1
1	0	0	1	0	1	1
1	1	0	0	0	0	0

Bild 2.8. Digitale Schaltung der Antivalenz

Es gibt für eine binäre Funktion jedoch nicht nur eine einzige Formel, sondern mehrere äquivalente, d.h. wertverlaufsgleiche Darstellungen. Beispielsweise beschreibt die Formel

$$A = \neg(E1\&E2)\&(E1 \mid E2) \qquad (16)$$

die gleiche Funktion, wie man sich durch schrittweises Einsetzen der Wertetabelle klarmachen kann. Äquivalente Formeln lassen sich aber auch durch Umformungsregeln ineinander überführen. Die wichtigsten zur Umformung geeigneten Identitäten sind:

$X\&Y = Y\&X$	(17a)	$X \mid Y = Y \mid X$	(18a)
$X\&0 = 0$	(17b)	$X \mid 0 = X$	(18b)
$X\&1 = X$	(17c)	$X \mid 1 = 1$	(18c)
$X\&X = X$	(17d)	$X \mid X = X$	(18d)
$X\&\neg X = 0$	(17e)	$X \mid \neg X = 1$	(18e)
$X\&(Y \mid Z) = X\&Y \mid X\&Z$	(17f)	$X \mid Y\&Z = (X \mid Y)\&(X \mid Z)$	(18f)
$\neg(X\&Y) = \neg X \mid \neg Y$	(17g)	$\neg(X \mid Y) = \neg X\&\neg Y$	(18g)
$X\&(Y\&Z) = (X\&Y)\&Z = X\&Y\&Z$	(17h)	$X \mid (Y \mid Z) = (X \mid Y) \mid Z = X \mid Y \mid Z$	(18h)
		$\neg(\neg X) = X$	(19)

Danach läßt sich beispielsweise Gl. (16) folgendermaßen umformen:

	$A = \neg(E1\&E2)\&(E1 \mid E2)$
mit Gl. (17f):	$= \neg(E1\&E2)\&E1 \mid \neg(E1\&E2)\&E2$
mit Gl. (17g):	$= (\neg E1 \mid \neg E2)\&E1 \mid (\neg E1 \mid \neg E2)\&E2$
mit Gl. (17f):	$= \neg E1\&E1 \mid \neg E2\&E1 \mid \neg E1\&E2 \mid \neg E2\&E2$
mit Gl. (17e):	$= \neg E2\&E1 \mid \neg E1\&E2$
mit Gl. (17a), (18a):	$= \neg E1\&E2 \mid E1\&\neg E2$ (20)

Damit sind die wichtigsten technischen und mathematischen Grundlagen zusammengestellt, die es gestatten, in digitalen Systemen Symbole aus Binärwerten zu verarbeiten, d.h. zu verändern und zu verknüpfen. Daß auf dieser Basis auch kompliziertere Funktionen, die ihrem Wesen nach zunächst nichts mit Schaltalgebra oder Logik zu tun haben, technisch realisiert (genauer gesagt: modelliert) werden können, soll das folgende Beispiel verdeutlichen.

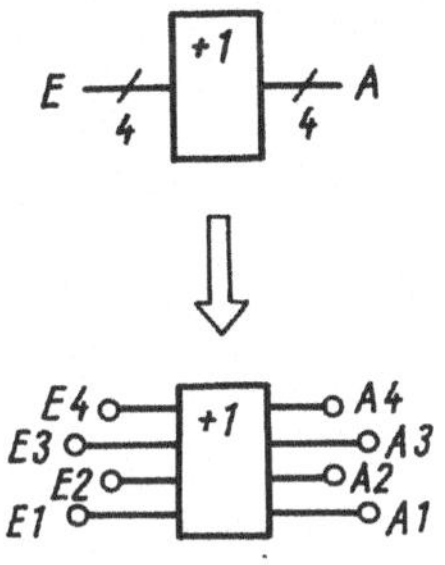

E1	E2	E3	E4	A1	A2	A3	A4
0	0	0	0	0	0	0	1
0	0	0	1	0	0	1	0
0	0	1	0	0	0	1	1
0	0	1	1	0	1	0	0
0	1	0	0	0	1	0	1
0	1	0	1	0	1	1	0
0	1	1	0	0	1	1	1
0	1	1	1	1	0	0	0
1	0	0	0	1	0	0	1
1	0	0	1	1	0	1	0
1	0	1	0	1	0	1	1
1	0	1	1	1	1	0	0
1	1	0	0	1	1	0	1
1	1	0	1	1	1	1	0
1	1	1	0	1	1	1	1
1	1	1	1	0	0	0	0

a) b)

Bild 2.9
Schaltsymbol und Wertetabelle eines Dualzählers

Es sei die Aufgabe gestellt, eine Schaltung zu entwerfen, die eine als Dualzahl aufgefaßte Tetrade um eins weiterzählt. Bild 2.9 zeigt ein Schaltsymbol und die Wertetabelle für diese Funktion. Man sieht, daß die Ergebnistetrade aus vier logischen Funktionen A1, A2, A3, A4 besteht, die von den vier Eingangsvariablen E1, E2, E3, E4 abhängen. Konkret läßt sich nach der oben vorgestellten Methode aus der Wertetabelle ablesen:

- A4 ist immer 1, wenn E4 0 ist, d.h.

$$A4 = \neg E4 \tag{21}$$

- A3 ist 1, wenn E3 und E4 ungleich sind (Antivalenz!), d.h.

$$A3 = \neg E3 \& E4 \;|\; E3 \& \neg E4 \tag{22}$$

- A2 ist 1, wenn E2 0 ist und E3 und E4 beide 1 sind oder wenn E2 1 ist und E3 und E4 nicht beide 1 sind, d.h.

$$\begin{aligned} A2 &= \neg E2 \& (E3 \& E4) \;|\; E2 \& \neg(E3 \& E4) \\ &= \neg E2 \& E3 \& E4 \;|\; E2 \& \neg E3 \;|\; E2 \& \neg E4 \end{aligned} \tag{23}$$

- A1 ist 1, wenn E1 0 ist und E2, E3, E4 alle 1 sind oder wenn E1 1 ist und E2, E3, E4 nicht alle gleichzeitig 1 sind, d.h.

$$\begin{aligned} A1 &= \neg E1 \& E2 \& E3 \& E4 \;|\; E1 \& \neg(E2 \& E3 \& E4) \\ &= \neg E1 \& E2 \& E3 \& E4 \;|\; E1 \& \neg E2 \;|\; E1 \& \neg E3 \;|\; E1 \& \neg E4. \end{aligned} \tag{24}$$

Bild 2.10 zeigt die aus Negatoren, UND- sowie ODER-Elementen zusammengesetzte Schaltung. (Es wurde angenommen, daß UND- bzw. ODER-Elemente mit zwei, drei und vier Eingängen zur Verfügung stehen. Wegen der Assoziativität dieser Funktionen ist dies gleichwertig zur nacheinander ausgeführten Operation mit Elementen mit zwei Eingängen.)

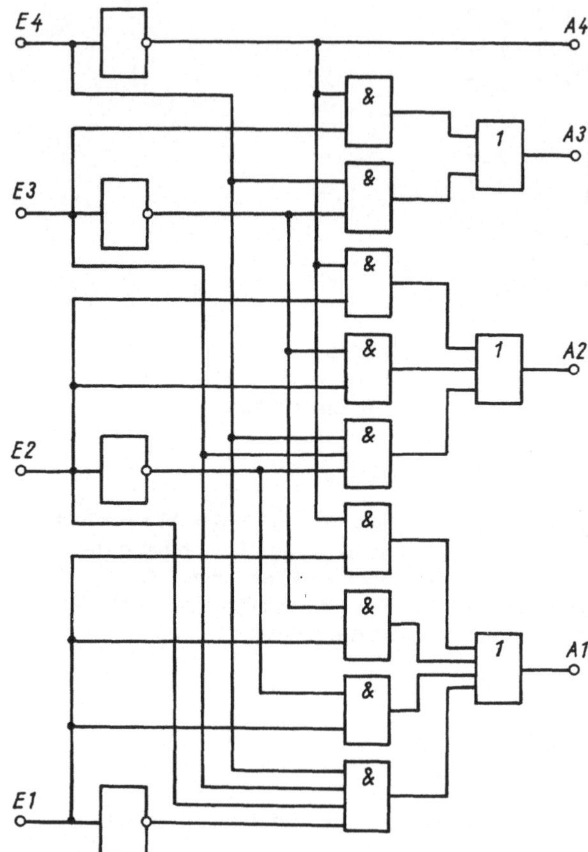

Bild 2.10
Digitale Schaltung des Dualzählers

Es ist damit auch hinreichend plausibel, daß sich alle Symbolverarbeitungen in einem digitalen System, die sich als Abbildung von binären Wertebelegungen beschreiben lassen, durch entsprechende Schaltungen technisch realisieren lassen. Zum Schluß dieses Abschnitts soll noch als ein weiteres Beispiel die Realisierung der dualen Addition erläutert werden. Dazu sei auf den im Anschluß an die duale Zahlendarstellung erläuterten Algorithmus der stellenweisen Addition einer Dualzahl Bezug genommen.

Man überlegt sich, daß eine Schaltung zur Addition einer Dualstelle drei Eingänge haben muß: zwei Eingänge für die Dualstelle der beiden Operanden und einen Eingang für den einlaufenden Übertrag aus der vorhergehenden Stelle. Sie seien mit A, B, UE bezeichnet. Die Schaltung hat weiterhin zwei Ausgänge, einen für das Resultat (Summe) S der betreffenden Stelle und einen (auslaufenden) Übertrag UA in die nächste Stelle. Bild 2.11 zeigt das Schaltsymbol und die Wertetabelle, wie sie sich nach der Additionsregel ergibt. (Das Ergebnis ist einfach zu verstehen, wenn UE,S als zweistellige Dualzahl aufgefaßt wird, die die Summe der Einsen einer Zeile der linken Tabellenhälfte angibt.) Dann liest man für diesen Addierbaustein - wie beschrieben - die folgenden Formeln ab:

$$UA = A\&B \mid A\&UE \mid B\&UE$$
$$S = \neg A\&(\neg B\&UE \mid B\&\neg UE) \mid A\&(\neg B\&\neg UE \mid B\&UE). \qquad (25)$$

Auf eine konkrete Schaltung soll an dieser Stelle verzichtet werden, sie läßt sich einfach in der schon erläuterten Weise ableiten.

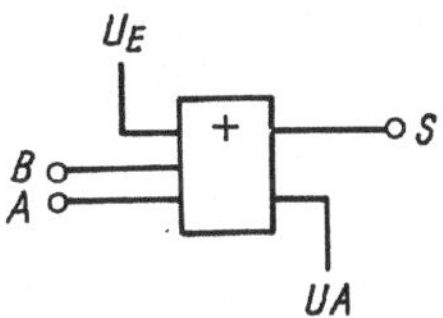

A	B	UE	UA	S
0	0	0	0	0
0	0	1	0	1
0	1	0	0	1
0	1	1	1	0
1	0	0	0	1
1	0	1	1	0
1	1	0	1	0
1	1	1	1	1

Bild 2.11
Schaltsymbol und Wertetabelle eines einstelligen Dualaddierers

Wenn eine mehrstellige Dualzahl zu addieren ist, so sind zwei Fälle zu unterscheiden. Enthält diese Zahl beispielsweise sechzehn Binärstellen, die durch sechzehn Signalleitungen repräsentiert werden, d.h. Gruppenbildung durch räumliches Nebeneinander, so ist eine Schaltung zu realisieren, die 32 Eingänge - sechzehn für jeden der beiden Summanden - und 16 Ausgänge hat. Die Methode der Wertetabelle ist bei dieser Größenordnung (2^{32}= 4 294 967 296 Zeilen!) nicht mehr anwendbar. Das Problem ist praktisch nur zu beherrschen, wenn die Addition so zerlegt wird (dekomponiert wird, siehe Abschn. 5.3.), daß einfachere Teiloperationen entstehen, für die sich eine Schaltung entwerfen läßt. Im Beispiel wäre die Addition unter Verwendung des oben beschriebenen Addierbausteins etwa als sechzehnstellige Additionskaskade zu realisieren (Bild 2.12).

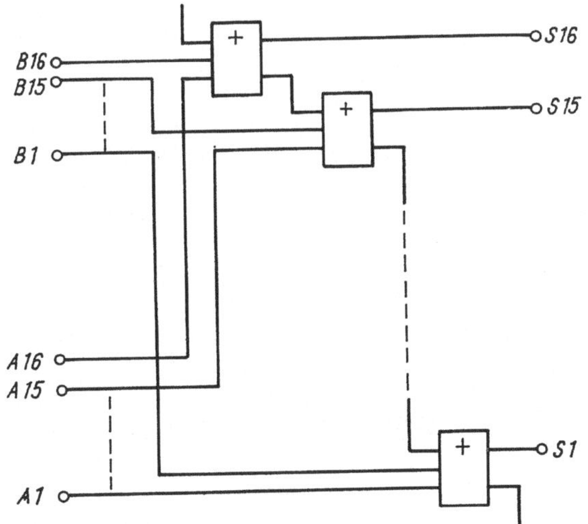

Bild 2.12
16stelliger Dualaddierer als Kaskade einstelliger Dualaddierer

Wenn diese Dualzahl jedoch durch eine Gruppe von zeitlich aufeinanderfolgenden Signalen gebildet wird, so entsteht das Problem, den auslaufenden Übertrag UA bis zum nächsten Zeitpunkt, zu dem die nächsten beiden Dualstellen eintreffen, zu speichern, um ihn als einlaufenden Übertrag UE berücksichtigen zu können. Dies verlangt die dritte Haupteigenschaft digitaler Systeme, die im nächsten Abschnitt betrachtet werden soll.

2.3. Symbolspeicherung in digitalen Systemen

In den bisherigen Fällen ergab sich der Ausgangswert 0 oder 1 allein aus dem entsprechenden Zustand der Eingangssignale, eventuell über eine Kette von Schalterstufen. Das heißt, eine logische Schaltung transformiert einen Satz von binären Eingangsvariablen X_i in einen Satz von Ausgangsvariablen Y_i, realisiert also im mathematischen Sinn eine Abbildung (technisch auch als Umschlüsselung, Codierung oder kombinatorische Funktion bezeichnet):

$$(Y_1, Y_2, \dots, Y_m) = F(X_1, X_2, \dots, X_n), \quad Y_i, X_j \in \{0,1\} . \tag{26}$$

Solche digitalen Systeme besitzen noch keine Speicherfähigkeit, weil der Zustand der Schaltung allein von den Eingangssignalen abhängt und sich ändert, wenn diese geändert werden. Symbolspeicherung bedeutet jedoch, daß eine angelegte Signalbelegung in irgendeiner Form in der Schaltung fixiert wird und auch nach Veränderung der Eingänge abrufbar bzw. steuerwirksam ist.

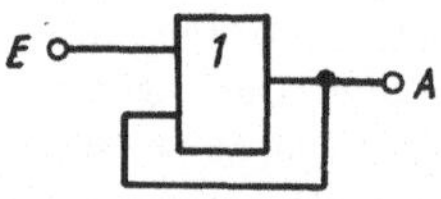

Bild 2.13
Einfachste speichernde Schaltung

Man kann diese Fixierung erreichen, wenn die Wirkung eines Eingangssignals zusätzlich so auf einen Eingang rückgekoppelt wird, daß das rückgekoppelte Signal die Funktion des eigentlichen Eingangssignals übernimmt, wenn letzteres sich ändert. Bild 2.13 zeigt das Prinzip unter Verwendung eines ODER-Elements, die Formel dazu lautet:

$$A = E \mid A. \tag{27}$$

Wenn zunächst E und A beide 0 sind, so bleibt die Schaltung in diesem Zustand. Wird dann E zu 1, nimmt auch A diesen Wert an. Dieser Wert bleibt nun bestehen, weil sich A selbst hält, auch wenn E wieder zu 0 wird. Damit ist das 1-Signal in der Schaltung fixiert, es kann an A beobachtet oder in anderen Schalterstufen weiterverwendet werden, obwohl es am Eingang E nicht mehr anliegt.

Wie man aber sieht, bleibt dieser Zustand nun unverändert erhalten, und die Schaltung ist gegenüber weiteren Signalen an E unempfäglich. Das läßt sich ändern, indem die Rückkopplung von A zeitweilig unterbrochen wird, so daß sich der anfangs genannte Grundzustand wieder einstellen kann. Schaltalgebraisch wird dies dadurch erreicht, daß eine Bedingung B eingeführt wird, die die Rückkopplung steuert:

$$A = E \mid B\&A. \tag{28}$$

Bild 2.14a zeigt die entsprechende Schaltung

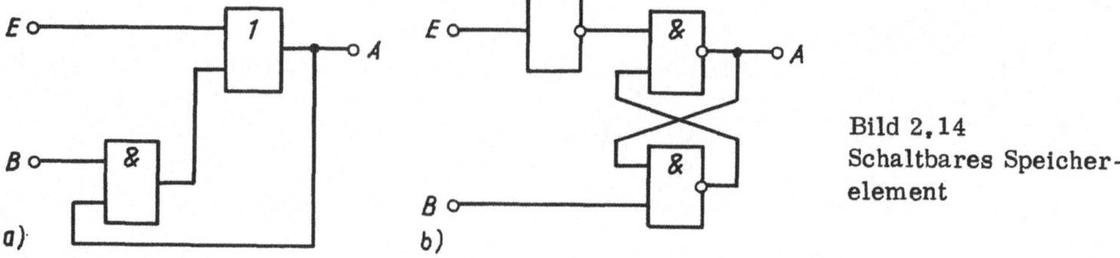

Bild 2.14
Schaltbares Speicherelement

In der Praxis existieren i. allg. keine einzelnen UND- bzw. ODER-Schaltelemente, weil die technisch realisierbare Digitalschaltung stets eine Schalterstufe benötigt, die meist negierende Eigenschaften hat. Typisch sind deshalb negierende ODER-Elemente (NORs) bzw. negierende UND-Elemente (NANDs). Schaltalgebraisch erhält man einen entsprechenden Ausdruck durch folgende identische Umformung aus Gl. (28):

$$\begin{aligned} A &= E \mid B\&A \\ &= \neg(\neg(E \mid B\&A)) = \neg(\neg E\&\neg(B\&A)). \end{aligned} \tag{29}$$

Bild 2.14b zeigt die dazugehörige logische Schaltung, die die in bekannter Weise rückgekoppelten NANDs enthält. Elektronisch ist dies eine bistabile Vibratorschaltung, oft auch als (Schmitt-) Trigger bzw. Flipflop bezeichnet.

Diese Schaltung ist in der Lage, 1-Signale von E oder 0-Signale von B aufzunehmen und zu fixieren. Signalspeicherung erfordert praktisch jedoch, daß ein und dasselbe Signal sowohl mit seinem 0-Pegel als auch mit seinem 1-Pegel fixiert werden kann. Das bedeutet, daß E und B vom gleichen Eingangssignal abgeleitet werden müssen.

Unbefriedigend ist weiterhin, daß ein solches Speicherelement jedes 0- bzw. 1-Signal aufnimmt. Für praktische Anwendungen ist es aber erforderlich, den Zeitpunkt der Signalübernahme angeben zu können. Dazu wird als schaltalgebraische Bedingung ein sog. Taktsignal eingeführt, hier als C (von engl. clock) bezeichnet:

$$\begin{aligned} A &= C\&E \mid \neg C\&A \\ \neg A &= C\&E \mid C\&\neg A. \end{aligned} \tag{30}$$

Bild 2.15 zeigt eine entsprechende Schaltung mit NAND-Elementen und das dafür verwendete Schaltsymbol (E ist durch D und A durch Q ersetzt).

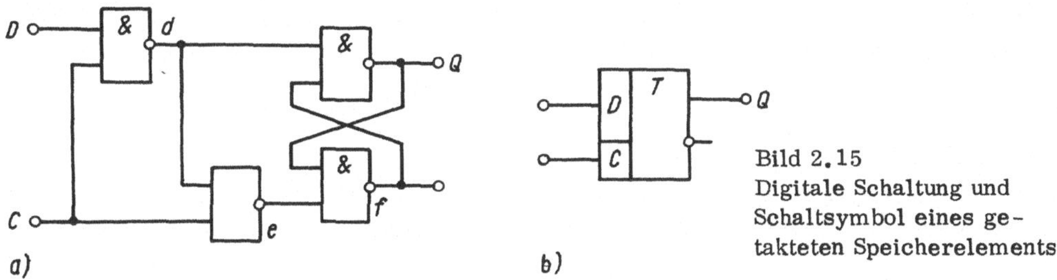

Bild 2.15
Digitale Schaltung und Schaltsymbol eines getakteten Speicherelements

Bevor jedoch die am Ende des vorangegangenen Abschnitts genannte Aufgabe als gelöst betrachtet werden kann, sind noch einige Überlegungen zu den Schaltprozessen in digitalen Schaltungen notwendig.

2.4. Zeitverhalten digitaler Schaltungen

Bisher wurde erläutert, wie die drei Haupteigenschaften digitaler Systeme technisch realisiert werden können. Dabei wurde sehr schnell von der elektronisch-konkreten zur abstrakt-binären Darstellung übergegangen. Diese Abstraktion war möglich bei Beschränkung auf das statische Pegelübertragungsverhalten der Schalterstufen.

Bekanntlich handelt es sich aber in der technischen Realisierung um elektronische Umladeprozesse, die wegen vorhandener Kapazitäten und begrenzten Stromes eine gewisse Zeit benötigen (vgl. [21] [22] [23]). Deshalb erfolgt bei einem Schalterelement der Wechsel von einem Zustand in den anderen nicht sprunghaft, sondern kontinuierlich während einer Übergangsphase, in der die Pegel nicht binär interpretierbar sind.

Die Umschaltdynamik digitaler Schaltungen ist eine sehr wichtige Eigenschaft, da sie die Geschwindigkeit bestimmt, mit der die jeweilige Schaltung als binäres System betrieben werden kann. Es kann hier auf die genaue Erläuterung des elektronischen Hintergrundes verzichtet werden, wichtig ist aber das Wesen des Effektes und seine Auswirkungen auf die binäre Abstraktion.

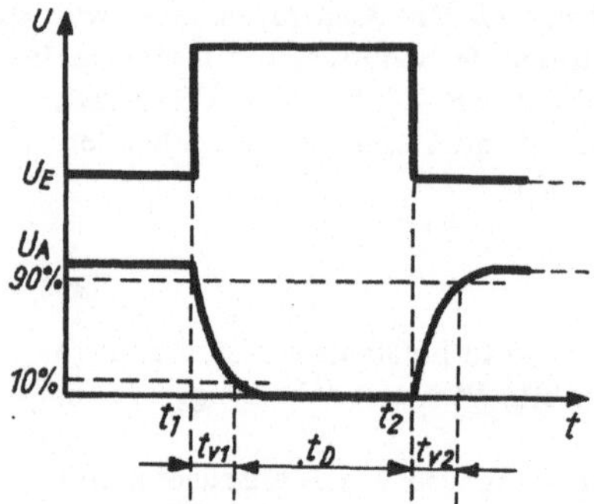

Bild 2.16
Schaltverzögerungen an realen Elementen

Bild 2.16 zeigt einen impulsförmigen Signalverlauf U_E am Eingang E einer Schalterstufe. Darunter ist der Signalverlauf U_A am Ausgang A dargestellt, wie er sich als Antwort auf den Eingangsimpuls ergibt. Bis auf detaillertere Ein- und Überschwingvorgänge ist ein im wesentlichen exponentieller Spannungsabfall bzw. -anstieg zu beobachten. Wenn der Signalpegel dann als binär interpretierbar betrachtet wird, sobald er sich um weniger als 10 % vom jeweiligen Endwert unterscheidet, so ist bis zum Einstellen des richtigen Ausgangspegels eine Verzögerungszeit t_{V1} ab der Vorderflanke des Eingangsimpulses festzustellen, an der Rückflanke tritt die Verzögerung t_{V2} auf.

Im allgemeinen müssen Ein- und Ausschaltverzögerung als verschieden angesehen werden. Durch geeignete Dimensionierung wird man aber versuchen, beide so gering wie möglich und möglichst gleich zu halten. Außerdem ist es kaum möglich, die Laufzeitverhältnisse in größeren Schaltungen unter Berücksichtigung unterschiedlicher Laufzeiten t_{V1} und t_{V2} zu untersuchen. Zur Vereinfachung wird deshalb oft mit $t_V = \max(t_{V1}, t_{V2})$, dann liegen die Abschätzungen auf der sicheren Seite, oder mit $t_V = (t_{V1}+t_{V2})/2$ gerechnet; im letzteren Fall geht man davon aus, daß in größeren Schaltungen die Signale in aufeinanderfolgenden Stufen immer wieder negiert werden, so daß sich die Verzögerungsunterschiede für Signalanstieg und -abfall gegenseitig aufheben.

Praktisch wirkt sich die endliche Umschaltzeit t_V so aus, daß ein Eingangssignal mindestens so lange anliegen muß, bis sich am Ausgang der zugehörige Signalpegel eingestellt hat, sonst ist die im Sinn eines binären Systems erwartete Wirkung nicht zustande gekommen. Die Zeit zwischen zwei Signaländerungen in den Zeitpunkten t_1 und t_2 muß also der Forderung genügen:

$$t_2 - t_1 \geqq t_V. \tag{31}$$

Wenn nun der Ausgang wiederum auf eine nachfolgende Stufe geschaltet wird, so gilt diese Überlegung auch für die Dauer des Ausgangssignals der ersten Stufe, d.h.

$$t_2 - (t_1 + t_V) = t_2 - t_1 - t_V \geqq t_V \tag{32}$$

bzw.

$$t_2 - t_1 \geqq 2\,t_V. \tag{33}$$

Soll das Signal am Ausgang einer aus n Stufen bestehenden Schaltung sicher beobachtbar sein, so folgt für den Abstand der Änderungen des Eingangssignals $t_2 - t_1 = n\,t_V$. n wird als Kettenlänge einer logischen Schaltung bezeichnet.

Gegenwärtig liegen die Elementeverzögerungen t_V etwa bei 1 bis 5 ns. Die Kettenlänge von einigermaßen komplizierten logischen Schaltungen liegt zwischen 10 und 20. Damit sind alle 10 bis 100 ns Signalwechsel möglich. Das bedeutet, es lassen sich gegenwärtig etwa 10 bis 100 Millionen elementare logische Operationen je Sekunde ausführen.

Für das Zeitverhalten von Speicherelementen sind die Verhältnisse etwas komplizierter als bei einer einfachen Kette. Aus Bild 2.15 erkennt man zunächst die dominante Bedeutung des C-Signals, denn Änderungen von D haben keine Wirkung, wenn nicht C = 1 ist. Man nimmt deshalb die 0/1-Flanke des C-Signals als Bezugspunkt für alle Zeituntersuchungen am Speicherelement.

Zur Illustration seien anhand des Bildes einige Fälle erläutert. Als erstes sei angenommen, daß D = 1, C = 0 und Q = 0 sei, d.h., das Speicherelement befindet sich stabil im „ausgeschalteten" Zustand. Wenn nun C = 1 wird, so pflanzt sich diese Signaländerung über d = 0 → Q = 1 und e = 1 → f = 0 → Q = 1 fort, so daß sich dieses Signal an Q wieder selbst hält. Das bedeutet, das C-Signal muß eine Dauer von 3 t_V anliegen, bis die Selbsthaltebedingung erfüllt und das Signal D im Speicherelement fixiert ist. Ähnlich liegen die Verhältnisse für die Anfangssituationen D = 0, C = 0, Q = 1 und D = 1, C = 0, Q = 1. Bei D = 0, C = 0, Q = 0 bleiben die wesentlichen Schaltzustände der Stufen des Speicherlements unverändert, so daß faktisch sofort der richtige Ausgangswert beobachtbar ist.

Nun sei angenommen, es liege die Situation D = 1, C = 1, Q = 1 vor, und es soll sich D auf 0 ändern. Diese Änderung pflanzt sich fort über d = 1 → e = 0 → f = 1. Das heißt, die Signaländerung an D durchläuft bis zur Fixierung vier Stufen. Wenn sich D wieder auf 1 ändert, so wird der Ausgang über die Folge d = 0 → e = 1 und Q = 1 → f = 0 → Q = 1 wieder auf 1 fixiert, in diesem Fall nach drei Stufen.
Insgesamt kann festgehalten werden:

1. Solange C = 1 ist, folgt der Ausgang dieses Flipflops mit einer Verzögerung von 4 t_V bzw. 3 t_V jeder Eingangsänderung an D.
2. Wenn C = 0 ist, entspricht der Ausgang des Elements der letzten Selbsthaltebedingung vor der Rückflanke 1/0 von C.
3. Die Dauer von C = 1 (das sog. Taktdach) muß mindestens 3 t_V betragen, um die Selbsthaltebedingung für die Übernahme von D zu erzeugen.
4. D (eigentlich nur D = 0) muß mindestens die Dauer von 4 t_V vor der Rückflanke von C stabil anliegen, damit es sicher übernommen werden kann.

Speicherelemente, die wie das eben erläuterte bei „offenem" Takt die Eingangsänderung zum Ausgang durchreichen und bei C = 0 den - grob gesagt - letzten Wert auf D festhalten, werden auch als Latch-Flipflops (von engl. einklinken) bezeichnet. Latch-Flipflops haben recht geringen Schaltungsaufwand, sind aber - wie noch erläutert wird - nicht immer einsetzbar. Es gibt deshalb auch Speicherschaltungen mit anderen logischen und Laufzeitcharakteristiken (vgl. dazu z. B. [21]).

Bild 2.17 zeigt ein allgemeines Zeitschema für Speicherelemente mit den wesentlichen charakteristischen Zeiten. Es ist mit den entsprechenden konkreten Werten für alle Flipflop-Typen gültig. t_C ist die notwendige Taktdauer (Taktbreite, Taktdachlänge), im obigen Beispiel war das 3 t_V. t_H ist die Haltezeit, die der Dateneingang nach der Taktvorderflanke noch anliegen muß (oben galt $t_H = t_C = 3t_V$). t_S ist die Setzzeit, die das Datensignal vor der Vorderflanke des Taktes anliegen muß (unter der Bedingung $t_C = 3\,t_V$ galt oben $t_S = t_V$). t_Q ist die Zeit von der Taktvorderflanke bis zum Anliegen eines stabilen Ausgangssignals (im Beispiel war das auch 3 t_V).

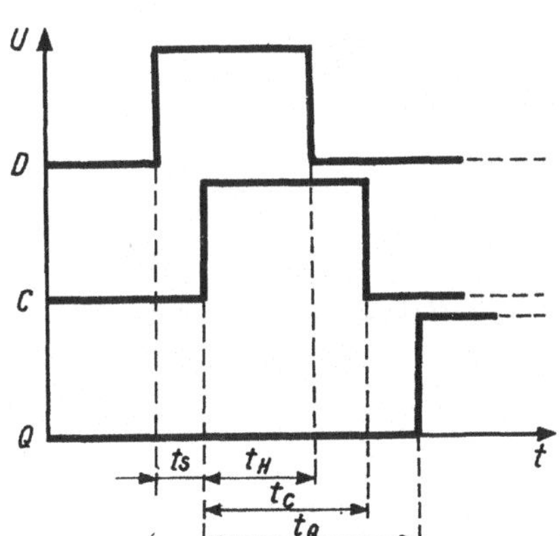

Bild 2.17
Schaltverzögerungen an Speicherelementen

Für den Aufbau komplizierterer Schaltungen mit Speicherelementen ergeben sich aus dem Zeitverhalten der Basiselemente einige weitere Probleme und Schwierigkeiten, die noch kurz erläutert werden sollen.

Statistische Verteilung der Verzögerungszeiten

Bei den bisherigen Überlegungen wurde von gleichen Verzögerungszeiten für Vorder- und Rückflanke eines Impulses und für alle Elemente ausgegangen. Praktisch haben aber Schaltelemente unterschiedlichen Typs meistens verschiedene Verzögerungszeiten, und außerdem streuen die realen Verzögerungszeiten von Elementen gleichen Typs um eine typische Verzögerungszeit. Ungünstigerweise kann oft keine garantierte Mindestverzögerung angegeben werden, so daß im Extremfall null angenommen werden muß, d.h., ein Element könnte auch ideal zeitlos schalten.

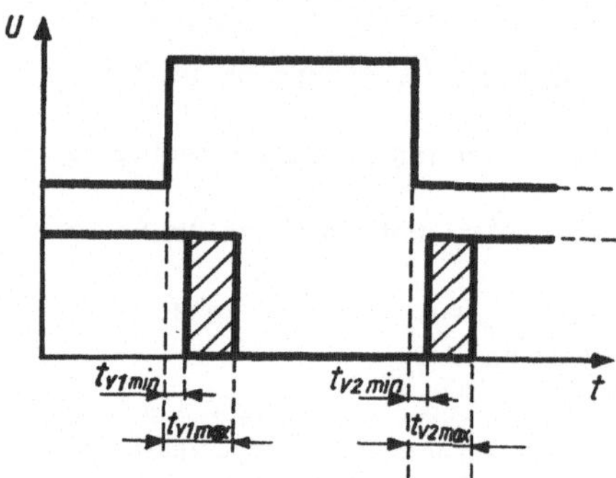

Bild 2.18. Schalttoleranzen durch Streuung der Verzögerungszeiten

Bild 2.18 zeigt ein Impulsdiagramm, wo das schraffierte Feld den Streubereich angibt, in dem eine Flanke durchgeschaltet sein kann oder nicht. Dieser Sachverhalt ist insbesondere bei den folgenden Problemen zu berücksichtigen.

Synchronisation

Soll systemintern ein Symbol gespeichert werden, so bedeutet das, daß die entsprechende Signalgruppe, die das Symbol in Form einer Binärcodierung repräsentiert, in Speicherelementen fixiert werden muß. So braucht beispielsweise ein Byte acht binäre Speicherelemente. (Die durch interne Symboldarstellung logisch zusammengehörigen Speicherelemente werden auch als Register bezeichnet. Das Speichern eines Bytes erfordert demzufolge ein 8-Bit-Register.)

Der logische Zusammenhang dieser Speicherelemente verlangt, daß Zeitpunkt der Signalaufnahme und Zeitraum der Signalweitergabe koordiniert werden, damit immer die zusammengehörigen Signale behandelt werden. Dies bedeutet eine Synchronisierung des Schaltverhaltens, die durch gleiche Taktsignale erreicht wird.

Taktabstände

Kompliziertere digitale Schaltungen lassen sich - sinnvoll zusammengefaßt - in der im Bild 2.19 gezeigten Weise darstellen (Register-Transfer-Darstellung). Ein Symbol befindet sich in einem Eingangsregister ER, wird über eine logische Schaltung K verarbeitet und in ein Ausgangsregister AR übernommen. (Der Registercharakter der zu ER bzw. AR gehörigen Flipflops kommt speziell durch die gleiche Taktierung mit C1 bzw. C2 zum Ausdruck.)

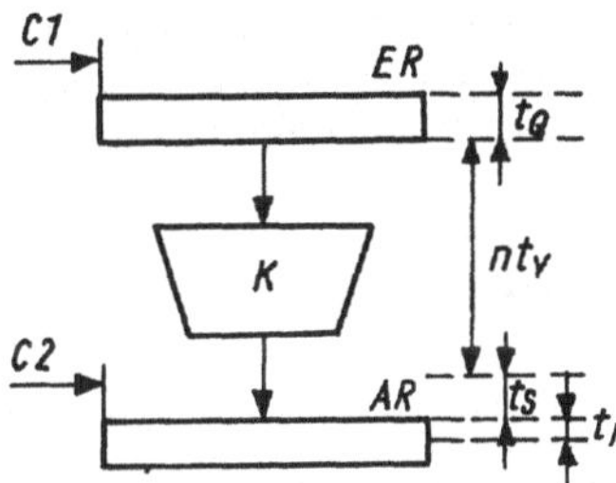

Bild 2.19. Zeitverhältnisse an getakteten sequentiellen Schaltungen

Der Abstand $t_{C1 \to C2}$ der Taktvorderflanken von C1 und C2 muß nun so gewählt werden, daß in AR ein stabiler Signalvektor übernommen werden kann. Das heißt, die Vorderflanke von C2 darf nicht eher auftreten, als bis die Speicherelemente von ER durchgeschaltet haben (t_Q), bis die Schaltung K „eingeschwungen" ist ($n\,t_V$) und bis die Setzzeit t_S für die Speicherelemente von AR vergangen ist:

$$t_{C1 \to C2} = t_Q + n\,t_V + t_S. \tag{34}$$

Damit das Verarbeitungsergebnis aus K sicher in AR fixiert werden kann, muß darüber hinaus noch die Haltezeit t_H für die Daten eingehalten werden, d.h., C1 darf nicht eher eine neue Änderung an ER einleiten:

$$t_{C1 \to C1} = t_Q + n\,t_V + t_S + t_H. \tag{35}$$

Taktsysteme

Gln. (34) und (35) sind die Bedingungen für die Taktierung zweier aufeinander folgender Register. Die Frage ist hierbei unter anderem, ob eventuell beide Register mit dem gleichen Takt geschaltet werden können, d.h. ob C1 = C2 sein kann. Das würde die Taktsignalerzeugung vereinfachen. Außerdem wäre es dann möglich, daß AR weggelassen werden könnte und der Ausgang von K direkt in ER eingetragen wird. Auf diese Weise ließe sich eine einfache Rückkopplung realisieren, die für viele (rekursiv arbeitende) Algorithmen benötigt wird. Als Beispiel sei das Problem der Addition einer seriellen Bitfolge genannt, wie es am Ende von Abschn. 2.2. formuliert wurde. Diese könnte dann beispielsweise durch die in Bild 2.20a dargestellte Struktur realisiert werden.

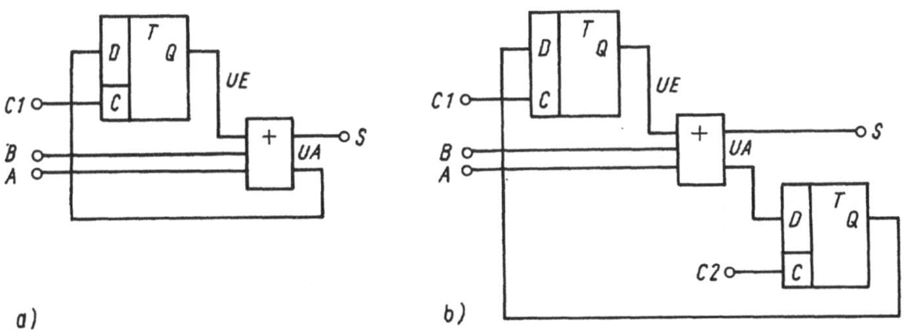

Bild 2.20. Zeitserielle Addierschaltung

Zur Beantwortung dieser Frage sind Gln. (34) und (35) unter der Bedingung C2 = C1 zu betrachten. Dabei ist auch der spezielle Fall $t_Q = t_V = t_S = 0$ zu berücksichtigen, der durch Parameterstreuung der verwendeten Elemente vorkommen kann. Für diesen stellt sich heraus, daß die durch die beiden Gleichungen ausgedrückten Übernahmebedingungen nicht nur für zwei aufeinanderfolgende Taktsignale C1 und C1´- wie ursprünglich unterstellt -, sondern sogar noch für denselben Takt C1 erfüllt sind. Anschaulich bedeutet das folgendes: Das Signal UA im Bild 2.20a wird bei C1 = 1 in das Speicherelement übernommen, erscheint aber wegen $t_Q = 0$ sofort am Ausgang UE, stellt sich wegen $t_V = 0$ ebenfalls zeitlos als neuer Wert UA ein und wird, wenn C noch 1 ist, bereits wieder ins Speicherelement übernommen. Es kann auf diese Weise zu einer mehrfachen Modifikation von UE kommen, so daß - wenn schließlich C1 = 0 wird - ein unbestimmter und möglicherweise falscher Wert im Speicherelement fixiert wird.

Um zu garantieren, daß in UE jeweils nur der letzte Wert UA übernommen wird, muß also weiterhin gefordert werden:

$$t_Q + n\,t_V + t_S > t_C. \tag{36}$$

Das heißt, die Signallaufzeit durch Speicherelement und Schaltung muß garantiert größer sein als die Taktdachlänge, damit ein rückgekoppeltes Signal das Speicherelement erst wieder bei C = 0 erreichen und der neue Wert sich nicht zu zeitig auswirken kann.

Man erfüllt diese Forderung an solch ein Ein-Takt-System auf zweierlei Weise: Einmal kann t_C so klein gemacht werden, daß wegen der tatsächlich doch nie ganz verschwindenden t_Q, t_V, t_S, t_H Gl. (36) erfüllt ist. Man erreicht dies mit sog. flankengesteuerten Flipflops, die nur in einem ganz engen Bereich um die 0/1-Flanke des C-Signals für Daten aufnahmebereit sind. Die zweite Möglichkeit ist, daß $t_Q > t_C$ erzwungen wird, d.h., das neue Signal darf erst am Ausgang des Speicherelements erscheinen, nachdem das Taktsignal wieder 0 ist. Solche Speicherelemente sind meistens sog. Master-Slave-Flipflops. Sie bestehen aus zwei Speicherstufen (Masterteil und Slaveteil), wobei die erste das Datensignal mit C = 1 übernimmt und die zweite den Inhalt der ersten mit C = 0 auf den Ausgang überträgt. (Siehe dazu [21].)

Generell wird also Gl. (36) durch geeignete Gestaltung der Speicherelemente erfüllt. Die andere denkbare Möglichkeit, t_V, t_S bzw. n hinreichend groß zu machen, hieße, garantierte Mindestverzögerungen der Schaltelemente zu fordern. Das würde aber die Schaltzeit aller Komplexe proportional vergrößern, weil im übrigen die Schaltzeiten so kurz wie möglich sein sollen.

Flankengesteuerte und Master-Slave-Flipflops sind aufwendiger und teurer. Sehr häufig werden deshalb die einfacheren Latch-Flipflops verwendet, was zum Mehrtaktsystem zwingt. Die unterschiedlichen Taktsignale - auch Taktphasen genannt - werden meist durch Untersetzung eines Grundtaktes gebildet. Am häufigsten findet man symmetrische Zwei- und Viertaktsysteme, aber auch andere Taktsysteme mit mehreren bzw. ungleichen Taktphasen sind üblich. Eine Folge von verschiedenen Taktphasen, die sich periodisch wiederholen, wird als Taktzyklus bezeichnet (siehe Bild 2.21).

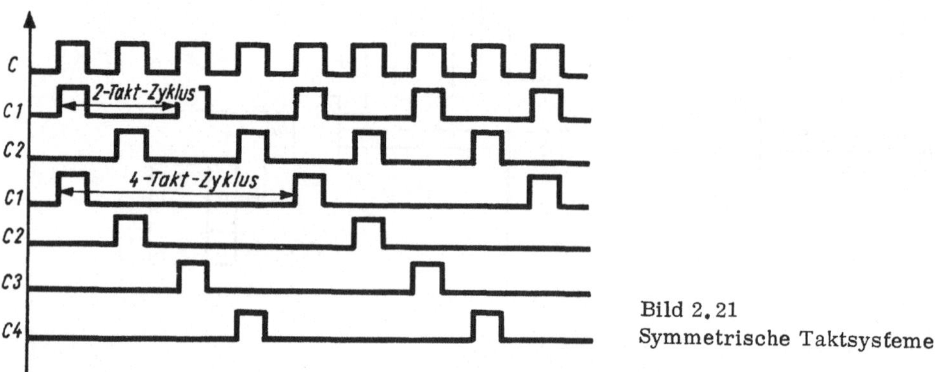

Bild 2.21
Symmetrische Taktsysteme

Bild 2.20b zeigt abschließend die Realisierung der seriellen Addition einer Dualzahl unter Verwendung von Latch-Flipflops mit Hilfe eines Zweitaktsystems.

Wettlauferscheinungen

In vermaschten Schaltungen besteht die Möglichkeit, daß durch unterschiedliche Laufzeiten auf verschiedenen Signalwegen Zwischenimpulse auftreten. Bild 2.22 zeigt als Beispiel eine einfache Schaltung und ein dazugehöriges Impulsdiagramm. Man sieht, daß beim Umschalten des Eingangs von 0 auf 1 am Ausgang ein zeitweiliger 1-Impuls auftritt, obwohl der erwartete und schließlich auch eintretende Ergebniswert nur ein 0-Signal sein darf.

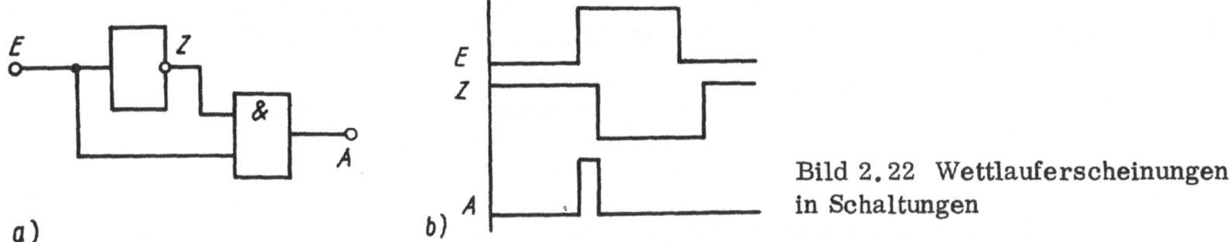

Bild 2.22 Wettlauferscheinungen in Schaltungen

Wenn die Verzögerungszeiten kalkulierbar sind, werden diese Effekte mitunter bewußt ausgenutzt, z. B. zur Bildung von Steuer- oder Taktsignalen. Meist führen sie jedoch zu unerwünschten, schwer überschaubaren Wirkungen (Hazards), die die determinierte Arbeitsweise eines digitalen Systems stören können. Man versucht deshalb, solche Effekte durch hazardfreien Entwurf oder geeignete Taktierung zu vermeiden.

Auf weitere Probleme des Zeitverhaltens digitaler Schaltungen soll im gegebenen Rahmen nicht eingegangen werden. Es sollten lediglich die hauptsächlichsten Probleme und Überlegungen vorgestellt und die praktisch wichtigsten Lösungsansätze bekanntgemacht werden. Für eine detailliertere Beschäftigung sei etwa auf [4] [12] [34] [35] hingewiesen.

3. Besonderheiten komplexer digitaler Systeme und ihres Entwurfs

3.1. Charakteristik komplexer digitaler Systeme

Es ist zunächst notwendig, den Begriff komplexes digitales System etwas genauer zu bestimmen. Wann ist es berechtigt, ein System als komplex zu bezeichnen? Welche Eigenschaften sind typisch für komplexe digitale Systeme?

Die erste und hervorstechendste Eigenschaft ist zweifellos die große Anzahl elementarer binärer Schaltstufen (auch als logische Gatter bezeichnet) bzw. von Speicherelementen. Noch bevor die Mikroelektronik einen enormen Komplexitätszuwachs im gesamten Bereich der Digitaltechnik hervorbrachte und als größere Systeme noch mehrere Schrankreihen ausfüllten, war es berechtigt, von komplexen digitalen Systemen zu sprechen, wenn diese einige tausend bis zehntausend Gatter und einige zehntausend binäre Speicherelemente enthielten. Durch die Mikroelektronik, die bereits einige hundert bis einige tausend, teilweise auch zehntausend Gatter bzw. einige hunderttausend Speicherelemente auf einer Fläche von wenigen Millimetern Kantenlänge unterbringen kann, werden damit bereits recht kleine, handliche Geräte zu - im logischen Sinn - komplexen Systemen.

Eine ähnliche Entwicklung haben die externen Speichermedien aufzuweisen. Waren die ersten Speicherprinzipien rein mechanisch (Lochkarte, Lochstreifen) mit Datenbeständen von einigen tausend Zeichen auf auswechselbaren Datenträgern, so führte vor allem die Weiterentwicklung der magnetischen Aufzeichnungstechnik zu aktuell verfügbaren Datenbeständen von etlichen Millionen Zeichen auf auswechselbaren Datenträgern. Bei dieser Aufzeichnungsdichte stehen auch kleinen Systemen noch externe Speicher von einigen Millionen Zeichen zur Verfügung.

Eine zweite typische Eigenschaft komplexer digitaler Systeme besteht darin, daß sie nur noch in speziellen Fällen eine rein binäre Funktion nach außen realisieren - etwa bei der Steuerung von einfachen Maschinen und Prozessen -, sondern daß letztlich mit der großen Anzahl von Schalt- und Speicherelementen wesentlich kompliziertere Funktionen eines reichhaltigen Symbolvorrates ausgeführt werden. So gehört die normale Arithmetik heute zur Funktion beinahe aller digitalen Systeme. Durch die Darstellung weiterer Symbole, beispielsweise Buchstaben, Sonderzeichen (z.B. Klammern, Trennzeichen, Operationssymbole), lassen sich kompliziertere Zusammenhänge im System abbilden und durch das System bearbeiten. Dadurch werden beispielsweise Textspeicherung und -verarbeitung, Formelbehandlung und ähnliches möglich.

Als dritte wesentliche Eigenschaft muß die Programmierbarkeit genannt werden. Sie ergibt sich aus Zeichenvorrat, Funktionsvielfalt und umfangreichem internem Speicherraum dadurch, daß die konkret auszuführende Folge von Verarbeitungsfunktionen durch im Speicher befindliche Operationssymbole gesteuert wird. Damit wird es möglich, beinahe beliebige Verarbeitungsvorschriften (Algorithmen) zu formulieren und systemintern abzuarbeiten.

Wenn Programmieren etwas anspruchsvoll als Lernen durch Belehrung bezeichnet wird, so können solche Systeme mit gewisser Berechtigung als lernfähig bezeichnet werden. Es leuchtet ein, daß damit eine hohe Anpassungsfähigkeit digitaler Systeme erreicht wird und die Einsatzmöglichkeiten wesentlich erweitert werden.

Als Konsequenz der Programmierbarkeit ergibt sich die Unterscheidung von Software- und Hardwareaspekt digitaler Systeme. Die Hardware, d.h. das als technisches Gerät realisierte System, hat die Aufgabe, einen solchen funktionell reichhaltigen Vorrat an Grundoperationen bereitzustellen, daß die Software, d.h. die speicherstationierten Anweisungsfolgen aus Grundoperationen, alle für ein vorgegebenes Anwendungsgebiet benötigten Verarbeitungsfunktionen formulieren kann. Neben Gemeinsamkeiten weisen Software- und

Hardwareentwurf spezifische Besonderheiten auf. Der Hardwareentwurf hat als besondere Komponente technisch-konstruktive Gesichtspunkte zu berücksichtigen, der Softwareentwurf ist vor allem durch abstrakt-mathematische Überlegungen gekennzeichnet.

Schließlich muß als vierte wichtige Eigenschaft komplexer digitaler Geräte die große Operationsgeschwindigkeit angesehen werden. Moderne Systeme führen ihre Grundoperationen (nicht zu verwechseln mit den binären Elementarfunktionen) in etwa einer Mikrosekunde und weniger aus. Das entspricht einer Operationsgeschwindigkeit von über einer Million Operationen je Sekunde. Dadurch ergibt sich die Komplexität moderner Systeme nicht allein aus der Anzahl der Gatter und Flipflops, sondern auch aus der großen Anzahl von Berechnungsschritten je Zeiteinheit als Ablaufkomplexität innerhalb eines Algorithmus.

3.2. Probleme des Entwurfs komplexer Systeme

Die Schwierigkeiten und besonderen Probleme des Entwurfs komplexer digitaler Systeme resultieren in erster Linie aus der großen Anzahl von Gattern und Speicherelementen, die ein solches System enthält. Die Struktur eines Systems, d.h. Anzahl und Typ seiner Elemente sowie deren gegenseitige Verknüpfung, muß durch den Entwurf ausgearbeitet und exakt beschrieben und als funktionsfähig nachgewiesen werden.

Daraus ergibt sich als erstes Problem die Frage, wie dieser Umfang entwurfsmethodisch zu beherrschen ist. Letztlich läßt sich der endgültige Entwurf in Form von einigen tausend, zehntausend oder mehr logischen Gleichungen exakt niederschreiben (vgl. Abschnitt 2.2.). Wie bestimmt man aber diese Gleichungen? Auf welche Weise werden technisch-konstruktive Gesichtspunkte eingearbeitet? Sind überhaupt logische Gleichungen das einzige Mittel, um das System konkret zu beschreiben?

Das zweite Problem besteht im dafür zu erbringenden Arbeitsaufwand. Als Erfahrungswert kann angegeben werden, daß eine durchschnittliche Arbeitskraft im Jahr ein System mit etwa 2000 Gattern entwerfen kann. Hierunter sind allerdings nicht nur die letzten schaltalgebraischen Schritte des Entwurfsprozesses zu verstehen, sondern alle notwendigen Vor- und Detaillierungsarbeiten von der Aufgabenstellung an. Nicht enthalten sind dagegen softwaretechnische Arbeiten wie z.B. Mikroprogrammierung, Unterstützungs- und Anwendungsprogramme.

Dieser Wert kann in relativ großen Grenzen schwanken (-50 %, +100 %). Das hängt ab von der Größe der Schaltungen (größere Systeme senken den Durchschnitt), von der Regularität der zu entwerfenden Schaltungen (z.B. sind Speicher in diesem Sinn sehr reguläre und damit einfacher zu entwerfende Schaltungen), von Schwierigkeit und Umfang der konzeptionellen Vorarbeiten, von vorhandenen Hilfsmitteln und der Qualifikation des Entwurfskollektivs.

Aus den genannten Zahlen folgt, daß für komplexe digitale Systeme je nach Größe des Systems und nach Anzahl der Mitarbeiter reine Entwurfszeiten von einigen Monaten bis zu einigen Jahren benötigt werden können. (Die gesamte Entwicklungszeit umfaßt außer Entwurf auch andere Arbeiten, vor allem technisch-konstruktive.) Die beteiligten Kollektive können aus fünf bis zehn, aber auch aus einigen Dutzend Mitarbeitern bestehen.

Aus dem eben Gesagten leitet sich als drittes Problem die Organisation des gesamten Entwurfs- und Entwicklungsprozesses ab. Der notwendige große Zeit- und Arbeitskräftefonds, der einen hohen Kostenanteil bedeutet, erfordert die vorausschauende Planung der Entwicklung und das sichere Beherrschen ihres Ablaufs.

Ein erstes Teilproblem dieses Aspektes ist die Notwendigkeit der detaillierten Planung des Zeitablaufs einer längeren Entwicklung. Dazu ist die Kenntnis der einzelnen Entwicklungsabschnitte und der dabei zu bewältigenden inhaltlichen Aufgaben notwendig.

Damit im Zusammenhang steht als zweites Teilproblem die Arbeitskräfteplanung. Sie muß - von durchschnittlichen Richtwerten ausgehend - den differenzierten Arbeitskräftebedarf der einzelnen Entwicklungsetappen aufschlüsseln. Dabei sind die speziellen Anforderungen der verschiedenen Etappen hinsichtlich Arbeitskräftekonzentration und Spezialisierung zu berücksichtigen.

Mit beiden Teilproblemen ist ein drittes verbunden, dies betrifft die Untersetzung der gesamten Arbeitsaufgabe in Teilaufgaben für zeitlich parallel oder nacheinander arbeitende Teilkollektive. Das muß so geschehen, daß jedes Teilkollektiv seine Aufgabe in relativer Selbständigkeit und von störenden Einflüssen so frei wie möglich erfüllen kann, daß aber auch das notwendige Maß an Kommunikation und Zusammenarbeit gewährleistet ist.

Ein viertes Teilproblem der Entwicklungsorganisation ist schließlich die Kontrolle des Entwicklungsablaufs und der Einhaltung der Zielparameter (Funktion, Leistung, Kosten, Termin usw.). Sie muß für die zeit- und personalaufwendige Entwicklung komplexer Systeme eine weitgehende Garantie für das Zustandekommen des angestrebten Endergebnisses sichern. Das bedeutet, solche kontrollfähige Zwischenergebnisse und meßbare Zwischenparameter zu definieren, daß sich daraus verläßliche Schlußfolgerungen auf das Erreichen des Entwicklungszieles oder Hinweise auf notwendige Korrekturen ergeben.

Die Betrachtung komplexer digitaler Systeme muß sich schließlich noch mit einem wichtigen vierten Problem auseinandersetzen. Es entsteht aus der Tatsache, daß aufgrund des Umfangs und der Kompliziertheit moderner digitaler Systeme Fehler in vielfältiger Weise eine nicht zu vernachlässigende und zu unterschätzende Rolle spielen. Sowohl durch das Zusammenwirken vieler, im einzelnen nicht völlig zuverlässiger Bauelemente als auch durch Irrtümer und Versehen im Entwurfs- und Fertigungsprozeß muß mit einer großen Fehlerzahl gerechnet werden.

Die Ausfallraten moderner (integrierter) elektronischer Bauelemente liegen bei etwa 10^{-8} Ausfällen je Stunde, für diskrete Elemente (Widerstände, Kondensatoren, Transistoren) und Verbindungselemente (Stecker, Wickelverbindungen) teilweise darüber (vgl. [35] [36] und Abschn. 6.3.2.). Für sehr große Systeme kann das bedeuten, daß im Durchschnitt mit einem Fehler in drei Monaten gerechnet werden muß (Fertigungsfehler und Anfangsausfälle nicht gerechnet). Besonders nachteilig kann dies werden, wenn Fehler unbemerkt bleiben oder schwer zu lokalisieren und zu beseitigen sind.

Für Entwurfsfehler gibt es Erfahrungswerte. Auf 1000 logische Elementarfunktionen (d.h. etwa 1000 Gatter) ist mit fünf Fehlern zu rechnen (vgl. z.B. [37]). Sie sind eine objektive Erscheinung des Arbeitsprozesses, die nicht durch pauschale Aufforderungen zur Sorgfalt beeinflußt werden kann. Ihre Beseitigung erfordert exakte, d.h. von subjektiven Einflüssen weitgehend freie Kontrollmechanismen, die fester Bestandteil des Arbeitsprozesses sein müssen.

Um die Fehlerproblematik insgesamt zu beherrschen, ist es notwendig, sowohl im Prozeß der Entwicklung als auch im Prozeß der Anwendung eines komplexen Systems geeignete Maßnahmen vorzusehen und entsprechende Mittel bereitzustellen. Besondere Bedeutung kommt dabei der speziellen Gestaltung des Systems selbst zu (Diagnoseentwurf).

Ergänzend muß hier erwähnt werden, daß aus der Programmierbarkeit moderner digitaler Systeme das spezielle Gebiet des Softwareentwurfs hervorgeht. Prinzipiell treten hierbei die für den Hardwareentwurf erläuterten Hauptprobleme ebenfalls auf. Die Kostenentwicklung sagt sogar aus, daß der Softwareentwurf inzwischen größere Aufwendungen verlangt. Der Gegenstand des Softwareentwurfs unterscheidet sich jedoch trotz vieler Analogien in wichtigen Punkten vom Hardwareentwurf. Es ist im Rahmen dieses Buches nicht möglich, aber auch nicht erforderlich, darauf näher einzugehen; dazu sei auf z.B. [38] [39] [40] verwiesen.

Die systematische Lösung der erwähnten Probleme bedarf einer einheitlichen konzeptionellen Grundlage, die der Komplziertheit des Systems und seines Entwicklungsprozesses angemessen ist. Die Hauptaufgabe muß dabei vor allem darin bestehen, die Probleme überschaubar zu machen und in beherrschbare Teilprobleme aufzulösen. Dies leistet das Hierarchiekonzept. Es bildet in der Praxis die Grundlage für eine konkrete auf Detailprobleme orientierte umfangreiche maschinelle Unterstützung des Entwurfsprozesses. In den folgenden Hauptabschnitten wird dies im einzelnen dargestellt.

4. Hierarchische Betrachtung komplexer Systeme

4.1. Blockkonzept

Der geschilderte Umfang komplexer digitaler Systeme in bezug auf Bauelementenanzahl, Arbeitszeit- und Arbeitskräfteaufwand macht eine Portionierung der gesamten Entwurfsaufgabe in Teilaufgaben notwendig. Dem muß das gedankliche Unterteilen des zu entwerfenden Systems in Teile vorausgehen. Diese bestimmen die zu formulierenden Teilaufgaben und den Ablauf des aus Teilprozessen zusammengesetzten Entwurfsprozesses sowie die zwischen den Teilen befindlichen Schnittstellen, d.h. Zwischenergebnisse, Übergabeleistungen u. ä.

Diese Methodik wird allgemein als Blockkonzept bezeichnet. Dabei ist ein Block eine verallgemeinerte, nicht unbedingt technisch-konstruktive Kategorie. Er kann gekennzeichnet werden als fest abgegrenzte Einheit von beliebigen Objekten, die untereinander und mit anderen Objekten im Zusammenhang stehen können, wobei deutlich zwischen inneren und äußeren Zusammenhängen unterschieden wird.

Blöcke können konkret-materielle Objekte sein, wie es in technischen Geräten der Fall ist, speziell auch bei elektronischen Schaltungen; sie können jedoch auch aus abstrakteren, z.B. mathematischen Objekten bestehen, etwa aus Aussagen oder Anweisungen. Solche Blöcke bilden die Grundlage für das Formulieren von Teilaufgaben bzw. Teilprozessen (Algorithmen, Programme).

Wenn die zu einem Block zusammengesetzten Objekte ihrerseits wieder Blöcke sind, spricht man von Blockschachtelung. Geschachtelte Blöcke lassen sich als Mehrebenensystem beschreiben, wobei in jeder Ebene jeweils nur die äußeren Zusammenhänge der Blöcke dargestellt sind (siehe Bild 5.3). Man erhält so eine Beschreibungshierarchie, die dem Ordnungsprinzip des Übergangs vom Gröberen zum Feineren, vom Globalen zum Detaillierten entspricht.

Im Fall des Systementwurfs ist das Blockkonzept in vierfacher Hinsicht zu sehen:

- darstellungsbezogene Blockbildung: Herstellungsprozeß und Anwendung eines digitalen Systems erfordern die genaue Beschreibung aller notwendigen Details. Der Umfang komplexer Systeme macht eine Aufteilung in Beschreibungsblöcke notwendig, wobei diese Inhalt und gegenseitigen Zusammenhang exakt darstellen müssen.

  Die Systemdarstellung auf der Basis von Beschreibungsblöcken ist aus Gründen der Übersichtlichkeit und des Verständnisses von komplexen Systemen praktisch unabdingbar. Es ist jedoch zu berücksichtigen, daß sich die letzte Detaillierung erst am Ende des Entwurfsprozesses ergibt. Am Anfang steht eine mehr oder weniger exakte Aufgabenstellung, die im Verlauf des Entwurfsprozesses schrittweise verfeinert und in konkrete Teilergebnisse umgesetzt wird. Dadurch ergibt sich die Blockschachtelung nicht nur aus didaktischen Gründen, sondern auch als Resultat eines hierarchischen Entwurfsprozesses.

  Die darstellungsbezogene Blockbildung ist gegenüber allen noch zu nennenden Aspekten primär, aus ihr leiten sich die anderen Blockbildungen ab.
- technisch-konstruktive Blockbildung: Sie entsteht direkt aus der materiellen Realisierung von Beschreibungsblöcken in Form von konstruktiven Einheiten, z.B. Schaltkreisen, Leiterkarten, Einschüben, Schränken o.ä. Die Objekte dieser Blöcke bestehen aus elektronischen Baugruppen, deren Zusammenhang durch elektrisch leitende Verbindungen gegeben ist. Der Zusammenhang über Blockgrenzen hinweg wird mittels spezieller Anschlußbaugruppen realisiert (Stecker, Lötverbindungen u.ä.), die das Trennen und erneute Herstellen dieser Verbindung gestatten. Dies unterstreicht die relative Eigenständigkeit von Blöcken und ermöglicht die damit verbundenen Vorteile, z.B. für Entwurf, Herstellung, Fehlersuche und Reparatur. Technisch-konstruktive Blöcke wer-

den auch als Module bezeichnet, ein bewußt darauf ausgerichteter Entwurf als Modularisierung bzw. Modularkonzept.

- zeitliche Blockbildung: Die notwendigerweise schrittweise Konkretisierung des Systems entsprechend der Beschreibungshierarchie führt zur Unterteilung des gesamten Entwurfsablaufs in einzelnen Entwicklungsetappen, auch Etappen- oder Phasenkonzept genannt. Jede Entwicklungsetappe beschäftigt sich dabei hauptsächlich mit den Blöcken einer Ebene der Beschreibungshierarchie. Sie baut auf den Ergebnissen der vorhergehenden Etappe auf, wobei sie diese im wesentlichen unverändert läßt, und erarbeitet detailliertere Ergebnisse, die wiederum als stabile Grundlage für die folgende Etappe dienen.
- organisatorische Blockbildung: Die aus Beschreibungshierarchie, technischer und zeitlicher Blockbildung abzuleitenden Teilaufgaben können für größere Systeme zweckmäßigerweise verschiedenen Teilkollektiven zugeordnet werden. Damit wird Spezialisierung und Parallelarbeit an mehreren Teilaufgaben ermöglicht, was der Beschleunigung des Entwicklungsprozesses dient.

  Als Grundlage kann sowohl die technisch-konstruktive als auch die zeitliche Blockbildung verwendet werden. Im ersten Fall übernimmt ein Kollektiv die Entwicklung eines Moduls über den gesamten Entwicklungsablauf, im zweiten bearbeitet ein Teilkollektiv einen Komplex nur während einer bestimmten Entwicklungsetappe und übergibt sein Arbeitsergebnis anschließend einem anderen Kollektiv. Beides ist üblich - auch gemischt - und richtet sich vor allem danach, wie Spezialisierung und Parallelarbeit optimal angewendet werden können.

  Praktisch erfolgt die Entwicklungsorganisation bekanntlich so, daß eine komplexe Entwicklungsaufgabe in Themen und Unterthemen gegliedert und einzelnen Themenkollektiven zugewiesen wird (Themenkonzept).

Die praktische Durchführung des Hierarchiekonzepts mit seinen vier Komponenten erfordert als erstes, die Beschreibungshierarchie als die wichtigste Grundlage in eine konkrete, handhabbare Form zu bringen. Darauf bauen exakte Aufgabenstellungen als eigentlicher Kristallisationskern des Entwurfsprozesses auf. Dazu werden Lösungsmethoden und -algorithmen benötigt, die die Arbeitsmittel für den praktischen Entwurf bilden.

Das Konkretisieren der Beschreibungshierarchie bedeutet, Beschreibungsformen bereitzustellen, die die wichtigsten Merkmale des Blockkonzepts adäquat widerspiegeln: 1. Beschreibung der Objekte, die einen Block bilden, 2. Beschreibung ihres Zusammenhangs innerhalb eines Blocks, 3. Realisierung der Blockschachtelung und der Mehrebenendarstellung.

Blockkonzept und Blockschachtelung beruhen ganz wesentlich auf dem Wechselspiel von funktioneller und struktureller Betrachtungsweise eines Systems. An den Objekten eines Blocks interessiert zunächst nicht ihr eventueller Aufbau, d.h. die Tatsache, ob sie ihrerseits wieder als Block aufgefaßt werden können, sondern lediglich ihre äußere Wirkung, ihre Funktion im Wechselspiel mit den anderen Objekten eines Blocks. Der Zusammenhang der Objekte, d.h. Funktion der Objekte und Verbindung untereinander, bestimmt die innere Gestalt, den Aufbau bzw. mit anderen Worten die Struktur eines Blocks, aus der sich wiederum die Wirkung des Blocks nach außen, d.h. seine Funktion in einer anderen Ebene ergibt.

Grob charakterisiert, kann die Funktion eines digitalen Systems als das „Was wird vom System ausgeführt" erklärt werden, die Struktur als „Wie wird es vom System ausgeführt" Funktioneller und struktureller Aspekt stehen somit in einem engen Wechselverhältnis: Die Struktur erklärt und bestimmt die Funktion eines Blocks, baut aber ihrerseits wieder auf der Funktion von Unterblöcken auf. Dieses Wechselverhältnis bildet den Schlüssel zur Lösung von Blockschachtelung und Mehrebenendarstellung: Beschreibung eines Blocks auf einer Ebene heißt Darstellung seiner Struktur. Die Verbindung zur nächst niederen Ebene ist durch die Angabe der Funktion der Unterblöcke gegeben, die als Ergebnis der dort beschriebenen Unterblockstruktur entsteht. Die Verbindung zur nächst höheren Beschreibungsebene wird hergestellt, indem die Strukturbeschreibung des Blocks auf seine äußere Wirkung, d.h. auf seine Funktion verdichtet wird.

Die folgenden Abschnitte beschäftigen sich mit konkreten strukturellen und funktionellen Beschreibungsmitteln und deren Anwendung innerhalb einer Beschreibungshierarchie.

4.2. Systemdarstellungen

4.2.1. Grundlagen

Wer sich für Details eines digitalen Systems interessiert, pflegt gewöhnlich ein Schaltbild zu benutzen, etwa wie Bild 2.8 oder 2.9. Es gibt in stilisierter Form die Verschaltung der digitalen Baugruppen an, indem die Bauelemente durch Schaltsymbole und die leitenden Verbindungen zwischen ihnen als Linien zwischen den symbolischen Anschlüssen der Schaltsymbole dargestellt werden.

Schaltbilder repräsentieren unmißverständlich das reale technische System, denn sie können direkt als Bauplan verwendet werden, nach dem das entworfene digitale System aus Schaltelementen aufgebaut werden kann. Andererseits genügt ein Schaltbild in idealer Weise den abstrakten Vorstellungen des allgemeinen Blockbegriffes: Es enthält elementare Objekte, über deren Details nichts ausgesagt ist, sondern die lediglich in ihrer äußeren Wirkung beschrieben sind - im Beispiel durch die Schaltsymbole repräsentiert; es stellt den Zusammenhang zwischen den Objekten dar, konkret in Form von Verbindungslinien; und es gibt die Verbindung zur blockexternen Umgebung durch Anschlüsse an, im Beispiel sind das E1, E2, A. Zudem haben Schaltbilder den besonderen Vorteil der Anschaulichkeit, so daß sie ein unentbehrliches Mittel für die theoretische Betrachtung und die praktische Arbeit digitaler Systeme sind. (Vgl. dazu [27].)

Schaltbilder erfüllen jedoch nicht alle Forderungen, die an eine strukturelle Besehreibung insbesondere zur Verwendung im Entwurfsprozeß zu stellen sind. So vorteilhaft die Anschaulichkeit für das Verdeutlichen von Problemen, für prinzipielle Überlegungen und für das schnelle Erfassen des Wesentlichen eines Systems auch ist, für die moderne mathematisch-exakte Bearbeitung struktureller Probleme ist die alleinige bildliche Darstellung keine ausreichende Grundlage. Das betrifft z.B. die exakte Formulierung und Behandlung struktureller Probleme, ganz besonders aber die algorithmische Lösung von Aufgaben des Strukturentwurfs und deren praktische Durchführung mit Hilfe der Rechentechnik.

Wie soll nun eine solche, exakteren Ansprüchen genügende Darstellung konkret aussehen? Ganz allgemein kann gesagt werden, sie sollte „schreibbar" sein, d.h. mit Hilfe von Buchstaben, Ziffern, Zeichen formuliert werden können, und sie sollte gewissen Regeln genügen, die es gestatten nachzuprüfen, ob es sich um ein digitales System handelt und wenn ja, welche spezielleren Eigenschaften es eventuell hat.

Im Abschn. 2.2. dienten logische Formeln zur Beschreibung einfacher digitaler Systeme. Sie sind zum einen eine exakte Darstellung des binären Verhaltens des Systems und lassen sich auch in direkten Bezug zu einer Schaltungsstruktur bringen. Beispielsweise besteht zwischen Gl. (15) und dem Schaltbild im Bild 2.8a ein direkter Zusammenhang. Gl. (16), die die gleiche Funktion beschreibt, würde der Schaltung von Bild 4.1a entsprechen.

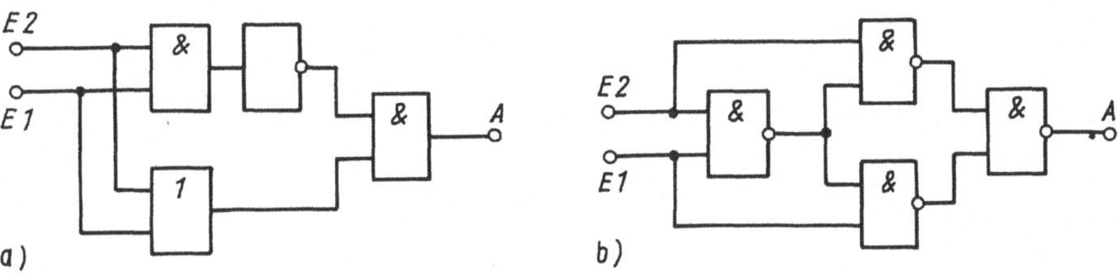

Bild 4.1. Unterschiedliche Schaltungen mit gleicher Funktion

Als Lösungsprinzip dieser Darstellung erkennt man, daß jedes Operationssymbol der Gleichung ein Schaltsymbol repräsentiert und daß die Verbindung zwischen den Schaltelementen durch eine geeignete Klammerstruktur von Teilausdrücken ausgedrückt wird.

Die Schaltung nach Bild 4.1b, die wieder die gleiche Funktion in ähnlich einfacher Weise realisiert, läßt jedoch erkennen, daß nach diesem Prinzip nicht alle Schaltungen einfach dargestellt werden können. Schwierigkeiten entstehen vor allem bei mehrfacher Verwendung von Zwischenvariablen und bei Elementen mit mehreren Ausgängen (vgl. Bild 4.1b bzw. 2.20). Weiterhin müßten für den allgemeinen Fall prinzipiell beliebig viele Operationssymbole eingeführt werden, um alle real verwendeten Elemente darstellen zu können.

Es sind jedoch eine Reihe von Möglichkeiten zur Strukturbeschreibung bekannt, die sich auch für komplexe Systeme eignen und besonders zur rechentechnischen Bearbeitung struktureller Probleme gedacht sind. Sie beruhen alle auf der gleichen Modellvorstellung und lassen sich wegen dieser Isomorphie prinzipiell ineinander überführen. Zum Verständnis des Wesens solcher Darstellungsformen soll zunächst der theoretische Hintergrund etwas erläutert werden.

Betrachtet man ein Schaltbild als eine Darstellung, die das Wesentliche einer Struktur am anschaulichsten wiedergibt, so sind als wesentliche Bestimmungsstücke zu erkennen: 1. die Menge der elementaren Objekte, 2. die Ein- und Ausgänge der Struktur als Verbindungselemente zur Umwelt, 3. die Vernetzung der Anschlüsse der Objekte und der Strukturanschlüsse. (Die Vernetzung der Objekte soll auch als Topologie einer Struktur bezeichnet werden.)

Die elementaren Objekte sind gekennzeichnet durch ihre Anschlüsse, über die sie in die Struktur hineinwirken, und durch ihre Funktion, die zwischen ihren Anschlüssen realisiert wird. Aus Gründen größerer Allgemeinheit soll nicht zwischen Ein- und Ausgängen unterschieden werden, obwohl dies bei digitalen Systemen in den meisten Fällen noch zutreffend ist. Es gibt jedoch schon eine Reihe von technischen Varianten, wo ein Anschluß nicht mehr eindeutig als Eingang oder Ausgang angesehen werden kann, dies sind z.B. sog. bidirektionale Anschlüsse, wo ein Anschluß aus Einsparungsgründen einmal als Eingang und einmal als Ausgang verwendet wird. Darüber hinaus lassen sich aber auch Systeme definieren und praktisch realisieren, bei denen die Anschlüsse eine echte doppeltgerichtete Wirkung besitzen. Solche Systeme müssen nicht mehr im engeren Sinn digitale Systeme sein, es soll deshalb hier allgemein von deterministischen Systemen gesprochen werden. (Zu einigen Beispielen vgl. Abschn. 5.6.4.)

Definition 4.1

Das Tripel $\underline{S} = (R,S,F)$ heißt deterministisches System, wenn

- $R = \{r_1, r_2, \ldots, r_k\}$ eine Menge beliebiger Variabler ist, die als Ansehlußvariable bezeichnet werden,
- $S = \{s_1, s_2, \ldots, s_l\}$ eine Menge beliebiger Variabler ist, die als innere oder Speichervariable bezeichnet werden, und
- F eine Abbildung der Wertebelegung des Vektors $(R,S) = (r_1, r_2, \ldots, r_k, s_1, s_2, \ldots, s_l)$ auf sich selbst ist:

$$(R,S)' = F(R,S). \tag{37}$$

Um Mißverständnisse zu vermeiden, sei hervorgehoben, daß R und S in gewisser Weise spezielle Mengen sind, denn ihre Elemente r_i und s_j besitzen als Variable einen Definitionsbereich, d.h., sie sind selbst als Mengen anzusehen. Im einzelnen ist über die Definitionsbereiche der einzelnen Variablen nichts vorausgesetzt; sie können z.B. aus den Buchstaben des Alphabets bestehen, aus den reellen Zahlen und im Fall binärer Systeme natürlich auch aus der Menge $\{0,1\}$.

Als Beipiel sei das einfache System gemäß Bild 2.20a als Gesamtheit in der eben definierten Weise beschrieben: Für R und S gilt:

$$k=4,\ R=\{C1,\ A,\ B,\ S\},\ l=1,\quad S=\{Q\}\ . \tag{38}$$

Es handelt sich um binäre Variable, d.h., der Wertebereich ist für alle Variablen $\{0,1\}$ F läßt sich dann, wie in Tafel 4.1 gezeigt, als Abbildung von einem Binärvektor auf einen anderen beschreiben.

Tafel 4.1. Vollständige Wertetabelle eines Serienaddierers

Cl A B S Q	Cl A B S Q	Cl A B S Q	Cl A B S Q
0 0 0 0 0	0 0 0 0 0	1 0 0 0 0	1 0 0 0 0
0 0 0 0 1	0 0 0 1 1	1 0 0 0 1	1 0 0 1 0
0 0 0 1 0	0 0 0 0 0	1 0 0 1 0	1 0 0 0 0
0 0 0 1 1	0 0 0 1 1	1 0 0 1 1	1 0 0 1 0
0 0 1 0 0	0 0 1 1 0	1 0 1 0 0	1 0 1 1 0
0 0 1 0 1	0 0 1 0 1	1 0 1 0 1	1 0 1 0 1
0 0 1 1 0	0 0 1 1 0	1 0 1 1 0	1 0 1 1 0
0 0 1 1 1	0 0 1 0 1	1 0 1 1 1	1 0 1 0 1
0 1 0 0 0	0 1 0 1 0	1 1 0 0 0	1 1 0 1 0
0 1 0 0 1	0 1 0 0 1	1 1 0 0 1	1 1 0 0 1
0 1 0 1 0	0 1 0 1 0	1 1 0 1 0	1 1 0 1 0
0 1 0 1 1	0 1 0 0 1	1 1 0 1 1	1 1 0 0 1
0 1 1 0 0	0 1 1 0 0	1 1 1 0 0	1 1 1 0 1
0 1 1 0 1	0 1 1 1 1	1 1 1 0 1	1 1 1 1 1
0 1 1 1 0	0 1 1 0 0	1 1 1 1 0	1 1 1 0 1
0 1 1 1 1	0 1 1 1 1	1 1 1 1 1	1 1 1 1 1

Mit diesem exakten Begriff für die Elemente einer Struktur läßt sich in analoger Weise eine exakte Strukturdefinition formulieren:

Definition 4.2

Das Tripel $\Sigma = (R, M, V)$ heißt Systemstruktur, wenn

- $R = \{r_1, r_2, \ldots, r_k\}$ eine Menge beliebiger Variabler ist, der Anschlußvariablen der Struktur,
- $M = \{\underline{S}^1, \underline{S}^2, \ldots, \underline{S}^m\}$ eine Menge beliebiger deterministischer Systeme $\underline{S}^i = (R^i, S^i, F^i)$ und
- V eine Relation auf der Menge $R \cup R^1 \cup R^2 \cup \ldots \cup R^m$ ist, d.h. eine Abbildung

$$V: (R \cup R^1 \cup R^2 \cup \ldots \cup R^m) \times (R \cup R^1 \cup R^2 \cup \ldots \cup R^m) \rightarrow \{0,1\} . \tag{39}$$

(Zum Relationenbegriff vgl. z.B. [29] [11] .)

V ist die Verbindungsrelation bzw. Topologie einer Struktur. Anschaulich bedeutet das, daß zunächst alle Anschlußvariablen der Struktur, d.h. die äußeren Anschlüsse r_i und die inneren Anschlüsse r_k^j, zur Menge aller Anschlüsse zusammengefaßt werden. Das Kreuzprodukt dieser Menge umfaßt alle Paare zweier Anschlüsse, und die Abbildung auf $\{0,1\}$ hat die Bedeutung, daß zwei Anschlüsse r_s und r_t miteinander verbunden sind, wenn das geordnete Paar (r_s, r_t) auf 1 abgebildet wird.

Zur Illustration dieser Definition sei das Schaltbild von Bild 4.1a beschrieben. Dazu ist es notwendig, für jeden Anschluß eine Bezeichnung einzuführen. Die Anschlüsse der Elemente „&", „1" sollen E1, E2, A heißen, die des Negators E und A. Wegen der gleichen (lokalen) Bezeichnung von Anschlüssen an verschiedenen Elementen müssen die Anschlüsse innerhalb einer Struktur noch durch eine Elementeidentifikation spezifiziert werden. Dazu genügt die Typbezeichnung nicht - es können in einer Schaltung mehrere gleiche Typen vorkommen -, sondern jedes Exemplar braucht seinen eigenen Identifikator. Diese sollen hier einfach B1, B2, B3, B4 heißen.
Dann ergibt sich nach Definition 4.2.:

$$\begin{array}{llll} \Sigma = (R, M, V) & & & \\ \text{mit} & R = \{E1, E2, A\} & & M = \{B1, B2, B3, B4\} \\ & B1 = (\{E1, E2, A\}, \emptyset, \&) & & B3 = (\{E, A\}, \emptyset, NEG) \\ & B2 = (\{E1, E2, A\}, \emptyset, 1) & & B4 = (\{E1, E2, A\}, \emptyset, \&). \end{array} \tag{40}$$

(Die Menge der Speichervariablen S ist die leere Menge Ø, d.h., B1 ... B4 haben keine Speichervariable.)

V:

(E1,E1) → 1	(E2,E1) → 0	...
(E1,E2) → 0	(E2,E2) → 1	(A/B1,E/B3) → 1
(E1,A) → 0	(E2,A) → 0	...
(E1,E1/B1) → 1	(E2,E1/B1) → 0	(A/B2,E1/B4) → 1
(E1,E2/B1) → 0	(E2,E2/B1) → 1	...
(E1, A/B1) → 0	(E2, A/B1) → 0	(A/B3,E2/B4) → 1
(E1,E1/B2) → 1	(E2,E1/B2) → 0	...
(E1,E2/B2) → 0	(E2,E2/B2) → 1	(A/B4, A) → 1
...	...	...
(E1, A/B4) → 0	(E2, A/B4) → 0	

Die Verbindungsrelation V genügt für beliebige Anschlüsse X, Y, und Z den folgenden Beziehungen:

Reflexivität: $(X,X) \rightarrow 1$ (41)

Symmetrie: $(X,Y) = (Y,X)$ (42)

Transitivität: $(X,Y) \rightarrow 1 \wedge (Y,Z) \rightarrow 1 \Rightarrow (X,Z) \rightarrow 1$ (43)

Damit ist die Verbindungsrelation eine Äquivalenzrelation (vgl. dazu [29]), d.h., die Werte der Anschlußvariablen sind in einem noch näher zu bestimmenden Sinn zueinander äquivalent.

Anschaulich ist die Bedeutung der Verbindung klar: In der Zeichnung sind die Anschlüsse, die dieser Relation genügen, mit Linien verbunden, in der elektronischen Schaltung durch Leiterzüge. Die Äquivalenz kommt dabei so zum Ausdruck, daß es gleich ist, ob z.B. E1 zuerst zu E1/B1 und dann zu E1/B2 gezogen wird oder umgekehrt (Kammverbindung), oder ob zwei Linien von E1 zu E1/B1 und E1/B2 gezogen werden (Sternverbindung). Dies trifft - bis auf dynamische Effekte höherer Ordnung - auch auf die elektronische Realisierung zu.

Schwieriger zu verstehen ist die mathematische Bedeutung der Verbindungsrelation. Da die mathematisch-konkrete Bearbeitung einer Systemstruktur unter anderem auch mit den Werten der Anschlußvariablen operieren muß, erhebt sich die Frage, in welcher Weise die Variablenwerte äquivalent sind.

Im einfachsten Fall, der in digitalen Systemen bisher auch der wichtigste war, haben alle Anschlußvariablen innerhalb einer Verbindung immer den gleichen logischen Wert. Das heißt, ein neuer Wert an einem Bauelementeanschluß wird sofort auf alle anderen Anschlüsse dieses Netzes übertragen. Das ist vor allem dann der Fall, wenn ein Verbindungsnetz nur eine Signalquelle, d.h. einen Ausgang hat. Aber auch bei mehreren Signalquellen an einem Netz läßt sich die Wirkung einer Verbindung so beschreiben, wenn zu einem Zeitpunkt stets nur ein Ausgang Signalquelle ist, wie es z.B. von Tri-state-Anschlüssen realisiert wird.

Schwieriger zu interpretieren ist die Verbindungsrelation, wenn mehr als eine aktive Signalquelle an ein Netz geschaltet ist. Die einfache Interpretation der Verbindung als gerichteter Transport von Signalwerten genügt dann nicht mehr, weil die einzelnen Signalquellen unterschiedliche Werte haben können und nicht festgelegt ist, welcher Wert zu transportieren ist.

Wie eine Verbindung in diesem Fall wirkt, hängt vom elektronischen Hintergrund der logischen Schaltung ab. Bekanntlich hat eine solche Verbindung in digitalen Systemen verknüpfende Eigenschaften (ausgangsseitige Verknüpfung), die je nach Schaltungstechnik als UND- bzw. ODER-Funktion beschrieben werden kann (Draht-UND, Draht-ODER, engl. wired-AND, wired-OR). Bild 4.2 zeigt eine einfache Schaltung mit zwei ausgangsseitig verknüpfenden Negatoren. An den Anschlüssen sind Signalfolgen angetragen, die die Wirkung eines Draht-UND illustrieren.

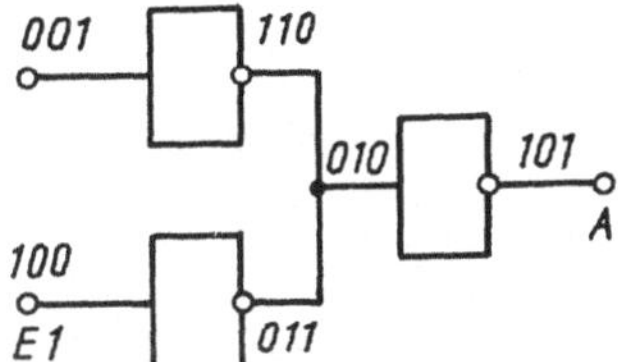

Bild 4.2. Ausgangsseitige Verknüpfung

Noch komplizierter wird die Verbindungsrelation, wenn es sich um echte bidirektionale Anschlüsse handelt, bei denen sich im Ergebnis des angelegten Wertes eine Rückwirkung auf die Netzanschlüsse ergibt. Das ist beispielsweise beim sog. Transfer-Gatter, wie es in der MOS-Technik verwendet wird (vgl. [2] [42]), der Fall, aber auch bei der Schachtelung von Blöcken (vgl. Abschn. 4.3.1.).

Daraus wird deutlich, daß die Information, was miteinander verbunden ist, für eine exakte Systembeschreibung nicht ausreicht, sondern daß festgelegt werden muß, welche konkrete berechenbare Wirkung ein Verbindungsnetz auf seine Anschlußvariablen hat. Dies ist Aufgabe der Modellbeschreibung, die aussagen muß, wie weit im digitalen Modell vom physikalisch-elektronischen Sachverhalt abstrahiert werden soll. Es soll bis auf einige Ausnahmen für das Weitere vereinbart werden, daß die Verbindung als Transportfunktion eines neuen Signalwertes zu den anderen Anschlüssen verstanden werden soll.

Für Systemstrukturen, die aus vernetzten deterministischen Systemen bestehen, tritt ein Problem auf, welches am Beispiel von Bild 4.3 erläutert werden soll. Die hier dargestellte Schaltung ist eine Systemstruktur gemäß Definition 4.2, die aus einfachen, bekannten logischen Elementen zusammengesetzt ist.

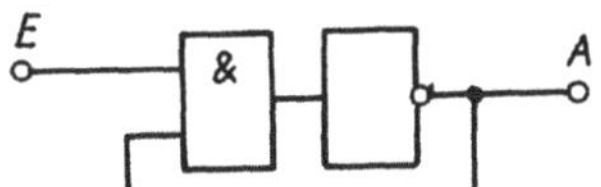

Bild 4.3
Nicht-determinierte digitale Schaltungsstruktur

Wenn man deren binäres Verhalten untersucht, so stellt man fest: Eine an E angelegte 0 erzeugt an A eine 1; diese wirkt zwar auf das Eingangselement zurück, aber E = 0 ist dominant, und der Wert A = 1 bleibt stabil. Wenn jetzt E zu 1 wird, setzt sich am UND-Element eine 1 durch, die an A als 0 erscheint; diese wird rückgekoppelt und erzeugt an A eine 1, welche wiederum ein neues Durchschalten auslöst usw. Es hängt jetzt von der Dauer des Signals an E bzw. den Schaltverzögerungen der Elemente ab, ob an A ein länger anhaltendes, d.h. weiterverwendbares Ausgangssignal erscheint oder nicht.

Wenn keine garantierte Verzögerungszeit der Elemente existiert, so oszilliert das Ausgangssignal in kurzen Zeitabständen und ist im Sinn eines deterministischen Systems nicht brauchbar. Eine Struktur aus deterministischen Elementen kann also unter Umständen ein Verhalten besitzen, welches selbst nicht mehr als deterministisches System darstellbar ist. Es ist eine wichtige Aufgabe des praktischen Entwurfs, solche im Sinn einer determinierten Arbeitsweise unerwünschten Strukturen zu vermeiden.

Definition 4.3

Eine Systemstruktur heißt wohlstrukturiert, wenn ihr Verhalten als deterministisches System dargestellt werden kann.

Praktisch läuft dieses Problem darauf hinaus, Schleifen in der Schaltung zu erkennen und zu beseitigen, die eine kürzere Signallaufzeit haben als dem Taktabstand bzw. dem Signalabstand zwischen unterschiedlichen Eingangssignalen entspricht.

Die in diesem Abschnitt erläuterten Grundlagen sollen in den folgenden Abschnitten praktisch handhabbar angewendet werden. Zuerst seien die topologischen und strukturellen Darstellungsmöglichkeiten erläutert, anschließend die Möglichkeiten zum rein funktionellen, d.h. auf das äußere Verhalten beschränkten Beschreibungen eines deterministischen Systems.

4.2.2. Strukturelle Beschreibung

Wie im vorangegangenen Abschnitt anhand der Beispiele mit Schaltbildern bzw. der Definition 4.2 klar wurde, kommt es bei einer konkreten Strukturbeschreibung darauf an, die Mengen R und M vollständig anzugeben und für die Relation V eine praktikable Darstellungsform zu finden. Was als praktikabel einzuschätzen ist, hängt von den zu bearbeitenden Aufgabenstellungen ab. Für die Bearbeitung realer, d.h. meist recht umfangreicher Strukturen ist oft ein wichtiges Kriterium, ob die benutzte Beschreibungsform bei der rechentechnischen Problemlösung zu in Speicherplatz- und Zeitbedarf vernünftigen Programmen führt.

Es sollen hier drei Möglichkeiten dem Wesen nach beschrieben werden, die alle für die praktische Bearbeitung wichtig sind. Alle tatsächlich verwendeten Formen sind Abwandlungen und Spezifizierungen dieser Grundformen.

4.2.2.1. , Matrixdarstellung

Sie erhält man unmittelbar, wenn die Relation V - wie es naheliegt - als Matrix beschrieben wird, wobei die Menge der Anschlußvariablen als Zeilen- und Spaltenspezifikation benutzt wird. Tafel 4.2 zeigt dies für die Struktur nach Bild 4.1a.

Tafel 4.2. Verbindungsmatrix der Struktur von Bild 4.1

		R			B1			B2			B3		B4		
		E1	E2	A	E1	E2	A	E1	E2	A	E	A	E1	E2	A
R	E1	1	0	0	1	0	0	1	0	0	0	0	0	0	0
	E2	0	1	0	0	1	0	0	1	0	0	0	0	0	0
	A	0	0	1	0	0	0	0	0	0	0	0	0	0	1
B1	E1	1	0	0	1	0	0	1	0	0	0	0	0	0	0
	E2	0	1	0	0	1	0	0	1	0	0	0	0	0	0
	A	0	0	0	0	0	1	0	0	0	1	0	0	0	0
B2	E1	1	0	0	1	0	0	1	0	0	0	0	0	0	0
	E2	0	1	0	0	1	0	0	1	0	0	0	0	0	0
	A	0	0	0	0	0	0	0	0	1	0	0	1	0	0
B3	E	0	0	0	0	0	1	0	0	0	1	0	0	0	0
	A	0	0	0	0	0	0	0	0	0	0	1	0	1	0
B4	E1	0	0	0	0	0	0	0	0	1	0	0	1	0	0
	E2	0	0	0	0	0	0	0	0	0	0	1	0	1	0
	A	0	0	1	0	0	0	0	0	0	0	0	0	0	1

Da V eine Äquivalenzrelation ist, hat die Verbindungsmatrix in der Hauptdiagonalen nur Einsen stehen und ist symmetrisch. Das heißt, es genügte zur eindeutigen Darstellung auch nur die Dreiecksmatrix oberhalb der Hauptdiagonalen.

Die Matrixdarstellung hat eine Reihe von Vorteilen, die für praktische Verfahren nützlich sind: Sie besitzt noch eine gewisse Anschaulichkeit, die es erleichtert, strukturelle bzw. topologische Aufgabenstellungen als Operationen mit Zeilen und Spalten der Matrix zu formulieren (siehe z.B. [43] [44]). Da es sich um eine binäre Matrix handelt, können dafür die Operationen und Regeln der Booleschen Algebra verwendet werden, außerdem ist sie für die Behandlung in Digitalrechnern gut geeignet. Bei größeren Problemen ist es günstig, die Matrix in Untermatrizen zu unterteilen (siehe Tafel 4.3) und einzeln zu behandeln. Wegen der Beziehung

$$\left(V_{ij}\right) = \left(V_{ji}^{T}\right) \tag{44}$$

(V_{ji}^{T} ist die zu V_{ji} transponierte Matrix, d.h., Zeilen und Spalten sind vertauscht) erhält man dadurch auch eine Speicherplatzeinsparung.

Tafel 4.3. Verdichtete Verbindungsmatrix

	R	B1	B2	B3	B4
R	V_{00}	V_{01}	V_{02}	V_{03}	V_{04}
B1	V_{10}	V_{11}	V_{12}	V_{13}	V_{14}
B2	V_{20}	V_{21}	V_{22}	V_{23}	V_{24}
B3	V_{30}	V_{31}	V_{32}	V_{33}	V_{34}
B4	V_{40}	V_{41}	V_{42}	V_{43}	V_{44}

Es ist zunächst aus mathematisch-formalen Gründen interessant zu fragen, ob die Matrixanordnung nach Tafel 4.2 bzw. 4.3 einen Ausbau zu einem Matrixkalkül gestattet und ob die dabei verwendeten Operationen Matrixaddition und -multiplikation eine sinnvolle Interpretation für den hier betrachteten Fall ergeben.

In formaler Analogie zur Matrixmultiplikation (vgl. etwa [45]) sei deshalb Tafel 4.3 folgendermaßen geschrieben:

$$\begin{pmatrix} R \\ R/B1 \\ R/B2 \\ R/B3 \\ R/B4 \end{pmatrix} = \begin{pmatrix} V_{00} & V_{01} & V_{02} & V_{03} & V_{04} \\ V_{10} & V_{11} & V_{12} & V_{13} & V_{14} \\ V_{20} & V_{21} & V_{22} & V_{23} & V_{24} \\ V_{30} & V_{31} & V_{32} & V_{33} & V_{34} \\ V_{40} & V_{41} & V_{42} & V_{43} & V_{44} \end{pmatrix} \cdot \begin{pmatrix} R \\ R/B1 \\ R/B2 \\ R/B3 \\ R/B4 \end{pmatrix} \tag{45}$$

Mit den Operationssymbolen „·" und „+" für Matrixmultiplikation und -addition hat diese Gleichung für R/B4 z.B. die Bedeutung:

$$R/B4 = V_{40} \cdot R + V_{41} \cdot R/B1 + V_{42} \cdot R/B2 + V_{43} \cdot R/B3 + V_{44} \cdot R/B4. \tag{46}$$

Die V_{4j} sind hierbei die Untermatrizen aus Tafel 4.2 und R, R/B1, ..., R/B4 die zu Vektoren zusammengefaßten Randvariablen aller Blöcke. Das weitere formale Ausmultiplizieren nach den Regeln der Matrixmultiplikation führt dann zu folgenden Beziehungen:

$$\begin{aligned} \begin{pmatrix} E1/B4 \\ E2/B4 \\ A/B4 \end{pmatrix} &= \begin{pmatrix} 000 \\ 000 \\ 001 \end{pmatrix} \cdot \begin{pmatrix} E1 \\ E2 \\ A \end{pmatrix} + \begin{pmatrix} 000 \\ 000 \\ 000 \end{pmatrix} \cdot \begin{pmatrix} E1/B1 \\ E2/B1 \\ A/B1 \end{pmatrix} + \begin{pmatrix} 001 \\ 000 \\ 000 \end{pmatrix} \cdot \begin{pmatrix} E1/B2 \\ E2/B2 \\ A/B2 \end{pmatrix} \\ &\quad + \begin{pmatrix} 00 \\ 01 \\ 00 \end{pmatrix} \cdot \begin{pmatrix} E/B3 \\ A/B3 \end{pmatrix} + \begin{pmatrix} 100 \\ 010 \\ 001 \end{pmatrix} \cdot \begin{pmatrix} E1/B4 \\ E2/B4 \\ A/B4 \end{pmatrix} \\ &= \begin{pmatrix} 0 \\ 0 \\ A \end{pmatrix} + \begin{pmatrix} 0 \\ 0 \\ 0 \end{pmatrix} + \begin{pmatrix} A/B2 \\ 0 \\ 0 \end{pmatrix} + \begin{pmatrix} 0 \\ A/B3 \\ 0 \end{pmatrix} + \begin{pmatrix} E1/B4 \\ E2/B4 \\ A/B4 \end{pmatrix} \\ &= \begin{pmatrix} A/B2 + E1/B4 \\ A/B3 + E2/B4 \\ A + A/B4 \end{pmatrix} \end{aligned} \tag{47}$$

Einzeln geschrieben bedeutet das:

$$\begin{aligned} E1/B4 &= A/B2 + E1/B4 \\ E2/B4 &= A/B3 + E2/B4 \\ A/B4 &= A + A/B4. \end{aligned} \tag{48}$$

An dieser Stelle ist nun zu fragen, welche Bedeutung den bis jetzt noch formalen Operationssymbolen „·" und „+" zugeordnet werden kann. Wenn man deshalb Gl. (48) analysiert, so erkennt man einmal, daß Anschlußvariable von B1 nicht auftreten. Das heißt, die Anschlüsse von B4 hängen mit B1 nicht zusammen. Die Ursache dafür liegt offenbar darin, daß die Untermatrix V_{41} nur Nullen enthält. Als Interpretation des Operationssymbols „•" kann man deshalb festlegen, daß dadurch eine Bedingung für die Abhängigkeit von gewissen Variablen hinzugefügt wird. Das Symbol „+" bedeutet offenbar gemäß Gl. (48) eine Aufzählung im Sinn von „hängt auch ab von".

Der Ausdruck $A = B \cdot C + D$ stellt somit gewissermaßen eine qualitative Aussage im Sinn von „A hängt unter der Bedingung B von C ab und hängt ab von D" dar. Die Verwendung von Matrizenanordnungen und Matrizenoperationen gestattet das formale Bearbeiten komplizierterer Zusammenhänge solcher zunächst qualitativer Beziehungen. Welche konkreten funktionellen Beziehungen zwischen den Anschlußvariablen bestehen, die durcu „+" miteinander in Zusammenhang gebracht sind, ist damit nicht festgelegt, sondern wird erst durch die Modellbildung spezifiziert, die der funktionellen Beschreibung des Systems unterliegt (vgl. dazu Abschn. 5.6.4.).

Die erläuterte Bedeutung von „•" und „+" als qualitative Abhängigkeitsaussage kann auch dazu benutzt werden, innere Zusammenhänge von Blöcken zu charakterisieren, z.B. in folgender Weise:

$$\begin{pmatrix} E1/B1 \\ E2/B1 \\ A/B1 \end{pmatrix} = G_{11} \cdot R/B1 = \begin{pmatrix} 100 \\ 010 \\ 110 \end{pmatrix} \cdot \begin{pmatrix} E1/B1 \\ E2/B1 \\ A/B1 \end{pmatrix} = \begin{pmatrix} E1/B1 \\ E2/B1 \\ E1/B1+E2/B1 \end{pmatrix} . \qquad (49)$$

G_{11} stellt gewissermaßen die Funktion von B1 „qualitativ" dar, d.h. welche Anschlußvariable miteinander in Verbindung stehen. Es ist zu sehen, E1 und E2 sind nur durch ihre eigenen Werte bestimmt, A hängt von E1 und E2, nicht aber von sich selbst ab. Qualitativ die gleiche Funktion haben B2 und B4, für B3 gilt:

$$R/B3 = G_{33} \cdot R/B3 = \begin{pmatrix} 10 \\ 10 \end{pmatrix} \cdot \begin{pmatrix} E/B3 \\ A/B3 \end{pmatrix} = \begin{pmatrix} E/B3 \\ E/B3 \end{pmatrix} . \qquad (50)$$

Wenn in Gl. (47) die inneren Zusammenhänge eines Blocks qualitativ berücksichtigt werden, indem $R/B_i = G_{ii} \cdot R/B_i$ eingesetzt wird, so erhält man durch formales Ausmultiplizieren:

$$\begin{aligned}
R/B4 &= V_{40} \cdot R + V_{41} \cdot G_{11} \cdot R/B1 + \ldots + V_{44} \cdot G_{44} \cdot R/B4 \\
= \begin{pmatrix} E1/B4 \\ E2/B4 \\ A/B4 \end{pmatrix} &= \begin{pmatrix} 000 \\ 000 \\ 001 \end{pmatrix} \cdot \begin{pmatrix} E1 \\ E2 \\ A \end{pmatrix} + \begin{pmatrix} 000 \\ 000 \\ 000 \end{pmatrix} \cdot \begin{pmatrix} 100 \\ 010 \\ 110 \end{pmatrix} \cdot \begin{pmatrix} E1/B1 \\ E2/B1 \\ A/B1 \end{pmatrix} \\
&+ \begin{pmatrix} 001 \\ 000 \\ 000 \end{pmatrix} \cdot \begin{pmatrix} 100 \\ 010 \\ 110 \end{pmatrix} \cdot \begin{pmatrix} E1/B2 \\ E2/B2 \\ A/B2 \end{pmatrix} + \begin{pmatrix} 00 \\ 01 \\ 00 \end{pmatrix} \cdot \begin{pmatrix} 10 \\ 10 \end{pmatrix} \cdot \begin{pmatrix} E/B3 \\ A/B3 \end{pmatrix} \\
&+ \begin{pmatrix} 100 \\ 010 \\ 001 \end{pmatrix} \cdot \begin{pmatrix} 100 \\ 010 \\ 110 \end{pmatrix} \cdot \begin{pmatrix} E1/B4 \\ E2/B4 \\ A/B4 \end{pmatrix} \\
&= \begin{pmatrix} 000 \\ 000 \\ 001 \end{pmatrix} \cdot \begin{pmatrix} E1 \\ E2 \\ A \end{pmatrix} + \begin{pmatrix} 000 \\ 000 \\ 000 \end{pmatrix} \cdot \begin{pmatrix} E1/B1 \\ E2/B1 \\ A/B1 \end{pmatrix} + \begin{pmatrix} 110 \\ 000 \\ 000 \end{pmatrix} \cdot \begin{pmatrix} E1/B2 \\ E2/B2 \\ A/B2 \end{pmatrix} \\
&+ \begin{pmatrix} 00 \\ 10 \\ 00 \end{pmatrix} \cdot \begin{pmatrix} E/B3 \\ A/B3 \end{pmatrix} + \begin{pmatrix} 100 \\ 010 \\ 110 \end{pmatrix} \cdot \begin{pmatrix} E1/B4 \\ E2/B4 \\ A/B4 \end{pmatrix} \\
&= \begin{pmatrix} 0 \\ 0 \\ A \end{pmatrix} + \begin{pmatrix} 0 \\ 0 \\ 0 \end{pmatrix} + \begin{pmatrix} E1/B2+E2/B2 \\ 0 \\ 0 \end{pmatrix} + \begin{pmatrix} 0 \\ E/B3 \\ 0 \end{pmatrix} + \begin{pmatrix} E1/B4 \\ E2/B4 \\ E1/B4+E2/B4 \end{pmatrix} \\
&= \begin{pmatrix} E1/B2+E2/B2+E2/B4 \\ E/B3+E1/B4 \\ E1/B4+E2/B4 \end{pmatrix} \qquad (51)
\end{aligned}$$

Vergleicht man Gl. (51) mit Gl. (48), so können die zuletzt berechneten Abhängigkeiten so verstanden werden, als wenn durch die vorgeschalteten Elemente „hindurchgeblickt" wird. Einen vollständigen Durchblick durch eine Struktur gestattet die sog. Erreichbarkeitsmatrix, die nach der Formel

$$R = V \cdot G + (V \cdot G)^2 + \dots + (V \cdot G)^m \tag{52}$$

berechnet werden kann (vgl. [43] [44] [46]). Hierbei ist m die Anzahl der Elemente einer Struktur, der Exponent bedeutet die mehrmalige Multiplikation der Matrix mit sich selbst, und G ist die Zusammenfassung aller G_{ii} für die Strukturelemente zu einer Diagonalmatrix:

$$G = \begin{pmatrix} G_{11} & 0 & 0 & \dots & 0 \\ 0 & G_{22} & 0 & \dots & 0 \\ \dots & & & & \\ 0 & 0 & 0 & \dots & G_{mm} \end{pmatrix} \tag{53}$$

R ist zur Untersuchung globaler Abhängigkeitsbeziehungen in einer Systemstruktur geeignet. Beipielsweise lassen sich damit leicht Schleifen in einer Struktur erkennen, wenn in der Hauptdiagonalen Einsen stehen. In [46] wird die Matrixdarstellung benutzt, um Kriterien für die Lokalisierbarkeit von Fehlern zu formulieren und die Struktur daraufhin rechnerisch zu untersuchen.

4.2.2.2. Listendarstellung

Den Vorteilen der Matrixdarstellung steht ein praktisch sehr ins Gewicht fallender Nachteil gegenüber: Der Darstellungsumfang wächst quatratisch mit der Zunahme der Zahl der Anschlußvariablen. So benötigt die Strukturmatrix für 4000 Elemente mit je vier Anschlüssen 16 000 Zeilen und Spalten, d.h. z.B. 32 Millionen Bytes Speicherplatz für die rechnerinterne Darstellung. Diesen Nachteil vermeiden serielle, listenartige Darstellungsformen, die sich nur linear mit der Zunahme der Elemente und Anschlüsse vergrößern.

Tafel 4.4. Strukturbeschreibung in Listenform

Nr.	Kennzeich.	Bezeichn.	Spez.	Nr.	Kennzeich.	Bezeichn.	Spez.
1	R	E1	1 8	10	V	A/B1	3 14
2	R	E2	2 9	11	V	E1/B2	1 1
3	R	A	6 18	12	V	E2/B2	2 2
4	M	B1	& 5	13	V	A/B2	4 17
5	M	B2	1 6	14	V	E/B3	3 10
6	M	B3	NEG 7	15	V	A/B3	5 16
7	M	B4	& 4	16	V	E1/B4	5 15
8	V	E1/B1	1 11	17	V	E2/B4	4 13
9	V	E2/B1	2 12	18	V	A/B4	6 3

Die Grundform einer Liste zur Strukturbeschreibung zeigt Tafel 4.4. Ein Listenelement besteht danach aus den vier Teilen:
laufende Nummer, Kennzeichen, Bezeichnung, Spezifikation.
Das Kennzeichen gibt an, welche Größe einer Struktur im jeweiligen Listenelement beschrieben wird, ob also eine Randvariable, ein Strukturelement oder ein innerer Anschluß dargestellt ist. Die Spezifikation beschreibt im Fall von Strukturelementen deren Funktionstyp und im Fall von Anschlüssen die Verbindungsrelation in der Weise, daß alle in einem Netz verbundenen Anschlüsse die gleiche Spezifikation besitzen. Die einfachste Netzspezifikation ist eine Netz- oder Leitungsnummer. Tafel 4.4 zeigt dies am Beipiel der Struktur von Bild 4.1a.

Die rechentechnische Bearbeitung solcher Tabellen besteht im - häufig mehrfachen - Durchlaufen der Tabelle und den der jeweiligen Aufgabe entsprechenden Operationen mit den Listenelementen. Wenn beispielsweise als ein einfaches Problem alle Anschlüsse ausgedruckt werden sollen, die mit einem vorgegebenen Anschluß verbunden sind, so ist zunächst durch serielles Suchen der gegebene Anschluß zu ermitteln, die dazugehörige Netznummer zu notieren und die Tabelle von neuem nach diesem notierten Suchkriterium zu durchmustern.

Um solche Prozesse zu beschleunigen, werden sog. verzeigerte Listen aufgebaut. Bei diesen enthält ein Listenelement auch Angaben, an welcher Stelle der Liste das nächste Element steht, welches mit dem aktuellen in einem gewissen Zusammenhang steht.

Im Beipiel von Tafel 4.4 ist als zweiter Teil der Spezifikation jeweils die laufende Nummer des nächsten Elements eingetragen, welches die gleiche Netznummer hat. Das oben genannte Problem wird dann durch direktes Ansprechen des nächsten Anschlusses wesentlich beschleunigt, wenn der gegebene Anschluß erst einmal gefunden ist.

Das Prinzip der Verzeigerung läßt sich in einer Liste mehrfach anwenden, indem zu jedem Listenelement weitere Zeiger für verschiedene Suchkriterien vorgesehen werden.

4.2.2.3. Formalisierte Sprachen

Eine moderne und in vieler Hinsicht leistungsfähige Beschreibungsform existiert in den formalisierten problemorientierten Sprachen. Bekannt sind problemorientierte Programmiersprachen, z.B. ALGOL, FORTRAN, PL/1, die zur maschinenunabhängigen, aber auf die Rechentechnik orientierten Formulierung beinahe beliebiger algorithmisch lösbarer Probleme geeignet sind.

Dieses Konzept findet immer breitere Verwendung, indem durch spezielle Ausgestaltung der Syntax und Semantik Spezialsprachen geschaffen werden, die den Problemen eines Spezialgebiets besonders gut angepaßt sind. Die dabei stattfindende Formalisierung der Ausdrucksmittel bildet die Grundlage für die rechentechnische Bearbeitung solcher Sprachen. (Vgl. dazu [47].)

Spezialsprachen für die Beschreibung digitaler Systeme sind als sog. Hardwarebeschreibungssprachen (HDL - hardware description language) in verschiedenen Formen bekannt. Sie dienen als Entwurfsinstrument, als Kommunikationsmittel und als Anweisungssystem zur Bearbeitung damit zusammenhängender Probleme auf dem Digitalrechner. (Siehe etwa [48] [49] [50] [51].)

Hardwarebeschreibungssprachen besitzen folgende, für den Systementwurf vorteilhafte Eigenschaften:

- Sie sind nach festen und exakten Konstruktionsregeln (Syntax) aufgebaut. Damit ist eine Standardisierung der Ausdrucksmittel gegeben, die das Verständnis, die Überprüfung auf Korrektheit und die rechentechnische Verarbeitung erleichtert.
- Es besteht eine gewisse Verwandtschaft zu natürlichen Sprachen, die Ausdrücke der formalisierten Sprache relativ leicht lesbar macht. Durch die Möglichkeit von Kommentaren, das sind im Sinne der Semantik der Sprache bedeutungslose Zeichenfolgen, lassen sich beliebige erläuternde Informationen in die regulären Ausdrücke der Sprache einschachteln. Dies verbessert die Lesbarkeit und das Verständnis, wodurch solche Sprachen auch als Dokumentationsmittel geeignet sind.
- In formalisierten Sprachen lassen sich komplexere Ausdrucksmittel definieren, die Objekte und Zusammenhänge höheren Niveaus einfach und auf das Wesentliche konzentriert wiedergeben (höhere Sprachen, HLL - high level languages). Die in digitalen Systemen letzlich immer binäre Darstellung erzeugt dann ein Sprachübersetzerprogramm (Compiler).
- Hardwarebeschreibungssprachen realisieren das Blockkonzept in einfacher Weise nach dem Vorbild der Unterprogrammtechnik in Programmiersprachen. Damit sind sie gut für die hierarchische Darstellung komplexer Systeme geeignet.
- Sie sind nicht formatgebunden und damit sehr flexibel hinsichtlich Schreibweise, Erweiterung und Anpassung an verschiedene Zwecke.

Leider hat sich in der Entwicklung zu höheren Entwurfsbeschreibungssprachen noch keine klare, einheitliche Richtung herauskristallisiert. Sprachen dieser Art werden gegenwärtig beinahe noch von jedem Nutzer selbst geschaffen und oft in sehr spezieller Weise auf die eigenen Probleme zugeschnitten. (Deshalb wird auf diesem Gebiet gelegentlich von babylonischem Sprachgewirr gesprochen.)

Es ist im Rahmen dieses Abschnitts und bei der Zielstellung dieses Buches nicht möglich, hier einen - ohnehin kaum vollständigen - Überblick über den gegenwärtigen Stand der Hardwarebeschreibungssprachen zu geben. Dazu kann z.B. auf [48] [50] [51] verwiesen werden. Die Frage ist außerdem, wie hilfreich eine Aufzählung und kurze Erläuterung irgendwo existierender HDLs bei einer einführenden Darstellung ist, denn Spezialsprachen sind ohne verfügbare Compiler praktisch nicht recht anwendbar, so daß in der Vielfalt zunächst nur die Orientierung erschwert wird.

Das Prinzip von Hardwarebeschreibungssprachen soll deshalb an nur einer, aber einfachen und auf bekannten Grundlagen aufbauenden Sprache erläutert werden. Sie wird als PL/AS bezeichnet und lehnt sich stark an PL/1 (vgl. [52]) an. Sie beruht darauf, im wesentlichen alle in PL/1 zugelassenen Ausdrucksmittel zu verwenden und nur solche zusätzlich einzuführen, die der Hardwarebeschreibung besonders angemessen, aber in PL/1 nicht vorhanden sind. Für den dazugehörigen Compiler hat das den Vorteil, daß er nur als Vorcompiler für die nicht zu PL/1 gehörenden Statements entwickelt werden muß. Der Hauptteil der Übersetzung kann vom normalen PL/1-Compiler jedes Rechners ausgeführt werden. PL/AS ist implementiert und bereits für verschiedene Zwecke eingesetzt worden (siehe [53] [54] [55]).

PL/AS ist - einige PL/1-Kenntnisse vorausgesetzt - leicht zu verstehen und soll am besten anhand einiger Beispiele eingeführt werden. Es hat die syntaktische Gestalt von PL/1 und benutzt lediglich zusätzliche Schlüsselworte zur Einführung der für Struktur- und Funktionsbeschreibung wichtigen Bestimmungsstücke. Das heißt, die in Definition 4.2 und Definition 4.1 enthaltenen Grundbegriffe spiegeln sich in PL/AS in etwas anderer Gestalt wider.

Die folgende PL/AS-Beschreibung entspricht der Systemstruktur gemäß Bild 4.1a:

```
BLOCK: BEISP1; /*  BEISPIELSTRUKTUR FUER ANTIVALENZ              */
 RAND E1,E2,A; /*  AUFZAEHLUNG DER ANSCHLUSSVARIABLEN            */
 BMENGE        /*  BEGINN DER BLOCKMENGENBESCHREIBUNG            */
      B1 UND,  /*  BLOCK 1 VOM TYP &                             */
      B2 ODER, /*  BLOCK 2 VOM TYP 1 (ODER)                      */
      B3 NEG,  /*  BLOCK 3 IST EIN NEGATOR                       */
      B4 UND;  /*  BLOCK 4 HAT WIEDER DEN TYP &                  */
 NETZE         /*  BEGINN DER VERBINDUNGSBESCHREIBUNG            */
      (RAND.E1,B1.E1,B2.E1), (RAND.E2,B1.E2,B2.E2),
      (B1.A,B3.E), (B2.A,B4.E1), (B3.A,B4.E2), (B4.A,RAND.A);
 BEND;         /*  ENDE DER BLOCKBESCHREIBUNG                    */
```

Dieses Beispiel läßt das Prinzip der Strukturbeschreibung leicht erkennen:

- Das Schlüsselwort BLOCK eröffnet eine Systembeschreibung und führt für das System eine Bezeichnung ein, hier wird als Systemname BEISP1 verwendet.
- Das Schlüsselwort RAND leitet die Beschreibung der Menge R von Definition 4.2 bzw. 4.1 ein. Dann folgt die Aufzählung der Randvariablen, die Reihenfolge ist unwesentlich
- BMENGE eröffnet die Beschreibung der Blockmenge M. Diese besteht wieder aus der Aufzählung der einzelnen, durch Kommas getrennten Elemente, wobei zu jeder Exemplarbezeichnung eine Typspezifikation gehört. Die Reihenfolge in der Blockmenge ist wieder gleichgültig.
- NETZE ist das Schlüsselwort zur Beschreibung der Verbindungsrelation V. Diese besteht faktisch aus der Aufzählung aller Signalnetze. Ein Signalnetz ist dabei durch die Liste aller am Netz angeschlossenen Variablen gegeben. Die Liste ist eine Aufzählung von nach dem Vorbild von PL/1 qualifizierten Bezeichnungen, die in Klammern eingeschlossen ist, d.h., die Anschlußpunkte eines Netzes werden nach dem Schema exemplarbezeichnung.lokale_anschlußbezeichnung beschrieben.
- BEND schließt die Beschreibung eines Blocks ab.
- In /* ... */ sind Kommentare eingeschlossen, die beliebig hinzugefügt oder weggelassen werden können, ohne das Wesen des beschriebenen Systems zu ändern.
- Alle Ausdrücke bzw. Statements werden durch Semikolon abgeschlossen. An welcher Stelle eine Statement beginnt, ist gleichgültig, zwischen den einzelnen Namen und

Begriffen können beliebig viele Leerzeichen eingefügt werden. (Beim Ablochen solcher Beschreibungen dürfen nur die Kartenpositionen 2 bis 72 verwendet werden.)

Da Kommentare weggelassen, Typbezeichnungen ausgeklammert und Listen getrennt und umgeordnet werden dürfen, kann die betrachtete Struktur beispielsweise auch so geschrieben werden:

```
BLOCK: BEISP1; RAND E1,E2,A; BMENGE (B1,B4) UND, B2 ODER;
  NETZE (RAND.E1,B1.E1),(RAND.E2,B1.E2),(RAND.A,B4.A),
        (B1.A,B3.E),(B2.A,B4.E1),(B3.A,B4.E2);
  BMENGE B3 NEG; NETZE (B1.E1,B2.E1),(RAND.E2,B2.E2);
BEND;
```

Die beiden Beispiele sollen an dieser Stelle genügen. Sie machen das Prinzip und einige praktisch mögliche Varianten deutlich. Bei der Verwendung dieser Beschreibung in späteren Abschnitten werden weitere Möglichkeiten dargestellt.

4.2.3. Funktionelle Beschreibung

4.2.3.1. Allgemeines

Innerhalb einer Strukturbeschreibung ist neben der Aufzählung der Strukturelemente und der Darstellung ihrer topologischen Beziehungen die Beschreibung der Wirkungsweise der einzelnen Elemente der andere wichtige Aspekt. Das bedeutet, daß für jeden Funktionstyp der genaue funktionelle Zusammenhang der Anschlußvariablen angegeben sein muß, d.h., Definition 4.1 muß in eine praktisch handhabbare Form umgesetzt werden.

Die rein funktionelle Betrachtung eines Systems wird auch als Black-box-Situation bezeichnet, bei der ein System als schwarzer, d.h. innen unbekannter Kasten aufgefaßt wird, von dem nur seine Wirkungen in die Systemumwelt beobachtbar sind. Dies geschieht durch Experimente mit der Black-box, d.h. Anlegen von Werten an die äußeren Anschlüsse und Registrieren der Reaktion der Black-box z.B. in Form veränderter Wertebelegungen.

Wenn dabei festgestellt wird, daß zu jeder Anschlußbelegung eindeutig eine Antwortbelegung gehört, spricht man von einem kombinatorischen System. Wenn dagegen eine Antwortbelegung nicht allein von den außen angelegten Werten abhängt, sondern auch von inneren Bedingungen, so spricht man von einem sequentiellen System, weil die gleiche Eingabebelegung - mehrmals hintereinander angelegt - eine Folge unterschiedlicher Ausgabebelegungen erzeugen kann.

Eine exakte Formulierung der Black-box-Betrachtung ist durch die bekannte Definition des abstrakten Automaten gegeben (vgl. z.B. [5] [6] [7] [11]):

Definition 4.4

Das Quintupel $\underline{A} = (X,Y,Z,\delta,\lambda)$ heißt abstrakter Automat, wenn

a) X, Y, Z beliebige nicht-leere Mengen sind,
b) δ eine Abbildung $X \times Z \to Z$ der Elemente $(x,z) \in X \times Z$ auf die Elemente $z \in Z$ ist,
c) λ eine Abbildung $X \times Z \to Y$ der Elemente $(x,z) \in X \times Z$ auf die Elemente $y \in Y$ ist.

X ist die Eingabemenge, $x \in X$ sind die Eingabesymbole (auch als Eingabebuchstaben eines Eingabealphabets bezeichnet), Y ist die Ausgabemenge, $y \in Y$ sind die Ausgabesymbole, Z ist die Zustandsmenge, $z \in Z$ sind die inneren Zustände des Automaten. Die Abbildung δ heißt Überführungsfunktion, sie ordnet jedem Zustand z bei einer bestimmten Eingabe x einen Folgezustand $z' = \delta(x,z)$ zu. Die Abbildung λ ist die Ergebnisfunktion, sie gibt an, welches Ausgabesymbol $y = \lambda(x,z)$ bei Eingabe von x im Zustand z ausgegeben wird.

Die Arbeit des abstrakten Automaten vollzieht sich in einer diskreten Zeitskala ... $(T-2),(T-1),T,(T+1),(T+2)$, ... in folgender Weise:

$$z(T+1) = z' = \delta(x(T),z(T)) \tag{54}$$
$$y(T) = \lambda(x(T),z(T)) \tag{55}$$

Üblicherweise werden die Funktionen δ und λ als sog. Automatentabellen angegeben: In einer matrixartigen Anordnung werden die Spalten den Eingabesymbolen x und die Zeilen den Zuständen z zugeordnet. Die Matrixelemente enthalten dann das Ausgabesymbol bzw. den Folgezustand, der dem aus Zeile und Spalte gebildeten Paar (x,z) entspricht. (Siehe Tafel 4.5.)

Tafel 4.5. Automatentabellen (Prinzip)

δ	x_1	x_2	x_3		λ	x_1	x_2	x_3
z_1	z_2	z_1	z_4		z_1	y_0	y_1	y_0
z_2	z_3	z_2	z_1		z_2	y_0	y_2	y_1
z_3	z_4	z_3	z_2		z_3	y_0	y_2	y_0
z_4	z_1	z_4	z_3		z_4	y_1	y_3	y_0

Der Begriff des abstrakten Automaten stellt gewissermaßen den strengen mathematischen Hintergrund für die rein funktionelle Diskussion deterministischer Systeme dar. Mit Hilfe weiterer daraus abgeleiteter Definitionen (z.B. Äquivalenz, Unterscheidbarkeit, Reduktion, usw.) dient er auch zur Behandlung grundsätzlicher Probleme deterministischer Systeme. Für den praktischen Entwurf digitaler Systeme, besonders wenn sie umfangreich und funktionell kompliziert sind, werden meist andere Beschreibungsformen verwendet.

Definition 4.1 bringt wie der Begriff des abstrakten Automaten die Black-box-Auffassung eines deterministischen Systems zum Ausdruck. Sie ist gegenüber dem abstrakten Automaten in zwei Punkten modifiziert, um den technischen Realitäten digitaler Systeme besser zu entsprechen:

1. Strukturierung der Ein- und Ausgabemenge: X und Y des abstrakten Automaten enthalten jeweils soviel Elemente, wie beim konkreten System Ein- und Ausgangsbelegungen möglich sind. Betrachtet man X und Y als Wertebereiche zweier Variablen E und A, so entspricht diese Auffassung der Vorstellung von einem System mit je einem Ein- und Ausgangsanschluß.
   Technische Systeme haben aber bekanntlich i.allg. mehrere Anschlüsse E_i und A_j, die alle ihre eigenen Wertebereiche X_i und Y_j haben, so daß sich die Mengen X und Y eines konkreten Systems aus den X_i und Y_j zusammensetzen:

   $$X = X_1 \cup X_2 \cup \dots \cup X_i \cup \dots \quad (56)$$
   $$Y = Y_1 \cup Y_2 \cup \dots \cup Y_j \cup \dots \quad (57)$$

   Die Strukturierung von X und Y ist theoretisch und praktisch wichtig, um die Anschlußvariablen eines Systems im Rahmen eines Systems einzeln verbinden zu können.
2. Bidirektionalität: Moderne elektronische Bauelemente und auch der theoretische Aspekt der Blockbildung machen es notwendig, die prinzipielle Unterscheidung von Ein- und Ausgangsvariablen aufzugeben. Die Variablen E_i und A_j werden deshalb zur Menge R aller Anschlüsse zusammengefaßt und sind gemeinsam Objekte der Abbildung sowohl im Vor- als auch im Nachbereich. Das heißt, X und Y sowie δ und λ müssen zu einer einheitlichen Abbildung F zusammengefaßt werden:

   $$F:\ X \times Y \times Z \rightarrow X \times Y \times Z \quad \text{bzw.} \quad (R,S)' = F(R,S). \quad (58)$$

Im folgenden sollen einige konkrete, praktisch wichtige Beschreibungsmöglichkeiten für deterministische Systeme, speziell für die Systemfunktion F erläutert werden.

4.2.3.2. Wertetabelle

Am nächstliegenden und einfachsten ist es, die Abbildung F als Tabelle darzustellen, indem in der linken Tabellenhälfte alle Wertebelegungen des Vorbereichs aufgeführt und in der rechten Hälfte alle diejenigen Wertebelegungen dazugeschrieben werden, die Bildpunkte der jeweils rechts stehenden Belegung sind. Ein Beispiel war bereits mit Tafel 4.1 angegeben worden, auch die Automatentabelle genügt diesem Darstellungsprinzip.

Die vollständige Tabellendarstellung einer Systemfunktion benötigt so viele Eintragungen, wie es unterschiedliche Wertebelegungen der inneren und äußeren Variablen gibt. Für n binäre Variable sind das 2^n Belegungen. Wenn die Variablen komplexere Zusammenhänge beschreiben, z.B. Zahlen oder Zeichen, steigt der Umfang einer Wertetabelle unter Umständen beträchtlich an, so daß die Tabellendarstellung nur für kleinere Systeme praktikabel ist.

Die Tabelle kann reduziert werden, wenn es echte Ausgangsvariable, die nicht von ihrem eigenen Wert abhängen, gibt. In Tafel 4.1 ist das z.B. S. Echte Ausgangsvariable brauchen nicht im Vorbereich aufgeführt zu werden, was im Beispiel von Tafel 4.1 den Umfang der Tabelle auf die Hälfte reduziert.

Wenn das System außerdem echte Eingangsvariable hat, so brauchen diese nicht auf der rechten Seite der Tabelle aufgeführt zu werden. Echte Eingangsvariable behalten ihren Funktionswert bei der Abbildung bei, z.B. C1, A und B von Tafel 4.1. Unter den genannten Voraussetzungen reduziert sich z.B. Tafel 4.1 auf die Tafel 4.6 gezeigte Form.

Tafel 4.6. Auf „echte" Ein- und Ausgänge reduzierte Wertetabelle

C1	A	B	Q	S	Q
0	0	0	0	0	0
0	0	0	1	1	1
0	0	1	0	1	0
0	0	1	1	0	1
0	1	0	0	1	0
0	1	0	1	0	1
0	1	1	0	0	0
0	1	1	1	1	1
1	0	0	0	0	0
1	0	0	1	1	0
1	0	1	0	1	0
1	0	1	1	0	1
1	1	0	0	1	0
1	1	0	1	0	1
1	1	1	0	0	1
1	1	1	1	1	1

4.2.3.3. Analytische Beschreibung

Wenn es für die darzustellende Abbildung die Möglichkeit gibt, kompliziertere Funktionen aus elementareren Funktionen zusammenzusetzen, so läßt sich die Abbildung auch als Formel schreiben. Im Fall binärer Systeme ist dies bekanntlich auf Basis der Booleschen Algebra möglich. So läßt sich das Beispiel von Bild 2.20a bzw. Tafel 4.5 folgendermaßen als Formel schreiben:

$$S = A \& \neg B \& \neg Q \mid \neg A \& B \& \neg Q \mid \neg A \& \neg B \& Q \mid A \& B \& Q \tag{59}$$

$$Q = \neg C1 \& Q \mid C1 \& (Q \& A \mid Q \& B \mid A \& B). \tag{60}$$

Auch für komplexere Zusammenhänge, die z.B. mit einer Wertetabelle nicht mehr praktikabel darstellbar sind, ist die Formeldarstellung geeignet, sofern es dafür einen Formalismus gibt. Das gilt vor allem für arithmetische Funktionen, wo ein umfangreicher

Wertevorrat, z.B. Festkomma- oder Gleitkommazahlen, einfach mit Hilfe von Operationssymbolen verknüpft wird. Beispielsweise kann die Wertetabelle von Bild 2.9b, die den Funktionsblock von Bild 2.9a beschreibt, als Formel so dargestellt werden:

$$A = (E+1) \bmod 16. \tag{61}$$

4.2.3.4. Verwendung von formalisierten Sprachen

Formeln setzen voraus, daß für das darzustellende Funktionsspektrum ein Formalismus existiert. Das ist jedoch nicht für alle Probleme der Fall, die in komplexen digitalen Systemen zu beschreiben sind. Außerdem entstehen schon bei der gemischten Verwendung von Formalismen Schwierigkeiten. Wenn beispielsweise das System von Bild 2.9 um einen binären Steuereingang erweitert wird, der zwischen Vor- und Rückwärtszählen umschaltet, so ist die Formeldarstellung der Ergebnisvariablen A nicht mehr so einfach möglich.

In solchen Fällen stehen in Form der problemorientierten Programmiersprachen sehr leistungsfähige Ausdrucksmittel zur Verfügung. Als speziell gestaltete funktionelle bzw. Verhaltensbeschreibungssprachen für digitale Systeme sind sie in der Lage, beinahe beliebige Zusammenhänge zu beschreiben.

PL/AS gestattet eine solche Beschreibung ebenfalls. Unter direkter Verwendung von PL/1-Statements steht ein sehr umfangreicher Sprachvorrat zur Verfügung. Als Beispiel sei eine Möglichkeit angegeben, wie das schon mehrfach verwendete System von Bild 2.20a mit PL/AS funktionell beschrieben werden kann:

```
BLOCK: SERADD;        /*   SERIELLER ADDIERER       */
 RAND C1,A,B,S;       /*   MENGE DER RANDVARIABLEN     */
 ZUSTAND Q;           /*   MENGE DER INNEREN VARIABLEN      */
   S = ¬A&B  |  A&¬B;
   S = ¬S&Q  |  S&¬Q;
   IF C1 THEN  Q=Q&(A  |  B)  |  A&B;
BEND;
```

Daraus lassen sich die hauptsächlichsten Beschreibungsprinzipien erkennen:

- Wie bei Strukturbeschreibungen werden durch BLOCK der Systemname, durch RAND die Anschlußvariablen eingeführt und durch BEND das Ende der Beschreibung angegeben.
- Mit dem Schlüsselwort ZUSTAND wird die Definition der Menge der inneren Variablen eingeleitet. In diesem Fall ist dies nur die eine Variable Q.
- Die eigentliche Funktionsbeschreibung besteht aus der Gesamtheit der Anweisungen in der Blockbeschreibung. Dabei muß besonders hervorgehoben werden, daß die Folge der Anweisungen keinesfalls als zeitliches Nacheinander verstanden werden darf, sondern als logisches Aufeinander, welches zeitlos ausgeführt wird. Die Folge der Anweisungen sagt auch nichts darüber aus, wie die Funktion im Innern eines Blocks ausgeführt wird, sondern nur welches Ergebnis der Block erzeugt. Mit anderen Worten, die Blockbeschreibung ist wie ein Programm zu lesen, das mit den Werten der Variablen zum Zeitpunkt T aufgerufen wird und unendlich schnell die dazugehörige Ausgabe zum Zeitpunkt T und den für den nächsten Zeitpunkt benötigten Zustand Q(T+1) berechnet.

  Die zweischrittige Berechnung von S ist demzufolge nur eine Beschreibungsvariante, die nicht der tatsächlichen Realisierung entsprechen muß. Ebensogut hätte Gl. (59) direkt als Statement verwendet werden können.
- Als Beispiel für die Verwendung des umfangreichen PL/1-Sprachvorrates ist die Berechnung des neuen Zustands Q gewählt. Mit Hilfe des IF ... THEN-...-Statements vereinfacht sich Gl. (60), außerdem entspricht diese Formulierung auch intitiv besser der Aufgabe des Taktsignals. (Trotzdem könnte aber auch Gl. (60) direkt als Statement benutzt werden, sie ist der verwendeten Anweisung von der Wirkung her völlig gleichwertig.)

Mit dem eben erläuterten Beispiel ist vor allem ein adäquater Anschluß der Funktionsbeschreibung an die Strukturbeschreibung in PL/AS sichtbar geworden. Ein besonderer Gewinn scheint etwa gegenüber Gln. (59) und (60) nicht zu bestehen. Ein tatsächlich wesentlicher Vorteil ergibt sich jedoch, wenn die Möglichkeit zu unterschiedlichen Variablenattributen und die verfügbaren Funktionen in PL/1 genutzt werden. Einige Beispiele sollen das verdeutlichen.

Zuerst sei der eingangs dieses Abschnittes erwähnte Vor- und Rückwärtszähler funktionell in PL/AS beschrieben:

```
BLOCK: VRZ;    /*    VOR-/RUECKWAERTSZAEHLER       */
  RAND S BIT(1), (E,A) BIN FIXED;
   IF S THEN
    DO; A=E+1; IF  A > 15  THEN  A=0;  END;
        ELSE
    DO; A=E-1; IF  A < 0  THEN  A=15;  END;
BEND;
```

Hier sind die Variablen E und A als Zahlen vereinbart worden, die funktionell allerdings nur im Intervall $0 \leq A \leq 15$ genutzt werden, S ist eine binäre Variable, konkret eine Bitkette der Länge eins. In PL/AS ist BIT(1) für jede Variable Standardannahme, d.h., Variable ohne Attributangabe sind automatisch binäre Variable.

Als nächstes Beispiel sei ein Fall konstruiert, der in ähnlicher Form durchaus in komplexen digitalen Systemen vorkommen kann, dessen herkömmliche Beschreibung aber kaum möglich bzw. ziemlich unverständlich wäre. Es soll ein System beschrieben werden, welches den Namen MAX trägt und dem fortlaufend eine Zeichenfolge eingegeben wird. Wenn es in der Zeichenfolge seinen Namen erkennt, soll es mit „JA" antworten, ansonsten „schweigt" es.

```
BLOCK: MAX;    /*    ERKENNUNG DES WORTES MAX      */
  RAND E CHAR(1), A CHAR(2);
  ZUSTAND Z CHAR(3);
   Z = SUBSTR(Z,2,2) || E;      /*   VERSCHIEBEN VON Z UND     */
   IF Z='MAX' THEN A='JA';      /*   ANKETTEN VON E            */
              ELSE A='  ';
BEND;
```

Dieses Beispiel demonstriert die Beschreibung komplexer Funktionen eines höheren Niveaus in PL/AS. Eine solche Beschreibung stellt zwar noch nicht den Entwurf des betreffenden Systems dar, dieser ist selbstverständlich am Ende wieder binär, drückt aber die Globalfunktion des Systems aus und repräsentiert einen Zwischenschritt im hierarchischen Entwurfsprozeß.

An dieser Stelle ist noch folgendes anzumerken: Bei technisch-konkreten digitalen Systemen dienen Taktsignale - wie im Abschn. 2.4. erläutert - zur Synchronisation der Änderungen der Speichervariablen; mit anderen Worten, die Taktsignale bestimmen die Umschaltzeitpunkte des Systemzustandes, diskretisieren also die Zeit im Sinn des abstrakten Automaten. In PL/AS repräsentieren die Wertebelegungen der ZUSTAND-Variablen die Zustände des abstrakten Automaten, d.h., wie beim abstrakten Automaten sollen sich ihre Werte nur zu bestimmten Zeitpunkten einer diskretisierten Zeit ändern. Deshalb können in PL/AS allgemeine Taktsignale, die keine selektiv steuernde Funktion haben, weggelassen werden. Damit vereinfacht sich die Beschreibung, indem sie sich auf die eigentlich funktionellen Zusammenhänge konzentrieren kann; die mehr technischen Fragen des Taktsystems brauchen in höheren Niveaus nicht explizit geschrieben zu werden, sondern sind implizit im Modell der diskreten Zeit berücksichtigt.

Ein weiteres illustratives Beispiel für die Fähigkeit von PL/AS, das Wesentliche komplexerer Funktionen einfach wiederzugeben, ist die Beschreibung eines Speichers. Diese im modernen System in breitem Umfang eingesetzten Elemente bzw. Baugruppen sind in ihrer Funktion grundsätzlich leicht zu verstehen. Ihre Darstellung mit Wertetabelle, Boolescher Gleichung oder auch als Schaltbild ist jedoch praktisch nahezu ausgeschlossen. PL/AS oder eine ähnliche Hardwarebeschreibungssprache kann ein solches Element leicht verständlich mit wenigen Statements beschreiben:

```
BLOCK: SPEICHER;
  RAND (E,A,ADR) BIT(4), SCHR;
  ZUSTAND Z(0:15) BIT(4);
  DCL I BIN FIXED, IB BIT(16) DEFINED I;
  I=0; SUBSTR(IB,13,4)=ADR;
  IF SCHR THEN Z(I)=E;
  A=Z(I);
BEND;
```

Zum Verständnis dieser Beschreibung ist folgendes zu bemerken: Die Randvariablen bestehen aus den Dateneingängen und -ausgängen E und A, die beide vier Bit umfassen, der Adresse ADR, die ebenfalls aus vier Bits besteht und demzufolge 16 Speicherplätze adressieren kann, und dem binären Steuersignal SCHR, das beim Wert 1 Schreiben des adressierten Platzes bewirkt. Die Speicherplätze sind als Variablenfeld Z(0:15) mit den Elementen Z(0), Z(1), ..., Z(15) zu je vier Bit unter ZUSTAND vereinbart worden. Die mit DCL vereinbarten Variablen I und IB sind lokale Variable, d.h. Hilfsgrößen für die Berechnung. IB ist als Bitkette der arithmetischen Variablen I überlagert und gestattet das Ansprechen von I als Bitkette, z.B. um in die niedrigstwertigen Bits die Adressenbits einzusetzen. I selbst dient zur Adressierung eines Feldelementes von Z.

Zunächst wird I auf null gesetzt, um einen definierten Wert aller Bits zu erhalten, danach werden die vier Adressenbits in die letzten Stellen von I mit Hilfe von IB eingetragen. Wenn das Schreibsignal 1 ist, wird der Eingang auf den ausgewählten Platz eingetragen. In jedem Fall erscheint am Ausgang der ausgewählte Speicherplatz, entweder nach Eintragen eines neuen Wertes oder unverändert.

Ein Vorteil dieser Beschreibung besteht unter anderem auch darin, daß sich diese Beschreibung im Prinzip nicht ändert, wenn der Speicher mehr Plätze oder größere Speicherplätze enthält. Im ersten Fall brauchen nur die Zahlen im Attribut von ADR und in der Dimension von Z geändert zu werden, im zweiten die Zahlen in den Datenattributen von E, A, und Z. Die eigentliche Funktionsbeschreibung bleibt ungeändert, wie es erwartet werden muß, wenn das Wesen einer Speicherfunktion betrachtet wird.

4.2.3.5. Zustandsgraph (Automatengraph)

Die bisher vorgestellten funktionellen Beschreibungsformen waren abbildungs- bzw. zustandsorientiert, weil sie gewissermaßen statisch die Abhängigkeit zwischen inneren und äußeren Variablen beschrieben. Sequentielle Systeme können aber auch insofern dynamisch betrachtet werden, als ihr Verhalten durch eine Folge von durchlaufenen inneren Zuständen beschrieben werden kann.

Tafel 4.7. Wertetabelle für den Zustandsgraphen von Bild 4.4

E	Q	A	Q
0	00	0	01
0	01	1	01
0	10	0	10
0	11	1	10
1	00	0	10
1	01	1	11
1	10	0	11
1	11	0	00

Tafel 4.7 zeigt die Wertetabelle eines einfachen sequentiellen Systems. Die vier Belegungen (00), (01), (10), (11) der Zustandsvariablen Q lassen sich auch als die vier Knoten des sog. Zustandsgraphen des Systems darstellen (Bild 4.4). Zwischen diesen Knoten befinden sich Kanten, die die Zustandsübergänge - dem jeweiligen Eingabesymbol entsprechend - darstel-

len. An den Kanten sind außerdem, durch Komma vom Eingabesignal getrennt, die dabei zu beobachtenden Ausgabesymbole angetragen.

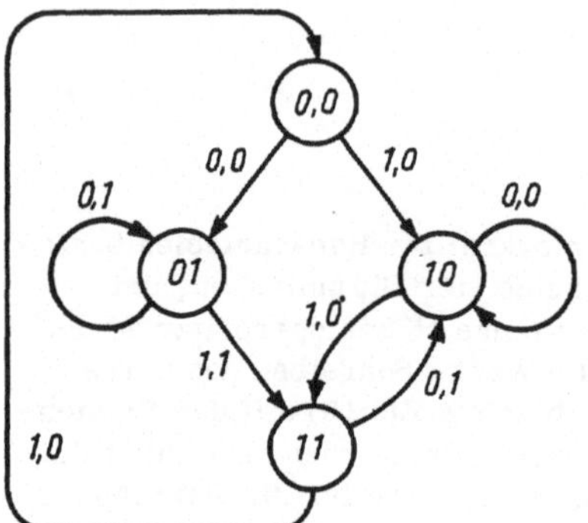

Bild 4.4. Zustandsgraph eines Systems

In einer solchen ablaufbezogenen Darstellung sind die Prozesse besser zu erkennen, die in einem sequentiellen System ablaufen. Dies ist z.B. dann wichtig, wenn das sequentielle System als Steuerautomat für irgendwelche Prozesse arbeitet, z.B. für einen Rechenablauf, für eine Werkzeugmaschine oder in Anlagen der Automatisierungstechnik. (Vgl. dazu Abschn. 5.3.4.6.)

4.2.3.6. Ablaufgraphen

Eine ablaufbezogene Darstellung ist außer zu Dokumentationszwecken auch für den Entwurfsprozeß notwendig, wenn etwa aus einer Prozeßanalyse die Steuerschaltung für den Prozeßablauf abzuleiten ist. Eine ablaufbezogene Funktionsbeschreibung stellt dann den Zusammenhang zwischen Prozeß und System dar und fungiert als Aufgabestellung für den funktionellen und strukturellen Systementwurf.

Der Zustandsgraph ist als Ablaufbeschreibung weniger geeignet, weil er der funktionell vollständigen Schaltungsrealisierung entspricht. Er enthält faktisch alle Details und kann eigentlich erst nach der Fertigstellung der Schaltung aufgestellt werden. Die Methodik des Entwurfs von Steuerschaltungen benötigt jedoch eine vorgelagerte Beschreibungsform, die sich zunächst noch auf die für den Prozeß wesentlichen Aussagen beschränkt. Aus ihr werden durch funktionelle und strukturelle Zusatzannahmen konkrete Schaltungen mit ihrem dann vollständigen Zustandsgraphen entwickelt.

Solche Beschreibungsmittel sind als Programmablaufgraphen [56], Steuergraphen [57], Berechnungsschemata [50] oder verwandte Begriffe bekannt. Sie zeichnen sich alle durch eine Graphendarstellung der Folge der zu durchlaufenden Prozeßzustände aus und sollen hier einheitlich als Ablaufgraphen bezeichnet werden. Das folgende Beispiel diene zur Illustration der Problemstellung.

Es sei ein Bohrwerk zu steuern, das in ein Werkstück an vorgebbaren Positionen senkrechte Löcher bohren soll. Das Bohrwerk sei in X- und Y-Richtung beweglich, die Ist-Position der Bohrspindel werde direkt durch die Werte X_i und Y_i im Steuerautomaten bestimmt.

Bild 4.5 zeigt den prinzipiellen Ablauf dieses Prozesses. Außerdem berücksichtigt es einige zusätzliche Annahmen: Das System befinde sich zu Beginn und am Ende des Prozesses in einem Grundzustand, den es nur durch ein START-Signal verlassen kann. Die nächste zu bearbeitende Position (X_n, Y_n) wird einem Speicher entnommen; dieser enthält auch die Information über das Ende des Arbeitsprozesses, beispielsweise, indem eine Variable X_n oder Y_n den Wert null hat.

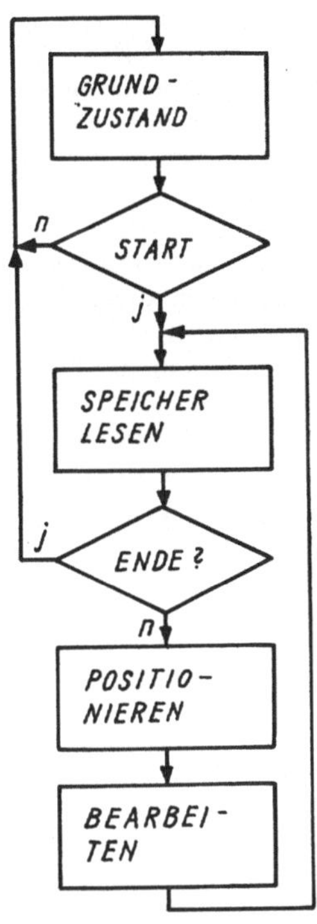

Bild 4.5
Ablaufgraph einer einfachen Steuerung

Der für diesen Prozeß benötigte Steuerautomat ST muß dem Bohrwerk BW entsprechende Signale zur Steuerung der Antriebe für Positionieren und Bearbeiten bereitstellen, außerdem steht er auch mit dem Speicher in Verbindung. Da in den einzelnen Prozeßschritten unterschiedliche Steuersignale notwendig sind, benötigt der Steuerautomat ein inneres Abbild des Prozeßablaufs in Form einer isomorphen Folge innerer Zustände. Dies ist im Bild 4.6 dargestellt.

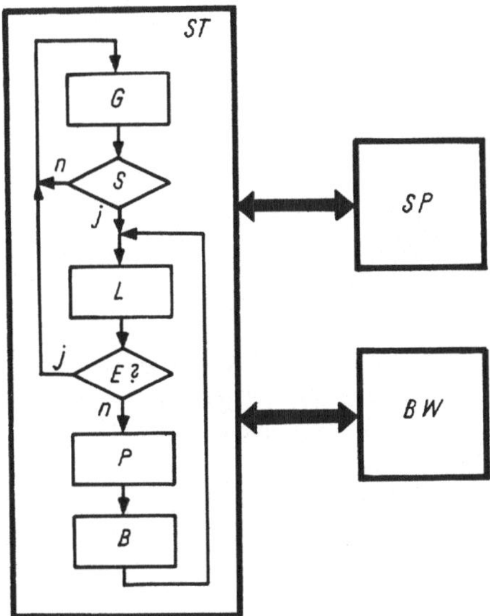

Bild 4.6
Blockstruktur einer Bohrwerksteuerung

Der Ablaufgraph ist folgendermaßen zu interpretieren: Ein Knoten symbolisiert einen im allgemeinen komplexen Prozeßzustand, in dem zum Teil mehrere Aktionen bzw. Teilprozesse auszuführen sind. Wenn alle Aktionen eines Knotens beendet sind, setzt dieser Knoten eine Startbedingung für denjenigen Knoten, zu dem eine Kante existiert, und stellt selbst seine Aktivität ein. Der Folgeknoten wird durch die Startbedingung veranlaßt, nun seine Aktionen auszuführen.

Der Unterschied zum Zustandsgraphen besteht zunächst darin, daß die Knoten des Ablaufgraphen nicht zwangsläufig Zustände des Steuerautomaten sein müssen, sondern gewissermaßen Synonyme für Teilprozesse sind, die recht komplexen Charakter haben können. Außerdem sind nicht alle Kanten des Zustandsgraphen dargestellt, sondern nur die relevanten des Prozesses. Ein- und Ausgangsvariable werden innerhalb der Knoten und nicht als Kantenspezifikation berücksichtigt.

Wesentlicher und für die größere Leistungsfähigkeit des Ablaufgraphen entscheidender ist die Tatsache, daß ein Knoten für mehrere Folgeknoten Startbedingungen setzen kann, so daß Parallelabläufe zustande kommen, und daß ein Knoten mehrere Startbedingungen benötigen kann, bis er aktiv wird. Dies sei an folgendem Beispiel erläutert.

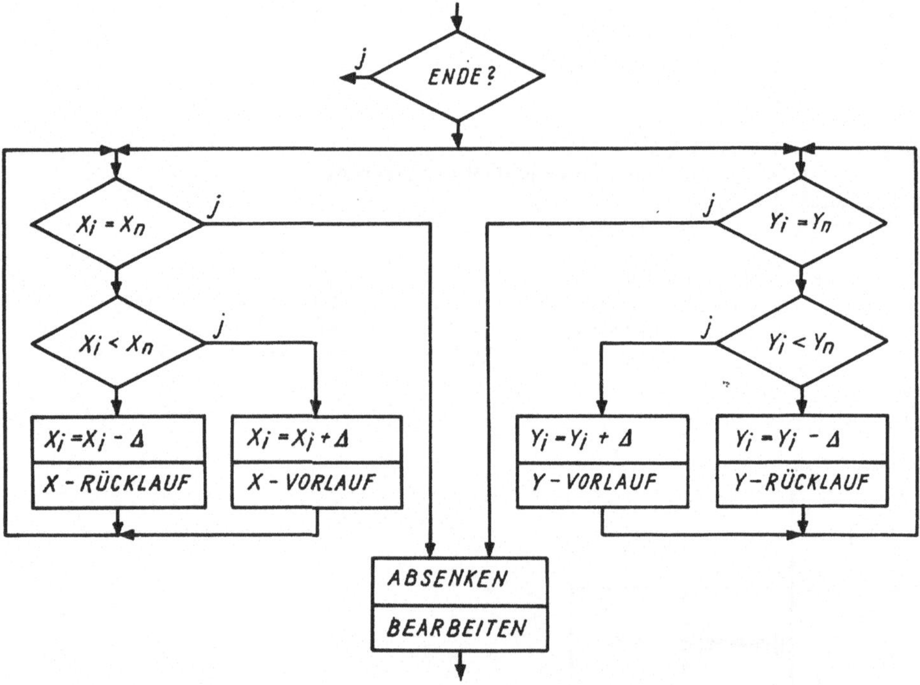

Bild 4.7. Ablaufausschnitt des Ablaufgraphen von Bild 4.5

Bild 4.7 zeigt einen Graphen mit zwei zeitlich parallelen Abläufen. Dieser Graph ist als Ausschnitt aus Bild 4.5 zu verstehen, wobei der Knoten „Positionieren" jetzt detaillierter dargestellt ist. Die Grundfunktion „Positionieren" ist danach als voneinander unabhängiges und gleichzeitiges Einstellen der X- und Y-Koordinate realisiert. Beide werden schrittweise um ein festes Inkrement Δ verändert, wobei aber die Richtung („+" oder „-") und die Anzahl der Schritte für X und Y unterschiedlich sein können, je nachdem, wie sich der neue Wert X_n bzw. Y_n vom Istwert X_i bzw. Y_i unterscheidet.

Die bildliche Darstellung des Graphen symbolisiert den gleichzeitigen Start der beiden Teilabläufe, indem die vom „ENDE ?"-Knoten ausgehende Kante zu zwei Folgeknoten läuft und dort die Startbedingung bildet. Die beiden Teilgraphen, die zwar gleich strukturiert sind, aber eigenständig und z.B. in der Anzahl der Durchläufe verschieden sind, werden damit gleichzeitig aktiv, und es laufen zwei Parallelprozesse ab. Wenn einer der beiden den Zustand $Y_i = Y_n$ bzw. $X_i = X_n$ erreicht, d.h., eine Positionskoordinate hat sich eingestellt, so kommt dieser Teilprozeß zum Stillstand, weil die Aktivierung nicht mehr über die nein-Kante umläuft, sondern als Setzbedingung über die ja-Kante auf den „BEARBEITEN"-Knoten wirkt. Der Bearbeitungsprozeß darf jedoch nur ausgeführt werden, wenn beide Koordinaten stimmen. Dies ist in der Graphendarstellung dadurch symbolisiert, daß am letzten Knoten zwei Setz-Bedingungen einlaufen, die - wie vereinbart werden soll - beide erfüllt sein müssen, bevor der betreffende Knoten aktiv werden kann.

Bild 4.7 enthält damit beispielhaft alle Möglichkeiten, die üblicherweise in einem Prozeß vorkommen können und im Ablaufgraphen darstellbar sein müssen:

1) Nur ein Folgeknoten (z.B. X-Rücklauf $\rightarrow X_i = X_n$): Der Knoten setzt nur die Setzbedingung eines Folgeknotens, d.h., es folgt eindeutig und linear der nächste Prozeßzustand.
2) Nur ein Vorgängerknoten (z.B. $X_i = X_n \rightarrow X_i < X_n$): Es gibt nur eine Bedingung, die den Knoten aktivieren kann.
3) Zwei oder mehr Folgeknoten (z.B. $Y_i < Y_n \rightarrow Y_i = Y_i + \Delta$, $Y_i < Y_n \rightarrow Y_i = Y_i - \Delta$): Der Knoten kann, abhängig vom Ergebnis seiner eigenen Aktionen, mehrere Startbedingungen setzen. Damit können alternative, d.h. immer nur einzelne, oder auch gleichzeitige Prozesse gestartet werden.
4) Zwei oder auch mehr Vorgängerknoten (z.B. $X_i = X_n \rightarrow$ ABSENKEN, $Y_i = Y_n \rightarrow$ ABSENKEN): Die Startbedingungen von mehreren Teilprozessen müssen erfüllt sein, damit der betrachtete Prozeß aktiv wird (Synchronisation).
5) Eine Kante spaltet auf (z.B. ENDE ? $\rightarrow X_i = X_n$, $Y_i = Y_n$): Eine Startbedingung wirkt auf mehrere Knoten und kann parallele Teilprozesse auslösen, wenn eventuelle weitere Bedingungen erfüllt sind.
6) Eine Kante wird vereinigt (z.B. X-Rücklauf, X-Vorlauf $\rightarrow X_i = X_n$): Ein Knoten kann von verschiedenen Knoten aus aktiviert werden („Oder" der Startbedingung).

Diese Auffassung gestattet es, prinzipiell nur einen einzigen Knotentyp vorauszusetzen (in den Bildern 4.5 und 4.7 waren zwei Typen verwendet worden: Knoten mit einer weglaufenden Kante als Kästchen, Knoten mit zwei weglaufenden Kanten - Abfragen - als Rhombus). Dieser allgemeine Knotentyp - als Kästchen symbolisiert - hat m einlaufende Kanten, die als Vorbedingungen oder einfach Bedingungen bezeichnet werden sollen, und n weglaufende Kanten, Nachbedingung oder Folgen genannt. Der Knoten wird aktiv, d.h. führt seinen entsprechenden Teilprozeß aus, wenn alle Vorbedingungen erfüllt sind. Wenn alle seine Aktionen abgeschlossen sind, setzt er - je nach Ergebnis seiner Aktionen - einzelne oder mehrere Nachbedingungen. (Vgl. Bild 4.8a.)

Damit eine solche Graphendarstellung und -interpretation einer determinierten Ablauffolge entspricht, muß wieder eine diskrete Zeitskala vorausgesetzt werden. Dann sollen die zum Zeitpunkt T gesetzten Vorbedingungen bewirken, daß der betreffende Folgeknoten zum Zeitpunkt T+1 seine Aktionen beginnt. Im einfachsten Fall wäre zu jedem Zeitpunkt ein Knoten im Ablaufgraphen aktiv.

Die geschilderte Arbeitsweise eines Knotens läßt sich durch die im Bild 4.8b gezeigte Schaltung verdeutlichen. Die beiden Speicherelemente sind Master-Slave-Flipflops, ihre Wirkung am Ausgang ist immer erst zum nächsten Takt T+1 verfügbar. Sie „fangen" jeweils ihre Vorbedingungen ein und speichern sie, solange die andere noch 0 ist. Wenn beide 1 sind, werden die Nachbedingungen gesetzt und die alten Vorbedingungen gelöscht, sofern nicht gerade neue Vorbedingungen auftreten.

Auf diese Weise ist es prinzipiell möglich, zu jedem Ablaufgraphen eine Schaltungsstruktur zu konstruieren, in der alle im Ablaufgraphen vorkommenden Prozesse als Signalfolgen über die Bedingungsleitungen laufen. Aktiviert ist ein Knoten dann, wenn alle seine Bedingungsflipflops auf 1 stehen.

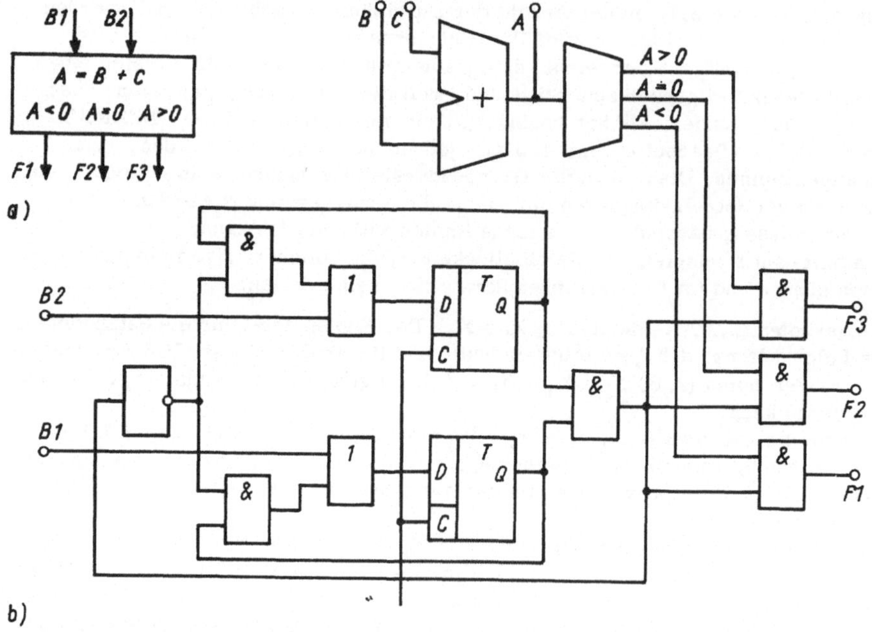

Bild 4.8.
Symbol und Realisierungsvariante eines Knotens im Ablaufgraphen

Gegenüber dieser expliziten Graphenrealisierung gibt es bekanntlich auch Schaltungen mit geringerem Aufwand. Wenn jeder Knoten nur eine Vorbedingung hat und auch nur eine Nachbedingung setzen kann und wenn stets nur ein Knoten aktiviert ist, werden z.B. nach diesem Prinzip n Flipflops für n Knoten benötigt (1-aus-n-Zustandscodierung); bei binärer Zustandscodierung würden aber m = größte ganze Zahl von ld n Flipflops genügen. Außerdem ist es für die Realisierung eines Ablaufs oft auch möglich und günstiger, zwei oder mehrere Knoten zu vereinigen. Beispielsweise lassen sich die reinen Entscheidungsaktivitäten meistens in die Aktionsknoten hineinziehen. Die Steuerschaltung wird dann weniger aufwendig und schneller.

4.2.3.7. Ablaufgraphen-Sprache

Analog zum Schaltbild muß die bildliche Graphendarstellung durch eine exakte, schreibbare Form ergänzt werden, um vor allem die rechentechnische Bearbeitung solcher Probleme zu ermöglichen. Als modernes, leistungsfähiges Mittel finden hier vorwiegend wieder Spezialsprachen Verwendung. Im vorliegenden Rahmen soll wieder auf PL/AS Bezug genommen werden, weil sich dadurch ein homogener Zusammenhang von Struktur-, Funktions- und Graphenbeschreibung ergibt.

Die dabei zu lösende Aufgabe läßt sich - auf Bild 4.6 Bezug nehmend - so formulieren: Es ist ein Block ST zu beschreiben, der über gewisse Verbindungen mit zwei weiteren Blöcken SP und BW kommuniziert und dessen innere Funktion durch einen Ablaufgraphen bestimmt wird.

Dabei ist zunächst zu beachten, daß ST - unabhängig, ob seine Funktion als Graph oder anders beschrieben wird - reale Variable enthält, auf die im Ablauf Bezug genommen werden muß. Im allgemeinen sind dies die Anschlußvariablen zu anderen Blöcken und eventuell auch innere Variable. Im Beispiel benötigt man konkret Anschlußvariable zum Speicher SP (Lesesignal zum Speicher, gelesene Koordinaten vom Speicher), zum Bohrwerk BW (Steuersignale für X- und Y-Antrieb, Absenken und Anheben der Spindel, Bohrantrieb) sowie ein START-Signal und als innere Variable die Speicherung der aktuellen Position (X_i, Y_i).

Die Graphenbeschreibung muß Knotenmenge und Kanten enthalten. Weiterhin ist es aber notwendig anzugeben, auf welche realen Variablen des beschriebenen Systems sich die Aktionen eines Knotens beziehen.

Nach diesen Vorbemerkungen sei der Block ST von Bild 4.6 in PL/AS beschrieben:

```
BLOCK: ST;    /*  ABLAUFSTEUERUNG FUER BOHRWERK  */
 RAND LES,    /*  STEUERSIGNAL ZUM SP-AUSLESEN   */
      (XN,YN) DEC FIXED, /*  NEUE KOORDINATEN VON SP  */
      XV,XR,   /*  X-ANTRIEB VOR- BZW. RUECKWAERTS   */
      YV,YR,   /*  Y-ANTRIEB VOR- BZW. RUECKWAERTS   */
      ZV,ZR,   /*  SPINDEL SENKEN BZW. ANHEBEN       */
      BA,      /*  BOHRANTRIEB                       */
      START;   /*  STARTSIGNAL VON TASTE             */
 ZUSTAND (XI,YI) DEC FIXED; /*  AKTUELLE BW-POSITION  */
 KMENGE G,S,L,E,P,B;  /*  KNOTENMENGE DES GRAPHEN     */
 KANTEN (G → S), (S.N → G), /*  KANTENBESCHREIBUNG    */
        (S.J → L), (L → E), (E.J → G), (E.N → P),
        (P → B), (B → L);
 PLISTE S START,  /*  KNOTEN S BENUTZT VARIABLE START  */
        B BA ZR,  /*  KNOTEN B BENUTZT BA UND ZR       */
        (L,E,P) XN YN, /*  KNOTEN L,E,P BENUTZEN XN, YN  */
        L LES, P XI YI;
BEND;
```

Man erkennt: Innere und äußere Variable werden wie üblich durch die Schlüsselworte ZUSTAND und RAND definiert. Die Knotenmenge ist eine durch KMENGE angekündigte Aufzählung der Knotenbezeichnungen (analog zu BMENGE), die Kanten werden als Menge von Listen beschrieben, die durch das Schlüsselwort KANTEN definiert wird. (Dies ist analog zur Netzbeschreibung mit dem Unterschied, daß Graphenkanten grundsätzlich gerichtet sind.) PLISTE leitet eine Menge von Parameterlisten ein, die angeben, welcher Knoten welche Variable als Parameter benutzt. Eine Parameterliste hat den Aufbau: knotenbezeichnung variable variable ...,... . (Schreiberleichterungen durch Klammern von Knoten mit gleichen Parametern sind angedeutet.)

Die in KMENGE verwendeten Graphenknoten müssen beschrieben sein. Das Prinzip sei durch folgende Beispiele illustriert:

```
GRAPH: G;      /*  GRAPH ALS EINZELKNOTEN FUER GRUNDZUSTAND  */
 BED B;        /*  LISTE DER VORBEDINGUNGEN, HIER NUR B      */
 FOLGE F;      /*  LISTE DER NACHBEDINGUNGEN, HIER NUR F     */
   F='1' B;
GEND;
GRAPH: S;      /*  EINZELKNOTEN FUER ABFRAGE VON START       */
 BED B; FOLGE J,N;
 PARM START; /*  LISTE DER BENUTZTEN PARAMETER               */
   IF START THEN J='1' B;
            ELSE N='1' B;
GEND;
```

Man erkennt, daß es einfacher ist, G und S zusammenzufassen, indem G selbst das START-Signal abfragt und zwei Folgebedingungen aktivieren kann:

```
GRAPH: G;
 BED B; FOLGE J,N; PARM START;
   IF START THEN J='1' B; ELSE N='1' B;
GEND;
```

(Noch einfacher wäre es, nur die eine Nachbedingung J vorzusehen, die durch START aktiviert wird. Wenn START ausbleibt, bleibt der Grundzustand G aktiv.)

```
GRAPH: SP_LESEN;      /* SPEICHERLESEN MIT ENDE-TEST   */
  BED B; FOLGE J,N; PARM L, (XN,YN) DEC FIXED;
        L= '1' B; IF XN=0 | YN=0 THEN J= '1' B;
                                 ELSE N= '1' B;
GEND;
```

(Hier sind die Knoten L und E gleich zusammengefaßt worden.)
Der Knoten P läßt sich gemäß Bild 4.7 selbst wieder als Graphenstruktur darstellen:

```
GRAPH: P;     /* POSITIONIEREN DES BOHRWERKES   */
  BED B; FOLGE F; PARM (XI,XN,YI,YN) DEC FIXED,
                        XV, XR, YV, ZV;
  KMENGE XIGXN, XIKXN, YIGYN, YIKYN;
  KMENGE XPLUS, XMINUS, YPLUS, YMINUS, ABSENKEN;
  KANTEN (B → XIGXN,YIGYN), (XIGXN.N → XIKXN),
         ...
         (XIGXN.J → ABSENKEN.B1), (YIGYN → ABSENKEN.B2),
         (ABSENKEN → F);
  PLISTE (XIGXN,XIKXN) XI XN, (XPLUS,XMINUS) XI,
         XPLUS XV, XMINUS XR, ...
         ABSENKEN ZV;
GEND;
```

Hierzu ist noch anzumerken: Die verwendeten Knotenbezeichnungen XIGXN, XIKXN usw. sind reine Namen ohne steuernde Wirkung. Es verbirgt sich zwar hinter der Wahl des Namens eine gewisse Mnemonik (etwa XIGXN ≙ XI gleich XN), die tatsächlichen Aktionen der jeweiligen Knoten sind jedoch noch zu beschreiben. Weiterhin ist von folgender Vereinfachung Gebrauch gemacht worden: Grundsätzlich muß bei einer Kantenbeschreibung der Knoten die betreffende Vor- bzw. Nachbedingung genannt werden, z.B. (XIGXN.J → ABSENKEN.B1). Wenn jedoch der Knoten nur eine Vor- oder eine Nachbedingung besitzt und wenn diese mit B und F bezeichnet wird, so können diese in der Kantenbeschreibung weggelassen werden, etwa bei (B → L) im Block ST.

Die genannten Beispiele sollen für das prinzipielle Verständnis der PL/AS-Anwendung auf Graphenstrukturen genügen. Es mag vielleicht der hohe Schreibaufwand auffallen, dabei ist jedoch - wie allgemein bei jeder Sprachdarstellung - zu berücksichtigen: 1. Durch Kommentare und breit angelegte Darstellung (lange Namen, gesperrte Anordnung) erhöht sich der Schreibaufwand, allerdings mit dem Ziel besserer Verständlichkeit. Die minimale Darstellung käme mit weit weniger Zeichen aus. 2. Die Sprachdarstellung zwingt zu Exaktheit und Vollständigkeit und verlangt Angaben, die in bildlichen Darstellungen oft nur implizit enthalten sind oder durch stillschweigende Übereinkunft vorausgesetzt werden. 3. Die gewählte Form bietet durch Schachtelungsmöglichkeiten (siehe Abschn. 4.3.2.) und Standardannahmen eine Reihe von Schreiberleichterungen.

4.2.3.8. Petri-Netze

Zur Ablaufbeschreibung von Prozessen werden häufig auch sog. Petri-Netze verwendet. Sie wurden vor allem zur Darstellung von Parallelabläufen und zur Sychronisierung von Ablaufbedingungen entwickelt, die sich in Zustandsgraphen oder Programmablaufplänen schlecht darstellen ließen.

Die Grundvorstellung des Petri-Netztes besteht darin, daß ein Ablaufschritt im allgemeinen vom Zustandekommen mehrerer Vorbedingungen abhängt und daß durch einen Ablaufschritt neue Bedingungen entstehen. (Das entspricht etwa dem Bild 4.8a.) Zur Darstellung dessen werden spezielle Graphen verwendet, deren Knotenmenge sich aus der Menge der Bedingungen - genannt Plätze - und aus der Menge der Aktionen - genannt Transitionen - zusammensetzt. Für die Kanten wird vorausgesetzt, daß sie entweder von den Plätzen zu den Transitionen oder von den Transitionen zu den Plätzen führen.

Man stellt sich dann vor, daß die Plätze mit Marken belegt sind, wenn die betreffende Bedingung erfüllt ist. Eine Aktion tritt dann ein - man sagt, die Transition „feuert" -, wenn alle Vorbedingungen erfüllt sind, d.h., alle vor ihr liegenden Plätze sind markiert. Die Transition zieht dann von jedem Platz eine Marke ab und setzt in jeden Platz nach ihr eine Marke hinzu. Ein Beispiel für diese Denk- und Vorstellungsweise ist in Bild 4.9 gezeigt.

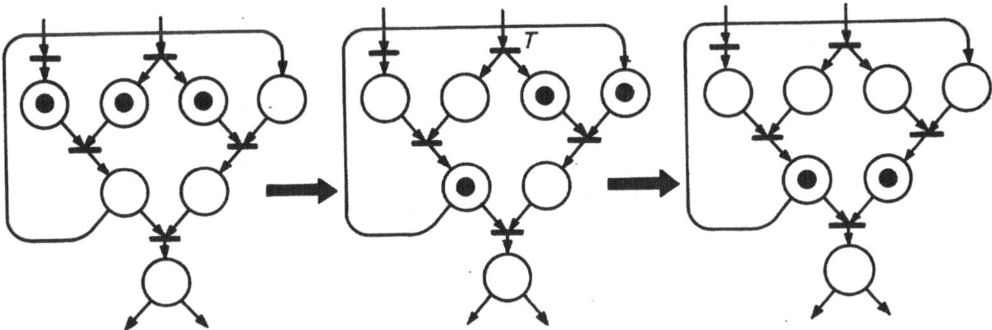

Bild 4.9. Prinzip eines Petri-Netzes

Exakt wird der Begriff des Petri-Netzes wie folgt definiert:

Definition 4.5

Das Quadrupel $N=(P,T,F,m_0)$ heißt Petri-Netz, wenn

a) $P = \{p_1,p_2,...\}$ und $T = \{t_1,t_2,...\}$ endliche Mengen sind, (als Plätze und Transitionen bezeichnet),
b) F eine Abbildung $(P \cup T) \times (T \cup P) \rightarrow \{0,1\}$ ist, Flußrelation genannt, und
c) m_0 eine Abbildung $P \rightarrow \{0,1,2,...\}$ der Plätze auf die Menge der natürlichen Zahlen ist, sie wird als Anfangsmarkierung bezeichnet.

Danach ist ein Petri-Netz ein sog. bipartiter Graph, weil Knoten- und Kantenmenge in zwei Teile zerfallen, die in bestimmter Weise zusammengesetzt sind. Aus der Anfangsmarkierung m_0 gehen nach der oben beschriebenen Überführungsregel weitere Markierungen, das sind Prozeßfolgezustände, hervor. In Definition 4.5 ist dabei schon der Fall mehrfach markierter Plätze berücksichtigt, d.h., es können sich auf einem Platz mehrere Marken befinden.

Zu Theorie und Anwendung von Petri-Netzen gibt es umfangreiche Literatur, in der die Dynamik in Petri-Netzen (Lebendigkeit, Konflikte usw.), Entwurfsmethoden mit Petri-Netzen (Parallel-Prozesse, hazardfreie Schaltungen) und weitere Probleme behandelt werden. Wegen der großen Verwandtschaft mit dem Ablaufgraphenkonzept und weil bestimmte weitergehende Anwendungen zusätzliche Spezifizierungen des Petri-Netzes erfordern, sei im vorliegenden Rahmen auf Petri-Netze nicht weiter eingegangen. Dazu sei etwa auf [18] [50] [58] [59] [60] verwiesen.

4.3. Hierarchisch angewandte Sprachbeschreibung

Dieser Abschnitt soll an Beispielen die konkrete Beschreibung geschachtelter Systeme behandeln, auf besondere Probleme verweisen und die prinzipielle Leistungsfähigkeit vor allem der sprachorientierten Beschreibungsmittel verdeutlichen.

4.3.1. Blockschacntelung

Im Abschnitt 4.2.2.3. war für die Schaltung nach Bild 4.1a die folgende Beschreibung erläutert worden:

```
BLOCK: BEISP1;
 RAND  E1,E2,A;   BMENGE  (B1,B4)  UND,  ODER,  NEG;
 NETZE  (RAND.E1,B1.E1,B2.E1),  (RAND.E2,B1.E2,B2.E2)...
        (B3.A,B4.E2),  (B4.A,RAND.A);
BEND;
```

Zur Schreiberleichterung wurde die Vereinbarung getroffen: Wenn ein Elementetyp in einer Struktur nur einmal vorkommt, hier ist das ODER und NEG, so braucht keine spezielle Exemplarbezeichnung vergeben zu werden, d.h., Exemplar- und Typbezeichnung sind identisch, konkret also BMENGE ODER ODER, NEG NEG.

Es wurde dabei unterstellt, daß die Typenbezeichnungen UND, ODER, NEG die verwendeten Elemente hinreichend spezifizieren. Im allgemeinen enthalten jedoch Strukturen sehr komplexe Blöcke, die sehr spezielle Funktionen realisieren und nicht immer als Elemente eines vorhandenen Typenvorrats angesehen werden können. Zur vollständigen Strukturbeschreibung gehört deshalb auch die Beschreibung der in der Struktur enthaltenen Unterblöcke.

PL/AS gestattet dies durch sein Blockkonzept, indem für die Unterblöcke weitere Blockbeschreibungen in PL/AS angegeben werden, die durch den Compiler in den höheren Strukturblock eingebettet werden. Es ist dabei gleichgültig, ob ein Unterblock als Black-box gemäß Abschn. 4.2.3.4. oder als Teilstruktur beschrieben wird.

Beispielsweise könnten die Unterblockbeschreibungen von Bild 4.1a folgende Gestalt haben:

```
BLOCK: UND;
 RAND  E1,E2,A;
     A = E1 & E2;
BEND;
BLOCK: NEG;
 RAND  E,A;
     A = ¬E;
BEND;
```

```
BLOCK: ODER;
 RAND  E1,E2,A;
 BMENGE  (B1,B2,B3)  NEG,  UND;
 NETZE    (RAND.E1,B1.E),  (B1.A,UND.E1),
          (RAND.E2,B2.E),  (B2.A,UND.E2),
          (UND.A,B3.E),  (B3.A,RAND.A);
BEND;
```

Mit dieser Beschreibung hätte das System konkret den im Bild 4.10 gezeigten Aufbau. Dann ist auch evident, daß nach diesem Prinzip beliebig große und „tief geschachtelte" Strukturen beschrieben werden können. Jeder Blocktyp bzw. jede Teilstruktur braucht nur einmal beschrieben zu werden, gleichgültig wie oft sie in unterschiedlichen Strukturen als Exemplare verwendet werden.

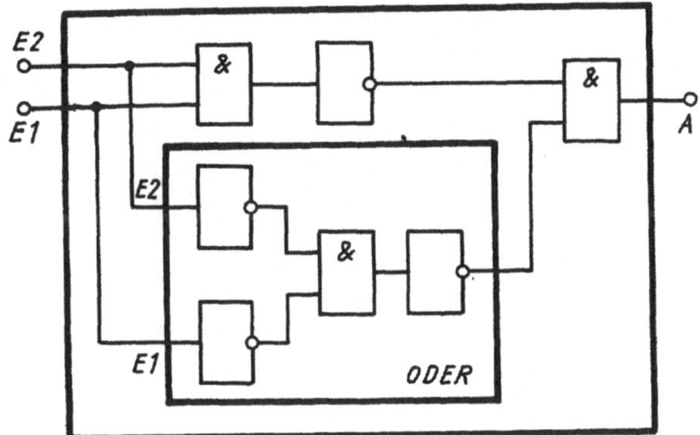

Bild 4.10. Schachtelung von Schaltungsstrukturen

Zu erwähnen ist an dieser Stelle, daß sich die Blockschachtelung prinzipiell auch beschreibungstechnisch in die Ebene der elektrischen Schaltungen fortsetzen läßt. Der Negator in der Schaltung von Bild 2.1 ließe sich in PL/AS z.B. so beschreiben:

```
BLOCK: NEG;   /* ELEKTRONISCHE STRUKTUR DES NEGATORS   */
  RAND   (UA,UE,UB,UC,MASSE) EL;
  BMENGE RK,RB,RC,TR;
  NETZE   (RAND.UE,RK.E1), (RK.E2,RB.E1,TR.B),
          (RAND.UB,RB.E2), (RAND.UC,TR.C,RAND.UA),
          (TR.E,RAND.MASSE);
BEND;
```

Gegenüber der aufs digitale Verhalten reduzierten Darstellung nach Bild 2.2 sind hier mehr Anschlüsse vorzusehen, die auch als elektrische Anschlüsse - zunächst nur symbolisch - durch ein spezielles Attribut EL von den logischen Anschlüssen E und A unterschieden werden müssen. Weiterhin erhebt sich die Frage nach einer exakten Beschreibung der in dieser Struktur enthaltenen Unterblöcke RK, ..., TR. Sieht man davon ab, daß für TR wiederum eine der bekannten Ersatzschaltungen als Teilstruktur beschrieben werden könnte, so besteht die Aufgabe, für die Unterblöcke eine solche Funktionsbeschreibung aufzustellen, aus der sich die Gesamtfunktion einer elektrischen Schaltung ergibt. Die damit zusammenhängenden Fragen können hier nicht weiter betrachtet werden. Im Abschn. 5.6.4. wird darauf noch einmal eingegangen.

Es soll noch ein weiteres Problem dargestellt werden, das trotz seiner scheinbaren Einfachheit für die Systembeschreibung und vor allem die darauf aufbauenden Verfahren, insbesondere die Simulation, von prinzipieller Bedeutung ist.

Die im Bild 4.2 gezeigte Schaltung mit ausgangsseitiger Verknüpfung wird korrekt durch folgende Strukturbeschreibung wiedergegeben:

```
BLOCK: OR;    /* SPEZIELLES ODER AUF BASIS DRAHT-UND    */
  RAND  E1,E2,A;    BMENGE  (B1,B2,B3) NEG;
  NETZE (RAND.E1,B1.E), (RAND.E2,B2.E),
        (B1.A,B2.A,B3.E), (RAND.A,B3.A);
BEND;
```

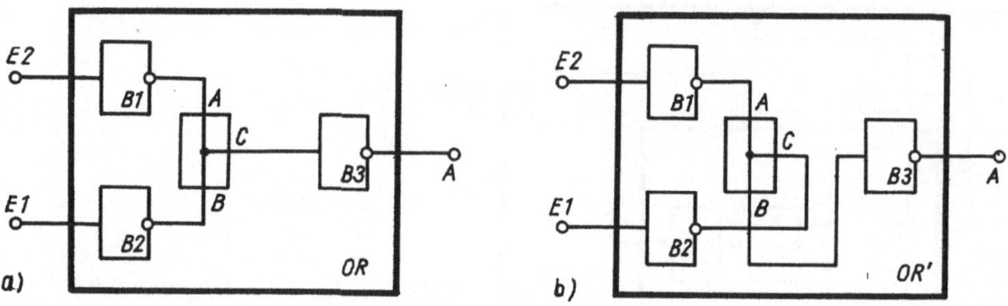

Bild 4.11. Beschreibungsvarianten mit reinen Netz-Blöcken

Beschreibungstechnisch, als Zeichnung und sogar technisch ist aber auch die in Bild 4.11a dargestellte Schaltung möglich, die sich in PL/AS folgendermaßen darstellt:

```
BLOCK:  OR;
 RAND   E1, E2, A;          BMENGE  (B1,B2,B3)  NEG,  NETZ;
 NETZE  (RAND.E1,B1.E),  (RAND.E2,B2.E),  (RAND.A,B3.A),
        (B1.A,NETZ.A),  (B2.A,NETZ.B),  (B3.E,NETZ.C);
BEND;
BLOCK:  NETZ;     /*  EIN NETZ, SONST NICHTS   */
 RAND   A,B,C;    NETZE   (RAND.A,RAND.B,RAND.C);
BEND;
```

Die im Bild 4.11b dargestellte, fast gleiche Schaltung hat die Beschreibung:

```
BLOCK:  ORSTRICH;
 RAND   E1,E2,A;            BMENGE  (B1,B2,B3)  NEG,  NETZ;
 NETZE  (RAND.E1,B1.E1),  (RAND.E2,B2.E2),  (RAND.A,B3.A),
        (B1.A,NETZ.A),  (B2.A,NETZ.C),  (B3.E,NETZ.B);
BEND;
```

Das Problem besteht hierbei darin, dem Block NETZ eine solche Funktion zuzuweisen, daß seine Wirkung als Verbindung im Systemverband trotz topologischer Unterschiede die gleiche bleibt. Dabei erwächst die Schwierigkeit offenbar daraus, daß die Anschlüsse dieses Blocks nicht mehr eindeutig als Eingang oder Ausgang klassifiziert werden können und damit die Verbindungsfunktion nicht einfach als Wertetransport von einem zu den beiden anderen Anschlüssen betrachtet werden kann. Wenn es gelingt, die Funktion des Blocks NETZ mit Hilfe einer Wertetabelle, einer logischen Gleichung oder als abstrakter Automat zu beschreiben, so wird damit das Wesentliche einer Verbindung eines digitalen Systems verständlich und die Grundlage geschaffen für ein echt hierarchisches Vorgehen sowie die Behandlung moderner digitaler Funktionen (Transfer-Gatter, Busverbindungen, ausgangsseitige Verknüpfung).

Im Abschn. 5.6.4. wird dieses Problem noch einmal etwas ausführlicher untersucht und eine Lösungsvariante angegeben.

4.3.2. Schachtelung von Graphen

Die im Abschn. 4.2.3.7. vorgestellte Graphenbeschreibung besitzt formal weitgehende Ähnlichkeit zur Strukturbeschreibung. Die eben erläuterte Schachtelung von Schaltungsstrukturen kann deshalb auch als Vorbild für die hierarchisch gestufte Beschreibung von komplizierteren Graphen dienen.

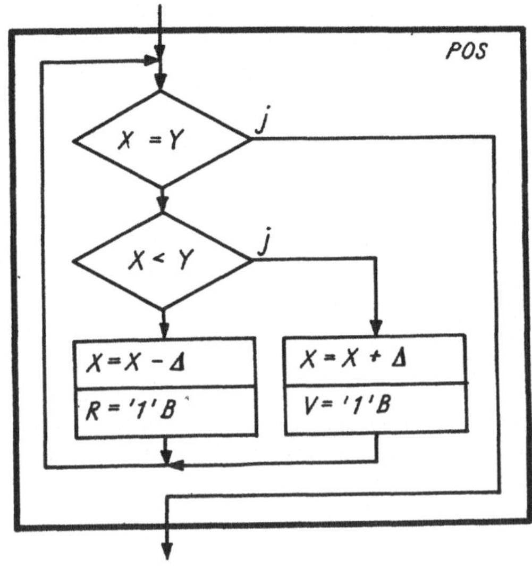

Bild 4.12. Typenelement eines Ablaufgraphen

Bild 4.12 zeigt eine Graphenstruktur, die im Knoten P des Ablaufgraphen von Bild 4.6 vorkommt und folgendermaßen zu beschreiben ist:

```
GRAPH:  POS;      /*   POSITIONIEREN EINER KOORDINATE     */
 BED B;  FOLGE F;  PARM  (X,Y)  DEC FIXED, R, V;
 KMENGE  XGY,  XKY,  PLUS,  MINUS;
 KANTEN  (B,PLUS,MINUS → XGY),  (XGY.J → F),
         (XGY.N → XKY),  (XKY.J → PLUS),  (XKY.N → MINUS);
 PLISTE  (XGY,XKY) X  Y,  PLUS  X  R,  MINUS  X  V;
GEND;
```

Die im Abschn. 4.2.3.7. gegebene Beschreibung des Knotens P vereinfacht sich dadurch zu (vgl. auch Bild 4.13):

```
GRAPH:  P;      /*  POSITIONIEREN DES BOHRWERKES                   */
                /*  BED UND FOLGE ALS STANDARD WEGGELASSEN         */
 PARM     (XI,XN,YI,YN)  DEC  FIXED,  XV,XR,YV,YR,ZV;
 KMENGE   (XPOS,YPOS)  POS,  ABSENKEN;
 KANTEN   (B → XPOS,YPOS),  (XPOS → ABSENKEN.B1),
                            (YPOS → ABSENKEN.B2);
 PLISTE   XPOS  XI  XN  XV  XR,  YPOS  YI  YN  YV  YR,
          ABSENKEN  ZV;
GEND;
```

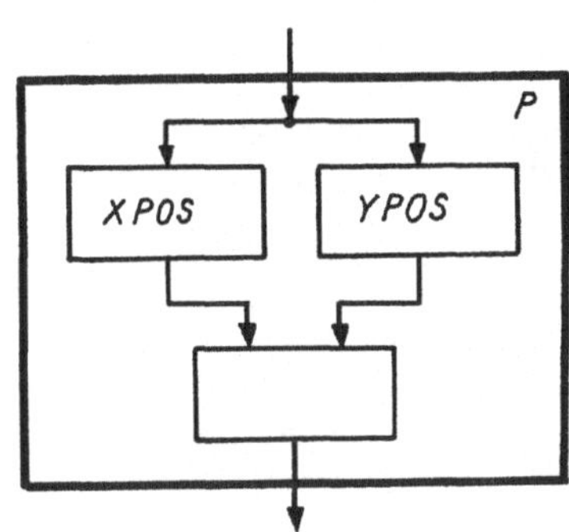

Bild 4.13
Graphenstruktur mit Typenelementen

5. Entwurfsprozeß

5.1. Allgemeines zum Entwicklungsablauf

Im gesamten Entwicklungsprozeß eines komplexen digitalen Systems lassen sich zunächst vier Hauptabschnitte bzw. auch vier Hauptaufgaben unterscheiden: Projektierung, Realisierung, Erprobung und Serienüberleitung.

Die Projektierung ist die eigentliche schöpferische Phase, sie erarbeitet den Bauplan des Systems, der zur Grundlage aller nachfolgenden Arbeiten wird. In dieser Etappe werden bereits alle Eigenschaften des Systems einschließlich wichtiger Nebenbedingungen seiner Anwendung festgelegt; d.h., obwohl sich das System zu dieser Zeit noch im „Papierstadium" befindet, ist seine spätere praktische Eignung durch die Arbeiten in dieser Etappe im wesentlichen vorbestimmt. Erkenntnisse aus den nachfolgenden Entwicklungsabschnitten können prinzipiell nur den Charakter von Korrekturen haben.

Die Projektierung komplexer digitaler Systeme kann unterteilt werden in die logische Projektierung, auch als Entwurfsprozeß bzw. logischer Entwurf bezeichnet, in die technische und die konstruktive Projektierung. Die logische Projektierung beschäftigt sich mit der Ausarbeitung und detaillerten Festlegung der symbol- bzw. informationsverarbeitenden Funktionen des digitalen Systems, wobei von der physikalisch-technischen Gestalt des zu entwickelnden Systems so weit wie möglich abstrahiert wird. Die technische Projektierung konkretisiert die physikalische Realisierung der logischen Funktionen z.B. als elektrischer Schaltungsentwurf (Transistorentwurf), als Layoutentwurf bei der Schaltkreisentwicklung, als Festlegung von Plazierungs- und Verbindungsvarianten von Baugruppen u.ä. Die konstruktive Projektierung erarbeitet die Lösungen für das Gefäßsystem des digitalen Geräts und damit zusammenhängende Fragen zur Mechanik, Kühlung, Stromversorgung usw. Konstruktive und technische Projektierung stehen in engem Zusammenhang.

Die Arbeitsmethodik in der Projektierungsphase ist im wesentlichen intuitiv. Für große, komplexe Systeme ist aber heutzutage eine umfangreiche rechentechnische Unterstützung erforderlich, um Entwicklungszeit und Entwicklungskapazität zu sparen und den erforderlichen Grad an Qualität des Entwicklungsergebnisses zu erreichen. Deshalb werden allgemein intensive Bemühungen unternommen, die Entwicklungsarbeiten zu automatisieren (engl. computer aided design CAD, rechnergestützter Entwurf) und als Voraussetzung dazu die Entwurfsmethodik schrittweise zu algorithmisieren.

Die Realisierungsphase im Entwicklungsprozeß hat zum Ziel, ein Versuchs- oder Funktionsmuster des Geräts für die Erprobung bereitzustellen. Gleichzeitig werden dabei fertigungstechnologische Erfahrungen gesammelt, die zur Verbesserung konstruktiver Lösungen dienen. Die Realisierungsphase enthält als Teiletappen Einzelteilherstellung bzw. -beschaffung, Baugruppenvorprüfung und Montage.

Die Erprobung - auch als Entwicklungsinbetriebnahme bezeichnet - soll vor allem systematische logische und technische Fehler auffinden, gegebenenfalls Änderungen und Verbesserungen erarbeiten und abschließend die Funktionsfähigkeit und die Leistungsdaten des Systems als erfüllt nachweisen.

Die Serienüberleitung - sofern nicht nur einzelne Exemplare des Systems vorgesehen sind - muß die technologischen Voraussetzungen für die Herstellung des Systems in entsprechenden Stückzahlen schaffen. Neben einer geeigneten konstruktiven Gestaltung des Systems, die möglichst schon bei der Projektierung berücksichtigt wird, gehört dazu die Bereitstellung von Hilfsmitteln und Unterlagen für die Herstellung und den Service.

Die genannten Etappen können deutlich ausgeprägt sein oder ineinander übergehen bzw. parallel ablaufen. Das hängt ab von der Größe und Kompliziertheit des Systems, den herzustellenden Stückzahlen sowie davon, ob es sich um eine Neuentwicklung handelt oder um eine Entwicklung im Rahmen eines eingelaufenen Entwicklungs- und Herstellungsprozesses.

Im vorliegenden Buch wird ausführlich nur die logische Projektierung betrachtet. Andere Aspekte werden nur insoweit erwähnt und erläutert, sofern sie auf den logischen Entwurf Einfluß haben. Allgemeinere Zusammenhänge sind in [42] [49] [61] [62] dargestellt.

5.2. Überblick über den Entwurfsprozeß

5.2.1. Aufgabe

Der Entwurfsprozeß ist derjenige Abschnitt der Projektierungsphase eines digitalen Systems, in dem - ausgehend von einer benötigten informationsverarbeitenden Funktion und dafür geltenden Nebenbedingungen - eine Struktur von Subsystemen erarbeitet wird, die durch ihr Zusammenwirken die Zielfunktion unter den gegebenen Nebenbedingungen realisieren. (Der Bauplan der Systemstruktur wird landläufig ebenfalls als Entwurf des Systems bezeichnet.)

Die Aufgabe des Entwurfsprozesses ist erfüllt, wenn die in einer Struktur eingesetzten Subsysteme mit den benötigten Eigenschaften, das sind Funktion und weitere Parameter, verfügbar sind (vorhandene Kauf- oder Zulieferteile) oder wenn für diese eine Struktur von weiteren Subsystemen angegeben werden kann, d.h., wenn für sie ein Entwurf existiert.

Mit Bezug auf das im Abschn. 4.1. Gesagte kann erläuternd festgestellt werden: Der Entwurfsprozeß beginnt in einer Black-box-Situation, d.h. mit Kenntnis des „Was", und erarbeitet das „Wie" durch Festlegung des „Womit". Er baut gewissermaßen auf eine Black-box-Situation niedriger Ordnung auf, indem für das „Womit", d.h. für die verwendeten Strukturelemente, lediglich wieder nur das „Was" bekannt ist.

5.2.2. Nebenbedingungen

Jedes zu entwickelnde System ist für einen - mehr oder weniger genau - bestimmten Zweck vorgesehen, aus dem sich nicht nur die zu realisierende Funktion ableitet, sondern auch die zu beachtenden Nebenbedingungen. Diese sind ein wesentlicher Bestandteil der Entwicklungszielstellung, da sie zu speziellen Eigenschaften des Systems führen müssen, die durch geeignete strukturelle Lösungen zu realisieren sind. Das Beachten von Nebenbedingungen kann zwar für verschiedene Entwicklungen mehr oder weniger bedeutsam sein - z.B. ist es ein Unterschied, ob ein System für Lehr- oder Forschungszwecke unter Laborbedingungen eingesetzt wird oder in großen Stückzahlen in der Volkswirtschaft -, es muß jedoch zu Entwicklungsbeginn im wesentlichen klar sein, ob und welche Nebenbedingungen zu berücksichtigen sind.

Der Komplex der Nebenbedingungen kann etwa in zwei Punkte differenziert werden: 1. Wer formuliert Nebenbedingungen? 2. Auf welche Systemeigenschaften beziehen sich die Nebenbedingungen? Der erste Gesichtspunkt unterscheidet hauptsächlich die Interessenten, Anwender, Hersteller, Entwickler; der zweite gliedert sich in Leistungsfähigkeit, zeitliche (z.B. Termin-) Forderungen, Kostenaspekte und Probleme des Fehlerverhaltens. Für die einzelnen Interessenten liegen dabei die Schwerpunkte in den Teilaspekten durchaus wieder unterschiedlich. Tafel 5.1 zeigt dazu ohne Anspruch auf Vollständigkeit eine beispielhafte Zusammenstellung.

Tafel 5.1. Systemeigenschaften bezüglich verschiedener Interessenten

	Leistungsfähigkeit	Kosten	Fehlerverhalten
Anwender	Arbeitsgeschwindigkeit, Durchsatz, Reaktions-, Totzeiten, Kompatibilität, Flexibilität, Energieverbrauch, Größe u. ä.	Anschaffungs-, Betriebs-, Instandhaltungskosten	Verfügbarkeit, Zuverlässigkeit, Störsicherheit, Ausfalldauer Umwelteinflüsse
Hersteller	Fertigungsdauer, Produktivität, Technologie, Standardisierung	Materialkosten, Personalkosten	Qualität, Ausschuß, Stabilität der Produktion, Prüftechnologie
Entwickler	Entwicklungszeit, Entwicklungsmethodik, Vereinbarkeit der Nebenbedingungen	Personalkosten, Rechnerkosten u. ä.	Entwurfsfehler, Überprüfungsmethodik, Erprobungszeit, Inbetriebnahmehilfsmittel

Nebenbedingungen stehen miteinander in kompliziertem Zusammenhang, teilweise bedingen sie einander, teilweise widersprechen sie sich. Für ihre systematische Berücksichtigung in einem methodischen Entwurfsprozeß ist eine Rangfolge der Wichtigkeit angebracht, um bei widersprüchlichen Forderungen eine Orientierung zur Auflösung von Konflikten zu haben:

1. einsatzbestimmende Anwendungseigenschaften: Sie bestimmen die praktische Verwendbarkeit des Systems und folglich die Sinnfälligkeit seiner Entwicklung. Neben der durch den Interessentenkreis bestimmten Funktion gehören dazu hauptsächlich Leistungsaspekte und Eigenschaften des Fehlerverhaltens.
2. kostenbestimmende Anwendungseigenschaften: Sie bestimmen zusammen mit den praktischen Eigenschaften den zu erwartenden Gewinn und vergrößern den Interessentenkreis für ein System. Sie sind jedoch insofern zweitrangig, als Kostenerhöhungen dann in Kauf genommen werden, wenn es um die Erfüllung wichtiger praktischer Aufgaben geht, die anders nicht gelöst werden können. Der wichtigste kostenbestimmende Parameter ist der Bauelementeaufwand eines Systems, er beeinflußt alle anderen Kostenanteile.
3. prinzipielle und technologische Realisierbarkeit: Dies bezieht sich auf die Wahl einer entsprechenden technologischen Grundlage (Basistechnologie), die das Zustandekommen der vorgenannten Eigenschaften ermöglicht und Herstellungs- und Anwendungsprozeß des Systems bei den benötigten Stückzahlen beherrschbar macht. Dazu gehören die Beschaffbarkeit von Bauelementen mit den entsprechenden stabilen Parametern, eine geeignete Produktionstechnologie und auch ein angemessenes Servicenetz. Verletzungen dieser Bedingungen können zu einer wesentlichen Beeinträchtigung der vorgenannten kosten- und einsatzbestimmenden Eigenschaften führen.
4. fertigungs- und entwicklungsaufwandreduzierende Eigenschaften: Sie erhöhen die Produktivität in Fertigung und Entwicklung und verbessern die Ökonomie beider Prozesse. Damit wird auch die Verbesserung kostenbestimmender Systemeigenschaften möglich. (Hätte dieser Aspekt in der Rangfolge ein größeres Gewicht, würde der Hersteller vorwiegend an der Verbesserung der Rationalisierung der Produktion arbeiten und Weiterentwicklungen des Systems vernachlässigen.) Dieser Aspekt wird durch den Einsatz standardisierter Lösungen und durch diverse Rationalisierungsmethoden und -mittel berücksichtigt.

An dieser Stelle ist die Bemerkung angebracht, daß die Struktur eines Systems selbst nicht zu den sinnvoll zu erhebenden Forderungen gehört. Im Gegenteil, strukturelle Forderungen müssen regelrecht zurückgewiesen werden, denn die Wahl einer Struktur einschließlich der Basistechnologie ist genaugenommen der einzige Freiheitsgrad, über den die Systemprojektanten verfügen, um die Funktion und dazugehörige Einsatzbedingungen zu realisieren.

Es wäre also beispielsweise falsch zu formulieren: „Wir benötigen für unsere Anwendung ein digitales System mit einer 32-Bit-Arithmetikschaltung." Die richtige Formulierung müßte dagegen lauten: „Wir benötigen ein digitales System, welches zwei 32-Bit-Zahlen in einer Mikrosekunde addiert."

Die praktische Konsequenz mancher Forderungen kann zwar dann sein, daß bestimmte strukturelle Lösungen faktisch erzwungen werden, weil allein sie die Forderung erfüllen können, bzw. auch, daß gewisse Lösungen ausgeschlossen werden. Wesentlich ist jedoch, daß primär das „Was ist zu tun?" gefordert wird, das „Wie" ergibt sich daraus unter Beachtung der Nebenbedingungen.

Ein systematischer Entwurfsprozeß, der die Forderungen an das System als steuernde Nebenbedingungen bei der Festlegung der Struktur berücksichtigen soll, verlangt, daß die Einsatzbedingungen sowohl quantifizierbar sind, d.h. sich als Kennziffern ausdrücken lassen, als auch meßbar und berechenbar.

Quantifizierbarkeit ist notwendig, um von zwei Lösungen entscheiden zu können, welche die bessere ist. Die Meßbarkeit wird zum Sammeln von Erfahrungswerten und zum abschließenden experimentellen Beweis der erreichten Systemeigenschaften benötigt. Berechenbarkeit der Kennziffern ist zu fordern, weil im Verlauf des Entwurfsprozesses globale Systemeigenschaften in lokale Subsystemeigenschaften untersetzt werden müssen. Das setzt die Kenntnis voraus, wie sich globale Systemkenndaten rechnerisch aus lokalen Subsystemkenndaten zusammensetzen.

Andererseits braucht bei derartigen Kennziffern im allgemeinen keine übertriebene Genauigkeit gefordert zu werden. Einmal handelt es sich dabei sehr oft um statistische Grössen, die durch eine gewisse Streuung um einen Mittelwert gekennzeichnet sind, wobei praktisch meist nur mit dem Mittelwert gearbeitet wird. Zum zweiten haben sie im wesentlichen orientierenden Charakter für die Auswahl von Lösungsvarianten, die die entscheidenden Systemeigenschaften gewährleisten sollen. Dabei ist es kaum möglich, aber auch nicht nötig, einen durch weitere Details beeinflußten exakten Gesamtzusammenhang aller Kenndaten zu berücksichtigen. Bis auf einige kritische Kennziffern, wie Zuverlässigkeitswerte, Reaktionszeiten o.ä., genügen deshalb bei den betrachteten Kenndaten Richtwerte mit ungefähr 10 % Genauigkeit.

Zu bemerken ist noch, daß im Gegensatz zu verbreiteten Auffassungen praktisch nicht das absolute Optimum aller Kennziffern von Interesse ist. Es kommt vielmehr darauf an, typische Werte für anwendungs- und realisierungsbestimmende Kennziffern zu erreichen und im Rahmen der erforderlichen Genauigkeit zu garantieren. Wenn dies gelungen ist, so ist die Brauchbarkeit des Systems meist bereits gegeben; weitere Bemühungen, die Kennziffern zu optimieren, benötigen einen wachsenden Entwicklungsaufwand bei abnehmendem praktischem Effekt. Sie stehen selten im vernünftigen Verhältnis zum erreichten Nutzen.

5.2.3. Hauptschritte des Entwurfsprozesses

Das Umsetzen einer gegebenen Systemfunktion in eine Struktur von Subsystemen ist nicht eindeutig. Es besteht i.allg. eine Reihe von Varianten, und es sind verschiedene Überlegungen anzustellen, um unter Beachtung der geltenden Nebenbedingungen zu einer konkreten Lösung zu gelangen. Im Sinn einer möglichst systematischen Entwurfsmethodik ist es zweckmäßig, die Entwurfsaufgabe in mehrere Schritte zu zerlegen. Sind diese dann außerdem noch formalisierbar, d.h. mit exakten mathematischen Mitteln zu beschreiben, so lassen sich daraus Ansatzpunkte bzw. vollständige Algorithmen zur Automatisierung einzelner Entwurfsschritte oder des ganzen Entwurfsprozesses ableiten.

Der Kern des Entwurfsproblems soll an einem einfachen Beispiel auf schaltalgebraischer Ebene erläutert werden. Bild 5.1 zeigt ein System - dargestellt durch ein Schaltsymbol -, dessen Funktion durch die nebenstehende Wertetabelle beschrieben ist. Wenn nun dieses System nicht als Element verfügbar ist, so muß es entworfen werden, d.h., es muß durch eine Struktur von Subsystemen realisiert werden. Die Subsysteme sollten nach Möglichkeit verfügbar sein, andernfalls müssen sie ihrerseits wieder entworfen werden.

X	Y	Z
0	0	1
0	1	0
1	0	0
1	1	1

Bild 5.1
Schaltsymbol und Wertetabelle der Äquivalenz-Funktion

Die erste Überlegung bezieht sich folglich darauf, durch welche elementareren Subsystemfunktionen die gegebene Funktion zusammengesetzt werden kann. Hierbei sind zwei Möglichkeiten zu unterscheiden: Zum einen kann bereits ein Sortiment von Subsystemen gegeben sein, zum andren ist es zunächst notwendig, elementare Funktionen zu bestimmen, die als Subsysteme für das gestellte Ziel geeignet sind.

Dieser erste Schritt, die Wahl eines geeigneten Sortiments von Basisfunktionen, wird als Dekomposition bezeichnet. Die Grundlage für ein systematisches Vorgehen bei dieser Aufgabe ist eine exakte Theorie der betreffenden funktionellen Zusammenhänge. Existiert eine solche nicht, wie es bei vielen Funktionen komplexer digitaler Systeme oft der Fall ist, kann die Dekomposition nur intuitiv-heuristisch durchgeführt werden. Dies erschwert optimale Lösungen und birgt die Gefahr von Entwurfsfehlern in sich.

Im vorliegenden Beispiel lehrt die Boolesche Algebra, daß sich aus bestimmten Basisfunktionen alle beliebigen Booleschen Funktionen zusammensetzen lassen. Das sind beispielsweise die Basissysteme Konjunktion/Disjunktion/Negation oder Alternative/Konjunktion. Bekannt ist auch, daß die sog. Sheffer-Funktion (technisch als NAND bekannt) oder die Pierce-Funktion (technisch das NOR) allein als Basisfunktionen für alle Booleschen Funktionen dienen können. Weiterhin ist es mit Hilfe der Umformungsregeln für Boolesche Ausdrücke möglich, gegebene Funktionen so in Teilausdrücke zu zerlegen, daß letztere von verfügbaren Elementen realisiert werden können. (Siehe dazu [3] [4] [12] [13] [14] [32] .)

Gibt es mehrere Möglichkeiten der Zerlegung in Basisfunktionen, so ist als nächster Schritt das geeignete Typensortiment festzulegen. Bereits dabei sind Nebenbedingungen wesentlich zu berücksichtigen. Zum Beispiel beeinflussen die Parameter der Basiselemente (Schaltzeit, Preis, Ausfallrate, Eingangszahl u.ä.) die Gesamteigenschaften des Systems entscheidend. Für das Beispiel sei als Basisfunktion die Pierce-Funktion festgelegt. Sie ist uns als NOR-Element (Bild 2.3) schon aus Abschn. 2.2. bekannt. Wenn keine anderen Forderungen bestehen, erreicht man durch Verwendung nur dieser einen Basisfunktion eine hohe Basiselementestandardisierung.

Als nächstes muß eine Struktur gefunden werden, die die gegebene Funktion mit NOR-Elementen realisiert (Strukturierung). Im vorliegenden Fall Boolescher Funktionen könnte nach der Methode identischer Umformung folgendermaßen vorgegangen werden:

Zuerst wird die gegebene Funktion als Boolesche Gleichung geschrieben. Dazu werden wie üblich die Basisfunktionen UND, ODER, Negation verwendet, weil sich auf die Weise die Gleichung aus der Wertetabelle besser ablesen und verstehen läßt. Man erhält:

$$Z = X \mathbin{\&} Y \mid \neg X \mathbin{\&} \neg Y. \tag{62}$$

Wenn diese Funktion jetzt als NOR-Funktion darzustellen ist, setzt man an und formt anschließend um:

$$\begin{aligned} Z = \neg(A \mid B) &= X \mathbin{\&} Y \mid \neg X \mathbin{\&} \neg Y \\ &= \neg(X \mathbin{\&} \neg Y \mid \neg X \mathbin{\&} Y). \end{aligned} \tag{63}$$

Daraus folgt durch weitere Umformung:

$$A = X \mathbin{\&} \neg Y = \neg(\neg X \mid Y) = \neg(\neg(X \mid X) \mid Y) \tag{64}$$

$$B = \neg X \mathbin{\&} Y = \neg(X \mid \neg Y) = \neg(X \mid \neg(Y \mid Y)). \tag{65}$$

Das entspricht der im Bild 5.2a gezeigten Struktur.

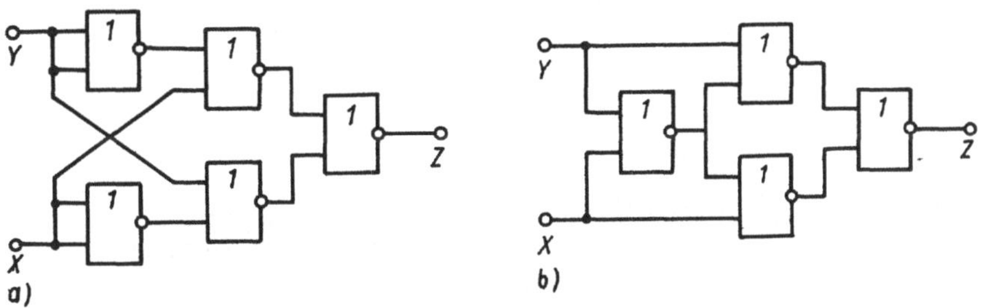

Bild 5.2. Schaltungsvarianten der Äquivalenzfunktion

Etwas schwerer zu erkennen ist die folgende Umformung

$$\begin{aligned} A &= X \,\&\, \neg Y = X \,\&\, \neg Y \;|\; Y \,\&\, \neg Y \\ &= (X \;|\; Y) \,\&\, \neg Y = \neg\,(\neg(X \;|\; Y) \;|\; Y) \end{aligned} \tag{66}$$

$$\begin{aligned} B &= \neg X \,\&\, Y = \neg X \,\&\, X \;|\; \neg X \,\&\, Y \\ &= \neg X \,\&\, (X \;|\; Y) = \neg(X \;|\; \neg\,(X \;|\; Y)\,). \end{aligned} \tag{67}$$

Die dazugehörige Schaltung ist im Bild 5.2b dargestellt.

Wie man daran erkennt, ist es nicht einmal für relativ einfache Fälle möglich, ein systematisches Strukturierungsverfahren anzugeben, das alle möglichen oder - was besser wäre - optimalen Schaltungen erzeugt. Schwieriger ist das Strukturierungsproblem noch, wenn ein reichhaltiges Typensortiment zur Verfügung steht oder wenn komplexere, d.h. nicht nur Boolesche Funktionen zu realisieren sind.

Der Strukturierungsschritt ist allgemein, insbesondere unter Berücksichtigung von komplizierteren Nebenbedingungen, praktisch nicht algorithmisch lösbar. Er wird bei Ausschöpfung der vollen Variationsbreite stets intuitive Anteile enthalten. Das Ziel der Bemühungen hinsichtlich rationeller Entwurfsmethoden wird bei diesem Problem darin bestehen, algorithmische Verfahren und standardisierte Lösungen unter definierten Randbedingungen einzusetzen.

Mit der Strukturierung ist die Entwurfsaufgabe im Prinzip erfüllt. Wegen der bei komplexen Systemen praktisch immer vorhandenen intuitiven Entwurfsschritte und Überlegungen und der damit verbundenen Irrtumswahrscheinlichkeit muß sich jedoch daran stets eine Überprüfungsphase anschließen. Deren wichtigste Aufgabe ist der Nachweis, daß die Sollfunktion richtig realisiert wird und Nebenbedingungen und Entwurfsregeln eingehalten werden.

Wenn dabei erkannt wird, daß die gefundene Struktur Fehler oder Verletzungen bestimmter Bedingungen enthält, so sind Korrekturen notwendig. Dies kann schlechtestenfalls Neustrukturierung bedeuten, meist aber gezielte Veränderungen an definierten Stellen der bereits erarbeiteten Struktur. Es kommt jedoch dadurch zu einer Wiederholung von Entwurfsschritten einschließlich der abschließenden Überprüfung. Wenn solche Iterationen mehrfach stattfinden, kann dies die Entwicklungszeit spürbar vergrößern. Deshalb besteht als Idealvorstellung der Wunsch, möglichst „lineare" Entwurfsverfahren zu verwenden, die in systematischer oder algorithmischer Weise das Entwurfsergebnis direkt und zwangsläufig und damit fehlerfrei erzeugen. (Vgl. dazu [63] [64] [65] [66] .)

Die vier erläuterten Schritte haben grundsätzliche Bedeutung für alle Entwurfsaufgaben, auch bei komplexeren Funktionen und umfangreicheren Systemen. Sie sollen abschließend noch einmal zusammenhängend aufgezählt werden:

1. Dekomposition: Bestimmen eines oder mehrerer Sätze von Basisfunktionen, aus denen die Sollfunktion zusammengesetzt werden kann.
2. Wahl des Typensortiments: Zuweisung der Basisfunktionen eines ausgewählten Satzes zu Subsystemen.
3. Strukturierung: Bestimmen einer Menge von Subsystemen aus dem Typen-

	sortiment und der Vernetzung zwischen ihnen, die der Zusammensetzung der Sollfunktion aus den Basisfunktionen entsprechen.
4. Verifikation:	Kontrolle auf richtige Realisierung der Sollfunktion und auf Einhaltung der Nebenbedingungen.

5.2.4. Hierarchischer Entwurfsprozeß

Wie im Abschn. 4.1. ausgeführt wurde, sind der Umfang und die Kompliziertheit moderner digitaler Systeme nur dadurch zu beherrschen, daß die zu bearbeitenden Probleme in Komplexe von Teilproblemen portioniert werden. Die dafür geeignete Methodik ist das Blockkonzept bzw. die Blockschachtelung.

Das Kernstück des Blockkonzepts und der Blockschachtelung für komplexe digitale Systeme ist eine Beschreibungshierarchie des Systems, die von einer Darstellung der wesentlichen Eigenschaften auf Systemebene über mehrere Stufen bis zu den feinsten, für die Herstellung wichtigen technischen Details führt. Bild 5.3 zeigt das Prinzip, im Abschn. 4.2. wurden Möglichkeiten zur exakten Beschreibung komplexer Funktionen und Strukturen erläutert.

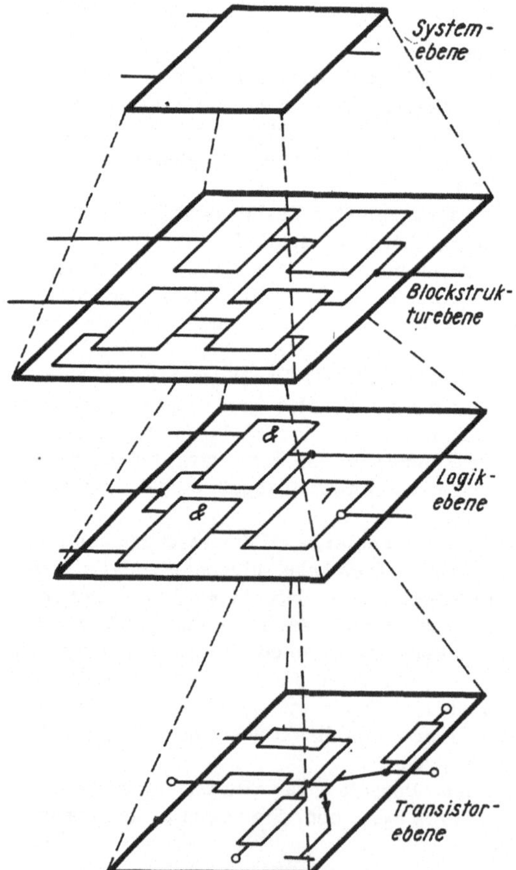

Bild 5.3
Prinzip der Darstellungshierarchie

Üblicherweise unterscheidet man die Systemebene, die Blockstruktur- oder Funktionsgruppenebene, die Logik- oder Gatterebene, die elektrische oder Transistorebene und in der Schaltkreisentwicklung noch die Layout-Ebene.

Für jede Betrachtungsebene gilt dabei folgende Charakteristik: Elemente einer Ebene und Zusammenhänge zwischen ihnen genügen einer einheitlichen Modellvorstellung, die sich durch eindeutige physikalische oder mathematische Gesetzmäßigkeiten formulieren läßt. Den Elementen einer Betrachtungs- und Beschreibungsebene entsprechen meistens auch technische Objekte, z.B. Schaltkreise, Steckeinheiten o.ä. Die äußeren Zusammenhänge einer Ebene können unter Verzicht auf Details der inneren Modellvorstellung von einem „höheren", d.h. abstrakteren Standpunkt aus betrachtet werden.

So besteht die Layoutebene aus einer Anordnung von isolierenden, leitenden und Halbleiterschichten. Die dabei ablaufenden Prozesse werden exakt durch Gesetze der Quantenphysik beschrieben. Layoutanordnungen werden jedoch auf der nächsthöheren Ebene als spezielle elektrische Elemente, z.B. Transistoren, Widerstände, Leiterzüge, betrachtet. Diese werden nicht mehr durch quantenphysikalische, sondern durch die phänomenologischen, d.h. makroskopisch-globaleren Gesetze der Elektrotechnik beschrieben. Auf der Logikebene wird von den elektrischen Strukturen weiter abstrahiert und nur noch in diskreten bzw. binären Werten gedacht. Die hierbei verwendete Modelltheorie ist die Boolesche Algebra. Schließlich werden aus binären Elementen Funktionsgruppen gebildet, die durch die Boolesche Algebra nicht mehr adäquat widergespiegelt werden können, sondern wiederum Ausdrucksmittel eines höheren Niveaus benötigen. Beispielsweise ist oft die normale Zahlenarithmetik ein geeignetes Beschreibungsmittel (Zähler, Addierer o.ä.), i.allg. realisieren jedoch Funktionsgruppen äußerst vielfältige Funktionen (Speicher, Zeichenverarbeitung, Algorithmen), die sich kaum noch durch eine abgeschlossene mathematische Theorie widerspiegeln lassen. Damit ist einerseits ein sehr hoher Komplexitätsgrad erreicht, andererseits aber auch die Offenheit zur Anwendung auf beinahe beliebige Probleme der Informationsverarbeitung.

Aus dieser Erläuterung leitet sich ab, daß die Blockschachtelung in Form der Ebenen einer Beschreibungshierarchie nicht nur schlechthin eine Unterteilung des umfangreichen Gesamtsystems ist, sondern gleichzeitig eine methodische Orientierung zur Behandlung der einzelnen Probleme liefert.

Auf diese Weise kommt ein aus einzelnen Etappen (Phasen) bestehender hierarchischer Entwurfsprozeß zustande. Jede Etappe hat eine Beschreibungsebene zum Entwurfsgegenstand. Sie ist abgeschlossen, wenn die Elemente dieser Ebene funktionell festgelegt und ihre Verbindungen bestimmt sind und wenn die Sollfunktion dieser Ebene verifiziert ist. Die Elemente der eben bearbeiteten Ebene werden nunmehr zu Sollfunktionen von Komplexen der nächsten Ebene, die in der folgenden Etappe mit deren Mitteln und Methoden zu realisieren sind.

Anzumerken ist hierzu, daß prinzipiell jede Ebene bei entsprechendem Umfang wieder mehrstufig bearbeitet werden kann. Besonders ist dies beim Funktionsgruppenentwurf häufig der Fall. Praktisch hat man oft nach der Systemebene mehrere Blockstrukturniveaus, bis die Logikebene mit den Mitteln der Booleschen Algebra bearbeitet werden kann.

Die geschilderte Methodik wird auch als strukturierter Entwurf bezeichnet (siehe z.B. [67] [68]). Die ersten verallgemeinerten Erfahrungen beim Entwurf komplexer Systeme wurden übrigens bei der Entwicklung größerer Programmsysteme gewonnen. Die dabei erarbeiteten Methoden haben allgemeingültigen Charakter und sind auf alle hierarchischen Entwurfsprozesse anwendbar (siehe z.B. [38] [69] [70] [71]).

Die im Abschn. 5.2.3. herausgearbeiteten Entwurfsschritte, die das Vorgehen beim Umsetzen einer Funktion in eine Struktur von Subfunktionen beschreiben, müssen innerhalb eines hierarchischen Entwurfsprozesses mehrfach angewendet werden. Bild 5.4 zeigt die ebenenweise Anordnung dieser Schritte.

Wenn man einmal annimmt, daß es hinreichend allgemeine, d.h. für alle Entwurfsebenen geeignete Dekompositions-, Strukturierungs- und Verifizierungsverfahren gäbe, so läßt sich der hierarchische Entwurfsprozeß auch, wie es Bild 5.5 zeigt, als iterativer Entwurfsprozeß darstellen.

Hierbei spielen zwei Dateien FUBIB und STRUBIB zur Aufnahme der Entwurfsaufgaben bzw. Entwurfsergebnisse eine zentrale Rolle. Ihr Inhalt steuert faktisch den als Programmablauf gedachten Entwurfsalgorithmus.

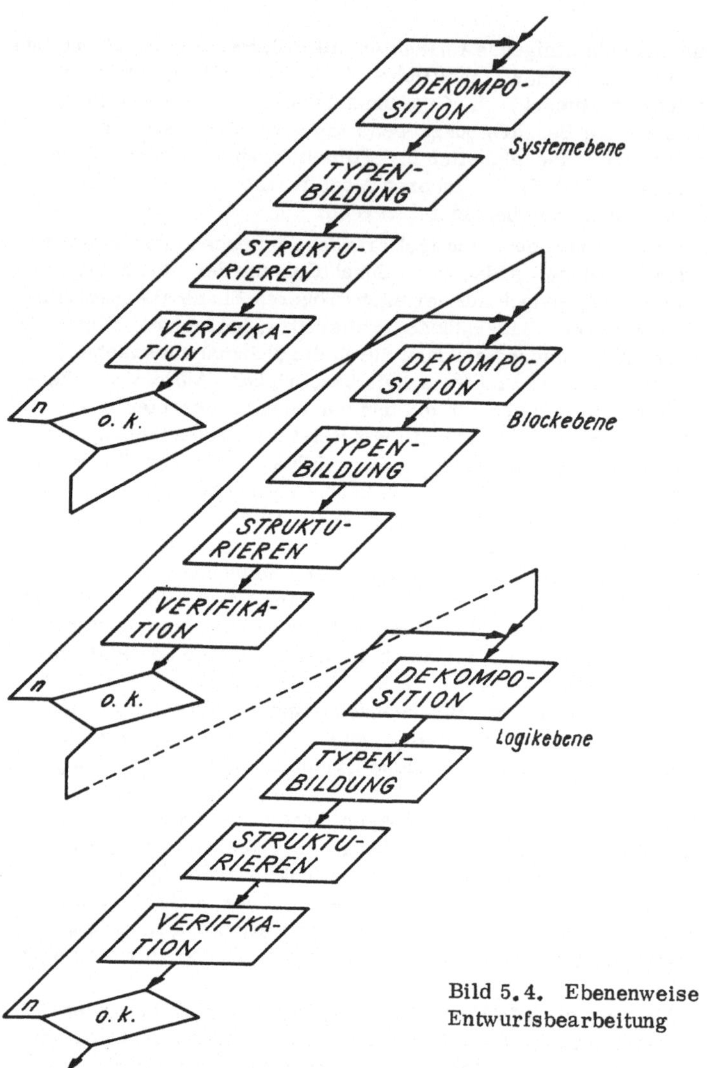

Bild 5.4. Ebenenweise Entwurfsbearbeitung

Anfangs seien beide Dateien leer. Der Entwurfsprozeß beginnt mit der Vorgabe einer Systemfunktion einschließlich Nebenbedingungen in die Funktionsblockbibliothek FUBIB. Dann prüft ein Teilablauf, ob die in FUBIB enthaltenen Beschreibungen - am Anfang nur die eine - verfügbar sind, d.h. in irgendeinem Firmenkatalog angeboten werden oder sonstwie beschaffbar sind. Wenn in FUBIB nur verfügbare Systemfunktionen enthalten sind, ist kein Entwurfsprozeß mehr nötig.

Befinden sich in FUBIB Beschreibungen von nicht verfügbaren Systemen - z.B. das vorgegebene -, so ist eines als Entwurfsgegenstand auszuwählen. Dekomposition und Typenbildung führen dann zur Formulierung neuer Subsystemfunktionen, die wieder in FUBIB abgespeichert werden. Anschließend liefert die Strukturierung eine Struktur aus Subsystemen, die die ausgewählte Funktion realisieren soll. Dieser Strukturentwurf wird in STRUBIB gespeichert. Abschließend muß die Verifizierung die funktionelle Identität von Struktur und Sollfunktion nachweisen.

Nach diesem Durchlauf wird FUBIB nach weiteren nicht verfügbaren, d.h. zu entwerfenden Subsystemen abgesucht. Durch die Reihenfolge, in der die Subfunktionen eingespeichert wurden, entsteht eine Entwurfsreihenfolge, die ebenenweise bis zum erforderlichen Detail fortschreitet. Der Ablauf endet, wenn sich in FUBIB nur noch Beschreibungen von entworfenen oder verfügbaren Systemen befinden.

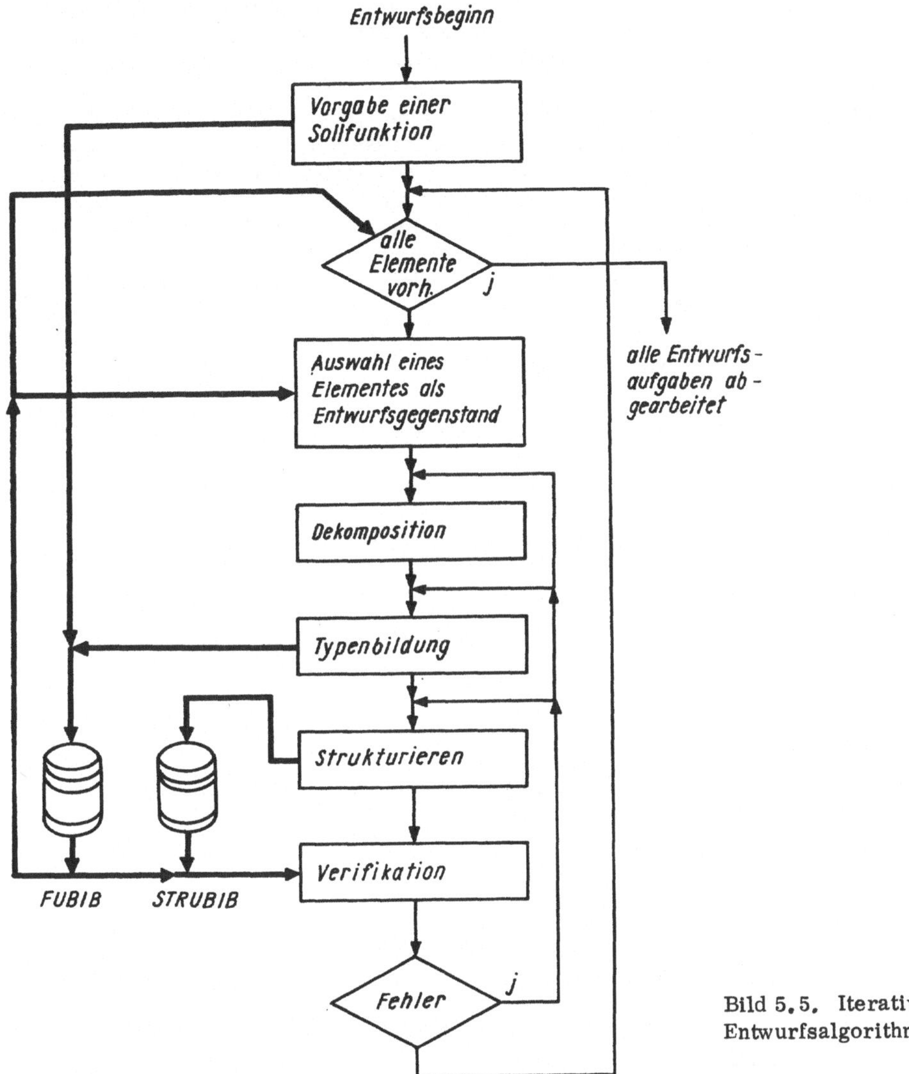

Bild 5.5. Iterativer Entwurfsalgorithmus

Die Idealform dieses allgemeinen Entwurfsalgorithmus ist die Feinalgorithmierung und eine darauf aufbauende programmtechnische und rechentechnische Realisierung aller Teilschritte. Praktisch ist natürlich ein hoher intuitiver Anteil vorhanden, trotzdem hilft ein solcher Übersichtsablaufplan bei der Systematisierung des gesamten Entwurfsproblems und bei der Organisation der Arbeit. Gleichzeitig liefert diese Betrachtung eine Orientierung für theoretische und praktische Arbeiten zur Rationalisierung des Entwurfsprozesses.

In den folgenden Abschnitten dient der allgemeine Entwurfsalgorithmus als roter Faden für die Behandlung der wichtigsten Entwurfsprobleme.

5.3. Dekomposition und Strukturierung

Das im Abschn. 5.2.3. erläuterte Beispiel zeigte bereits für den relativ einfachen Fall Boolescher Funktionen, daß es keine allgemeingültige algorithmische Lösung des Dekompositions- und Strukturierungsproblems bei digitalen Systemen gibt. Noch wesentlich schwieriger ist dies auf höheren Entwurfsebenen, insbesondere bei den dort geltenden Nebenbedingungen.

Der zunehmende Integrationsgrad moderner digitaler Systeme und die damit verbundene Vergrößerung des Umfangs und der Kompliziertheit erfordern aber eine systematische Vorgehensweise beim Entwurfsprozeß, insbesondere um den wachsenden Entwicklungsaufwand durch den Einsatz von rechentechnischen Hilfsmitteln zu bewältigen. Es ist deshalb notwendig, vom rein intuitiv-heuristischen Herangehen zum methodischen Entwurf als einer Vorstufe des algorithmischen Entwurfs überzugehen. Für Dekomposition und Strukturierung bedeutet das, solche Grundlagen zu erarbeiten, die als allgemeine Richtlinien auf allen Entwurfsebenen brauchbar sind.

5.3.1. Grundlagen der Dekomposition

Ausgangspunkt der Dekomposition ist eine funktionelle Systembeschreibung, d.h. eine Beschreibung, die allein Beziehungen zwischen inneren und äußeren Variablen, aber keinerlei Angaben zu Bauteilen, Subsystemen oder dergleichen enthält. (Unter Verwendung von PL/AS gibt es ein einfaches Kriterium zur Unterscheidung von funktionellen und strukturellen Beschreibungen: Eine Funktionsbeschreibung enthält zu den Schlüsselworten BLOCK und RAND höchstens noch das Schlüsselwort ZUSTAND und beliebige PL/1-Statements; eine Strukturbeschreibung neben BLOCK und RAND höchstens noch die Schlüsselworte BMENGE und NETZ.)

Für die allgemeineren Betrachtungen dieses Abschnitts sei auf Definition 4.1 Bezug genommen, wonach ein System funktionell als Tripel $\underline{S} = (R,S,F)$ dargestellt werden kann, wobei gilt:

$$(R(T),S(T+1)) = F(R(T),S(T)). \qquad (68)$$

Für den etwas geläufigeren Fall, wo die Randvariablen in echte Ein- und Ausgangsvariable unterteilt werden können, erhält man

$$(A(T),S(T+1)) = F(E(T),S(T)). \qquad (69)$$

Bild 5.6 zeigt die dazugehörige Modellvorstellung, die das Innere eines Systems in diesem Fall aus speicherndem Teil S und verknüpfendem Teil F darstellt. (Dies ist zwar auch eine Möglichkeit der Dekomposition und Strukturierung, allerdings eine triviale, die keines der praktischen Probleme wie Aufwandsminderung, Leistung, Standardisierung u.ä. löst.)

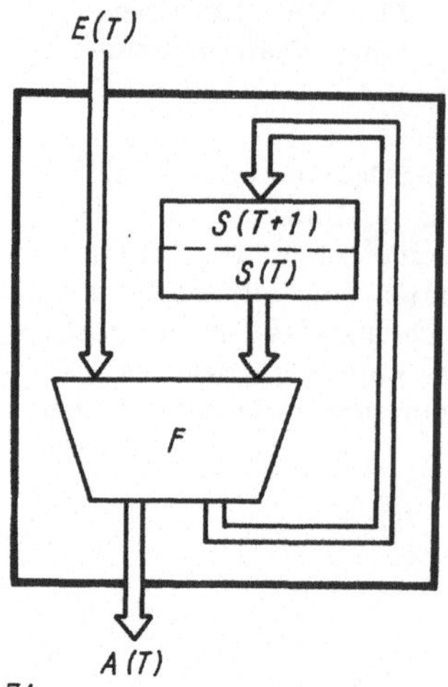

Bild 5.6
Allgemeinste Darstellung eines sequentiellen Systems

Bild 5.6 verdeutlicht anschaulich die Arbeitsweise eines zeitdiskret arbeitenden Systems: Zum Zeitpunkt T wirken Eingangsvariable E und innere Variable S als unabhängige Variable auf den eigentlichen verarbeitenden Teil des Systems ein, der daraus gemäß der Abbildungsvorschrift F neue Werte A und S macht. Letztere werden vorbereitend als neue innere Variable S(T+1) für die Arbeit im folgenden Zeitpunkt bereitgestellt. Beim Weiterschalten der diskreten Zeitskala von T auf T+1 „rutschen" diese Werte S(T+1) in die Position der unabhängigen inneren Variablen S(T) und werden nun ihrerseits verarbeitet. (Möglichkeiten zur technischen Realisierung dieses Modells wurden im Abschn. 2.4. in Form spezieller Flipflops, hauptsächlich Master-Slave-Flipflops, bzw. eines Mehrtaktsystems erläutert.)

Da es bei der Dekomposition darauf ankommt, Subfunktionen zu finden, aus denen sich die Abbildung F zusammensetzen läßt, spielt die Unterscheidung von inneren und äußeren Variablen überhaupt keine Rolle, und man kann das Problem auf das folgende reduzieren:

Es sei eine Funktion F

$$U = F(W) \tag{70}$$

gegeben. Gesucht sei mindestens ein Satz von Funktionen f_i

$$V_i = f_i(V_i'), \tag{71}$$

so daß F als

$$U = F(W) = F'(V_1, V_2, \ldots, V_n, W) \tag{72}$$

dargestellt werden kann.

Allgemeine Betrachtungen zur Dekomposition findet man z.B. in [4] [32] und vor allem [7]. Weiterhin erläutert jedes Lehrbuch der Schaltalgebra, daß und wie beliebige Boolesche Funktionen aus elementaren Funktionen zusammengesetzt werden können, z.B. [3] [12] [13] [14].

Neben dem theoretischen Problem der prinzipiellen Zerlegbarkeit von Funktionen in Unterfunktionen kommt es beim praktischen Systementwurf vor allem darauf an, die Dekomposition so durchzuführen, daß die gegebene Funktion schrittweise und unter Beachtung der formulierten Nebenbedingungen möglichst direkt in einen Satz zusammenhängender Unterfunktionen untersetzt wird. Im Sinn des weiter vorn Gesagten bedeutet das, daß nicht unbedingt aus der Summe aller Möglichkeiten eine optimale Zerlegung ermittelt werden muß, sondern es praktisch besser ist, irgendeine Lösung, die allerdings alle wesentlichen Nebenbedingungen erfüllt, in einem „linearen" und schnell zum Ergebnis führenden Verfahren zu konstruieren.

Zum Schluß dieser allgemeinen Ausführungen seien noch einige Begriffe eingeführt, die gewisse Grundformen von Dekompositionsvarianten definieren.

Wenn sich die Funktionen $V_i = f_i(V_i')$ und die zu dekomponierende Funktion $U = F(W)$ darstellen lassen als

$$\begin{aligned} V_i &= f_i(W) \\ U &= F(W) = (V_1, V_2, \ldots, V_n) = (f_1(W), f_2(W), \ldots, f_n(W)) \end{aligned} \tag{73}$$

so soll von **horizontaler Dekomposition** gesprochen werden. Wenn im Spezialfall noch gilt

$$V_i = f_i(W_i) \quad \text{mit} \quad W = (W_1, W_2, \ldots, W_n), \tag{74}$$

so sei dies mit **komponentenweiser Dekomposition** bezeichnet.
Wenn gilt

$$\begin{aligned} &U = V_1 = f_1(V_1'),\ V_1' = V_2 = f_2(V_2'),\ \ldots\ V_{n-1}' = V_n = f_n(W) \\ \text{bzw.}\quad &U = f_1(f_2(f_3(\ldots f_n(W)\underbrace{\ldots)}_{n}), \end{aligned} \tag{75}$$

so handelt es sich um **vertikale Dekomposition**. Lassen sich F und die f_i folgendermaßen darstellen:

$$\begin{aligned} U = F(W) = (f_1, f_2, \ldots, f_n) \quad \text{mit } f_i &= f_i(W_i, f_{i+1}) \\ f_n &= f_n(W_n), \end{aligned} \tag{76}$$

so liegt **diagonale Dekomposition** vor.

Wenn in den drei Fällen $f_i = f$ gilt, d.h., alle Subfunktionen sind gleich, so handelt es sich um iterative Dekomposition. Die iterative diagonale Dekomposition soll auch rekursive Dekomposition genannt werden.

Wie leicht zu erkennen ist, entsprechen diese Grundformen der Dekomposition auch gewissen strukturellen Basislösungen, wenn die Subfunktionen durch als Einheit betrachtete Schaltungskomplexe realisiert werden. Bild 5.7 zeigt diese vier Strukturen. Die horizontale Dekomposition erzeugt sog. Parallelblöcke (Bild 5.7a), die komponentenweise Dekomposition eine Blockreihe (Bild 5.7b), die vertikale Dekomposition eine Blockkette (Bild 5.7c), die diagonale Dekomposition eine Blockkaskade (Bild 5.7d). (Selbstverständlich repräsentieren die W_i und V_i jeweils ganze Leitungsbündel, d.h. Teilvektoren der Variablensätze.)

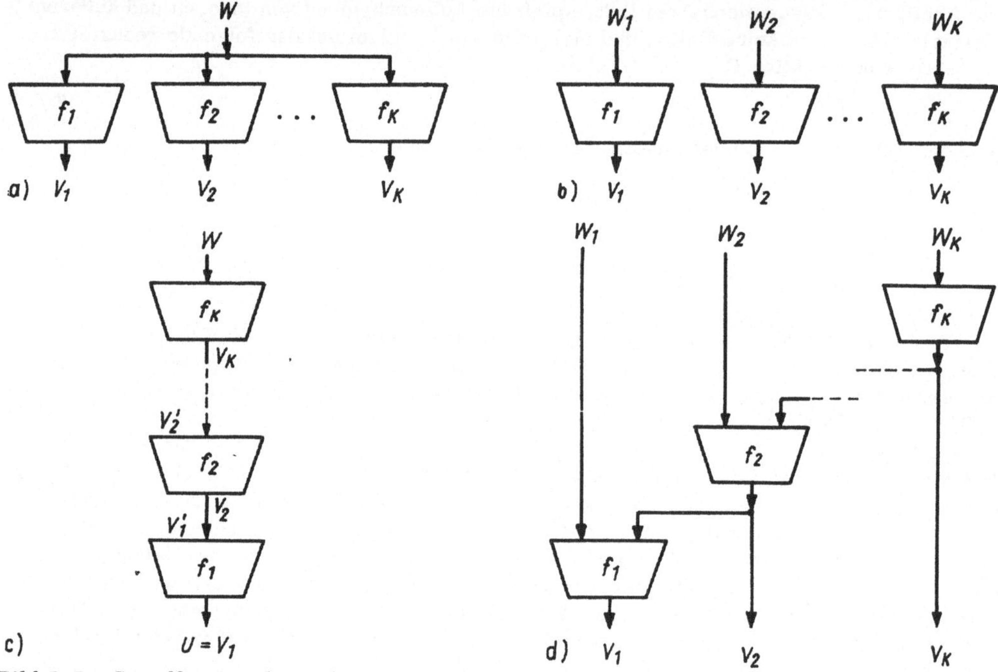

Bild 5.7. Grundformen der Dekomposition

Alle anderen Schaltungsstrukturen lassen sich aus Kombinationen und Spezifikationen dieser Grundformen zusammensetzen. Das gilt auch für die beiden anderen strukturellen Hauptformen Masche (Bild 5.8a) und Schleife (Bild 5.8b). Die Schleife ist speziell eine Realisierungsform der rekursiven Dekomposition.

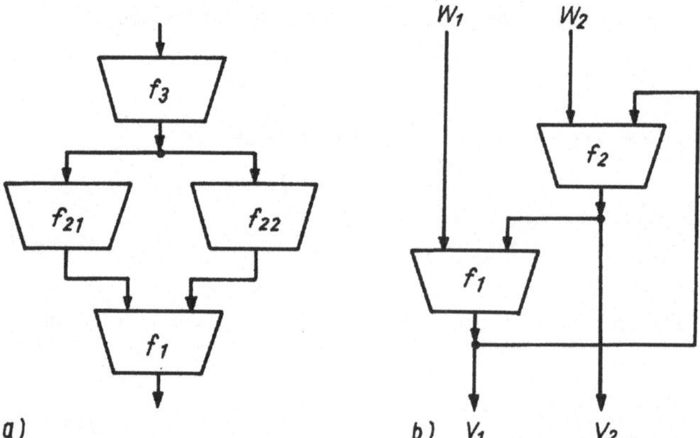

Bild 5.8. Spezielle Dekompositionsvarianten

5.3.2. Praktische Dekomposition

Die wichtigsten Nebenbedingungen, die auf die entscheidenden globalen Systemeigenschaften den meisten Einfluß haben und demzufolge durch die praktische Dekomposition zuallererst berücksichtigt werden müssen, sind:

- Aufwand, Bauelementeanzahl,
- Leistung, Arbeitsgeschwindigkeit bzw. Reaktionszeit, Schaltzeit,
- Standardisierungsgrad, Typenanzahl,
- technisch-konstruktive Parameter, wie Eingangsanzahl (fan-in) von Baugruppen, Verbraucheranzahl eines Signals (fan-out), Verlustleistung, Platzbedarf.

Wie man sieht, haben die am Ende des letzten Abschnitts genannten Basislösungen der Dekomposition zu diesen wichtigsten Nebenbedingungen bereits eine gewisse Beziehung: Eine Blockkette bietet durch ihre schrittweise Realisierung der Gesamtfunktion die Möglichkeit zur Aufwandsersparnis, weil Zwischenfunktionen mehrfach verwendet werden können; dagegen wird die serielle Abhängigkeit der Subfunktionen praktisch zu größeren Laufzeiten führen. Parallelblöcke realisieren gewissermaßen die Subfunktionen unabhängig voneinander. Dies schließt mehrfache Verwendung von Zwischenergebnissen aus, führt also zu Mehraufwand und verbreitert die Eingangsvektoren (was in der Praxis Kontaktschwierigkeiten bringen kann), gestattet aber dafür oft kürzere Schaltzeiten. Alle iterativen Dekompositionsmöglichkeiten liefern ein geringes Typensortiment und damit einen hohen Standardisierungsgrad.

Unter Bezug auf die weiter vorn genannte möglichst lineare Vorgehensweise und mit der Absicht, für eine gegebene Funktion die natürlichste, d.h. den funktionellen Zusammenhängen am besten entsprechende Zerlegung zu finden, lassen sich folgende Schritte als methodische Orientierung bei der praktischen Dekomposition herausheben:

1. Separieren
2. Serialisieren
3. Parallelisieren
4. Faktorisieren
5. Typisieren.

Das Ziel dieser Vorgehensweise ist, den Entwurf eines Systems so einfach wie möglich und nur so komplziert wie nötig zu machen. Dem liegt die Erfahrung zugrunde, daß einfache Entwürfe in bezug auf Aufwand, Leistung und Richtigkeit i.allg. am besten sind. Nur wenn im Rahmen gegebener technischer Voraussetzungen und hoher Forderungen die nächstliegende einfache Lösung nicht ausreicht, sollte mit angemessener Kompliziertheit der Struktur von diesem Ideal abgewichen werden.

Natürlich ist die Eigenschaft Einfachheit und Angemessenheit nicht scharf zu fassen, und in jedem einzelnen Fall wird es dazu unterschiedliche Auffassungen geben. Eine ungefähre Orientierung könnte dabei sein: trennen, was nicht zusammengehört; gemeinsam nutzen, was ähnlich ist. Die oben genannten Schritte haben diese Orientierung als Hintergrund.

Das Separieren dient der funktionellen Entflechtung von Abhängigkeiten zwischen Ein- und Ausgangsvariablen. Damit sollen von vornherein unnötig komplizierte Zusammenhänge vermieden und die Subfunktionen maximal einfach gemacht werden.

Mit dem Serialisieren soll die Funktion in aufeinanderfolgende Einzelschritte zerlegt werden. Dies gestattet im allgemeinen die Realisierung mit geringerem Aufwand und bietet bessere Ansatzpunkte zur Typisierung.

Das anschließende Parallelisieren soll das Ergebnis des Serialisierens soweit rückgängig machen, daß die geforderte Schaltzeit erreicht wird. Das heißt, die zunächst maximale serielle Auflösung der Funktion wird durch gleichzeitige und damit breitere Realisierung von Subfunktionen in dem Maß verkürzt, wie es die Durchschaltzeit der Gesamtfunktion erfordert.

Beim Faktorisieren wird versucht, in unabhängigen Funktionsteilen gleiche Unterfunktionen zu erkennen und „auszuklammern", d.h. nur einmal zur gemeinsamen Verwendung zu realisieren. Das Ziel ist Aufwandsersparnis.

Schließlich sollen durch Typisieren, d.h. äquivalente Umformung von Funktionsteilen auf gleiche Subfunktionen, die Voraussetzungen für das Verwenden gleicher Basiselemente geschaffen werden. Das bedeutet Verringerung des Typensortiments bzw. Erhöhung des Standardisierungsgrades mit den damit verbundenen Vorteilen bezüglich Fertigungsaufwand, Kosten, Wartung usw.

Im folgenden seien diese Schritte noch etwas detaillierter erläutert. Dabei wird aber auch deutlich, daß sie zwar eine gewisse Verfeinerung des komplexen Dekompositionsprozesses darstellen, daß sie aber noch keine ausreichende Grundlage für eine algorithmische Realisierung bilden können, weil immer noch im Detail mehrere Freiheitsgrade existieren bzw. auch weil die mathematischen Mittel zur Behandlung der einzelnen Schritte noch unzureichend sind. Trotzdem ist dadurch eine Methodik für den systematischen Handentwurf gegeben.

Die Grundlage für das Separieren einer Funktion mit mehreren Ausgangsvariablen

$$U = (U_1, U_2, \dots, U_m) = F(W_1, W_2, \dots, W_n) \qquad (77)$$

ist die Beurteilung der funktionellen Abhängigkeiten der U_i von den W_j. Dazu kann eine verallgemeinerte partielle Ableitung benutzt werden:

$$\frac{\partial U_i}{\partial W_j} = \begin{array}{l} 1 \text{ wenn } U_i \text{ von } W_j \text{ echt abhängt} \\ 0 \text{ wenn } U_i \text{ von } W_j \text{ nicht abhängt.} \end{array} \qquad (78)$$

Sind die U_i und W_j binäre bzw. reelle Variable, kann dafür direkt der jeweilige Differentialkalkül zugrunde gelegt werden. Sind U_i, W_j allgemeinere Datentypen, z.B. Zeichen oder andere diskrete Codierungen, so müssen deren „Ableitungen" ungünstigstenfalls mittels Durchmustern bestimmt werden.

Tafel 5.2. Separieren mit Hilfe der Abhängigkeitsmatrix

a)

	1	2	3	4	5	6
1	0	0	0	1	0	0
2	1	0	0	1	1	1
3	0	0	1	1	0	1
4	0	1	0	0	0	0
5	1	0	0	0	0	0

b)

	2	3	6	4	5	1
1	0	0	0	1	0	0
2	0	0	1	1	1	1
3	0	1	1	1	0	0
4	1	0	0	0	0	0
5	0	0	0	0	0	1

c)

	2	3	6	4	5	1
4	1	0	0	0	0	0
3	0	1	1	1	0	0
1	0	0	0	1	0	0
2	0	0	1	1	1	1
5	0	0	0	0	0	1

Die partiellen Abhängigkeiten nach Gl. (78) werden zur systematischen Behandlung am besten als Matrix angeordnet. (Tafel 5.2a zeigt ein Beispiel für $m = 5$, $n = 6$.) Diese zunächst beliebige Anordnung der Matrixelemente, bestimmt durch die Variablennummer, wird nun folgendermaßen umgeordnet:

1. Umordnen der Spalten: In die Position j kommt diejenige Spalte k, die nach der Formel

$$g_k = A_k + 2^{\frac{-G_k}{n}} \qquad (79)$$

das größte Gewicht g_k hat. Dabei ist A_k die Anzahl der Einsen, die mit den Einsen der Spalte j-1 übereinstimmen, und G_k die Gesamtzahl der Einsen in der Spalte k. Für die Berechnung der Position 1 wird die Anzahl der Einsen in Position 0 mit null angenommen. (Tafel 5.2b zeigt das Ergebnis der Spaltenumordnung nach diesem Kriterium.)

2. Umordnen der Zeilen: In die Position i kommt diejenige Zeile l, die nach der Formel

$$g_l = \frac{D_{l1} \cdot 1 + D_{l2} \cdot 2 + \dots + D_{ln} \cdot n}{D_{l1} + D_{l2} + \dots + D_{ln}} \qquad (80)$$

das kleinste Gewicht hat. (Tafel 5.2c zeigt das Ergebnis.)

Die so umgeordnete Matrix läßt die funktionellen Zusammenhänge gut erkennen. Beispielsweise ist zu sehen, daß das Variablenpaar U_4/W_2 eine separate Subfunktion bildet, die mit den anderen nicht in Verbindung steht. Am anschaulichsten werden die Zusammenhänge, wenn sie als Struktur von Subfunktionen f_i dargestellt werden (Bild 5.9). Das Umordnungsprinzip hat dabei die Wirkung, daß durch die entstandene Reihenfolge der Variablen möglichst wenige Kreuzungen in der bildlichen Darstellung vorkommen.

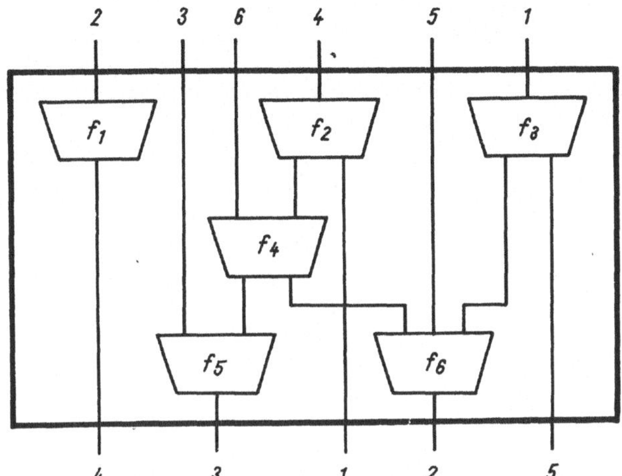

Bild 5.9. Blockstruktur der Funktion nach Tafel 5.2

Der Grundgedanke des Serialisierens ist, eine nicht mehr separierbare Unterfunktion f_i (bei der also alle Ausgangsvariablen von allen Eingangsvariablen abhängen) in Schritten zu realisieren, indem die von ihr beschriebene Abbildung durch eine Abbildungsfolge ersetzt wird. Das geschieht in der Weise, daß zwischen Vorbereich B(W) und Nachbereich B(U) der Funktion ein oder mehrere Zwischenbereiche B(V), die durch Zwischenvariable V gebildet werden, eingeführt werden. Diese Zwischenvariablen realisieren gewissermaßen eine Vorverknüpfung bzw. Vorverarbeitung der Funktion. (Siehe Bild 5.10.)

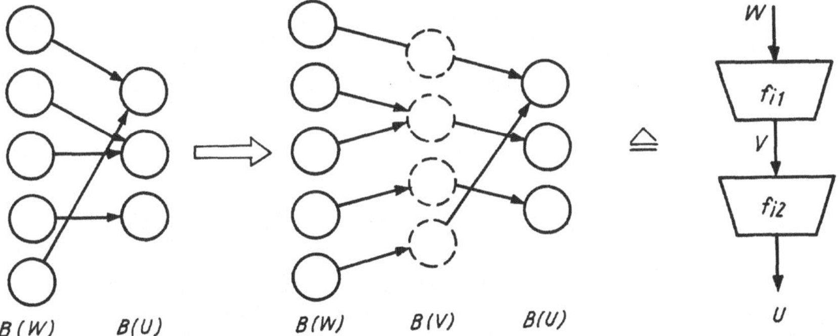

Bild 5.10. Serielle Dekomposition

Die Wahl des oder der Zwischenbereiche verfügt über drei Freiheitsgrade, die für das Berücksichtigen von Nebenbedingungen genutzt werden sollten.

Der erste Freiheitsgrad ist durch die Anzahl von Zwischenabbildungen gegeben. Im Fall der Serialisierung sollte ein Zwischenbereich hinsichtlich der Anzahl seiner Belegungen zwischen Vor- und Nachbereich liegen, d.h., er sollte weniger Belegungen als der Vorbereich und mehr Belegungen als der Nachbereich haben.

Die praktisch sinnvollste Vorgehensweise ist die, zunächst einen Zwischenbereich einzuführen, der halb soviel Elemente enthält wie der Vorbereich. Damit wird gewissermaßen das Problem halbiert und eine Binärvariable eingespart. Wenn die dabei entstehenden, seriell hintereinander liegenden Funktionen f_{i1} und f_{i2} noch zu kompliziert und aufwendig sind, kann weiter unterteilt werden.

Eine zweite Variationsmöglichkeit liegt in der Entscheidung, wie die Abbildung auf den Zwischenbereich und von diesem auf den Nachbereich ausgeführt wird. Der dritte Freiheitsgrad resultiert schließlich aus den Möglichkeiten, welcher Variablenvektor mit welchen Wertebelegungen die Elemente des Zwischenbereichs bildet.

Als Beispiel für die dabei zu lösenden Teilaufgaben sei die schon einmal benutzte Äquivalenzfunktion erläutert, die zu diesem Zweck in der Form von Bild 5.11a dargestellt wird. Dann wird ein Zwischenbereich mit den Elementen a, b, c eingeführt. (In diesem Beispiel gibt es nur eine Möglichkeit zur Bildung eines Zwischenbereichs.) Dann gibt es zwei Varianten, um eine Zwischenabbildung zu definieren (Bilder 5.11b und c).

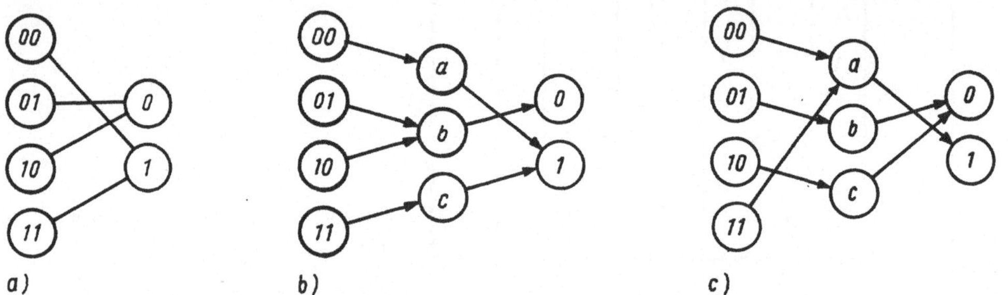

Bild 5.11. Mögliche serielle Dekompositionen der Äquivalenzfunktion

Für die Codierung der Elemente a, b, c des Zwischenbereichs gibt es - wie man sich überlegt - 24 Möglichkeiten. Wählt man beispielsweise a = 00, b = 01, c = 10 und die Abbildung 5.11c, so erhält man die durch Bild 5.12 wiedergegebene Lösung.

X	Y		V_1	V_2	Z
0	0	a	0	0	1
0	1	b	0	1	0
1	0	c	1	0	0
1	1	a	0	0	1

(f_1: X Y → V_1 V_2; f_2: V_1 V_2 → Z)

⟹

$$V_1 = X \,\&\, \neg Y$$
$$V_2 = \neg X \,\&\, Y$$
$$Z = \neg V_1 \,\&\, \neg V_2$$

⟹

Y, X → f_1 → V_2, V_1 → f_2 → Z

Bild 5.12. Subfunktionen nach serieller Dekomposition der Äquivalenzfunktion

Günstig ist es, Zwischenabbildung und Codierung der Zwischenvariablen so zu wählen, daß für eine oder - wenn möglich - für beide Abbildungen vorteilhafte Beziehungen entstehen. Hierbei spielen vor allem Überlegungen zu den vorhandenen Basiselementen mit. Wenn z.B. die Bauelementebasis UND, Negator vorgegeben ist, so setzt man günstigerweise an:

$$Z = V_1 \,\&\, V_2. \tag{81}$$

Tafel 5.3. Codierungsvarianten von Zwischenbereichen

a)

X	Y	V_1	V_2	Z
0	0	1	1	1
0	1	0	1	0
1	0	1	0	0
1	1	1	1	1

b)

X	Y	V_1	V_2	V_3	Z
0	0	1	0	0	1
0	1	1	0	1	0
1	0	1	1	0	0
1	1	1	1	1	1

Damit ist z. B. die in Tafel 5.3a dargestellte Codierung nahegelegt. Für V_1 und V_2 erhält man dann:

$$V_1 = X \mid \neg Y = \neg(\neg X \,\&\, Y)$$
$$V_2 = \neg X \mid Y = \neg(X \,\&\, \neg Y). \qquad (82)$$

Die dazugehörige Schaltung zeigt Bild 5.13a.

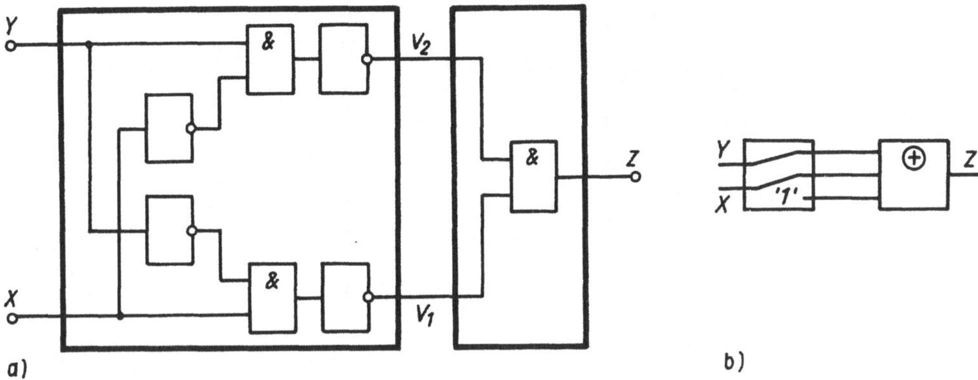

Bild 5.13
Schaltungsvarianten bei serieller Dekomposition

Die Notwendigkeit zum Parallelisieren resultiert aus der Zeitanalyse des Serialisierungsergebnisses. Wenn z. B. UND-Funktion und Negation durch je einen Bauelementetyp praktisch realisiert werden, so folgt aus Gl. (81) und (82), daß die zugehörige Schaltung Kettenlänge vier hat. Nun sei angenommen, daß als eine Nebenbedigung dieser Entwurfsaufgabe Kettenlänge zwei zu erreichen war.

Eine erste Möglichkeit wäre natürlich, anders zu serialisieren bzw. andere Bauelemente einzusetzen. Unter Verwendung von Antivalenzbaustufen ($X \oplus Y$) erhält man z. B. bereits die angestrebte Kettenlänge:

$$Z = \neg(X \oplus Y). \qquad (83)$$

Reicht dies jedoch nicht aus oder handelt es sich um kompliziertere Funktionen, dann kann durch geschickte parallele Realisierung von Subfunktionen die Kettenlänge reduziert werden.

Das Prinzip des Parallelisierens besteht darin, Bauelemente bzw. Baugruppen mit größerer Einfächerung (fan-in), d.h. mit mehr als zwei Eingangsvariablen, zu verwenden, wodurch mehr Subfunktionen gleichzeitig verknüpft werden. In der Darstellung von Bild 5.10 bedeutet das, unter Umständen Zwischenbereiche mit größerer Elementezahl als der Vorbereich einzuführen oder - mit anderen Worten - mehr Zwischenvariable zu verwenden, als ursprünglich vorhanden waren.

Hierbei bestehen natürlich noch weit mehr Variationsmöglichkeiten, und es bedarf praktisch einiger Erfahrung, die Codierung günstig zu wählen. Tafel 5.3b zeigt ein Beispiel für die Antivalenzfunktion, wobei die V_i so festgelegt wurden, daß sich Z als Antivalenz mit drei Variablen ausdrücken läßt:

$$Z = V_1 \oplus V_2 \oplus V_3$$
$$= 1 \oplus X \oplus Y. \qquad (84)$$

Bild 5.13b zeigt die entsprechende funktionelle Beziehung.

Beim Faktorisieren sollen die bereits ermittelten Unterfunktionen durch äquivalente Umformung so aus Subfunktionen aufgebaut werden, daß in verschiedenen Unterfunktionen gleiche Subfunktionen enthalten sind, die nur einmal realisiert werden.

Beispielsweise lassen sich V_1 und V_2 von Bild 5.12 so schreiben:

$$\begin{aligned} V_1 &= X \,\&\, \neg Y = X \,\&\, \neg(X \,\&\, Y) \\ V_2 &= \neg X \,\&\, Y = Y \,\&\, \neg(X \,\&\, Y), \end{aligned} \tag{85}$$

was die im Bild 5.14 gezeigte Lösung gestattet.

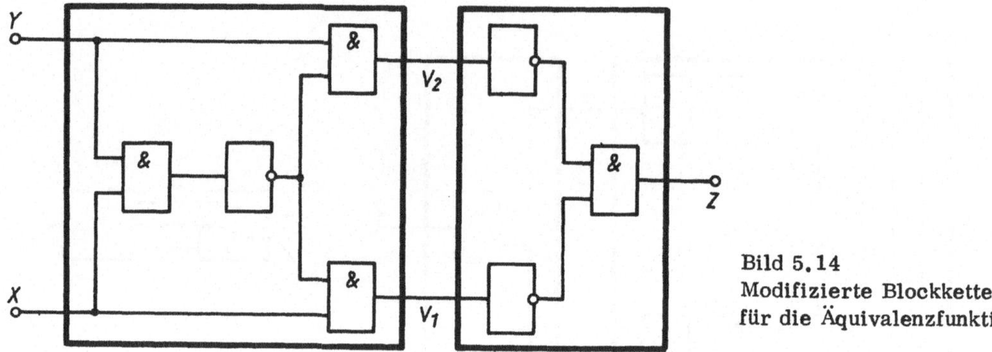

Bild 5.14
Modifizierte Blockkette
für die Äquivalenzfunktion

Das Faktorisieren bedeutet in der Auffassung von Bild 5.10, die Codierung der Zwischenvariablen so festzulegen, daß die Ergebnisvariablen nicht von allen Zwischenvariablen abhängen.

Beim letzten Schritt des Typisierens kommt es ähnlich wie beim Faktorisieren darauf an, durch äquivalente Umformung von Teilfunktionen den Aufbau mit wenigen Subfunktionstypen zu realisieren. Außerdem spielen die Überlegungen des Typisierens auch schon direkt in das Separieren und Faktorisieren hinein, indem die dabei bevorzugten Funktionstypen unter diesem Gesichtspunkt ausgewählt werden.

Wie schon aus den einfachen binären Beispielen deutlich wird, enthalten die fünf Schritte der Dekomposition noch viele intuitive Momente und etliche Variationsmöglichkeiten, die die algorithmische Realisierung dieses Prozesses faktisch nicht gestatten. Außerdem ist die scharfe Trennung der einzelnen Schritte oft nicht günstig, weil sich mitunter geeignete Lösungen erst im Zusammenhang ergeben. Besonders schwierig ist das systematische Durchführen der Dekompositionsschritte für größere und komplexe Systeme, weil hierfür meist die mathematischen Grundlagen fehlen, um z. B. äquivalente Umformungen exakt durchführen zu können.

Abschließend soll der Dekompositionsprozeß noch einmal geschlossen erläutert werden. Dazu wird ein allgemein bekannter Schaltungskomplex, ein zweistelliger Dualaddierer mit ein- und auslaufendem Übertrag, benutzt. Bild 5.15a zeigt das Schaltsymbol, die Anschlußvariablen genügen folgenden Booleschen Gleichungen:

$$\begin{aligned} R_2 &= A_2 \oplus B_2 \oplus C_E \\ R_1 &= A_1 \oplus B_1 \oplus A_2 \,\&\, B_2 \oplus C_E \,\&\, (A_2 \oplus B_2) \\ C_A &= A_1 \,\&\, B_1 \oplus (A_2 \,\&\, B_2 \oplus C_E \,\&\, (A_2 \oplus B_2))\,(A_1 \oplus B_1). \end{aligned} \tag{86}$$

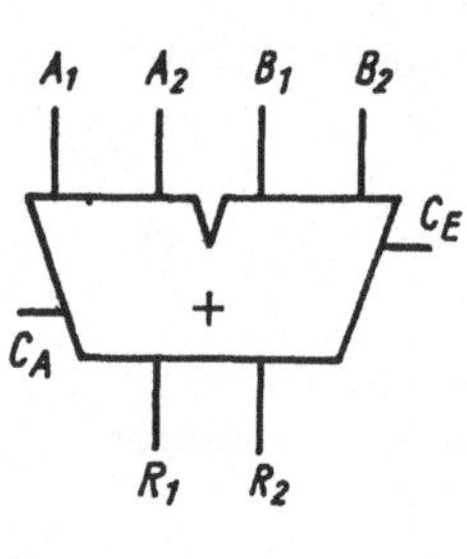

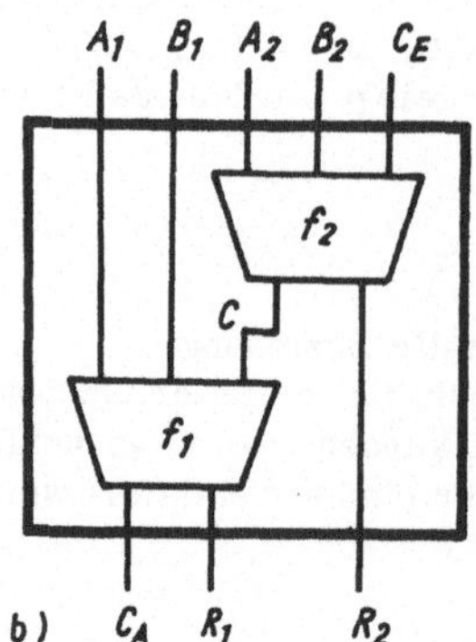

Bild 5.15. Schaltsymbol eines zweistelligen Dualaddierers vor und nach dem Separieren

Für das Separieren wird zunächst die Ableitungsmatrix aufgestellt und normiert (Tafel 5.4).

Tafel 5.4. Abhängigkeitsmatrix des zweistelligen Dualaddierers

	A_1	A_2	B_1	B_2	C_E	
C_A	1	1	1	1	1	
R_1	1	1	1	1	1	
R_2	0	1	0	1	1	a)

	A_1	B_1	A_2	B_2	C_E	
C_A	1	1	1	1	1	
R_1	1	1	1	1	1	
R_2	0	0	1	1	1	b)

Dies gestattet die Darstellung der Gesamtfunktion entsprechend Bild 5.15b, wobei die Funktionen f_1 und f_2 den Booleschen Gleichungen

$$\begin{aligned} f_2:\quad & R_2 = A_2 \oplus B_2 \oplus C_E \\ & C = A_2 \mathbin{\&} B_2 \oplus C_E(A_2 \oplus B_2) \\ f_1:\quad & R_1 = A_1 \oplus B_1 \oplus C \\ & C_A = A_1 \mathbin{\&} B_1 \oplus C(A_1 \oplus B_1) \end{aligned} \tag{87}$$

entsprechen. Man erkennt hier bereits, daß $f_1 = f_2 = f$ ist, d.h., die duale Addition läßt sich als rekursive Dekomposition darstellen.

Beim Serialisieren der Funktion f muß zunächst die Größe des Zwischenbereichs festgelegt werden. Da der Vorbereich acht und der Nachbereich vier Elemente hat, sei als Zwischenbereich die Menge von sechs Elementen a,b,c,d,e,f gewählt. Für die entsprechenden Zwischenabbildungen ist zu berücksichtigen, daß die umkehrbar eindeutige Zuordnung von 000 zu 00 und 111 zu 11 auch einzelne Elemente des Zwischenbereichs benötigt. Dazu werden a und f benutzt. Die anderen Elemente werden möglichst gleichmäßig und symmetrisch zusammengefaßt, um nicht unbegründete „Benachteiligungen oder Bevorzugungen" hineinzulegen. Deshalb werden 010 und 100 zu c und 011 und 101 zu d verdichtet. (Siehe Bild 5.16.)

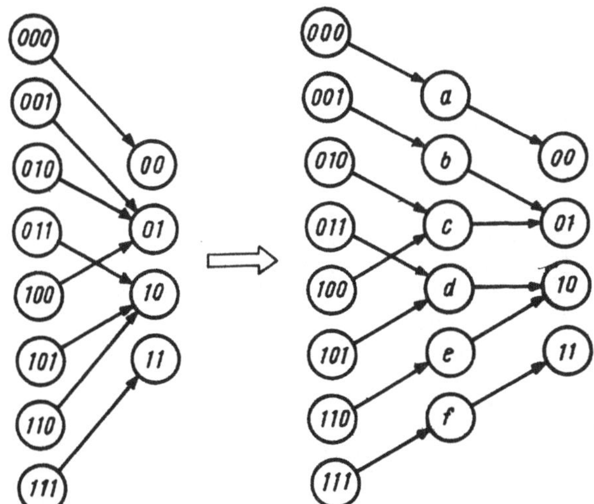

Bild 5.16
Serielle Dekomposition eines einstelligen Dualaddierers

Für die Codierung der Elemente a, b, ..., f besteht das Ziel, möglichst einfache Boolesche Funktionen zu bekommen. Zu diesem Zweck wird zunächst versucht, ob eine Zwischenvariable eventuell ohne Verknüpfung realisiert werden kann. Dies geschieht, indem erst einmal der Variablen V_3 genau die Werte von C_E zugewiesen werden (Tafel 5.5).

Tafel 5.5. Codierung des Zwischenbereichs des Dualaddierers

A_2 B_2 C_E		V_1 V_2 V_3	C R_2
0 0 0	a	0 0 0	0 0
0 0 1	b	0 0 1	0 1
0 1 0	c	0 1 0	0 1
0 1 1	d	0 1 1	1 0
1 0 0	c	0 1 0	0 1
1 0 1	d	0 1 1	1 0
1 1 0	e	1 0 0	1 0
1 1 1	f	1 0 1	1 1

V_1 und V_2 müssen dann so gewählt werden, daß sechs verschiedene Kombinationen entstehen, die mit der Abbildung auf a, b, c, d, e, f harmonieren.

Dazu wird mit $V_1 = 0$, $V_2 = 0$ begonnen; V_1 und V_2 werden dann unter Berücksichtigung von V_3 so variiert, daß sechs passende Kombinationen zustande kommen. Im Beispiel führt dieser erste Ansatz ohne längeres Probieren sofort zum Ziel und liefert folgende Gleichung:

$$\begin{aligned} V_3 &= C_E \\ V_2 &= A_2 \oplus B_2 \qquad & R_2 &= V_2 \oplus V_3 \\ V_1 &= A_2 \;\&\; B_2 & C &= V_1 \mid V_2 \;\&\; V_3. \end{aligned} \tag{88}$$

Durch Faktorisieren und Typisieren, wobei auf die Funktionen UND, ODER, Negation als gegebener Typenvorrat orientiert wird, erhält man

$$\begin{aligned} V_3 &= C_E \\ V_2 &= \neg(A_2 \;\&\; B_2)\&(A_2 \mid B_2) \qquad & R_2 &= \neg(V_2 \;\&\; V_3)\&(V_2 \mid V_3) \\ V_1 &= (A_2 \;\&\; B_2) & C &= V_2 \;\&\; V_3 \mid V_1. \end{aligned} \tag{89}$$

Damit erhält man die im Bild 5.17 dargestellte Realisierung der Funktion f. Der vordere Teil ist als Halbaddierer bekannt (V_1 und C_A nicht betrachtet), der zweite Teil ist im wesentlichen auch ein Halbaddierer mit einem zusätzlichen ODER für die Zusammenfassung der Überträge aus den Halbaddierern. Der Gesamtkomplex wird als Volladdierer bezeichnet. Der zu entwerfende zweistellige Dualaddierer besteht danach aus der bekannten Kaskade von zwei Volladdierern.

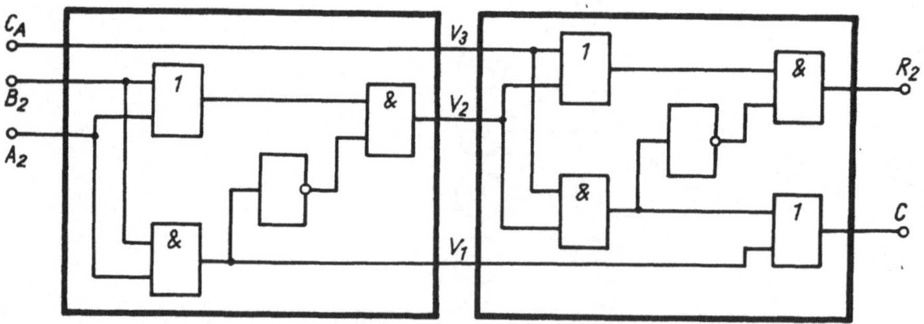

Bild 5.17. Einstelliger Dualaddierer als Blockkette

Abschließend ist zu bemerken, daß das Parallelisieren hier vernachlässigt wurde, um eine maximale Serialisierung und Vereinfachung zu demonstrieren. Um Geschwindigkeits- bzw. Schaltzeitprobleme zu berücksichtigen, wären nach jedem Schritt Analysen notwendig, woraus eventuell geeignete Teilfunktionen als parallel zu realisieren hervorgingen. Praktisch ist es jedoch oft einfacher, zunächst maximal einfache Realisierung anzustreben, um gewisse Gesetzmäßigkeiten zu erkennen, und dann die notwendige Parallelisierung als zweite Näherung durchzuführen. Bei dieser Vorgehensweise werden die kritischen Ketten besser erkannt, und die notwendigen Änderungen lassen sich unter Beibehaltung weitgehender Einfachheit auf das Wesentliche konzentrieren.

Im verwendeten Beispiel ergibt diese abschließende Analyse, daß hauptsächlich die Übertragsbildung die maximale Kettenlänge bestimmt. Sie kann durch separate Realisierung des Ausgangsübertrags C verkürzt werden, beispielsweise nach der Formel

$$C = A_2 \,\&\, B_2 \mid C_E \,\&\, (A_2 \mid B_2). \qquad (90)$$

Die dafür benötigten Funktionen können entweder durch Faktorisieren aus dem vorderen Halbaddierer abgeleitet werden, oder sie werden als selbständiges Element (sog. Carry-look-ahead-Bildung) realisiert. Die gesamte Funktion bekommt dann die im Bild 5.18 skizzierte Struktur.

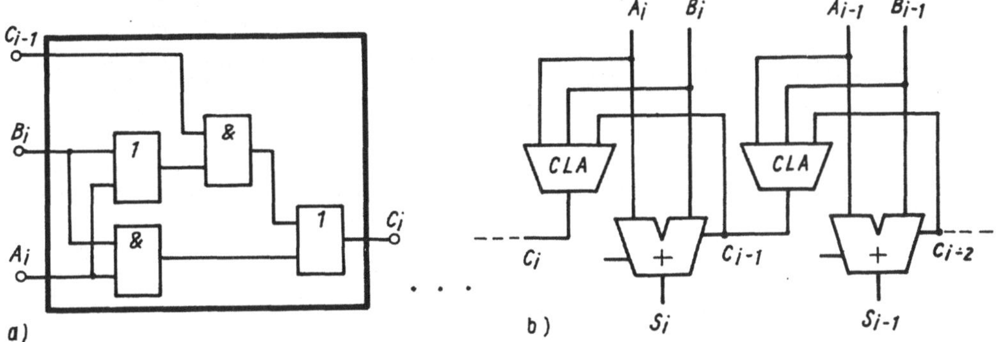

Bild 5.18
Carry-look-ahead-Element und seine Verwendung

5.3.3. Strukturierung

Mit der Dekomposition einer Funktion in Subfunktionen ist auch eine mögliche Schaltungsstruktur gegeben, indem die Subfunktionen als Bauelemente realisiert werden. (Dies bildete die Grundlage für die bildliche Darstellung der erläuterten Beispiele.) Technisch-konkrete Strukturierung bedeutet jedoch, eine in Subfunktionen dekomponierte Systemfunktion so auf technisch-konstruktive Bauelemente aufzuteilen, daß neben den logisch-funktionellen Eigenschaften auch technisch-physikalische Parameter eingehalten werden.

Solche Parameter sind Platzbedarf der Subfunktion auf dem physikalischen Träger (Halbleiterfläche, Leiterkarte, Einschub, Schrank oder ähnliches), verfügbare Anschlußzahlen, Abführung der Verlustwärme usw.

Es kommt dabei darauf an, die gegebenen technischen Parameter so gut wie möglich zu erreichen, aber keinesfalls zu überschreiten, denn sie stellen kritische Grenzwerte dar, die die technische Realisierbarkeit bestimmen.

Beispielsweise darf der gesamte zur Verfügung stehende Platz auf einem technischen Träger von Strukturelementen (z.B. Chipfläche, Chipplätze auf einer Leiterkarte, Steckplätze für Leiterkarten in Einschüben o.ä.) nicht durch die darauf unterzubringenden Subfunktionen überschritten werden. Das gleiche gilt für die Anschlußzahlen. Technische Elemente besitzen aus konstruktiven Gründen eine begrenzte und meist genau festgelegte Anzahl von Anschlüssen zur Realisierung der Ein- und Ausgangsvariablen, die nicht überschritten werden darf.

Andererseits sollen die technischen Parameter weitgehend ausgeschöpft werden. Wenn dies nicht gelingt, wird für die Realisierung einer bestimmten, durch die Dekomposition gegebenen Anzahl von Subfunktionen eine größere Zahl technischer Elemente benötigt als wünschenswert ist. Dies bedeutet Material- und Kostenaufwand.

Praktisch wird sich zwischen Dekomposition und Strukturierung ein Wechselspiel ergeben. Zuerst wird die dekomponierte Funktion als erste Näherung auf Strukturelemente aufgeteilt, indem Subfunktionen technischen Einheiten zugeordnet werden und Zwischenvariable als technische Interfaces, d.h. Anschlüsse an technischen Einheiten einschließlich der Verbindung zu Nachbarelementen realisiert werden.

Eine anschließende Bewertung auf Einhaltung der Parameter bringt dann Hinweise auf notwendige Änderungen. Diese können bei schlechter Ausschöpfung darin bestehen, daß mehrere Subfunktionen auf ein Strukturelement gebracht werden. Bei Überschreitung der Parameter muß eine Subfunktion anders realisiert oder weiter unterteilt werden. Dies bedeutet modifizierte Dekomposition unter der Randbedingung, daß der betreffende Parameter korrigiert wird.

Dieses Wechselspiel wird sich i.allg. einige Male wiederholen, bis ein relatives Optimum der Struktur erreicht ist, d.h., bis der Effekt weiterer Verbesserungen den Arbeitsaufwand nicht mehr rechtfertigt.

Bei der Strukturierung spielen noch einmal zeitliche Betrachtungen eine wichtige Rolle. So kommen meist durch die technische Realisierung weitere Verzögerungszeiten zur Schaltzeit der Elemente hinzu, beispielsweise Laufzeiten auf Leitungen, Laufzeit durch Anschlußtreiber usw. Wenn dadurch die vorgegebene Gesamtzeit zur Realisierung einer Funktion überschritten wird, so ist ebenfalls eine Korrektur der Dekomposition und Strukturierung notwendig, hauptsächlich - wie schon erläutert - durch parallele Realisierung der zeitkritischen Teile.

Eine andere strukturelle Variante besteht darin, die logischen Interfaces zwischen den Subfunktionen auch zu zeitlichen Interfaces zu machen. Das heißt, ausgewählte Zwischenvariable werden zunächst einmal in Speicherelementen fixiert und erst in der nächsten Taktzeit weiterverarbeitet (Bild 5.19a). Dadurch wird die in einer Taktzeit T $\rightarrow$ (T+1) nicht zu schaffende Realisierung einer Funktion bewußt auf zwei Taktzeiten verteilt, um wenigstens die Teilfunktionen im gegebenen Zeitraster definiert realisieren zu können.

Diese Variante ist allerdings nur dann legitim, wenn die Zeitvorgabe durch systeminterne Bedingungen, also etwa festgelegter Taktabstand, bestimmt ist und wenn die äußeren Bedingungen die Realisierung der Funktion in zwei Taktzeiten erlauben.

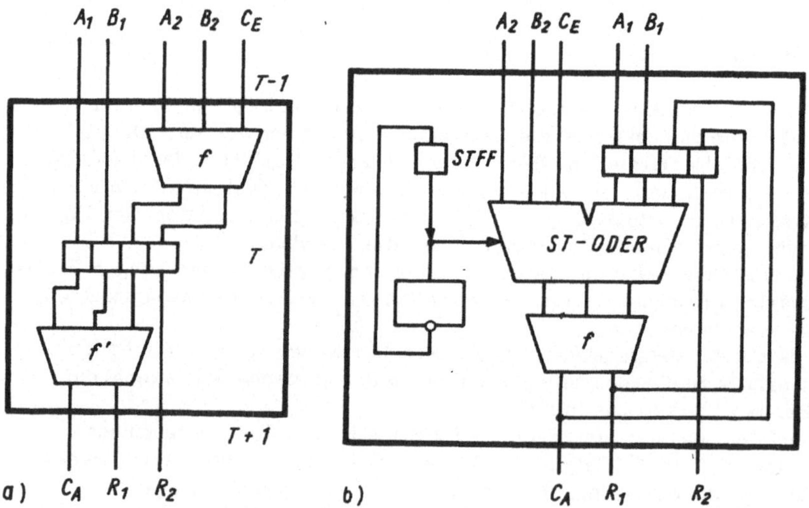

Bild 5.19. Struktur zur seriellen Addition

Da in der Lösung von Bild 5.19a die Schaltungskomplexe f und f' gleich sind und nur abwechselnd zu arbeiten brauchen (d.h. das Ergebnis am Systemausgang wird nur jeden zweiten Takt abgenommen), besteht die Möglichkeit, nur einen Komplex zu realisieren und abwechselnd mit dem Zwischenregister oder dem Systemeingang zu verbinden.

Man erhält dann die im Bild 5.19b dargestellte Struktur. Das wechselseitige Verbinden des Schaltungskomplexes f wird durch eine ODER-Schaltung ST-ODER bewirkt, die mit einem ständig umschaltenden Flipflop STFF gesteuert wird. (Den Ausgang dieses Flipflops könnte man noch aus der Struktur herausführen als Signal für die Gültigkeit des Ergebnisses.)

Bei dieser Lösung ist allerdings noch zu berücksichtigen, daß die Schaltzeit zwischen zwei Takten sich aus den beiden Komplexen ST-ODER und f zusammensetzt.

Gerade das letzte Beispiel verdeutlicht die gegenüber der Dekomposition bestehende Eigenständigkeit der tatsächlichen Strukturierung. Das heißt, die endgültige Schaltungs- und technisch-konstruktive Struktur ist ein Produkt der Dekomposition und weiterer Überlegungen bezüglich zusätzlicher Forderungen bzw. Zielstellungen. Insbesondere bei iterativer Dekomposition resultieren daraus in Aufwand, Schaltzeit und Typisierung von der ersten Näherung wesentlich abweichende günstigere Strukturvarianten.

5.3.4. Wichtige Strukturierungslösungen

Die in den vorangegangenen Abschnitten erläuterten Überlegungen und Vorgehensweisen sind prinzipiell auf allen Ebenen des Entwurfs komplexer digitaler Systeme anwendbar. Wie aber mehrfach betont wurde, sind die einzelnen Schritte und die zu lösenden Teilprobleme besonders bei komplexen Systemen noch so variantenreich, daß sie nicht als algorithmischer Entwurf mit optimalen Ergebnissen für beliebig vorgegebene Systeme durchführbar sind.

Algorithmische Entwurfsverfahren sind gegenwärtig nur auf der Ebene Boolescher Funktionen bekannt, wobei entweder nur sehr einfache Lösungen (vgl. [12] [14]) möglich sind oder die Lösungsbreite durch Festlegung auf spezielle Grundtypen eingeschränkt ist (vgl. z.B. [63] [64] [65]).

Für komplexe Systeme haben sich aus der Erfahrung eine Reihe von Standardlösungen herausgebildet, die sich bewährt haben und häufig verwendet werden. Die Dekomposition auf höheren Systemebenen versucht, möglichst auf solche Standardfunktionstypen zu untersuchen, unter anderem weil diese teilweise sogar als Baugruppen verfügbar sind. Im folgenden sollen die am häufigsten anzutreffenden Lösungen vorgestellt und erläutert werden.

5.3.4.1. Register

Im Abschn. 2.3. war das Flipflop als elementares Speicherelement zur Aufnahme eines Binärsignals eingeführt worden. In komplexen Systemen ist jedoch die Verwendung mehrwertiger Variabler typisch (arithmetische Variable, Zeichenvorräte, diskrete mehrwertige Variable für spezielle Zwecke usw.), die bei mehrschrittiger Verarbeitung ebenfalls im System zu speichern sind.

Da in binären Systemen mehrwertige Variable durch Gruppen von Binärwerten dargestellt werden, sind für deren Speicherung Gruppen von Flipflops erforderlich. Eine solche Gruppe logisch zusammengehöriger Flipflops wird als Register bezeichnet. Die Registerbreite, d.h. die Anzahl von Flipflops im Register, beträgt häufig ein Vielfaches von Tetraden, Bytes bzw. Worten, bedingt durch den Aufbau der meisten Variablentypen, prinzipiell sind aber auch beliebig andere Registerbreiten möglich und üblich.

Die logische Zusammengehörigkeit der Bits einer Variablen verlangt, daß alle Flipflops eines Registers stets zusammengehörige Binärwerte enthalten, d.h., Veränderung und Auswertung der Flipflopinhalte eines Registers müssen stets gleichzeitig erfolgen. Technisch bedeutet das, daß die den Schaltzeitpunkt der Flipflops bestimmenden Taktsignale für ein Register gleich sein müssen. Bild 5.20a zeigt die symbolische Darstellung eines Vier-Bit-Registers und Bild 5.20b seine detailliertere Realisierung mit elementaren binären Speicherelementen.

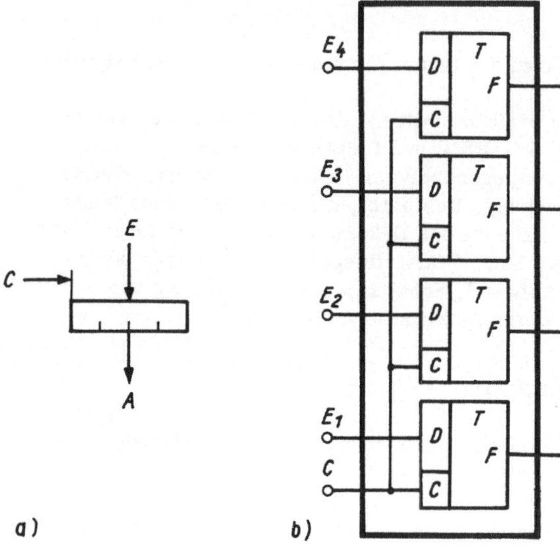

Bild 5.20. Schaltsymbol und Detailschaltung eines Registers

Wenn auf höheren Betrachtungsniveaus Register als komplexe Elemente angesehen werden, deren Detailstruktur aus Flipflops nicht interessiert, so brauchen nur ihre wesentlichen funktionellen Eigenschaften, wie Speichereigenschaft (Latch bzw. Master-Slave), Speicherbreite, Steuerbedingungen, beschrieben zu werden. Beispielsweise besitzt das im Bild 5.20a dargestellte Register in PL/AS folgende exakte Beschreibung:

```
BLOCK: REG;   /* VIERSTELLIGES REGISTER  */
 RAND  (E,A) BIT(4),  C;
 ZUSTAND  Z  BIT(4);
 IF  C  THEN  Z=E;
 A=Z;
BEND;
```

In analoger Weise läßt sich unter Verwendung anderer Datenattribute z.B. auch ein Register zur Speicherung von Dezimalzahlen definieren:

```
BLOCK:  RG;   /* FUENFSTELLIGES DEZIMALREGISTER   */
 RAND  (E,A)  DECIMAL (5),  C;
 ZUSTAND  Z  DECIMAL (5);
 IF  C  THEN  Z=E;  A=Z;
BEND;
```

Bei höheren Betrachtungsebenen, wo Details des Taktsystems noch nicht dargestellt werden müssen, sondern entsprechend dem Modell eines deterministischen Systems grundsätzlich in einer diskreten Zeitskala gearbeitet wird, kann der den Schaltzeitpunkt bestimmende Takt C auch weggelassen werden:

```
BLOCK:  RG;  RAND  (E,A)  DECIMAL (5);  ZUSTAND  Z  DECIMAL (5);
             Z=E;   A=Z;
BEND;
```

(Dieses Register übernimmt zu jedem Zeitpunkt den Eingangswert.)

Je nachdem welche Flipflop-Typen zur Bildung von Registern benutzt werden, erhält man Latch-Register, bzw. flankengesteuerte oder Master-Slave-Register. Bei Latch-Registern erscheint der neue Registerinhalt - nach entsprechender Laufzeit - sofort am Ausgang, bei flankengesteuerten oder Master-Slave-Registern erscheint der neue Wert erst dann am Ausgang, wenn der Zeitpunkt der Übernahme vom Eingang vorüber ist.

In der Beschreibung in PL/AS unterscheidet sich z. B. ein Master-Slave-Register vom Latch-Register dadurch, daß im Gegensatz zur obigen Beschreibung erst der alte Speicherinhalt auf den Ausgang gelegt wird, bevor der neue Zustand gesetzt wird:

```
BLOCK: MSREG;    /* MASTER-SLAVE-REGISTER  */
 RAND  (E,A)  DECIMAL (5);  ZUSTAND  Z  DECIMAL (5);
  A=Z;   Z=E;
BEND;
```

Dadurch steht gewissermaßen der neue Wert erst in der nächsten Taktzeit zur Verfügung und kann beispielsweise nicht zur selben Taktzeit auf den Eingang zurückwirken.

Häufig wird den Registern eine gesteuerte Oderbaustufe vorgeschaltet und direkt dem Registerblock zugeordnet. Auf diese Weise läßt sich das Register von zwei Quellen laden. Damit sich die unterschiedlichen Datenquellen nicht vermischen, sind Steuersignale notwendig, die angeben, ob und von welcher Quelle der Registerinhalt verändert werden soll. Die Beschreibung eines solchen Registerblocks für zwei Quellen hat die folgende Gestalt:

```
BLOCK: REG;
 RAND  (E1,E2,A)  BIT(64),          /*  DATENANSCHLUESSE     */
            S1, S2;                 /*  STEUERSIGNALE        */
 ZUSTAND  Z  BIT(64);
 IF  S1  THEN  Z=E1;          /*  BEIDE STEUERSIGNALE      */
 IF  S2  THEN  Z=E2;          /*  NICHT GLEICHZEITIG 1     */
 A=Z;  /*  NEUER ZUSTAND DURCHGESCHALTET, D.H. LATCH    */
BEND;
```

5.3.4.2. Schieberegister

Da in elektronischen digitalen Systemen letzlich alle komplexen Funktionen binär realisiert werden, sind grundlegende Basisfunktionen notwendig, aus denen auch kompliziertere Funktionen zusammengesetzt werden können. Neben den schon erläuterten und allgemein bekannten Booleschen Verknüpfungsoperationen ist die bitweise Verschiebung eines Binärvektors eine solche Funktion.

Zur Realisierung dienen neben kombinatorischen Verschiebenetzwerken die Schieberegister. Diese besitzen außer der Möglichkeit zur normalen Paralleleintragung noch die Funktion des bitweisen Verschiebens des gespeicherten Registerinhalts.

Das Schieberegister läßt sich so auffassen, daß das am Ende des vorigen Abschnitts erläuterte Register mit zwei Datenquellen intern mit dem zweiten Dateneingang an seine eigenen Speicherstellen - jeweils um ein Bit verschoben - angekoppelt ist. Der zweite Eingang besteht dann nur noch aus einer Binärstelle, die in die hinterste Position des Speichervektors „eingeschoben" wird. Ein vierstelliges binäres Schieberegister genügt z. B. der Beschreibung:

```
BLOCK: SREG;
 RAND  (E1,A)  BIT(4),  E2,  S1,  S2;
 ZUSTAND  Z  BIT(4);
 A=Z;
 IF  S1  THEN  Z=E1;                  /*  PARALLEL LADEN   */
 IF  S2  THEN  Z=SUBSTR(Z,2,3) || E2;  /*  SCHIEBEN         */
BEND;
```

Schieberegister besitzen für verschiedene Anwendungen große Bedeutung (vgl. dazu [64] [72] [73]) und sind ein oft verwendetes Basiselement komplexer Systeme. Unter Verwendung von Master-Slave-Flipflops hat das eben beschriebene Schieberegister etwa die im Bild 5.21 gezeigte Struktur.

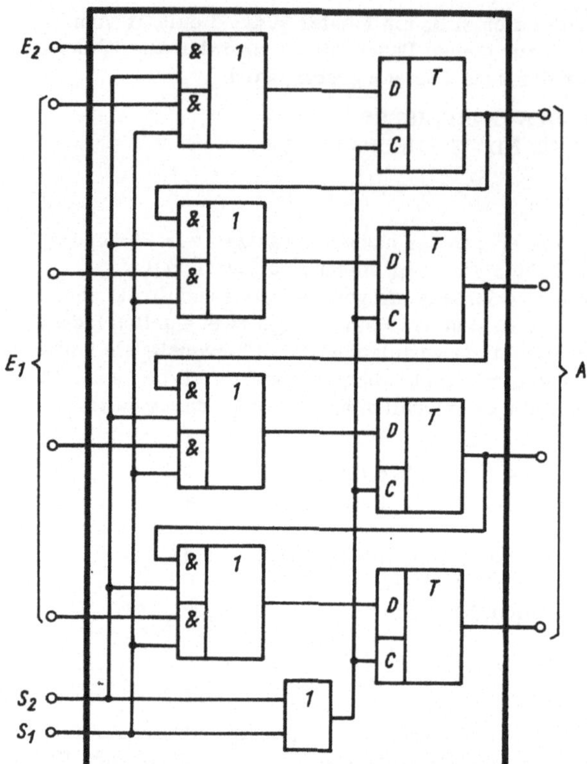

Bild 5.21. Digitale Schaltung eines Schieberegisters

5.3.4.3. Kombinatorische Elemente

Neben speichernden Baugruppen sind verarbeitende Komplexe die zweite wichtige Kategorie digitaler Systeme (vgl. Bild 5.6). Wegen der binären Realisierung der Symbolverarbeitung in elektronischen digitalen Systemen läßt sich prinzipiell jede Funktion als Abbildung zwischen Binärvektoren auffassen, die mit den Mitteln der Booleschen Algebra behandelt werden kann. (Vgl. dazu [4] [12] [14] [32] .) Im folgenden sollen einige spezielle Baugruppentypen erläutert werden, die relativ häufig in komplexen Systemen anzutreffen sind.

Umschlüßler

Der allgemeinste, letzlich alle verarbeitenden Funktionen umfassende Schaltungskomplex ist der Umschlüßler (Bild 5.22a). Er bildet die Wertebelegungen eines Binärvektors aus n Komponenten auf die Wertebelegungen eines Binärvektors aus m Komponenten ab. Betrachtet man die Menge der Wertebelegungen einschließlich ihrer Bedeutung (etwa als n-stellige Dualzahl) als Binärcode, so ordnet der Umschlüßler lediglich die Kombinationen des einen Codes denen eines anderen zu. Diese rein kombinierende Funktion hat dieser Schaltungsklasse den Namen gegeben (kombinatorische Schaltungen).
Der Entwurf von Umschlüßlern läßt sich grundsätzlich so lösen, daß die Codezuordnungstabelle aufgeschrieben (z.B. Tafel 5.6) und anschließend für jedes A_i die Boolesche Gleichung abgeleitet wird. Diese dient dann als Grundlage für Dekomposition und Strukturierung.

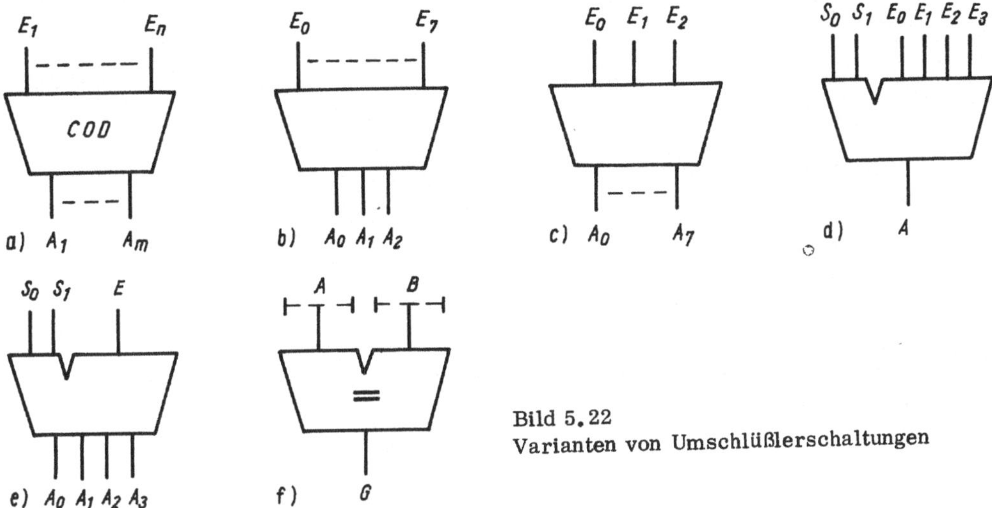

Bild 5.22
Varianten von Umschlüßlerschaltungen

Spezielle, oft verwendete Formen sind Umschlüßler von und in einen 1-aus-n-Code (Tafel 5.7 und Bilder 5.22b und c) sowie Multiplexer und Demultiplexer (Tafeln 5.8a und b bzw. Bilder 5.22d und e). Auch Zählschaltungen (siehe Bild 2.9) lassen sich als Umschlüßler betrachten.

Tafel 5.6. Prinzip eines Umschlüßlers

$E_1\ E_2 \ldots E_{n-1}\ E_n$	$A_1\ A_2 \ldots A_{m-1}\ A_m$
0 0 ... 0 0	0 0 ... 1 0
0 0 ... 0 1	1 1 ... 0 0
0 0 ... 1 0	1 0 ... 1 0
....	....
1 1 ... 1 0	0 0 ... 1 0
1 1 ... 1 1	0 0 ... 0 0

Tafel 5.7. Wertetabellen für 1-aus-8-Umschlüßler

a)

E_0	E_1	E_2	E_3	E_4	E_5	E_6	E_7	A_0	A_1	A_2
1	0	0	0	0	0	0	0	0	0	0
0	1	0	0	0	0	0	0	0	0	1
0	0	1	0	0	0	0	0	0	1	0
0	0	0	1	0	0	0	0	0	1	1
0	0	0	0	1	0	0	0	1	0	0
0	0	0	0	0	1	0	0	1	0	1
0	0	0	0	0	0	1	0	1	1	0
0	0	0	0	0	0	0	1	1	1	1

b)

E_0	E_1	E_2	A_0	A_1	A_2	A_3	A_4	A_5	A_6	A_7
0	0	0	1	0	0	0	0	0	0	0
0	0	1	0	1	0	0	0	0	0	0
0	1	0	0	0	1	0	0	0	0	0
0	1	1	0	0	0	1	0	0	0	0
1	0	0	0	0	0	0	1	0	0	0
1	0	1	0	0	0	0	0	1	0	0
1	1	0	0	0	0	0	0	0	1	0
1	1	1	0	0	0	0	0	0	0	1

Tafel 5.8. Wertetabellen für Multiplexer und Demultiplexer

S_0 S_1	E_0 E_1 E_2 E_3	A		S_0 S_1	E	A_0 A_1 A_2 A_3	
0 0	0 ? ? ?	0		0 0	0	0 0 0 0	
0 0	1 ? ? ?	1		0 0	1	1 0 0 0	
0 1	? 0 ? ?	0		0 1	0	0 0 0 0	
0 1	? 1 ? ?	1		0 1	1	0 1 0 0	
1 0	? ? 0 ?	0		1 0	0	0 0 0 0	
1 0	? ? 1 ?	1		1 0	1	0 0 1 0	
1 1	? ? ? 0	0		1 1	0	0 0 0 0	
1 1	? ? ? 1	1	a)	1 1	1	0 0 0 1	b)

Vergleicher

Eine häufig benötigte Schaltung ist der Vergleicher (Bild 5.22f). Sein Ausgangssignal ist genau dann 1, wenn die beiden angebotenen Codekombinationen A und B übereinstimmen:

$$G = (A_0 \& B_0 \mid \neg A_0 \& \neg B_0) \;\&\; \ldots \;\&\; (A_n \& B_n \mid \neg A_n \& \neg B_n). \qquad (91)$$

Arithmetisch-logische Einheiten

Arithmetisch-logische Einheiten, auch als ALU bezeichnet (engl. arithmetic logical unit), verknüpfen zwei Binärvektoren A und B entweder stellenweise nach Booleschen Funktionen (meist UND, ODER und Antivalenz) oder interpretieren die Binärvektoren als Dualzahlen und bilden die arithmetische Summe bzw. Differenz.

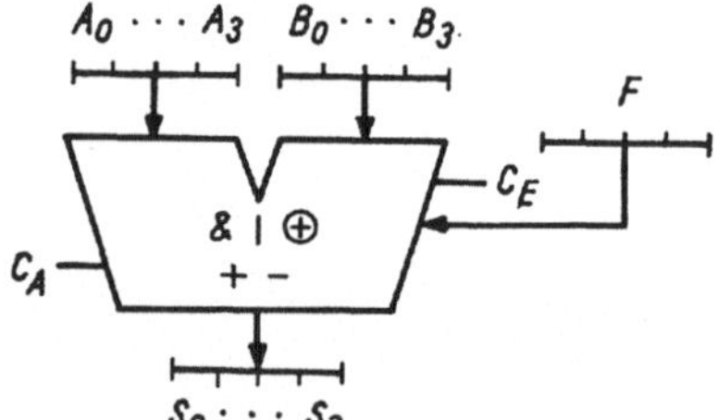

Bild 5.23. Prinzip einer ALU

Bild 5.23 zeigt ein Schaltsymbol für die häufig verwendete Verarbeitungsbreite von vier Bit. Neben den Anschlüssen für die beiden Operanden und das Ergebnis besitzt die ALU Anschlüsse für ein- und auslaufenden Übertrag und für die Auswahl der auszuführenden Funktion. Mit Hilfe der Überträge C_E und C_A lassen sich ALUs zu größeren Verarbeitungsbreiten kaskadieren. Die Steuersignale F_i bestimmen die jeweilige Verknüpfungsfunktion, im dargestellten Fall werden mindestens fünf Steuerkombinationen benötigt.

Wegen der Tetradenstruktur der dargestellten ALU ist es günstig, auch vier Steuersignale $F_0, \ldots, F_3$ zu verwenden (weil im Systemzusammenhang die F_i meistens wieder aus Tetradenregistern entnommen werden). Die Verschlüsselung sollte dann so gewählt werden, daß einfache Boolesche Beziehungen entstehen. Eine Möglichkeit zur Festlegung der Steuerung wäre beispielsweise diese:

$$\begin{aligned} &S_i = F_0 \;\&\; (A_i \oplus B_i') \oplus F_1 \;\&\; C_i \\ &C_i = A_i B_i' \oplus F_2 \;\&\; (A_i B_i' \oplus A_{i+1} B_{i+1}' \oplus S_{i+1} C_{i+1}) \\ &C_A = A_0 B_0' \oplus S_0 C_1 \qquad B_i' = F_3 \oplus B_i \\ &C_4 = C_E \qquad S_4 = 1 \qquad i = 0,1,2,3. \end{aligned} \qquad (92)$$

Diese Verwendung der Steuersignale F_i hat die in Tafel 5.9 dargestellten ALU-Funktionen zur Folge. Neben den wichtigen logischen und arithmetischen Grundfunktionen ergeben sich hierbei weitere, in komplexen Systemen gut nutzbare Funktionen:

Nullerzeugung ($F_0 = 0$, $F_1 = 0$), Inhibition $A_i \,\&\, \neg B_i$ ($F = 0101$), Äquivalenz ($F = 1001$), Implikation $B_i \rightarrow A_i$ ($F = 1101$).

Tafel 5.9. Funktionssteuerung einer ALU

$F_0 F_1 F_2 F_3$	S_i	$F_0 F_1 F_2 F_3$	S_i
0 0 0 0	0	1 0 0 0	$A_i \oplus B_i$
0 0 0 1	0	1 0 0 1	$A_i \sim B_i$
0 0 1 0	0	1 0 1 0	} nicht
0 0 1 1	0	1 0 1 1	} sinnvoll
0 1 0 0	$A_i \,\&\, B_i$	1 1 0 0	$A_i \mid B_i$
0 1 0 1	$A_i \,\&\, B_i$	1 1 0 1	$A_i \mid \neg B_i$
0 1 1 0	} nicht	1 1 1 0	$A_i + B_i + C_{i+1}$
0 1 1 1	} sinnvoll	1 1 1 1	$A_i - B_i - C_{i+1}$

Die längste Schaltzeit entsteht bei der ALU für den Endübertrag C_A. Da dieser aber bei der Kaskadierung als einlaufender Übertrag C_E der nächsten Tetrade verwendet wird, setzt sich die Gesamtschaltzeit eines größeren Addierers aus der Summe der Übertragsschaltzeiten zusammen. Um diese - meist unangenehm lange - Zeit zu verkürzen, wird oft eine vorausschauende Übertragsbildung durchgeführt (carry-look-ahead). Dabei wird der Übertrag C_A parallel zur ALU aus C_E und den A_i und B_i berechnet:

$$\begin{aligned} C_A &= A_0B_0 \oplus (A_0 \oplus B_0)(A_1B_1 \oplus (A_1 \oplus B_1)(A_2B_2 \oplus \ldots \oplus (A_3 \oplus B_3)C_E))) \\ &= A_0B_0 \oplus (A_0 \oplus B_0)A_1B_1 \oplus (A_0 \oplus B_0)(A_1 \oplus B_1)A_2B_2 \oplus \\ &\quad \oplus (A_0 \oplus B_0)(A_1 \oplus B_1)(A_2 \oplus B_2)A_3B_3 \oplus \\ &\quad \oplus (A_0 \oplus B_0)(A_1 \oplus B_1)(A_2 \oplus B_2)(A_3 \oplus B_3)C_E. \end{aligned} \tag{93}$$

Praktisch versucht man stets, eine optimale Mischung von serieller und paralleler Arbeit zu realisieren. Das bedeutet hier, daß meist zwei oder vier ALUs übertragsmäßig kaskadiert werden und parallel dazu der Übertrag für die nächste ALU-Gruppe durch carry-look-ahead-Komplexe vorbereitet wird. Auch die carry-look-ahead-Bildung selbst gemäß Gl. (93) wird so dekomponiert und strukturiert, daß ein Optimum an Aufwand und Schaltzeit erreicht wird.

Dezimaladdierer

Für binäre digitale Systeme entsteht ein gewisser Zwiespalt dadurch, daß außerhalb des Systems üblicherweise das Dezimalsystem verwendet wird, im System jedoch duale, oktale, hexadezimale (allgemein Zahlenbasis 2^k, $k = 1, 2, \ldots$) Zahlendarstellungen günstiger sind, weil sie die Codekombinationen besser ausnutzen. Man löst dies entweder dadurch, daß intern dual gearbeitet wird und bei Ein- bzw. Ausgabe der Zahlen eine Konvertierung (Umschlüsselung) vom bzw. ins Dezimalsystem erfolgt, oder man realisiert die dezimale Arithmetik - zusätzlich oder ausschließlich - als Schaltung (Dezimaladdierer).

Prinzipiell läßt sich ein Dezimaladdierer ganz konventionell entwerfen, indem die Wertetabelle beispielsweise für eine Dezimalstelle, d.h. je eine Tetrade für Operanden und Ergebnis, aufgestellt wird und - wie beim Umschlüßler erläutert - über die Booleschen Gleichungen jedes Ergebnisbit durch Dekomposition und Strukturierung die Schaltung abgeleitet wird. Häufig besitzen digitale Systeme jedoch sowohl dezimale als auch duale Arithmetik, so daß es naheliegend ist, beide Funktionen im gleichen Schaltungskomplex zu realisieren.

Zu diesem Zweck wird die dezimale Addition bzw. Subtraktion so auf duale Addition und Subtraktion zurückgeführt, daß als Kernstück eine gewöhnliche ALU verwendet werden kann. Das bedeutet, Dezimaladdition und -subtraktion so zu dekomponieren, daß duale Addition und Subtraktion als Unterfunktionen enthalten sind. Dabei genügt die Betrachtung einer Tetrade, da auch hier größere Verarbeitungsbreiten durch Kaskadierung realisiert werden.

Weiterhin wird die gegenwärtig allgemein verwendete direkte dazimal-duale Codierung vorausgesetzt.

Duale und dezimale Addition stimmen überein, wenn die Summe kleiner als zehn ist. Liegt die Summe der beiden Operanden zwischen zehn und fünfzehn, so benötigt die dezimale Addition einen Übertrag in die nächste Stelle, und die Ergebnistetrade muß die Werte 0000, 0001, ..., 0101 annehmen, währenddem die duale Addition die Tetradenkombinationen 1010, 1011, ..., 1111 nutzt und noch keinen Übertrag erzeugt. Wenn die Summe größer als fünfzehn ist, erzeugen beide Additionen einen Übertrag, die Dezimaladdition verlangt aber die Tetradenkombinationen 0110 für sechzehn, 0111 für siebzehn usw., währenddem die duale Addition wegen der größeren Wertigkeit des Übertrags die Ergebnistetraden 0000, 0001 usw. erzeugt.

Diese Analyse zeigt, daß das duale Additionsergebnis dadurch in das dezimale Ergebnis verwandelt werden kann, indem noch einmal sechs addiert werden, wenn die duale Summe kleiner als fünfzehn war. (Dadurch wird faktisch die gegenüber dem dualen Übertrag einer Tetrade um sechs zu kleine Wertigkeit des Dezimalübertrags erhöht.) Dazu müßte der normalen ALU eine Korrekturschaltung nachgeschaltet werden.

Im Hinblick auf die Subtraktion ist es jedoch günstiger, zuerst stets eine Sechs zu addieren und nachträglich durch Subtraktion wieder rückgängig zu machen, wenn sie unnötig war, d.h., wenn das Ergebnis keinen Übertrag erzeugt hat. Man erhält dann die im Bild 5.24 dargestellte Struktur.

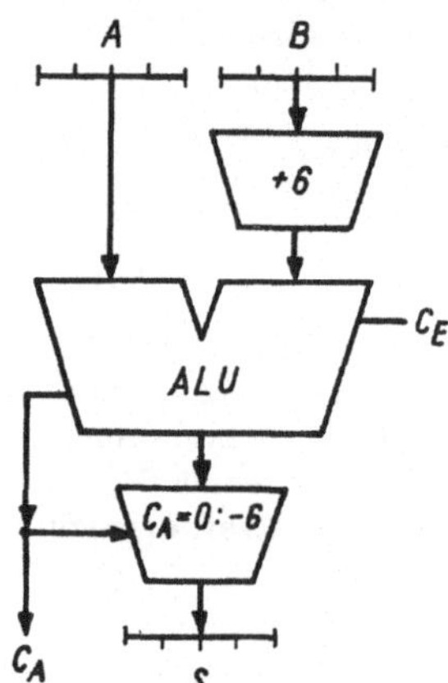

Bild 5.24
Dezimaladdierer aus ALU und 6-Korrektur

Zwei Zahlenbeispiele sollen das verdeutlichen:

```
    7        0111        0111
  + 8      + 1000      + 1000
1 ← 5                  + 0110
                     1 ← 0101    ≙  1 ← 5

    2        0010        0010
  + 5      + 0101      + 0101
0 ← 7                  + 0110
                     0 ← 1101        1101
                                   - 0110
                                     0111   ≙   7
```

Der Vorteil für die Subtraktion besteht in folgendem: Meist wird in digitalen Systemen die Subtraktion so dekomponiert, daß wiederum die Addition als Kernstück enthalten ist. Das geschieht dadurch, daß die Subtraktion als Addition des Komplements einer Zahl durchgeführt wird, in dezimaler Darstellung das Zehnerkomplement, in hexadezimaler das 16-Komplement:

$$A_D - B_D = A_D + (10 - B_D)$$
$$A_H - B_H = A_H + (16 - B_H). \qquad (94)$$

Wenn der Minuend A hierbei größer ist als der Subtrahend B, tritt ein Übertrag in die nächste Stelle auf, ist A kleiner, tritt kein Übertrag auf; letzteres ist der Fall, wenn von der nächsten Stelle zusätzlich noch eins abgezogen werden muß (Borgen). Wegen der Kaskadierung der stellenweisen Subtraktion, d.h. vor allem wegen der Weiterleitung des Borgsignals, ist es besser, die Subtraktion so dazustellen:

$$\begin{aligned} A_D - B_D &= A_D + (9 - B_D) + 1 \\ A_H - B_H &= A_H + (15 - B_H) + 1. \end{aligned} \qquad (95)$$

Jede Stelle benötigt in diesem Fall eine als einlaufender Übertrag C_E realisierbare Einsaddition, die im Fall des Borgens unterdrückt wird. C_E kann dann durch den auslaufenden Übertrag der vorhergehenden Stelle gebildet werden, der genau dann 1 ist, wenn die Stelle ohne Borgen verarbeitet werden konnte.

Für die dezimale Subtraktion muß nun neben der 9-Komplement-Bildung noch eine vorbereitende 6-Addition durchgeführt werden, wenn als Kernstück eine duale ALU verwendet werden soll. Das ist aber das gleiche, als wenn gleich das 15-Komplement gebildet wird. Für die dezimale Subtraktion entfallen damit alle speziellen Vorbereitungen, sie kann die einfach durch bitweises Negieren realisierbare 15-Komplement-Bildung der dualen Subtraktion direkt nutzen, nur die abschließende 6-Subtraktion ist notwendig, wenn kein Endübertrag auftritt.

Auch hier sollen zwei Beispiele das Prinzip verdeutlichen:

```
   7        0111          0111
 - 4   ⇒  - 0100   ⇒   +  1011
 ---      ------       +  0001 ↙ ü
   3                   ---------
                  ü ↙  1 ← 0011   =  3

   4        0100          0100
 - 7   ⇒  - 0111   ⇒   +  1000
 ---      ------       +  0001 ↙ ü
 B 7                   ---------
                       0 ← 1101
                         ↘
                           1101
                        -  0110
                       ---------
              → ü  ↙   0 ← 0111 ≙ → ü 7  =  B 7
```

(Wenn der Subtrahend größer ist als der Minuend, erscheint die Ergebnisziffer in der Komplementdarstellung. Dies ist richtig, wenn bei einer höherwertigen Stelle der Minuend größer ist als der Subtrahend, z.B. 54 - 17 = 37. Sind jedoch alle Minuendenstellen kleiner als die Subtrahendenstellen, so muß abschließend komplementiert werden, um die bekannte Darstellung einer negativen Zahl zu bekommen: 24 - 37 = $_B$ 87 = 100 - 87 = -13.)

Man erhält also eine kombinierte Arithmetik für duale und dezimale Addition und Subtraktion, wenn einer gewöhnlichen ALU je eine Korrekturschaltung vor- bzw. nachgeschaltet wird. Die erste führt eine vorbereitende 6-Addition aus, wenn dezimal addiert werden soll, die zweite eine abschließende 6-Subtraktion, wenn bei dezimaler Arbeitsweise (Addition oder Subtraktion) der auslaufende Übertrag 0 ist.

Dieses Beispiel zeigt, daß die Dekomposition unter speziellen Randbedingungen, hier des Einsatzes einer normalen ALU, zu anderen Lösungen führen kann (Bild 5.24), als es durch Aufstellen der Wertetabelle und Arbeit mit den Booleschen Gleichungen der Fall wäre. Das liegt hier daran, daß die Dekomposition im arithmetischen Bereich durchgeführt wurde, d.h., die zu dekomponierende Funktion (Dezimaladdition und -subtraktion) wurde auf andere arithmetische Funktionen (duale Addition und Subtraktion) zurückgeführt, für die bereits Schaltungskomplexe existieren.

5.3.4.4. Speicher

5.3.4.4.1. Allgemeines

Wie erläutert, dienen Register zum Speichern einzelner Variablenwerte, um diese zur schrittweisen Verarbeitung systemintern verfügbar zu haben (siehe etwa Bild 5.19). Register existieren in vielfältiger Form als Operandenregister, Ergebnisregister, Steuerregister (vgl. Abschn. 5.3.4.6.), Senderegister, Empfangsregister usw. Die hohe Arbeitsgeschwindigkeit moderner Systeme erfordert aber neben der Speicherung einzelner Werte im Rahmen eines algorithmischen Ablaufs die Bereitstellung größerer Datenvorräte zur maschinellen Bearbeitung komplizierterer und umfangreicher Probleme. Dies betrifft sowohl die zu verarbeitenden Daten als auch die zur Formulierung des Verarbeitungsalgorithmus notwendigen Anweisungen.

Diesem Zweck dienen Speicherkomplexe (kurz: Speicher), deren einzige Funktion das Aufnehmen größerer Datenmengen ist, wobei speziell der Tatsache Rechnung getragen wird, daß zu einem Zeitpunkt, d.h. praktisch in einem Systemtakt, nur ein Wert des Speichervorrats benötigt wird. Mit anderen Worten lassen sich Speicher als eine Menge von Registern SP mit einer Auswahlschaltung AWS bezeichnen, die zu einem Zeitpunkt genau einen Registerinhalt nach einem Merkmal auswählt und am Ausgang bereitstellt bzw. durch neue Werte verändert (Bild 5.25). Die Register eines Speichers werden als Speicherworte oder häufiger noch als Speicherplätze bezeichnet.

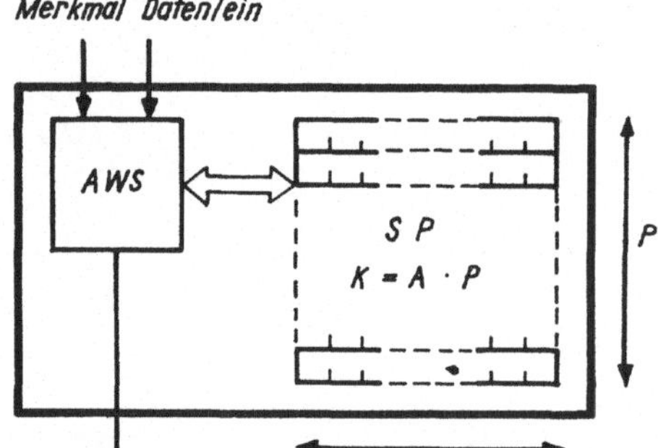

Bild 5.25. Allgemeinste Darstellung eines Speicherkomplexes

Speicher existieren in vielen Varianten, die insbesondere durch Technik und Anwendungszweck bestimmt sind. Es sei zunächst zwischen externen und internen Speichern unterschieden. Externe Speicher sind meistens logisch, technologisch und konstruktiv selbständige Komplexe, die das vorbereitende Speichern sehr großer Datenmengen gestatten. Sie sind mit dem eigentlichen Informationsverarbeitungsprozeß nicht direkt verbunden, sondern stellen für das digitale System die Datenquelle bzw. das Ausgabemedium dar, aus dem bzw. in das die benötigten Daten durch serielle Übertragungsprozesse in den bzw. vom internen Speicher übertragen werden.

Externe Speicher sind meist in speziellen Technologien (z.B. magnetische Aufzeichnungstechniken, Verwendung mechanischer Prinzipien) realisiert im Gegensatz zur vollelektronischen Technologie des eigentlichen digitalen Systems. Sie gestatten das kosten- und volumengünstige Speichern von Massendaten, weniger aber den schnellen Zugriff zu einzelnen Daten, wie es für die Verarbeitung der Daten im engeren Sinn notwendig ist. Externe Speicher sollen hier nicht näher betrachtet werden. (Vgl. dazu z.B. [74].)

Interne Speicher sind i.allg. auf der gleichen logischen und technologischen Basis wie das betrachtete digitale System realisiert und arbeiten eng mit allen anderen Systemteilen zusammen. Ihre Speicherplätze müssen sich in bezug auf den Taktabstand relativ schnell lesen bzw. beschreiben lassen. Mit ihren logischen und zeitlichen Eigenschaften bestimmen sie sehr wesentlich die Leistungsfähigkeit des gesamten informationsverarbeitenden Systems.

Wichtige quantitative Kenngrößen interner Speicher sind: die Speicherkapazität K (Anzahl der insgesamt speicherbaren Binärvariablen, ausgedrückt in Bit oder Byte), die Aufrufbreite A (Größe eines Platzes in Bit oder Byte), die Organisationsform (dargestellt als Produkt aus Platzanzahl P und Aufrufbreite A, z. B. 1024 Plätze·4 Byte = 2^{10}·4 Byte = 4096 Byte = 4k Byte Speicherkapazität), Lesezugriffszeit (Zeit vom Anlegen des Merkmals bis zur Verfügbarkeit des Speicherplatzinhalts am Ausgang), Schreibzugriffszeit (Zeit vom Anlegen des Merkmals und der einzuschreibenden Daten bis zum Fixieren im ausgewählten Speicherplatz), Zykluszeit (Mindestabstand zwischen zwei Benutzungen des Speichers, sie setzt sich aus Zugriffszeit und Erholzeit zusammen). Alle Zeiten werden meist in Mikro- bzw. Nanosekunden (µs bzw. ns) angegeben.

Die entscheidende qualitative Eigenschaft eines Speichers ist die Art des Auswahlmechanismus für die einzelnen Speicherplätze. Sie bestimmt einerseits die Verwendungsmöglichkeit eines Speichers, andererseits aber auch Schaltungsaufwand und Zugriffszeit. In den folgenden Abschnitten sollen wichtige Grundformen erläutert werden. (Zu Speichern vgl. [50] [75] [76] [77] [78] [79] [80] [81] [15] [18].)

5.3.4.4.2. Wahlfrei adressierbare Speicher

Man pflegt die Plätze eines Speichers durchzunumerieren und die Platznummer als Adresse des Speicherplatzes zu bezeichnen. Im einfachsten Fall besteht dann das Merkmal für die Auswahlschaltung AWS in der Adresse des gewünschten Platzes. AWS ist dann als großer Multiplexer bzw. Demultiplexer zu betrachten, der mit Hilfe der Adreßinformation einen Speicherplatz für den Ausgang auswählt bzw. den Eingang auf die Speicherplätze verteilt. Die Beschreibung der prinzipiellen Funktion eines wahlfrei adressierbaren Speichers wurde bereits beispielhaft im Abschn. 4.2.3.4. angegeben, Bild 5.26 zeigt dessen Prinzipstruktur.

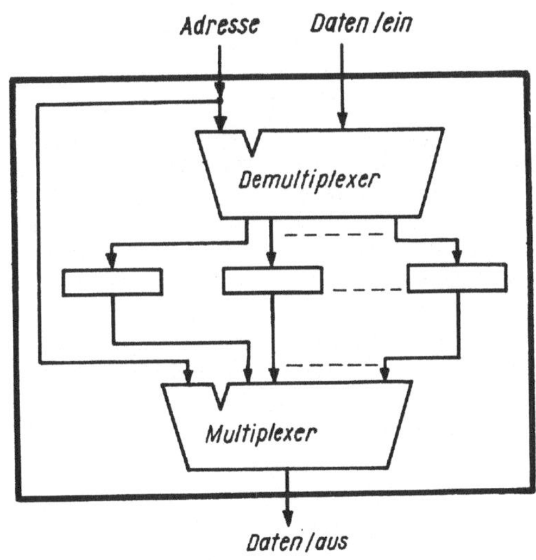

Bild 5.26. RT-Darstellung eines adressierbaren Speichers

Im Bild sind die Menge der Speicherplätze sowie die Demultiplexer- bzw. Multiplexerschaltungen dargestellt. Letztere sind rein kombinatorische Komplexe, ihre Schaltzeiten bestimmen die Zugriffszeiten für Schreiben und Lesen hauptsächlich. Nicht dargestellt sind die Steuersignale, die vor allem für das Schreiben der Plätze benötigt werden, d.h., die das gleichzeitige Verändern der Bits des ausgewählten Registers auslösen.

Wahlfrei adressierbare Speicher (auch als RAM bezeichnet von engl. random-access-memory) werden sehr häufig eingesetzt und haben für moderne Systemlösungen größte Bedeutung. Sie stehen auch als integrierte Schaltkreise zur Verfügung, aus denen sich noch größere Speicherfelder zusammensetzen lassen.

5.3.4.4.3. Seriell adressierbare Speicher

Wahlfrei adressierbare Speicher benötigen nach dem Anlegen der Adresse eine entsprechend große Durchschaltzeit für Multiplexer- bzw. Demultiplexerlogik. Eine praktische Verkürzung der Zugriffszeit ergibt sich, wenn die Adresse des nächsten Speicherzugriffs bereits bekannt ist, bevor der Platz selbst benötigt wird. Dann kann die Adresse schon angelegt werden, so daß sich die Auswahllogik vorbereitend einschwingen kann. Der eigentliche Zugriff benötigt dann erheblich weniger Zeit.

Der einfachste Fall vorher bekannter Adressen liegt vor, wenn durch das Verarbeitungsprinzip festgelegt ist, daß jeweils der benachbarte Platz als nächster benötigt wird. Dann ergibt sich die neue Adresse einfach durch Auf- oder Abwärtszählen. Der dazu notwendige Zähler läßt sich günstigerweise in AWS integrieren, so daß von außen kein Merkmal bereitgestellt werden muß, sondern lediglich Lese- oder Schreibsignale sowie Vor- bzw. Rückwärtszählsignale anzulegen sind. Damit vereinfacht sich auch die Struktur der Umgebung.

Prinzipiell lassen sich mit seriell adressierbaren Speichern alle algorithmischen Probleme lösen (vgl. den Begriff der Turingmaschine in [6] [10] [11]); kompliziertere Probleme, die die Verarbeitung nicht nur „benachbarter" Daten erfordern, benötigen aber dazu eine sehr lange Zeit. Handelt es sich jedoch um serielle Datenströme, ist diese Adressierungsform durchaus praktikabel.

Eine spezielle Form des seriellen Speichers ist der Kellerspeicher. Hierbei wird nach dem Einschreiben grundsätzlich die Adresse erhöht, so daß der nächste freie Platz ausgewählt wird, und beim Auslesen die Adresse verringert, wodurch der jeweils letzte belegte Platz adressiert wird. Dadurch kommt das Schreiben einem „Einkellern" von Informationen gleich; das Auslesen (Entkellern) bringt die gespeicherten Informationen in der umgekehrten Einschreibereihenfolge zurück.

Dieses Speicherprinzip wird auch als LIFO-Prinzip (von engl. last in/first out) bezeichnet. Es läßt sich einfach als Vorwärts-/Rückwärts-Schiebeprozeß zwischen den Speicherplätzen des Kellerspeichers verstehen. (Das sog. FIFO-Prinzip - first in/first out - entspricht demgegenüber einem einfachen Durchschieben.)

Die Kellerspeichertechnik wird allgemein dann verwendet, wenn innerhalb eines Prozesses ein neuer Teilprozeß begonnen werden muß, ohne daß der vorher begonnene Prozeß abgeschlossen wurde. Dann müssen aktuelle Informationen des früheren Prozesses beiseite gelegt (gekellert) werden, um Platz für die aktuellen Daten des neuen Prozesses zu bekommen. Nach Beendigung eines Teilprozesses werden die abgelegten Informationen des fortzusetzenden Prozesses dem Keller entnommen und zur weiteren Bearbeitung bereitgestellt.

Solche Probleme treten auf in der Unterprogrammtechnik, bei der Analyse von geklammerten Ausdrücken, in Systemen mit Multiprogrammarbeit auf der Basis eines Unterbrechungssystems und in anderen ähnlichen Fällen.

Kellerspeicher werden sehr oft rein softwaretechnisch realisiert, indem lediglich die Adressierung eines wahlfrei adressierbaren Speichers in der entsprechenden Weise vorgenommen wird. Als Schaltungskomplexe existieren Kellerspeicher dann, wenn bestimmte Systemteile ausschließlich die Kellertechnik benutzen oder wenn Softwarelösungen beschleunigt werden sollen.

5.3.4.4.4. Assoziativspeicher

Eine besondere Form der Auswahl eines Speicherplatzes besteht darin, daß nicht die Platznummer eines zu lesenden Platzes angegeben wird, sondern als Merkmal eine Information vorgegeben wird, wobei derjenige Platz auszugeben ist, der diese Information enthält. Das heißt, der gesuchte Speicherplatz wird gewissermaßen durch einen Speicherinhalt adressiert. Deshalb heißen solche Speicher auch inhaltsadressierte Speicher (CAM - contents addressed memory) bzw., weil die Suche nach einem Speicherplatz mit den vorgegebenen Informationen als Herstellen von Assoziationen betrachtet werden kann, auch Assoziativspeicher.

Prinzipiell funktioniert ein Assoziativspeicher folgendermaßen: Als Merkmal dient ein Datenwort mit gleicher Breite wie die Aufrufbreite des Speichers. Um auch mit Teilinformationen arbeiten zu können, wird i. allg. noch eine Maskeninformation gleicher Breite verwendet, die angibt, welche Bits des Merkmals überhaupt betrachtet werden sollen. Mit dieser durch Merkmal und Maske bestimmten Teilinformation werden alle Plätze des Speichers durchmustert, ob sie diese Information enthalten. Das Durchmustern kann zu verschiedenen Reaktionen führen, die einfachsten und grundlegendsten sind folgende:

- Ausgabe eines Signals „Merkmal ist im Speicher enthalten"
- Ausgabe der Anzahl der Speicherplätze, auf die dieses Merkmal zutrifft,
- Ausgabe der Adresse des ersten Speicherplatzes, der dieses Merkmal enthält,
- Ausgabe des gesamten Speicherplatzinhalts, auf den das Merkmal zutrifft.

Da in einem Speicher i. allg. nicht alle Plätze mit gültigen Informationen belegt sind, aber einer Binärbelegung eines Speicherplatzes nicht anzusehen ist, ob sie gültig oder ungültig ist, benötigen Assoziativspeicher für jeden Platz noch eine Gültigkeitsanzeige. Dies ist zum eigentlichen Inhalt des Platzes ein weiteres Bit, welches angibt, ob der Speicherplatz „gefüllt" oder „leer" ist. Nur für gültige Plätze darf der assoziative Vergleich mit dem Merkmal durchgeführt werden. Wenn geschrieben werden soll, so sind die angebotenen Informationen in einen freien Platz des Speichers einzuschreiben.

Die folgende Beschreibung in PL/AS gibt das Funktionsprinzip des Assoziativspeichers exakt wieder:

```
BLOCK:  CAM;              /*  BYTEBREITER ASSOZIATIVSPEICHER        */
 RAND   SCHR,             /*  STEUERUNG SCHREIBEN/LESEN             */
        (MERKMAL,         /*  MERKMAL BZW. DATENEINGABE             */
        MASKE)            /*  MASKENINFORMATION                     */
                BIT(8),   /*  ATTRIBUT FUER BEIDE                   */
      AUSGANG BIT(8),     /*  AUSGABEINFORMATION                    */
        ZA;           /*  AUSGABESIGNAL ZUGRIFF AUSGEFUEHRT         */
 ZUSTAND  PLATZ(100) BIT(8),  /*  100 SPEICHERPLAETZE               */
          G(100);         /*  GUELTIGKEIT FUER 100 PLAETZE          */
 /*  HIER BEGINNT DIE EIGENTLICHE FUNKTION  */
  DO I=1 TO 100;          /*  DURCHMUSTERN ALLER PLAETZE            */
   IF  SCHR  THEN         /*  ES IST ZU SCHREIBEN                   */
    IF  G(I)  THEN ZA='0'B;    /*  PLATZ I IST BELEGT               */
              ELSE        /*  ERSTER FREIER PLATZ                   */
     DO;  PLATZ(I)=MERKMAL;  G(I),ZA='1'B;  GOTO  ENDE;  END;
              ELSE        /*  ES IST ZU LESEN                       */
    IF  G(I)  THEN        /*  PLATZ IST BELEGT                      */
     DO;
      MERKMAL = MERKMAL & MASKE;
      IF MERKMAL=MASKE & PLATZ(I) THEN /*  VERGLEICH                */
       DO;  AUSGANG=PLATZ(I);  ZA= 1'B;  GOTO  ENDE;  END;
      END;
              ELSE  ZA='0'B;      /*  PLATZ IST LEER                */
   END;          /*  ENDE DER SCHLEIFE FUER DURCHMUSTERN            */
 ENDE:  BEND;
```

Es ist hier noch einmal darauf hinzuweisen, daß die zur funktionellen Beschreibung dienende Anweisungsfolge - speziell auch die iterative DO-Gruppe - nicht als zeitliches Nacheinander, sondern nur als logisches Aufeinander bzw. auch Nebeneinander verstanden werden darf. Die Funktion des Blocks CAM ist in ihrer Gesamtheit so zu betrachten, daß sie zwischen den beiden Zeitpunkten T und T+1 der diskreten Systemzeit ausgeführt wird. Die tatsächliche interne Realisierung ist durch diese Beschreibung strukturell noch nicht festgelegt. Sie kann bei weiterer interner Unterteilung des Zeitrasters tatsächlich ein Ablauf sein, sie kann aber auch eine Struktur gleichzeitig arbeitender Teilkomplexe sein, wie es z.B. Bild 5.27 zeigt.

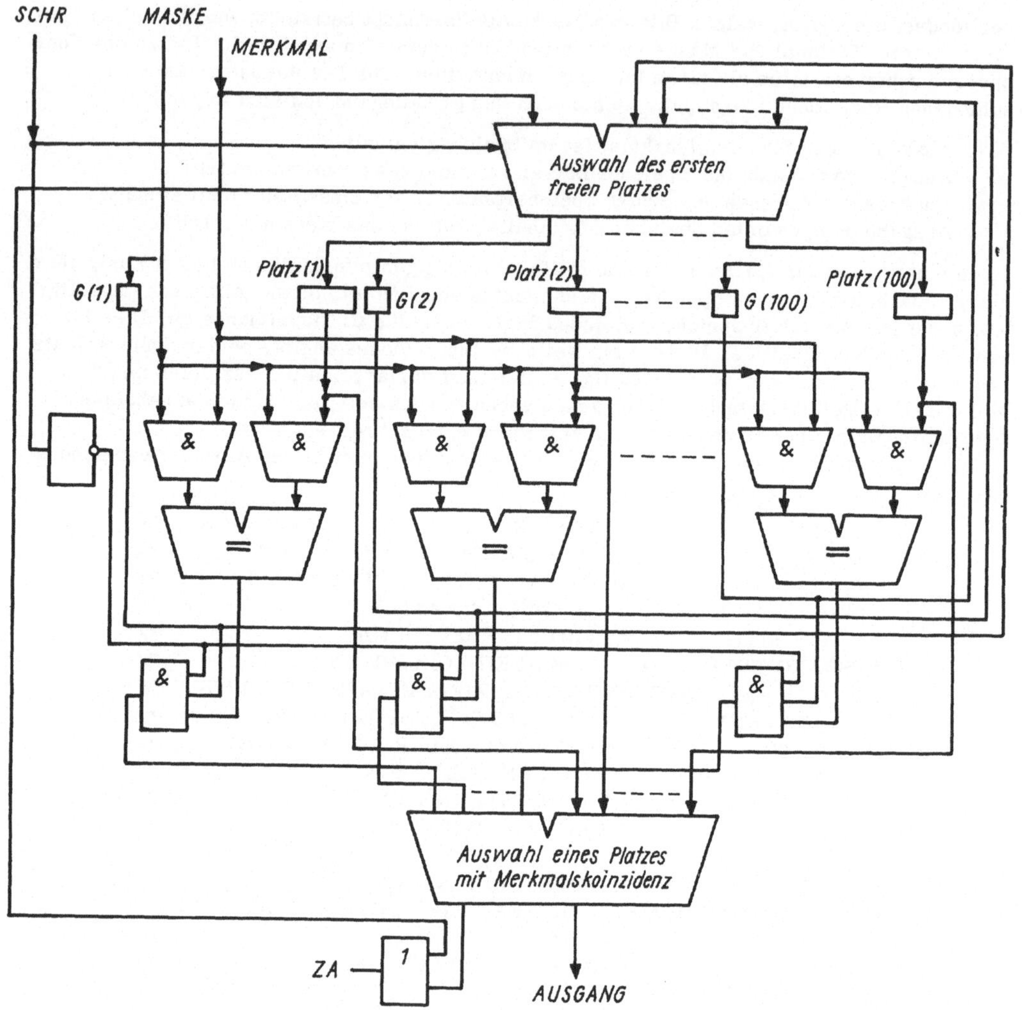

Bild 5.27. RT-Darstellung eines Assoziativspeichers

Neben dem Lesen und Einschreiben eines Assoziativspeichers ist es notwendig, beschriebene Plätze auch wieder löschen zu können. Andernfalls würde sich der Speicher nach und nach füllen und wäre am Ende nicht mehr zur Aufnahme neuer Daten in der Lage. Es gibt dafür hauptsächlich zwei Möglichkeiten: 1. gezielte Freigabe von belegten Plätzen durch Angabe einer Adresse (in der Beschreibung darstellbar durch G(I)='O'B;) bzw. eines Merkmals (d.h. bewußtes Löschen bestimmter Informationen), 2. Vorsehen eines Mechanismus zum „Vergessen" von Informationen. Dieser wird meistens als „Alterungs"mechanismus organisiert, d.h., bei notwendig werdendem Einschreiben neuer Informationen werden - falls keine freien Plätze existieren - die „ältesten" Daten überschrieben.

Praktisch wird dies so realisiert, daß zu jedem Platz neben dem Gültigkeitsbit weitere Steuerbits existieren, die beim Beschreiben dieses Platzes geeignet gesetzt werden. Beim Überschreiben wird derjenige Platz ausgesucht, der die älteste oder „unwichtigste" Information enthält. Im einfachsten Fall kann die Markierung in den Steuerbits ein Zählwert sein, konkret richtet sich das Alterungskriterium jedoch nach den Erfordernissen des konkreten Anwendungsfalles.

Assoziativspeicher stellen im Prinzip bereits recht „intelligente" Schaltungskomplexe dar, da sie das Speichern und Wiederauffinden von Daten faktisch mit einer bestimmten Form der Datenverarbeitung verbinden. Andererseits sind sie schaltungstechnisch kompliziert und aufwendig. Im Vergleich zu anderen Speichern besitzen sie eine ungünstigere Vernetzung, die die Kaskadierung und mikroelektronische Schaltkreisintegration erschwert. (Vgl. dazu [80].) Praktisch werden daher Assoziativspeicher bisher nur als relativ kleine Speicher für spezielle Zwecke eingesetzt. Abschnitt 5.3.4.4.6. erläutert einen verbreiteten Anwendungsfall.

5.3.4.4.5. Verschränkte Speicher

Interne Speicher praktischer Größe (Speicherkapazität von mehreren tausend bis hunderttausend Zeichen) besitzen Zugriffszeiten, die meist das Mehrfache der Ausführungszeit elementarer Operationen im System betragen. Obwohl sie im Gegensatz zu externen Speichern noch in der Größenordnung des Systemtaktes liegen, ist es meist nicht möglich, zu jedem Systemtaktzeitpunkt einen Speicherzugriff auszuführen.

Um im Mittel je Zeiteinheit mehr Speicherzugriffe machen zu können, als es die Zugriffszeit eines ungeteilten Speichers erlaubt, zerlegt man einen Speicher in mehrere Speicherblöcke, die zeitlich verschränkt benutzt werden können. Zu diesem Zweck spaltet man die Adresse eines wahlfrei adressierbaren Speichers in die zwei Teile Blockadresse und Speicherplatzadresse auf. Eine dem eigentlichen Speicher vorgeschaltete Speicherblockvermittlung ermittelt aus der Blockadresse den Speicherblock, auf den zugegriffen werden soll, und überträgt zu diesem Platzadresse, Steuersignale (Lesen/Schreiben) und Daten bzw. übernimmt die ausgelesenen Daten (Bild 5.28).

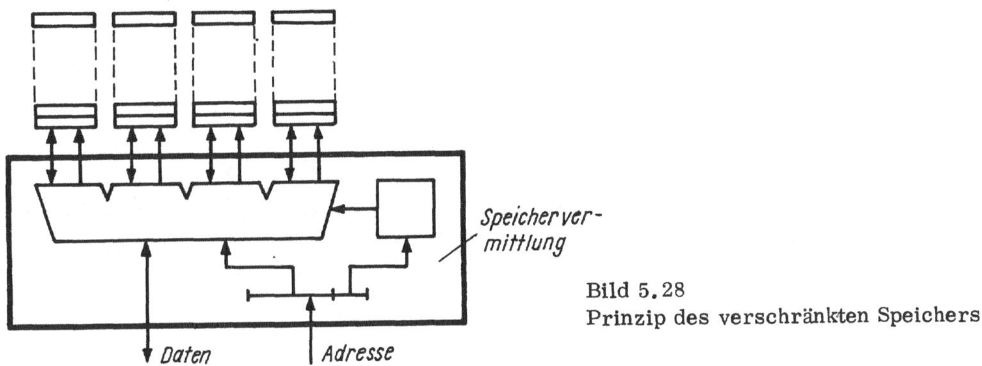

Bild 5.28
Prinzip des verschränkten Speichers

Auf diese Weise kann bereits ein neuer Zugriff zu einem anderen Speicherblock erfolgen, obwohl der vorangegangene Zugriff noch nicht beendet wurde. Wenn sich beispielsweise Taktabstand im System und Speicherzykluszeit wie 1 : 4 verhalten, d. h., ein neuer Zugriff kann erst nach vier Systemtakten gemacht werden, so bietet sich eine Aufteilung des Speichers in vier Blöcke an. Dann kann in jedem Systemtakt ein Zugriff in einen Block gestartet werden, sofern der Zugriff nicht in einen noch arbeitenden Block erfolgen soll.

5.3.4.4.6. Pufferspeicher

Die Speicherarbeit kann außer durch verschränkte Speicher auch durch Verwendung sog. Pufferspeicher beschleunigt werden. Diese sind kleinere und damit auch schnellere Speicher, in denen sich Kopien der jeweils benötigten Speicherbereiche des Hauptspeichers befinden.

Da die innerhalb eines Verarbeitungsprozesses benötigten Daten i. allg. nicht vollständig hintereinander, sondern gestreut im Hauptspeicher stehen, ist es praktisch nicht möglich, zu Beginn eines Prozesses zunächst die erforderliche Kopie in den Pufferspeicher zu übertragen. Die dazu erforderlichen Kenntnisse ergeben sich oft erst während der Verarbeitung. Deshalb wird eine Organisation gewählt, die die Pufferspeicherkopie automatisch an den jeweiligen Prozeß anpaßt.

Die Basislösung für das Lesen von Daten läßt sich folgendermaßen charakterisieren:

1. Sind die benötigten Daten im Puffer?
   Wenn ja, folgt 3.
2. Übernehmen der Daten aus dem Hauptspeicher in den Puffer.
3. Auslesen der Daten aus dem Puffer.

Die Lesezugriffszeit T_L ergibt sich danach zu:

$$T_L = r \cdot T_{PS} + (1-r) \cdot (T_{HS} + T_{PS}). \tag{96}$$

T_{PS} ist die Lesezugriffszeit des Pufferspeichers (einschließlich der notwendigen Abfrage), T_{HS} die Lese- und Übertragungszeit aus dem Hauptspeicher, r ist die sog. Trefferrate, $0 \leq r \leq 1$, d.h. der prozentuale Anteil der Zugriffe, bei denen die Daten schon im Puffer vorgefunden werden. Die mittlere Lesezugriffszeit T_L kann dadurch - je nachdem, wie die Werte r, T_{PS} und T_{HS} sind - wesentlich geringer sein als die eigentliche Hauptspeicherzugriffszeit.

Die Realisierung dieses Prinzips erfordert, daß von jedem Pufferspeicherplatz bekannt ist, welche Kopie eines Hauptspeicherplatzes er enthält. Eine einfache Lösung besteht darin, daß der Hauptspeicher in Bereiche gegliedert wird, die so groß sind wie die Pufferspeicherkapazität. Der Pufferspeicher wird dann jeweils einem dieser Hauptspeicherbereiche zugeordnet. Welchen Bereich er gerade abbildet, ist in einem Bereichsadressenregister BAR angegeben.

Außerdem besitzt jeder Pufferspeicherplatz noch ein Gültigkeitsbit, welches angibt, ob der jeweilige Platz kopiert ist. Dies hat den Vorteil, daß nach und nach nur diejenigen Plätze eines Bereichs kopiert zu werden brauchen, die tatsächlich benötigt werden. Andernfalls müßte der gesamte Pufferspeicher mit dem jeweiligen Bereich geladen werden, wobei viele nicht benötigte Informationen transportiert würden (siehe Bild 5.29).

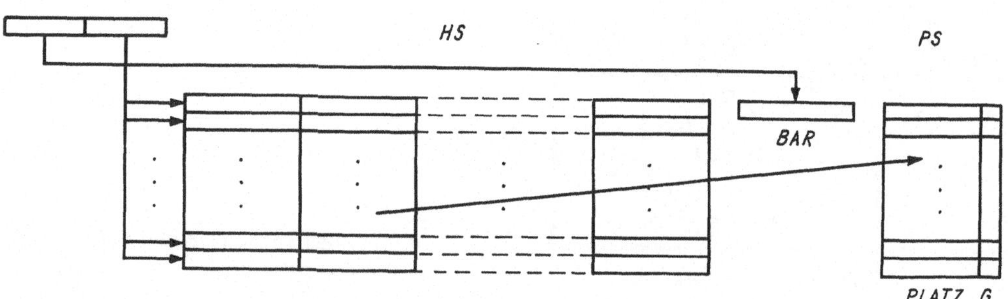

Bild 5.29. Pufferung eines Hauptspeicherbereichs

Für diese Lösung ergibt sich dann der folgende verfeinerte Zugriffsalgorithmus:

1. Zerlegen der Datenadresse ADR in zwei Teile ADR1 (Bereichsadresse) und ADR2 (Platzadresse im Bereich).
2. Ist BAR=ADR1, d.h., ist der benötigte Bereich abgebildet?
   Wenn ja, folgt 4.
3. Gültigkeitsbits G(j) für alle Pufferspeicherplätze löschen, ADR1 in BAR eintragen. (Das bedeutet, der vorher abgebildete Bereich wird überschrieben, die Plätze sind zunächst noch leer, d.h. noch nicht kopiert.)
4. Ist der benötigte Pufferspeicherplatz ADR2 schon kopiert, d.h., ist G(ADR2)=1?
   Wenn ja, folgt 6.
5. Lesen des Hauptspeicherplatzes mit der Adresse ADR und Einschreiben der Daten auf den Pufferspeicherplatz ADR2.
6. Auslesen des Pufferspeicherplatzes ADR2.

Da der zeitliche Effekt eines Pufferspeichers außer vom Verhältnis der Zugriffszeiten T_{PS}/T_{HS} vor allem von der Trefferrate r abhängt, kommt es darauf an, möglichst oft zu kopierten Daten zugreifen zu können. Dies ist zum einen eine Eigenschaft des Verarbeitungs-algorithmus. (Wenn prinzipiell Daten jeweils nur einmal benötigt werden, kann ein schneller Pufferspeicher nicht wirksam werden, da alle Daten einmal sowieso aus dem Hauptspeicher gelesen werden müssen.) Zum anderen hängt die Trefferrate wesentlich von einer geschickten Pufferspeicherorganisation ab. Wenn der Pufferspeicher nur einen Bereich kopieren kann - wie es oben erläutert wurde -, so ist oft ein Überschreiben des gepufferten Bereichs notwendig, wenn Daten eines anderen Bereichs benötigt werden, obwohl vielleicht der schon gepufferte Bereich später selbst wieder benutzt werden muß.

Im allgemeinen werden deshalb mehrere Pufferspeicherblöcke vorgesehen, so daß gleichzeitig mehrere Hauptspeicherbereiche gepuffert werden können. Dann muß jedem Pufferspeicherblock i ein Bereichadressenregister BAR_i zugeordnet werden, die alle beim Pufferspeicherzugriff durchgesehen werden müssen, ob der benötigte Bereich in einem Pufferblock enthalten ist. Die Nummer i desjenigen BAR_i, das die benötigte Bereichsadresse ADR1 enthält, ist die Nummer des Pufferblocks, auf den mit der Adresse ADR2 zugegriffen werden muß.

Außerdem muß auch jedes BAR_i eine Gültigkeits- oder Füllanzeige F(i) besitzen, die angibt, ob die in BAR_i stehenden Informationen gültig sind, d.h., ob der entsprechende Pufferblock tatsächlich einen Bereich abbildet oder eigentlich frei ist. Es ergibt sich damit eine Struktur, wie sie in den wichtigsten Bestandteilen im Bild 5.30 dargestellt ist.

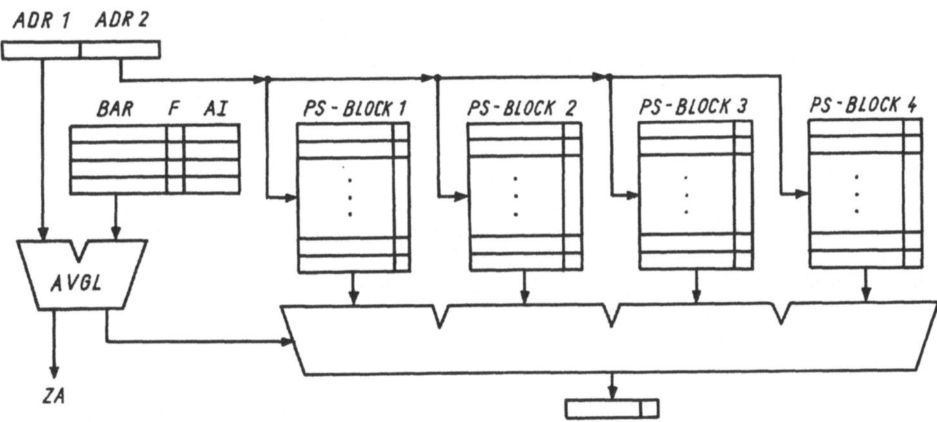

Bild 5.30. Grobe Blockstruktur eines Pufferspeichers

Der aus den Registern BAR_i bestehende Komplex einschließlich der damit verbundenen Funktionen ist als kleiner Assoziativspeicher anzusehen. ADR1 ist das angebotene Merkmal, und es ist die Adresse i desjenigen Platzes zu ermitteln, auf dem das Merkmal gespeichert ist. In AVGL wird dieser assoziative Vergleich durchgeführt; ZA gibt an, ob das Merkmal überhaupt enthalten ist; i ist die Adresse des Platzes, die zur Auswahl des zugehörigen Pufferblocks dient.

Wie im Abschn. 5.3.4.4.4. erläutert, braucht ein Assoziativspeicher eine geschickt gewählte „Vergeßlichkeit", damit wenigerbedeutende Informationen durch aktuellere ersetzt werden können, wenn kein freier Platz mehr vorhanden ist. Im vorliegenden Fall bedeutet das, daß neue Hauptspeicherbereiche abgebildet werden müssen; die Frage ist, welche schon kopierten überschrieben werden können. Ein einfacher Alterungsmechanismus wird hierbei nicht angemessen sein. Bessere Möglichkeiten sind:

- Der leerste Bereich wird überschrieben.
- Der am seltensten benutzte Bereich wird überschrieben.
- Der am längsten nicht benutzte Bereich wird überschrieben.

Die Anwendung dieser Kriterien - eventuell auch Kombinationen davon - benötigt spezielle Informationen, die im Fall der Suche nach einem zu überschreibenden Bereich ausgewertet werden müssen. Das bedeutet, für jedes BAR_i neben den Füllanzeigen F(i) weitere Angaben zu speichern, aus denen diese Austauschkriterien gewonnen werden. Das Feld AI im Bild 5.30 symbolisiert solche Austauschinformationen.

Das oben zuerst genannte Kriterium würde verlangen, daß in jedem AI_i die Anzahl der gültigen Plätze des zugehörigen Pufferblocks eingetragen ist. Im zweiten Fall müßte in AI_i jeder Zugriff zum betreffenden Pufferblock gezählt werden. Das letzte Kriterium verlangt, daß in AI_i jeweils die Zeitpunkte des letzten Zugriffs zum Pufferblock i eingetragen werden.

Das letzte Austauschkriterium wird als das praktisch effektivste betrachtet. Es ist als sog. LRU-Algorithmus (LRU - last recently used) bekannt und wird fast ausschließlich zur Aktualisierung von Pufferblöcken benutzt.

Die bisherigen Erläuterungen betrafen nur das Lesen. Für das Schreiben von Daten gibt es prinzipiell zwei Möglichkeiten: 1. Die Daten werden sofort in den Hauptspeicher geschrieben, eventuell auch gleichzeitig in den Pufferspeicher. 2. Die Daten werden nur in den Puffer geschrieben.

Im ersten Fall des „Durchschreibens" (store-through-Konzept) hat man es beim Schreiben immer mit der längeren Zugriffszeit des Hauptspeichers zu tun. Ein Vorteil ist, daß beim Überschreiben von Bereichen kein Rückspeichern in den Hauptspeicher notwendig ist. Der Hauptspeicher enthält hierbei grundsätzlich den aktuellen Stand. Dies ist insbesondere dann günstig, wenn mit dem Hauptspeicher noch andere Teilnehmer zusammenarbeiten.

Beim Schreiben der Daten allein in den Puffer (store-in-Konzept) ergibt sich als Vorteil, daß auch Schreibzugriffe mit der kürzeren Pufferzykluszeit angesetzt werden können. Da oft und wiederholt nur Zwischenergebnisse gespeichert werden, ist dadurch ein deutlicher Zeitgewinn zu erreichen. Nachteilig ist, daß beim Überschreiben eines Pufferblocks die durch neue Werte modifizierte Kopie des Hauptspeichers zurückgeschrieben werden muß, was wieder einen relativ hohen Zeitanteil bedeuten kann. Außerdem dürfen andere Hauptspeicherabonnenten nicht mit diesem Bereich zusammenarbeiten, solange er in einen Pufferblock ausgelagert ist.

Pufferspeicherstrukturen können mehrfach hintereinander gestaffelt werden, so daß sich eine Speicherhierarchie ergibt. In großen Systemen wird auch mit externen Speichern nach diesen Prinzipien gearbeitet (virtueller Speicher), die meisten der dafür notwendigen Funktionen werden dann allerdings hauptsächlich softwaretechnisch realisiert.

5.3.4.5. Pipeline-Struktur

Viele spezielle Strukturen auf höherem Systemniveau, z.B. verschränkte Speicherblöcke oder Pufferspeicher, dienen der Erhöhung der Systemleistung, indem im Mittel mehr Funktionen ausgeführt bzw. bestimmte Funktionen schneller ausgeführt werden. Diesem Zweck dienen auch die sog. Pipeline-Strukturen.

Eine Pipeline-Struktur ist eine Blockkette, die aus der seriellen Dekomposition einer Funktion resultiert, wobei die Interfaces (Zwischenvariablen) zwischen den einzelnen Blöcken auch zeitliche Interfaces sind. Das heißt, die Zwischenvariablen zwischen zwei Blöcken werden zunächst in ein Register übernommen, bevor sie durch die Subfunktion des folgenden Blocks verarbeitet werden (Bild 5.31a).

Die Ausführung der Gesamtfunktion benötigt demzufolge in der Pipeline so viele Takte, wie die Pipeline Blöcke enthält. Gegenüber einer Blockkette ohne Zwischenregister vergrößert sich hierbei durchaus die Zeit für die Realisierung der gesamten Funktion.

Der Vorteil besteht jedoch darin, daß bereits wieder neue Daten in die oberste Station der Pipeline eingegeben werden können, wenn das erste Teilergebnis in das folgende Register übernommen wurde. Nach einer Anlaufphase arbeiten dadurch alle Blöcke gleichzeitig an ihrer Teilfunktion - allerdings jeder für andere Eingangswerte -, und am Ende der Blockkette kann in jedem Systemtakt ein Ergebnis abgenommen werden. (Die Datenverarbeitung erfolgt gewissermaßen „fließend" und liefert - vergleichbar einer Pipeline - einen zusammenhängenden Ergebnisstrom.)

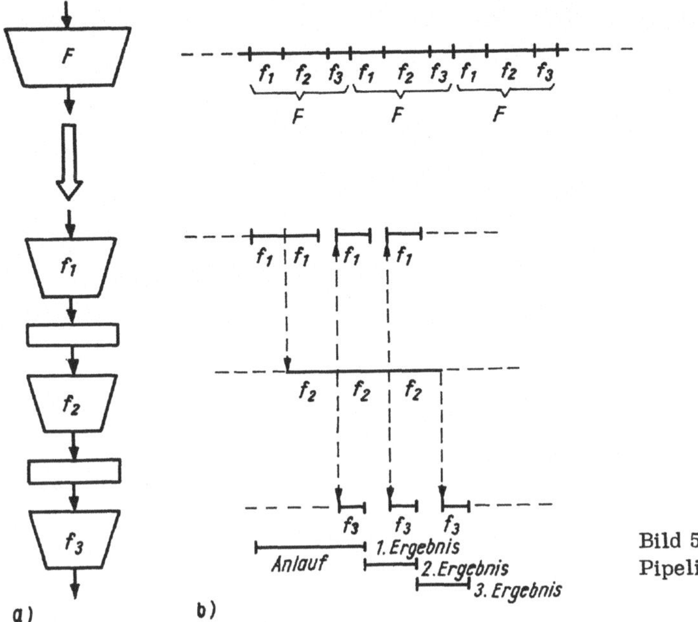

Bild 5.31
Pipeline-Struktur

Die Leistungssteigerung der Pipeline-Struktur beruht nicht auf einer kürzeren Ausführungszeit für eine Funktion, sondern auf der Durchsatzerhöhung durch Parallelarbeit. Dieser Effekt wird allerdings erst nach einer Anlaufphase wirksam und erfordert, daß die betreffende Funktion mehrere Male dicht hintereinander ausgeführt werden soll. Bild 5.31b zeigt das Zeitschema einer Pipeline.

Aus dem konkreten Beispiel von Bild 5.31b ist zu entnehmen, daß die bestimmende Zeit die Schaltzeit für die Unterfunktion f_2 ist. Wie man sieht, ist es günstig, die Schaltzeiten aller Funktionen gleich groß zu wählen, da aus der schnelleren Realisierung nur einiger Teilfunktionen - bis auf die Anlaufphase - kein Vorteil zu ziehen ist. Wenn sich also beispielsweise f_2 nicht verkürzen läßt, sollten f_1 und f_3 verlangsamt werden, um durch größere Serialisierung Aufwand zu sparen.

Der leistungssteigernde Effekt von Pipeline-Strukturen wird z.B. in modernen Rechnern ausgenutzt, wo ein ständiger Befehlsstrom verarbeitet wird, wobei jeder Befehl in die Unterfunktionen Befehlslesen (aus dem Hauptspeicher), Befehlsmodifikation und Befehlsausführung unterteilt werden kann. Meist benötigt die Befehlsausführung die meiste Zeit und wird damit zur leistungsbestimmenden Operation. Befehlslesen und Befehlsmodifikation treten dadurch zeitlich nicht explizit in Erscheinung, sondern werden parallel zur Befehlsausführung schon für die nächsten Befehle ausgeführt.

Auch andere, längere Zeit zu wiederholende Funktionen lassen sich durch Pipelines zeitlich günstiger realisieren. Dazu gehören speziell auch rekursive Funktionen, in die sich viele Operationen umformen lassen. Beispielsweise kann das Skalarprodukt zweier Vektoren A und B

$$S = A_1 \cdot B_1 + A_2 \cdot B_2 + \ldots + A_n \cdot B_n \tag{97}$$

dargestellt werden als

$$S_i = A_i \cdot B_i + S_{i-1} \qquad i = 1, 2, \ldots, n$$
$$S_0 = 0. \tag{98}$$

Die Struktur im Bild 5.32 gestattet die Realisierung des Skalarproduktes aus n Komponenten in $T_p = (n+1)t$ statt in $T = (2n-1)t$ Zeiteinheiten.

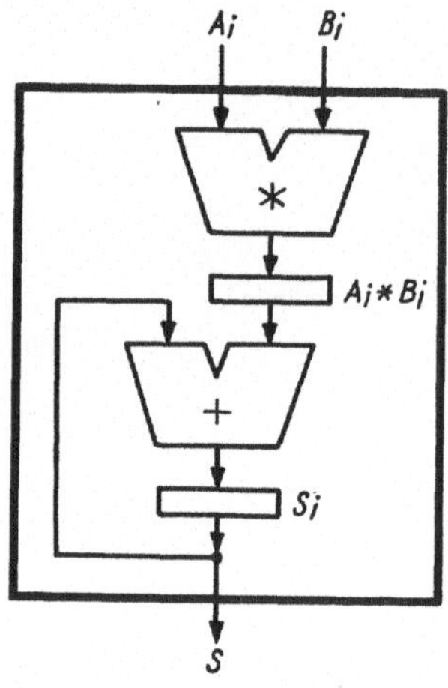

Bild 5.32. Kombinierte Pipeline- und Schleifenstruktur für rekursive Algorithmen

5.3.4.6. Steuerwerke

5.3.4.6.1. Allgemeines

Bei den bisherigen Beispielen wurden meist Strukturen aus Registern und Verknüpfungsschaltungen größerer Datenbreite verwendet. Diese bestehen aus mehreren Binärvariablen, die logisch zusammengehörend ein komplexeres Datenelement symbolisieren und stets gemeinsam bearbeitet werden müssen. Aus der Betrachtung dieser Komplexe geht aber auch hervor, daß neben den Binärvektoren auch einzelne weitere Signale notwendig sind, die für die Funktionsausführung steuernde Wirkung haben. Dazu gehören z.B. Funktionsauswahlsignale für ALU-Komplexe, Lese-/Schreib-Signale für Speicher, Eintragebedingungen für Register u.ä.

Der zeitliche Verlauf der Steuersignale bestimmt ganz wesentlich, welcher funktionelle Ablauf in einer Struktur entsteht, d.h., die Bildung der Steuersignale stellt die eigentliche Realisierung eines Algorithmus in einer informationsverarbeitenden Struktur dar. Diese Aufgabe übernehmen Steuerwerke; das sind sequentielle Schaltungen, die die benötigten Steuersignale als Ausgänge haben und deren Überführungs- und Ergebnisfunktion so beschaffen sind, daß die gewünschte Steuersignalfolge zustande kommt. Bild 5.33 zeigt an einem einfachen System die Unterteilung in Datenteil und Steuerteil.

Steuerwerke existieren nicht nur für digitale Verarbeitungswerke. Sie werden ganz allgemein für gesteuert auszuführende Prozesse benötigt. Dies können informationsverarbeitende Prozesse, aber auch Prozesse in einer chemischen Anlage oder etwa einer Werkzeugmaschine sein. Dabei werden nicht nur Steuersignale vom Steuerwerk zum Prozeß übertragen, sondern auch Informationssignale vom Prozeß zum Steuerwerk. Letztere sind an der Bildung der Steuersignale beteiligt und gestatten eine flexiblere Prozeßsteuerung (Regelung).

Ein Steuerwerk besitzt neben den Ein- und Ausgangsvariablen innere oder Zustandsvariable, die in Flipflops bzw. Registern gespeichert sind und eine echte Zeitabhängigkeit der Steuersignalfolge bewirken. Damit ist das Steuerwerk selbst ein informationsverarbeitendes System, das der im Bild 5.6 gezeigten Prinzipdarstellung genügt.

Für den Entwurf eines Steuerwerks ist zu berücksichtigen, daß nicht wie in anderen Fällen die gesamte Systemfunktion als Sollfunktion vorgegeben ist, sondern daß hierbei die für einen bestimmten Prozeß notwendige Steuersignalfolge der Ausgangspunkt der Betrachtungen sein muß. Daraus ist als erstes die in den Eingangs-, Ausgangs- und Zustandsvariablen detaillierte Systemfunktion zu bestimmen, aus der dann in üblicher Weise durch Dekomposition und Strukturierung ein konkreter Entwurf abgeleitet werden kann.

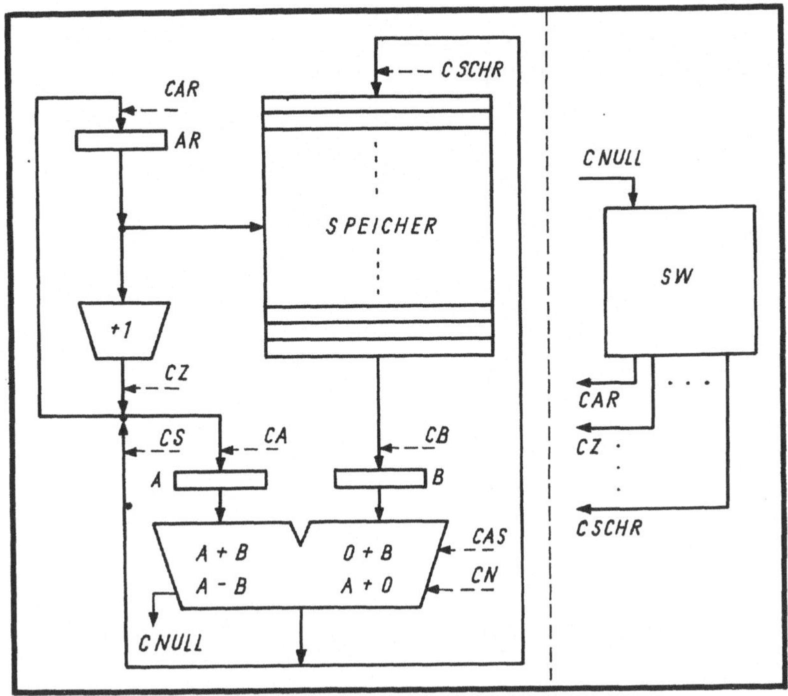

Bild 5.33
Unterteilung eines Systems in Daten- und Steuerteil

Die Probleme sollen an folgendem Beispiel verdeutlicht werden: Das Steuerwerk SW des Systems im Bild 5.33 sei so zu entwerfen, daß im Datenteil ein Prozeß abläuft, der alle Speicherplätze auf den Wert 0 löscht.

Es wird vorausgesetzt, daß zu Beginn das Adreßregister AR des Speichers den Wert 0 enthält. Das Löschen eines Platzes erfolge so, daß der betreffende Platz nach B ausgelesen und anschließend nach A gebracht wird, dann wird die Differenz A-B = 0 auf den Speicherplatz zurückgeschrieben. Daraufhin wird AR um eins erhöht, um den Nachbarplatz zu adressieren. Die weitergezählte Adresse wird gleichzeitig nach A gebracht, durch die Operation A+0 wird am Ausgang der ALU am Signal CNULL erkannt, ob der Wert 0 erreicht war, womit ein vollständiger Speicherdurchlauf und damit das Ende des Prozesses signalisiert werden.

Diese verbale Beschreibung muß für den systematischen Entwurf durch eine exaktere Darstellungsform ersetzt werden. Am anschaulichsten und der verbalen Beschreibung am nächsten ist die Verwendung von Ablaufgraphen, wie es für das Beispiel im Bild 5.34 dargestellt ist. Mit PL/AS (vgl. Abschn. 4.2.3.7.) oder einer der bekannten Register-Transfer-Sprachen (vgl. [48] [51]) stehen dafür auch formalisierte, rechentechnisch anwendbare Beschreibungen zur Verfügung.

Neben dem Ablaufgraphen ist im Bild 5.34 die erforderliche Steuersignalbelegung für den dargestellten Prozeß aufgeschrieben. Sie ist die bitgenaue Festlegung der in den Graphenknoten enthaltenen Wirkungsbeschreibung und resultiert aus der Kenntnis der für den Datenteil erforderlichen Steuersignale.

Der Ablaufgraph bestimmt außer der Ausgangssignalbelegung auch die Ablauflogik, d.h. die notwendige sequentielle Wirkung der Steuerung. Damit existiert eine exakte, vollständige Beschreibung der erwarteten Steuerwirkung. Die weitere Spezifizierung der Steuerwerksfunktion, die insbesondere die konkrete Festlegung der inneren Variablen (Zustandscodierung) betrifft, richtet sich nun danach, welches Prinzip für das Steuerwerk verwendet werden soll.

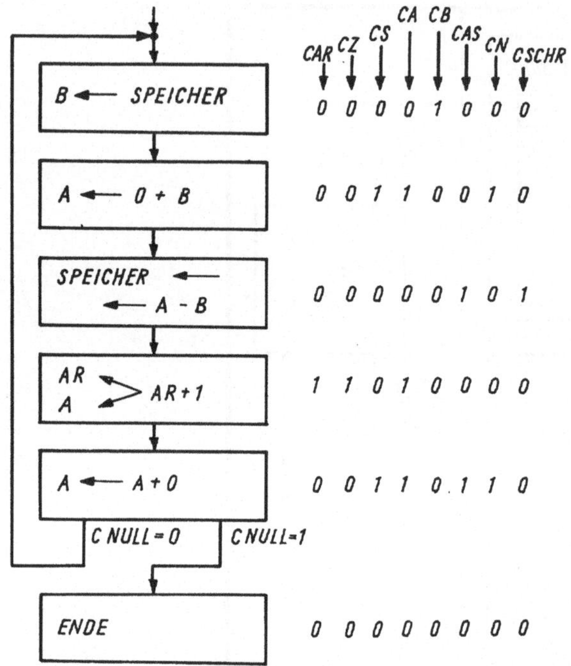

Bild 5.34. Einfacher Ablaufgraph für die Struktur von Bild 5.33

5.3.4.6.2. Folgesteuerung

Die naheliegende Form für die Realisierung des Steuerwerkes ist der sequentielle Automat gemäß Bild 5.6. Das heißt, es sind innere Variable festzulegen, deren Belegungen die laut Ablauflogik erforderlichen Steuerzustände darstellen, und es sind im Anschluß daran Überführungs- und Ergebnisfunktion zu bestimmen, die zu jedem Steuerzustand die zugehörige Ausgangsbelegung und den Folgezustand erzeugen.

Aus dem Beispiel ergibt sich, daß einschließlich des Endezustands mindestens sechs Steuerzustände existieren müssen. Welche binären Codierungen der inneren Variablen die einzelnen Zustände repräsentieren, folgt jedoch nicht zwangsläufig, sondern ist weitgehend frei wählbar. Dieser Freiheitsgrad des funktionellen Entwurfs kann benutzt werden, um minimale, einfache, flexible oder in anderem Sinn günstige Schaltungen zu erzeugen.

Eine sehr einfache und bis zu einer gewissen Größenordnung auch wenig aufwendige Realisierung ist die 1-aus-n-Codierung. Bei dieser wird jeder Zustand durch ein Flipflop realisiert, im vorliegenden Fall gibt es also sechs Flipflops, wobei stets genau eines den Wert 1 haben muß. Der Prozeßablauf stellt sich hierbei als ein Wandern der Eins durch die Flipflops dar.

Die Booleschen Gleichungen für die vollständige funktionelle Spezifizierung lassen sich in diesem Fall sehr leicht aus der Analyse des Ablaufgraphen gewinnen:

$$\begin{aligned} &FF1 = START \mid \neg CNULL \,\&\, FF5 && FF2 = \neg START \,\&\, FF1 \\ &FF3 = \neg START \,\&\, FF2 && FF4 = \neg START \,\&\, FF3 \\ &FF5 = \neg START \,\&\, FF4 && \\ &FF6 = \neg START \,\&\, (FF6 \mid CNULL \,\&\, FF5). && \end{aligned} \tag{99}$$

Auch die Bildung der Steuersignale ist hierbei einfach und aufwandsarm:

$$\begin{aligned} &CAR = CZ = FF4 && CS = FF2 \mid FF5 && \\ &CA = FF2 \mid FF4 \mid FF5 && CB = FF1 && \\ &CAS = FF3 \mid FF5 && CN = FF2 \mid FF5 && CSCHR = FF3. \end{aligned} \tag{100}$$

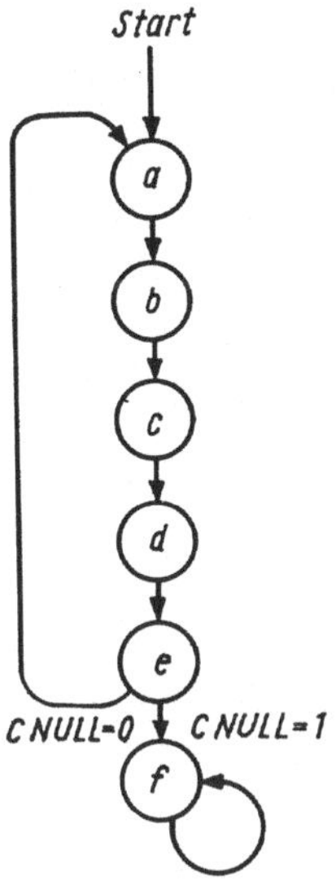

Bild 5.35
Vereinfachter Ablaufgraph von Bild 5.34

Bild 5.36 symbolisiert die entsprechende Schaltung, die eine gewisse Analogie zum Ablauf- bzw. Zustandsgraphen (Bild 5.35) aufweist.

Für sehr große Zustandszahlen, die viele Flipflops erfordern, ist eine Codierung günstiger, bei der jeder Belegung der inneren Variablen ein Zustand zugeordnet wird. Man benötigt dann nur ld n Flipflops zur Darstellung von n Zuständen. Hierbei sind allerdings die Möglichkeiten der Zuordnung zwischen Zustand und Binärvektor außerordentlich zahlreich, und es ist schwer, systematisch eine optimale Zustandscodierung zu finden.

Eine erste, einfache Vorgehensweise wäre, die Zustände fortlaufend dual zu numerieren und dann für die Folgezustände die Wertetabelle aufzustellen (Tafel 5.10).

Tafel 5.10. Zustandscodierung durch fortlaufende Numerierung

	FF(T)				FF(T+1)		
Z	1	2	3	CNULL	1	2	3
a	0	0	0	0	0	0	1
b	0	0	1	0	0	1	0
c	0	1	0	0	0	1	1
d	0	1	1	0	1	0	0
e	1	0	0	0	0	0	0
f	1	0	1	0	1	0	1
a	0	0	0	1	0	0	1
b	0	0	1	1	0	1	0
c	0	1	0	1	0	1	1
d	0	1	1	1	1	0	0
e	1	0	0	1	1	0	1
f	1	0	1	1	1	0	1

Als Boolesche Gleichung der Überführungsfunktion ergibt sich in diesem Fall:

FF1 = ¬START & ((FF1 | FF2)&FF3 | FF1 & CNULL)
FF2 = ¬START & ¬FF1 &(FF2 & ¬FF3 | ¬FF2 & FF3)
FF3 = ¬START & (¬FF1 & ¬FF3 | FF1 & (CNULL | FF3)). (101)

Die Ausgabefunktion für die Steuersignale läßt sich ebenfalls leicht gewinnen:

$$
\begin{aligned}
&\text{CAR} &&= \text{CZ} = \neg\text{FF1} \ \& \ \text{FF2} \ \& \neg\text{FF3}\\
&\text{CS} &&= \text{CN} = \neg\text{FF2} \ \& \ (\neg\text{FF1} \ \& \ \text{FF3} \mid \text{FF1} \ \& \neg\text{FF2})\\
&\text{CA} &&= \text{FF3} \ \& \neg\text{FF1} \mid \text{CS}\\
&\text{CAS} &&= (\text{FF1} \mid \text{FF2}) \ \& \neg\text{FF3}\\
&\text{CB} &&= \neg\text{FF1} \ \& \neg\text{FF2} \ \& \neg\text{FF3}\\
&\text{CSCHR} &&= \neg\text{FF1} \ \& \ \text{FF2} \ \& \neg\text{FF3}.
\end{aligned} \tag{102}
$$

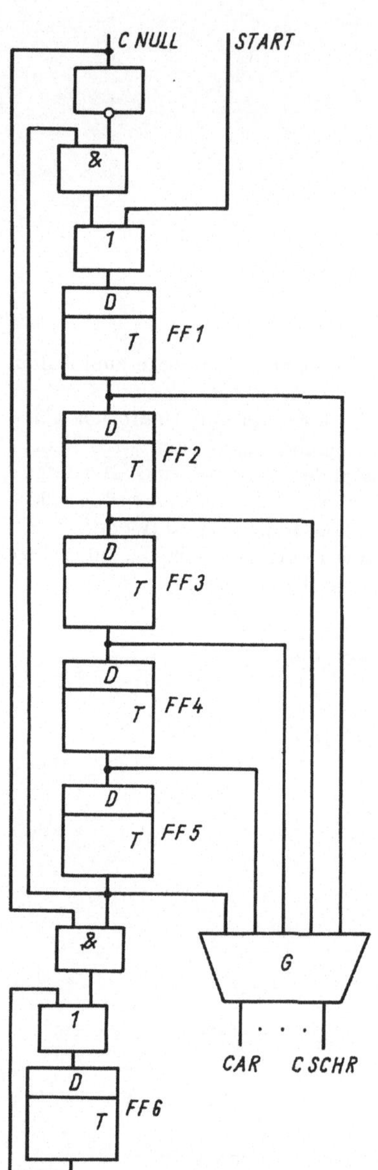

Bild 5.36. Realisierung des Ablaufgraphen von Bild 5.35 als Flipflop-Kette

Eine günstigere Zustandscodierung erhält man, wenn die Ablaufzustände geschickt so zu Gruppen (Hyperzuständen) zusammengefaßt und mit entsprechenden Binärcodierungen belegt werden, daß sich die Gruppeneigenschaften in einfachen Booleschen Beziehungen niederschlagen. Bild 5.37 illustriert diese Vorgehensweise am diskutierten Beispiel.

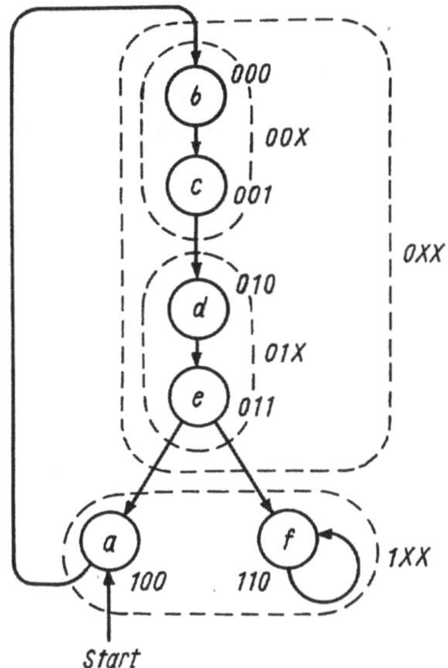

Bild 5.37. Bildung von Hyperzuständen aus dem Ablaufgraphen von Bild 5.35

Tafel 5.11. Zustandscodierung durch Bildung von Hyperzuständen

	FF(T)				FF(T+1)		
Z	1	2	3	CNULL	1	2	3
a	1	0	0	0	0	0	0
b	0	0	0	0	0	0	1
c	0	0	1	0	0	1	0
d	0	1	0	0	0	1	1
e	0	1	1	0	1	0	0
f	1	1	0	0	1	1	0
a	1	0	0	1	0	0	0
b	0	0	0	1	0	0	1
c	0	0	1	1	0	1	0
d	0	1	0	1	0	1	1
e	0	1	1	1	1	1	0
f	1	1	0	1	1	1	0

Tafel 5.11 gibt die Wertetabelle der Überführungsfunktion für diese Codierung wieder, die Booleschen Gleichungen lauten dazu:

FF1 = START | FF2 & (FF1 | FF3)
FF2 = ¬START & (FF2 & (¬FF3 | CNULL) | ¬FF2 & FF3)
FF3 = ¬START & ¬FF1 & ¬FF3. (103)

Die Ausgabefunktion hat dann die Gestalt:

$$\begin{aligned}
CAR &= CZ = \neg FF1 \;\&\; FF2 \;\&\; \neg FF3 \\
CS &= CN = \neg FF1 \;\&\; (\neg FF2 \;\&\; \neg FF3 \mid FF2 \;\&\; FF3) \\
CA &= \neg FF1 \;\&\; (FF2 \mid \neg FF3) \\
CAS &= \neg FF1 \;\&\; FF3 \\
CB &= FF1 \;\&\; \neg FF2 \;\&\; \neg FF3 \\
CSCHR &= \neg FF1 \;\&\; \neg FF2 \;\&\; FF3. \qquad (104)
\end{aligned}$$

Mit den Booleschen Gleichungen für alle inneren und äußeren Variablen ist das Steuerwerk nun funktionell vollständig bestimmt und kann durch Dekomposition und Strukturierung konkret entworfen werden. (Zum Steuerwerksentwurf vgl. auch [82].)

5.3.4.6.3. Mikroprogrammsteuerung

Bei längeren und komplizierten Algorithmen ist der Entwurf einer Folgesteuerung schwierig und aufwendig. Irrtümer sind nicht selten und schwer zu korrigieren. Außerdem ist es in größeren Systemen später oft notwendig, schon entworfene Prozesse zu modifizieren bzw. neue Teilprozesse hinzuzufügen. Bei einer Folgesteuerung bedeutet dies fast Neuentwurf. Die Mikroprogrammsteuerung ist demgegenüber wesentlich flexibler und weist auch noch weitere Vorteile auf.

Der Grundgedanke der Mikroprogrammsteuerung ist folgender: Man codiert die Steuersignale und die Steuerzustände für den Prozeß als Belegungen eines Binärvektors so, wie es im vorigen Abschnitt erläutert wurde. Daraus leitet man jedoch nicht die Booleschen Gleichungen für Überführungs- und Ergebnisfunktion ab, sondern man betrachtet die Zustandscodierung als Adresse für einen wahlfrei adressierbaren Speicher und entnimmt einfach Folgezustand und Belegung der Steuersignale dem adressierten Speicherplatz (Bild 5.38).

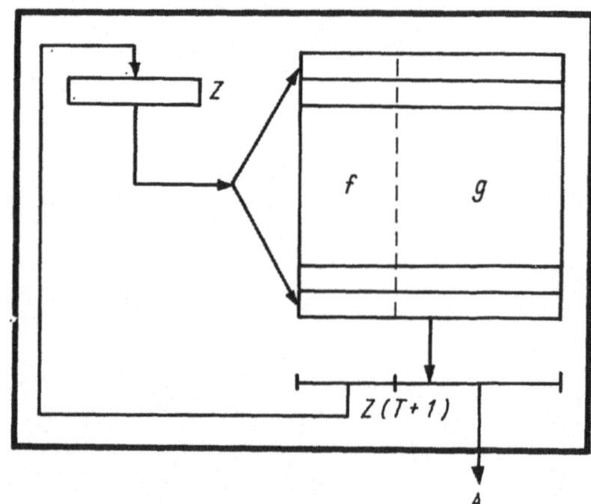

Bild 5.38
Prinzip der Mikroprogrammsteuerung

Entwurfsmethodisch ergibt sich dadurch der große Vorteil, daß überhaupt kein Schaltungsentwurf mehr auszuführen ist. Es liegt eine konstante, für alle Zwecke einsetzbare Struktur vor, in der lediglich der Speicherinhalt entsprechend den Erfordernissen des Prozeßablaufs zu bestimmen ist. Insbesondere entfällt hier weitgehend das Problem der Konkretisierung der Steuerwerksfunktion einschließlich der Zustandscodierung, die Speicherbelegung ergibt sich ziemlich direkt aus dem Algorithmus des Prozeßablaufs. Damit wird der Steuerwerksentwurf weitgehend der üblichen Programmierung ähnlich und wird demzufolge - weil er sich auf Details der systeminternen Prozesse bezieht - als Mikroprogrammierung bezeichnet.

Bild 5.38 zeigt noch eine sehr einfache Form des Mikroprogrammsteuerwerks. Beispielsweise hat hierbei jeder Zustand nur einen Folgezustand, und äußere Bedingungen werden noch nicht berücksichtigt. Bekanntlich laufen aber Algorithmen über große Teile weitgehend linear ab, so daß der einzige Folgezustand einfach durch Zählen bestimmt werden kann. Aus dem Speicher entnimmt man dann nur denjenigen Folgezustand, der von der normalen Adressenfolge abweicht (Mikroprogrammsprung), wobei die Bedingung für einen Adressensprung aus äußeren Signalen abgeleitet wird. Bild 5.39 zeigt ein in diesem Sinn vervollständigtes Mikroprogrammsteuerwerk.

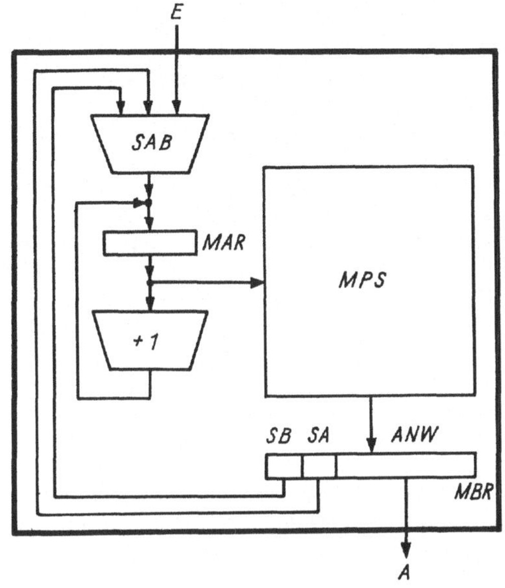

Bild 5.39
Einfaches Mikroprogrammsteuerwerk

MPS ist der Mikroprogrammspeicher, in dem die zu jedem Zustand gehörenden Steuerworte, Mikrobefehle genannt, gespeichert sind. Der Steuerzustand ist in Form einer Mikrobefehlsadresse im Mikrobefehlsadreßregister MAR enthalten. Im Normalfall wird er durch einen Zähler als lineare Adreßfolge verändert. Der adressierte Mikrobefehl wird aus dem Speicher ausgelesen und in ein Mikrobefehlsregister MBR übernommen.

MBR gliedert sich in einen Anweisungsteil ANW, der die Steuersignale für den zu steuernden Prozeß liefert, und einen Adreßteil. Der Adreßteil besteht wiederum aus zwei Teilen: SA ist die eigentliche Sprungadresse bzw. auch nur ein Teil der neuen Adresse, SB bestimmt die Sprungbedingungen, bei denen der Sprung ausgeführt werden soll, d.h., die Binärcodierungen von SB werden mit äußeren Signalen so verknüpft, daß die Ablaufverzweigung prozeßabhängig erfolgt.

Der Komplex SAB (Sprungadressenbildung) wertet den Adreßteil des Mikrobefehlswortes sowie die Eingangsinformation E vom Prozeß aus und entscheidet daraus, ob die normale Folgeadresse oder die Sprungadresse benutzt wird. Die einfachste Lösung für die Adreßbildung wäre z.B., daß bei der Sprungbedingung SB = 00...00 kein Sprung ausgeführt wird, daß bei SB = 00...01 das erste Signal im Eingangsvektor bestimmt, ob gesprungen wird, bei SB = 00...10 das zweite Signal von E usw. Dadurch kann je nach Codierung von SB eines der Prozeßsignale aus E für die Verwendung der Sprungadresse verantwortlich gemacht werden.

Die dargestellte Grundstruktur eines Mikroprogrammspeichers kann für verschiedene Zwecke abgeändert und verfeinert werden. So ist es beispielsweise möglich, zur Adreßbildung weitere äußere Bedingungen und direkte Transporte zu verwenden. Häufig werden nur Teile der Adresse ersetzt, wodurch Bits im Mikrobefehl gespart werden, oder es werden mehrere Felder SA_i und SB_i verwendet, so daß ein Mikrobefehl in mehrere Richtungen verzweigen kann. Durch Hinzunahme eines Kellerspeichers für Mikrobefehlsadressen läßt sich die Unterprogrammtechnik auch auf Mikroprogramme anwenden, und verschränkte bzw. gepufferte Mikroprogrammspeicher können zur Verkürzung der effektiven

Zugriffszeiten des MPS benutzt werden. (Zur Mikroprogrammsteuerung vgl. [50] [82] [83] [84].)

Das Anweisungsfeld ANW kann ebenfalls in verschiedener Weise genutzt werden. Häufig realisierte Lösungen sind:

- Jedes Bit des Anweisungsfeldes dient als Steuersignal für Transporte, Funktionsauswahl u.ä. Dies wird als horizontale Mikroprogrammierung bezeichnet und gestattet eine flexible Mikroprogrammierung und schnelle Algorithmen sowie niedrigen Entschlüsselungsaufwand. Der Nachteil ist ein relativ breiter Mikrobefehl (große MPS-Kapazität), wobei sehr oft viele Bits nicht genutzt werden, weil gleichzeitige Transporte in vielen Systemteilen selten vorkommen.
- Hinter ANW befindet sich eine Demultiplexer-Schaltung, die aus einer Codierung von ANW genau ein Steuersignal auf 1 setzt. Dadurch läßt sich der Anweisungsteil des Mikrobefehls stark reduzieren (k bit von ANW bilden 2^k Steuersignale). Dabei kann jedoch zu einem Zeitpunkt nur eine Teiloperation ausgeführt werden, was den zu realisierenden Algorithmus sehr verlangsamt. Diese Auswertevariante wird auch als vertikale Mikroprogrammierung bezeichnet.
- Sinnvoll und allgemein angewandt ist eine Mischform der vorgenannten Möglichkeiten (mitunter auch als diagonale Mikroprogrammierung bezeichnet): Das Anweisungsfeld wird in Gruppen unterteilt und an jede Gruppe ein Demultiplexer angeschlossen, der aus den Codierungen einer Gruppe Steuersignale in 1-aus-n-Codierung bildet. Gleichzeitige Operationen lassen sich hierbei dann ausführen, wenn ihre Steuersignale aus unterschiedlichen Gruppen stammen. Steuerwirkungen einer Gruppe sind nicht gleichzeitig möglich.

  Bei dieser Lösung werden die Bits des Mikrobefehls sparsam verwendet, und es ist vollständige Flexibilität der Mikroprogrammierung gewährleistet. Die wesentlichen, geschwindigkeitsbestimmenden Abläufe lassen sich durch parallele Operationen schnell realisieren.
- Das Anweisungsfeld bzw. Teile davon läßt sich als Datenwort in bestimmte Register des Datenteils des Systems transportieren. Dadurch können in einem Ablauf konkrete, vom Entwerfer bestimmte Festdaten (Konstanten) verwendet werden.
- Es ist auch eine Kombination von Mikroprogrammsteuerung und Folgesteuerung möglich, indem z.B. durch eine Mikroanweisung die Arbeit einer Folgesteuerung gestartet wird.

Das Mikroprogrammsteuerprinzip ist besonders für die Anwendung in größeren und komplexen Systemen prädestiniert:

- Es befreit den Entwurf von schwierigen Detailproblemen (Zustandscodierung, Schaltungsentwurf) und konzentriert den Ablaufentwurf auf den wesentlichen algorithmischen Kern.
- Es gestattet, sehr viele und verschiedene Steuerfunktionen auf der Grundlage einer einfachen Grundstruktur zu reslisieren.
- Es ermöglicht Flexibilität und leichte Änderbarkeit.
- Der Mikroprogrammspeicher als Hauptteil einer Mikroprogrammsteuerung bietet wegen seiner Regularität günstige Voraussetzungen für die mikroelektronische Schaltungsintegration.

Andererseits setzt die Anwendung der Mikroprogrammsteuerung eine gewisse Mindestgröße des Steuerungsproblems voraus (Anzahl der Steuersignale und Steuerzustände), damit ein Speicher ökonomisch eingesetzt werden kann. Solange Halbleiterbauelemente noch verhältnismäßig teuer waren, wurde die Tatsache, daß Mikroprogrammspeicher faktisch nur gelesen werden, genutzt, um diese als sog. Festwert- oder Nur-Lese-Speicher (ROM - engl. read-only-memory) in speziellen Technologien preiswerter zu realisieren.

Mit den Fortschritten der Halbleitertechnik und insbesondere von Halbleiterspeichern wurden auch ladbare Mikroprogrammspeicher ökonomisch einsetzbar. Dies führte zu einer neuen Qualität der Mikroprogrammsteuerung, indem durch Umladen des MPS eine größere funktionelle Dynamik des Systems möglich wird.

Die ersten Anwendungsfälle dieser Möglichkeit waren: integrierte Testabläufe auf Mikroprogrammbasis (Mikrodiagnose), Nachbildung der Funktion anderer Systeme durch neue Mikroprogramme (Emulation), Übernahme von Programmfunktionen, insbesondere solcher aus Steuerprogrammen, in die Mikroprogrammebene (Betriebssystemunterstützung, Assists).

Die Verbreitung der Mikroprogrammsteuerung als modernes Steuerungsprinzip hatte zur Folge, daß viele Entwurfsaufgaben, die herkömmlich als Schaltung realisiert wurden, zu Programmierproblemen wurden. Diese nehmen eine Mittelstellung zwischen der Hardware und der eigentlichen Software (System- und Anwenderprogramme) ein, weshalb sich der Begriff Firmware eingebürgert hat.

Der Firmwareentwurf entwickelt sich zu einem eigenständigen Gebiet mit eigener Methodik, eigenen Hilfsmitteln und zunehmend auch eigenen Spezialisten. Insbesondere stellt er für moderne Systeme einen nicht zu vernachlässigenden Arbeitsaufwand dar. (Zum Firmwareentwurf siehe [85].)

5.3.4.7. Schaltkreise

Schaltkreise sind mikroelektronische Schaltungen, die in standardisierten Gehäusen fest verkapselt sind. In der Blockhierarchie digitaler Systeme sind sie eine wesentliche logische, technologische und konstruktive Stufe. Im vorliegenden Rahmen sollen elektronische und technologische Eigenschaften nicht betrachtet werden, dazu sei auf die Literatur verwiesen (z.B. [2] [35] [42]). Hier soll nur auf einige Probleme des logischen Entwurfs, speziell der Dekomposition und Strukturierung digitaler Schaltkreise, eingegangen werden.

Die entscheidenden Randbedingungen für den Entwurf des logischen Inhalts von Schaltkreisen sind neben der Schaltgeschwindigkeit vor allem der Integrationsgrad, d.h. die Zahl der logischen Elementarfunktionen (Gatter), die im Schaltkreis realisiert werden können, und die Zahl der äußeren Anschlüsse. Seltener spielt die Anzahl der inneren Verbindungen, begrenzt durch die Anzahl der Trassierungsebenen bzw. -kanäle, eine praktisch zu berücksichtigende Rolle.

Weiterhin ist zu berücksichtigen, daß die gesamte Schaltkreisentwicklung und -herstellung ein komplizierter, aufwendiger Prozeß ist, der nur ökonomisch wird, wenn jeder Schaltkreistyp in möglichst großen Stückzahlen hergestellt werden kann. Das bedeutet für den logischen Schaltkreisentwurf, solche Funktionen im Schaltkreis zu realisieren, die bei der Dekomposition möglichst vieler Systeme als Subfunktion anwendbar sind.

Am Anfang der Entwicklung mikroelektronischer Schaltkreise wurden Integrationsgrade von etwa 10 bis 100 Transistoren je Schaltkreis erreicht. Man bezeichnet diese Stufe der Schalkreisintegration als SSI-Technik (von engl. small-scale-integration) bzw. als niedrigintegriert. Sie gestattet die Realisierung nur einfacher logischer Funktionen.

Wegen der beabsichtigten Universalität der Anwendung wurden vor allem NAND- und NOR-Funktionen realisiert. Die Schaltzeiten liegen in der Größenordnung von etwa 10 Nanosekunden. Hinsichtlich der Anschlußzahlen am Schaltkreis bestehen noch keine Diskrepanzen zwischen logischem Inhalt und Ein- und Ausgängen, so daß die Grundfunktionen noch mit unterschiedlichen Eingangsbreiten angeboten werden können.

Da sich die sog. symmetrischen Booleschen Funktionen (vgl. [4] [32]) mit NAND- bzw. NOR-Elementen nur relativ umständlich und damit langsam und aufwendig realisieren lassen, enthalten die meisten Typensortimente zusätzlich noch dafür geeignete Grundfunktionen. Oft ist das die Antivalenz bzw. Äquivalenzfunktion, häufig aber auch die Kombination UND-ODER-Negation (AND-OR-Inverter $F = \neg(A \& B \mid C \& D)$).

Die genannten Grundfunktionen sind prinzipiell auch zum Bilden von Flipflops geeignet, der Integrationsgrad gestattet jedoch bereits, spezielle Flipflop-Schaltkreise zu realisieren, vorzugsweise, R-S-Flipflops, D-Flipflops und Master-Slave-Flipflops. (Vgl. dazu z.B. [35] [86].)

Die weitere Entwicklung führte zu mittelintegrierten oder MSI-Schaltkreisen (von eng. middle-scale-integration), die bis etwa 1000 Transistoren enthalten können. Damit lassen sich bereits kleinere Funktionskomplexe auf einem Schaltkreis integrieren. Solche Komplexe, die auch hinreichend häufig benötigt werden, sind z.B. Zähler, Multiplexer, Demultiplexer, ALUs, Schieberegister, kleinere wahlfrei adressierbare Speicher (z.B. mit 16·4 Bit-Organisation).

Hierbei stellt die Anschlußzahl schon einen begrenzenden Faktor dar, so daß diese Komplexe meistens Tetradenstruktur haben.

Die nächste Entwicklungsstufe der Schalkreisintegration brachte die LSI-Schaltkreise hervor (LSI - large-scale-integration), die über tausend bis einige zehntausend Transistoren im Schaltkreis enthalten. Hier tritt die Schwierigkeit auf, daß die um Größenordnungen gewachsene innere Komplexität der Schaltungen mit der im wesentlichen gleich gebliebenen Anzahl der äußeren Anschlüsse - bedingt durch die äußeren Abmessungen - im Widerspruch steht. Ein weiteres Problem ist es, solche Funktionen festzulegen, die mit den ökonomisch notwendigen Stückzahlen benötigt werden.

Erste Anwendungsfälle für LSI-Schaltkreise waren deshalb zunächst verhältnismäßig monofunktionale Komplexe für spezielle Zwecke und mit entsprechend hohen Stückzahlen. Bekannt sind vor allem Taschenrechnerschaltkreise, Uhrenschaltkreise und Speicherschaltkreise. Gleichzeitig bestand aber die Aufgabe, die Fortschritte der Schaltungsintegration für alle digitalen Systeme nutzbar zu machen. Das bedeutet für den logischen Entwurf, aus der sehr großen Anzahl verschiedenartigster digitaler Systeme durch Dekomposition solche Subfunktionen abzuleiten, die als LSI-Schaltkreis realisiert werden können.

Die breite Anwendung von LSI-Schaltkreisen ist prinzipiell auf zweierlei Weise möglich: Entwurf von universellen Schaltkreisen und Herstellung sog. Kundenwunschschaltkreise. Letztere sind spezielle, für einen bestimmten Anwender geschaffene Schaltkreise, die meist nicht so hohe Stückzahlen erreichen. Kundenwunschschaltkreise erfordern rationelle Entwurfs- und Herstellungsmethoden, die die Schaltkreisentwicklung und -produktion auch für geringere Stückzahlen ökonomisch machen. Meist werden sie auf gleicher technologischer Basis, nur durch ihren logischen Inhalt unterschiedlich realisiert.

Zu den universellen Schaltkreistypen gehören Mikroprozessoren und Bit-Slice-Schaltkreise, Formen von Kundenwunschschaltkreisen sind ROMs (von eng. read-only-memory), PLAs (von engl. programmable logic array) und sog. Gate-Arrays, auch als ULA (von unconnected logic array) oder Master-Slice-Schaltkreis bezeichnet. (Siehe dazu z.B. [18] [87]... [93].)

Mikroprozessoren sind vollständige Verarbeitungskomplexe, die umfangreiche und relativ komplizierte Funktionen auf der Basis eines Kommandosatzes realisieren. Der Widerspruch zwischen geringer Anschlußbreite und großer Gatteranzahl wird hier dadurch überwunden, daß außer Operanden, Ergebnissen und Kommandos im wesentlichen keine weiteren Ein- oder Ausgaben notwendig sind und die Gatteranzahl durch komplizierte, über etliche Taktzeiten laufende innere Prozesse ausgeschöpft wird. Der Kommandosatz von Mikroprozessoren ist so reichhaltig und universell konzipiert, daß diese Operationen als funktionelle Elemente für sehr viele Anwendungsfälle geeignet sind. Zusammen mit Speicher- und Peripheriebausteinen werden aus Mikroprozessoren Mikrorechner aufgebaut.

Bit-Slice-Schaltkreise (von eng. slice - Scheibe) entstehen aus größeren Komplexen durch vertikale Schnitte (horizontale oder diagonale Dekomposition). Diese sind so gelegt, daß gleiche Komplexe entstehen (iterative Dekomposition), die sich zu breiteren Systemen kaskadieren lassen. Am besten sind dafür geeignet Verarbeitungswerke (Register, ALUs, Speicher) und Mikroprogrammsteuerwerke. Die zugrunde liegende Dekompositionsform bewirkt, daß ein großer Teil der Datenwege im Innern der Schaltkreise verläuft („vertikale" Verbindungen werden nicht durchtrennt), so daß gewissermaßen nur Anfang und Ende der Verarbeitung äußere Anschlüsse erfordern und der Integrationsgrad ausgeschöpft werden kann. Mit Bit-Slice-Schaltkreisen läßt sich aber nur der reguläre, kaskadierbare Teil eines Systems realisieren, die vollständige Realisierung erfordert noch Ergänzungslogik (Kundenwunsch- oder MSI-/SSI-Schaltkreise).

ROM-Schaltkreise dienen zum Aufbau von Nur-Lese-Speichern. Sie werden technologisch einheitlich gefertigt und danach, dem Anwendungsfall entsprechend, beschrieben. Das Festlegen des Speicherinhalts kann innerhalb des Herstellungsprozesses als letzter technologischer Schritt (maskenprogrammierte ROMs) oder durch den Anwender erfolgen, der den Inhalt seiner ROMs durch Programmiergeräte über die Schaltkreisanschlüsse „einbrennt" (PROM - programmierbarer ROM). Besonders für Anwendungen in der Systementwicklung, wo noch häufig Änderungen erforderlich werden, gibt es die EPROMs (erasable PROM - löschbare PROMs), deren Inhalt (durch Bestrahlen mit UV-Licht) wieder gelöscht und anschließend neu programmiert werden kann. ROMs werden für Mikroprogrammspeicher und zur Realisierung anderer kombinatorischer Komplexe verwendet, vorzugsweise für Umschlüßler, Zeichengeneratoren und ähnliches.

PLAs sind im Prinzip kombinatorische Schaltkreisstrukturen, in denen Eingangsvariable $E_1, \ldots, E_n$ in einer zweistufigen UND-ODER-Realisierung zu Ausgangsvariablen $A_1, \ldots, A_m$ verknüpft werden, z. B.:

$$\begin{aligned} C_1 &= E_1 \,\&\, \neg E_2 \,\&\, \ldots \,\&\, E_8 \\ C_2 &= \neg E_3 \,\&\, \neg E_5 \,\&\, \ldots \,\&\, E_n \\ &\ldots \\ C_k &= \neg E_1 \,\&\, E_3 \,\&\, \ldots \,\&\, E_5 \end{aligned} \tag{105}$$

$$\begin{aligned} E_1 &= C_1 \mid C_2 \mid \ldots \mid C_5 \\ E_2 &= C_1 \mid C_3 \mid \ldots \mid C_k \\ E_m &= C_2 \mid C_4 \mid \ldots \mid C_6 \end{aligned} \tag{106}$$

Dies wird so realisiert, daß in einer ersten metrixartigen Anordnung von Leiterzügen durch Draht-UND alle k Elementarkonjunktionen gebildet werden, die für die Ausgangsvariablen notwendig sind. In einer zweiten Leiterzuganordnung werden jeweils die Elementarkonjunktionen C_j durch Draht-ODER zusammengefaßt, die für die betrachtete Ausgangsvariable zusammengehören. Draht-UND bzw. Draht-ODER werden durch leitende Verbindungen an den entsprechenden Kreuzungspunkten der Leiterzuganordnung realisiert. Man kann die kombinatorische Grundfunktion zu einer sequentiellen Schaltung erweitern, indem ein Teil der Ausgangsvariablen wieder über Flipflops auf den Eingang zurückgekoppelt wird (Bild 5.40). Ähnlich wie ROMs lassen sich PLAs einheitlich fertigen, wobei lediglich im letzten Schritt, dem Verbinden ausgewählter Matrix-Kreuzungspunkte, die kundentypische Funktion realisiert wird.

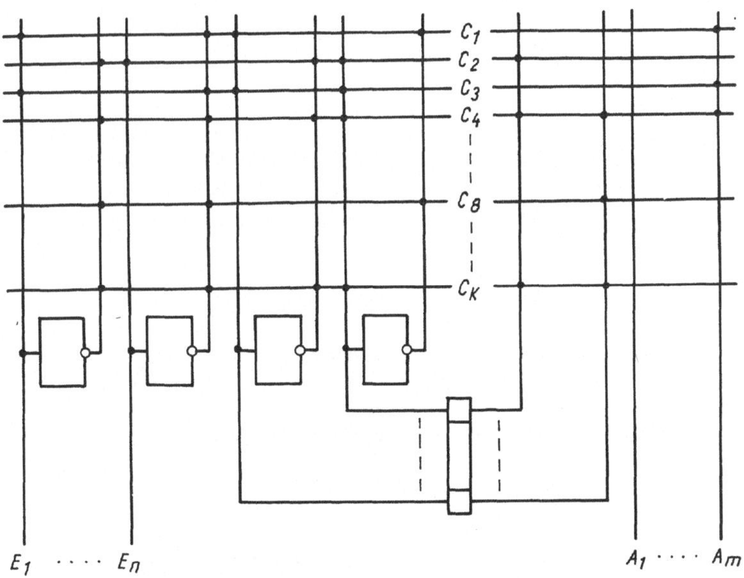

Bild 5.40. Prinzip der PLA

In gewisser Weise mit den PLAs verwandt ist das Lösungsprinzip der Gate-Arrays. Sie enthalten auf dem Halbleitermaterial in ebenfalls matrixartiger Anordnung Inseln mit relativ einfachen logischen Funktionsblöcken (NANDs, NORs, Speicherelemente), die untereinander und mit den äußeren Anschlüssen noch nicht verbunden sind. Der Kundenentwurf hat dann als einzigen Freiheitsgrad die Verbindung zur Verfügung, die so zu wählen ist, daß aus den vorhandenen Gatterinseln die gewünschte digitale Schaltung zusammengesetzt wird.

Technologisch kann der größte Teil des Schaltkreises ebenfalls einheitlich gefertigt werden. Lediglich die letzten zwei oder drei Ebenen, in denen die Verbindung realisiert wird, sind von Typ zu Typ unterschiedlich.

Den höchsten Integrationsgrad haben die sog. VLSI-Schaltkreise (VLSI - very-large-scale-integration) mit 10^5 bis 10^6 Transistoren je Schaltkreis. Neben großen RAM-Speicherelementen werden damit selbständige, in sich abgeschlossene digitale Systeme hoher Komplexität realisiert, wie es beispielsweise komplette Ein-Chip-Rechner sind.

Die technischen Möglichkeiten der VLSI-Technik werfen eine Reihe von Fragen und Problemen auf, die gegenwärtig intensiv diskutiert und bearbeitet werden. Diese betreffen die Architektur, das Verbindungsproblem, den Entwurfsprozeß einschließlich der Entwurfsautomatisierung, die Zuverlässigkeit und die Testung von VLSI-Schaltkreisen. Einen Überblick über die aktuellen Probleme geben die Literaturstellen [17] [20] [94]... [102].

5.3.4.8. . Signalübertragung (Interfaces)

5.3.4.8.1. Allgemeines

Die bei der Dekomposition eingeführten Zwischenvariablen werden durch die Strukturierung zu Ein- oder Ausgängen von Funktionsblöcken. Diese Schnittstellen der Gesamtfunktion, auch als logische Interfaces bezeichnet, müssen bei der Zuordnung von Funktionsblöcken zu technisch-konstruktiven Einheiten (z.B. Schaltkreisen, Steckkarten, Schränken o.ä.) durch konkrete technische Verbindungen realisiert werden (z.B. Leiterzüge, Draht-, Kabelverbindungen).

Verbindungen stellen hinsichtlich technischen Aufwands, Signallaufzeit, Störanfälligkeit kritische Elemente dar. Die Dekomposition und Strukturierung sind daher nicht nur auf günstige Gestaltung der Funktionskomplexe, sondern auch auf Optimierung der Verbindungsverhältnisse zu richten. Als erstes ist grundsätzlich so zu strukturieren, daß nicht durch ungeschickt gelegte Blockgrenzen mehr äußere Verbindungen als unbedingt notwendig entstehen. (Das Separieren als erster Dekompositionsschritt dient vor allem auch diesem Ziel.) Weiterhin kommt es darauf an, logische und technologische Verbindungslösungen mit einem angemessen schnellen Signalaustausch und geringem Aufwand zu schaffen.

Die wichtigsten logischen Grundprinzipien der Signalübertragung lassen sich einteilen in serielle und parallele, synchrone und asynchrone Übertragung sowie gerichtete und ungerichtete Verbindungen. Technisch werden zum überwiegenden Teil Verbindungen als elektrisch leitende (galvanische) Verbindungen realisiert. Zunehmende Bedeutung bekommen jedoch Lichtleiterverbindungen, bei denen die Daten als Lichtimpulse in Glasfaserkabeln übertragen werden. (Siehe dazu etwa [103] [104].)

Die Gesamtheit aller Verbindungen zwischen zwei oder auch mehreren digitalen Funktionskomplexen wird als Bus bezeichnet. Man unterscheidet zwischen zugeordneten und nicht-zugeordneten Bussen. Zugeordnete Busse sind Verbindungen, die bestimmten Funktionsblöcken allein zur Signalübertragung dienen. An nicht-zugeordneten Bussen sind mehrere Funktionsblöcke angeschlossen, wobei stets nur ein Teil miteinander kommunizieren kann. Nicht-zugeordnete Busse benötigen grundsätzlich eine Vermittlung, d.h. einen Entscheidungsalgorithmus, welche Funktionsblöcke den Bus zu einem bestimmten Zeitpunkt benutzen dürfen (siehe Abschn. 5.3.4.8.3.).

5.3.4.8.2. Serielle und parallele Übertragung

Bei der parallelen Übertragung werden alle Binärsignale eines Ablaufschritts gleichzeitig von einem Funktionsblock zu einem oder mehreren anderen übertragen. Sie erfordert entsprechend viele Signalleitungen und Anschlüsse an den beteiligten Blöcken.

Bei der seriellen Übertragung werden die Signale eines Datenwortes auf einer einzigen Leitung zeitlich nacheinander übertragen. Die damit erzielte Einsparung an Leitungen und Anschlüssen wird durch einen größeren Zeitaufwand (statt n Leitungen und eine Taktzeit eine Leitung und n Taktzeiten) und größeren Schaltungsaufwand im sendenden Block (für das Zerlegen des Datenwortes mit Zähler und Multiplexer) und im empfangenden Block (für das Zusammensetzen mit Zähler und Demultiplexer) erreicht.

Die parallele Übertragung ist unumgänglich, wenn die für den zu realisierenden Ablauf geltenden Geschwindigkeitsforderungen das Schalten von Registern und Signalverbindungen zu jeder Taktzeit erfordern. Wenn zwischen den Übertragungszeitpunkten zweier Signalsätze stets einige Taktzeiten vergehen, kann die serielle Übertragung verwendet werden. Die praktischen Verhältnisse liegen meist so, daß als Optimum zwischen Schaltungs- und Zeitaufwand die Serien-Parallel-Übertragung angewendet wird. Bild 5.41 zeigt als Beispiel die Übertragung eines Halbwortes in vier Schritten zu je vier Bit.

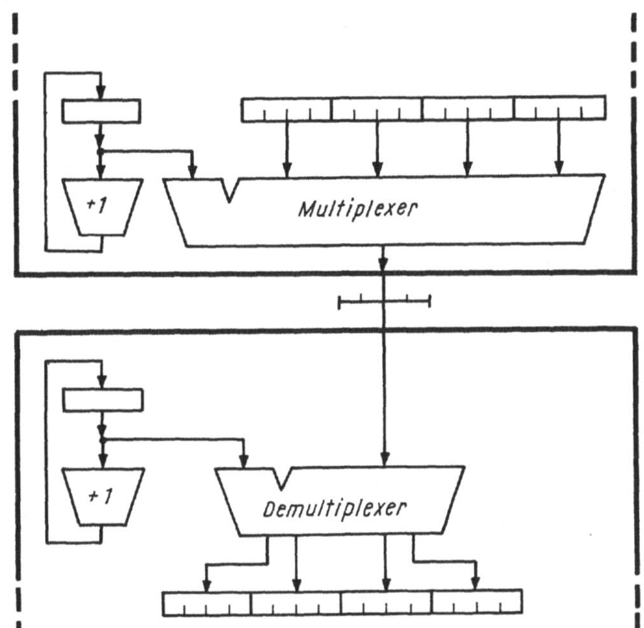

Bild 5.41
Serien-Parallel-Übertragung

Wenn die Übertragungszeitpunkte zwischen zwei Blöcken nicht starr festliegen, sondern situationsabhängig sind, so müssen zusätzlich zu den Datensignalen Steuersignale übertragen werden, die mindestens den Übertragungszeitpunkt, eventuell auch Position des zu übertragenden Teiles bestimmen.

Eine in bezug auf Bild 5.41 sehr einfache Lösung wäre beispielsweise, die Position des übertragenen Teiles gleich vom Sender mitzubringen. Dann kann empfängerseitig der Zähler entfallen, allerdings sind parallel zur Datenübertragung Leitungen für die Positionsangaben notwendig. Eine andere einfache Variante wäre, nur ein Steuersignal vom Sender zum Empfänger zu schicken, welches den Beginn der Datenübertragung angibt. Mit diesem Signal wird der Positionszähler in den Grundzustand gebracht und anschließend mit jedem Takt um eins weitergezählt. Die Datenübertragung ist beendet, wenn die vereinbarte Anzahl von Einheiten übertragen wurde.

Die nur kurz erläuterten Prinziplösungen der seriellen bzw. serien-parallelen Übertragung lassen sich bezüglich der Steuerung in verschiedener Weise modifizieren. Von wesentlichem Einfluß auf die Steuerung ist dabei besonders, ob die zu übertragenden Daten feste oder variable Länge haben. Im Beispiel war die Übertragung eines Datensatzes mit fester (Datenblock-) Länge dargestellt worden, konkret waren 16 bit als Block von vier Tetraden zu übertragen.

Bei variabler Blocklänge muß vom sendenden Komplex eine zusätzliche Information über die Anzahl der zu übertragenden Dateneinheiten (Blocklänge) mitgeliefert werden. Dies kann z. B. durch Steuersignale geschehen, die Anfang und Ende der Übertragung angeben. Häufig wird jedoch auch so verfahren, daß zunächst auf den Datenleitungen die Blocklänge übertragen wird. Diese wird nicht in das Datenempfangsregister, sondern in einen speziellen Blocklängenzähler eingetragen. Bei der anschließenden eigentlichen Datenübertragung zählt dieser die Anzahl der übertragenen Datenworte und stoppt die Übernahme, wenn die eingestellte Länge abgearbeitet wurde.

5.3.4.8.3. Gerichtete und ungerichtete Verbindungen

Am häufigsten werden in logischen Schaltungen gerichtete Verbindungen verwendet. Hierbei können die Anschlußvariablen der Funktionsblöcke eindeutig als Aus- oder Eingänge, d.h. als Quellen oder Verbraucher (im logischen, nicht elektrischen Sinn), betrachtet werden. Ein Beispiel zeigt Bild 5.42a. Neben der Zwei-Punkt-Verbindung von B1 nach B2 ist in der Abbildung auch eine Mehr-Punkt-Verbindung von B1 nach B2 und B3 dargestellt.

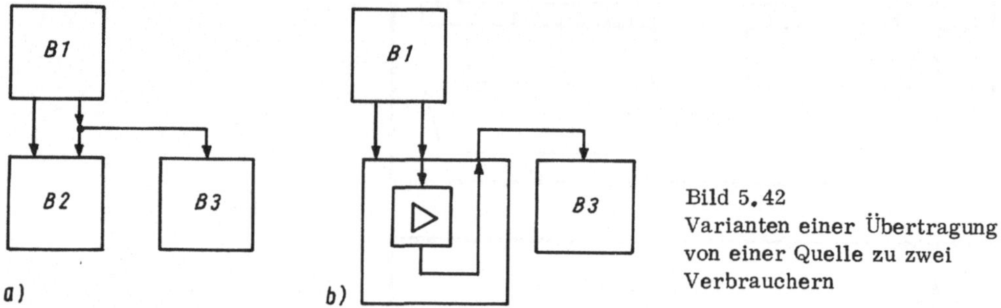

Bild 5.42
Varianten einer Übertragung von einer Quelle zu zwei Verbrauchern

Die logische Mehr-Punkt-Verbindung, durch die ein Signal von einer Quelle zu mehreren Verbrauchern übertragen werden soll, ist hier durch eine Sternverbindung realisiert, wie sie auch technisch in Form der gedruckten oder direkten Verdrahtung üblich ist. Notwendig ist allerdings, daß die Quellbaustufe technisch in der Lage ist, mehrere Verbraucher zu speisen.

Manche Verbindungen lassen sich jedoch aus technischen Gründen nicht oder nicht beliebig oft auffächern. Das ist z.B. bei Kabeln der Fall, aus Belastungs-, Laufzeit- oder ähnlichen Gründen. Dann muß die durchgezogene Verbindung mit eventueller Zwischenverstärkung bzw. Entkopplung benutzt werden (Bild 5.42b).

Wenn ein Block Daten von zwei (oder mehreren) anderen empfängt, so muß dies i.allg. nach dem Schema von Bild 5.43a geschehen, d.h. über mehrere Datenwege. In dem speziellen, aber doch recht häufigen Fall, wo B3 seine Daten nicht ständig sowohl von B1 als auch B2 empfängt, sondern jeweils nur ein Block als Datenquelle arbeitet, wäre eine Verbindungsvariante gemäß Bild 5.43b günstiger, die an B3 nur die Hälfte der Anschlüsse benötigt.

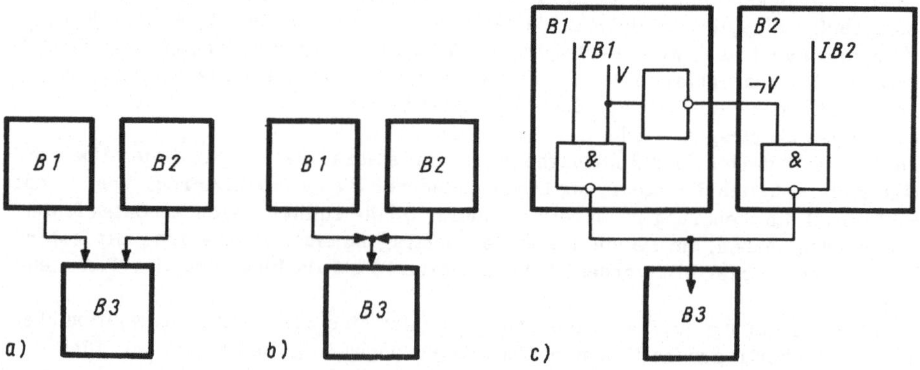

Bild 5.43. Alternative Übertragung von zwei Quellen zu einem Verbraucher

Die direkte galvanische Verbindung von Ausgangssignalen bedeutet jedoch - wie schon erwähnt - je nach Schaltungstechnik eine UND- bzw. ODER-Verknüpfung. Das heißt, die zu übertragenden Signale von einem Block würden sich mit den zufällig anliegenden Ausgangssignalen des anderen „vermischen".

Die ungestörte Signalübertragung von nur einer Quelle erfordert deshalb, daß die Ausgangssignale der anderen, nicht aktiven Quelle unterdrückt werden. Dies muß so geschehen, daß der nicht aktive Block seine Ausgangsvariable in einen Zustand versetzt, in dem sie den logischen Pegel der Verbindung nicht bestimmen. Beim Draht-UND ist dies das 1-Signal, beim Draht-ODER das 0-Signal. Bei einer anderen technischen Variante, den sog. Tri-state-Anschlüssen, kann ein „hochohmiger" Zustand eingestellt werden, in dem der Anschluß faktisch abgekoppelt, d.h. weder mit dem logischen 1-Pegel noch dem logischen 0-Pegel verbunden ist.

Bild 5.43c zeigt die detailliertere logische Realisierung im Fall des Draht-UNDs. Das Vermittlungssignal V bewirkt bei V = 0, daß der Ausgang des Blocks B1 unabhängig von IB1 auf 1 liegt, so daß das Binärsignal der Verbindung nach B3 allein vom Ausgang des Blocks B2 abhängt, der wegen $\neg V = 1$ durch IB2 bestimmt ist. Das heißt, bei V = 0 findet eine Übertragung von B2 nach B3 statt, analog bedeutet V = 1 die Übertragung von B1 nach B3. Im Beispiel wird das Vermittlungssignal V in B1 gebildet, d.h., B1 kann selbst bestimmen, ob es senden will oder ob B2 senden darf.

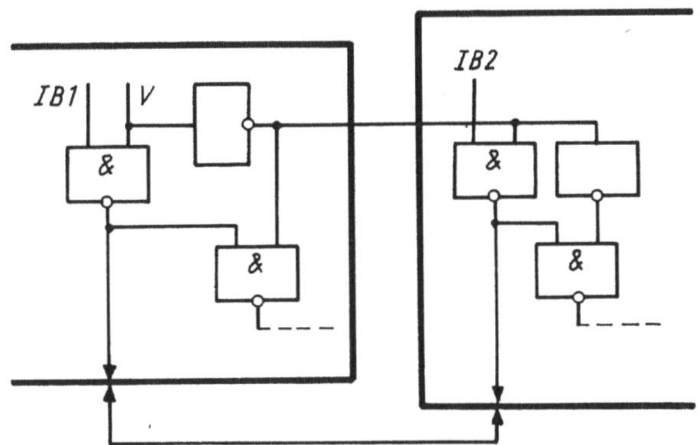

Bild 5.44. Einfache Realisierung einer Bus-Verbindung

Dieses Prinzip läßt sich auf mehrere Quellen und auch mehrere Verbraucher erweitern. Es wird zur bidirektionalen, d.h. in beide Richtungen benutzbaren Verbindung zwischen Blöcken, wenn in einem Block sowohl Sender als auch Empfänger liegen.

Bild 5.44 zeigt ein Beispiel für die bidirektionale Verbindung zweier Blöcke B1 und B2. (Wieder bestimmt B1 mit dem Vermittlungssignal, wer Sender bzw. Empfänger ist.)
Im Bild 5.45 ist die prinzipielle Blockstruktur einer bidirektionalen Bus-Verbindung zwischen mehreren Blöcken dargestellt, wobei der Bus i.allg. nicht nur aus einer Leitung, sondern je nach benötigter Wortbreite auch aus mehreren Leitungen besteht.

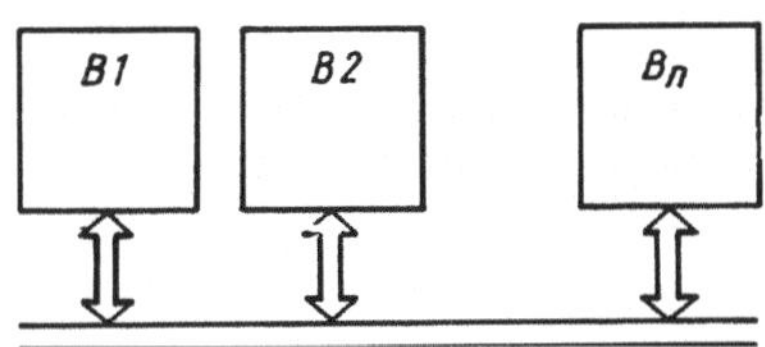

Bild 5.45. Prinzip der Verbindung zwischen Blöcken mit Hilfe eines Busses

Wie mehrfach erwähnt, werden für die Auswahl von Sender und Empfänger Steuersignale benötigt, die nicht über den bidirektionalen Teil des Busses geführt werden können. Diese Signale sind Ergebnis eines Vermittlungsalgorithmus und haben die Aufgabe, die an der Datenübertragung beteiligten Blöcke zu „benachrichtigen". Der Vermittlungsalgorithmus wählt aus Anforderungssignalen zur Busbenutzung die richtigen Blöcke aus, wobei insbesondere Konfliktfälle, d. h. gleichzeitige und widersprüchliche Anforderungen, nach geeigneten Kriterien zu behandeln sind. Meist geschieht dies nach festen oder ablaufabhängigen Prioritäten, mit denen die Blöcke ihre Anforderungen stellen.

Bei der Realisierung des Vermittlungsalgorithmus wird zwischen dezentraler und zentraler Vermittlung unterschieden. Bei der dezentralen Vermittlung entscheidet faktisch jeder Block anhand gewisser Informationen selbst, ob er den Bus benutzen darf. Bei der zentralen Vermittlung existiert ein Steuerkomplex, an den alle Anforderungen und Prioritätsinformationen zu melden sind und der danach einen Block auswählt und durch Steuersignale benachrichtigt.

Die einfachste Form einer dezentralen Vermittlung ist die, bei der „Bus-frei"-Signale (bzw. ihre Negation „Bus-besetzt") BFS von Block zu Block weitergereicht werden, wobei ein Block den Bus dann benutzen darf, wenn er ein „Bus-frei"-Signal bekommt. Er selbst muß dann den nachfolgenden Blöcken ein „Bus-besetzt" weiterreichen. Bild 5.46 illustriert das Prinzip.

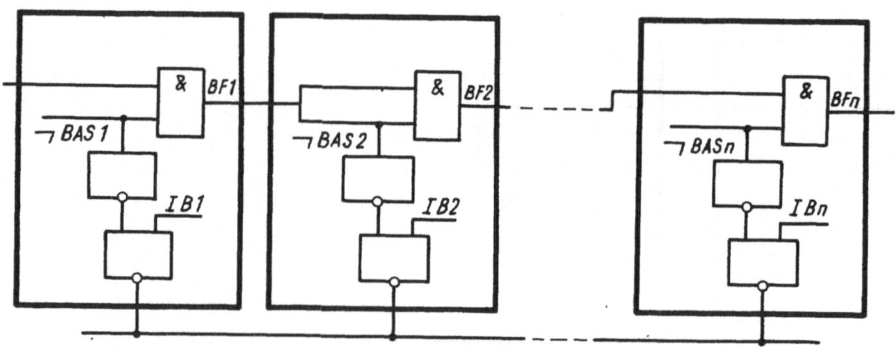

Bild 5.46. Einfachste dezentrale Busvermittlung

Bei dieser einfachen Methode ist die Priorität eines Blocks unveränderlich durch die Stelle in der Vermittlungskette bestimmt. Eine Modifikation hinsichtlich größerer Flexibilität erhält man, indem in die Gegenrichtung zum „Bus-frei"-Signal Prioritätensignale durchgereicht werden, so daß ein weiter hinten liegender Block einen vorderen an der Bus-Benutzung hindern kann, so daß der Bus frei bleibt, sofern kein vorderer Block gleiche oder höhere Priorität meldet. Allerdings erhöhen sich dabei sowohl der Schaltungsaufwand in jedem Block sowie die Schaltzeit, bis die Vermittlung des Busses entschieden ist. Darüber hinaus können Wettlauferscheinungen auftreten, die zu unsicheren Schaltsituationen führen.

Für kompliziertere Vermittlungsalgorithmen ist deshalb eine zentrale Vermittlung günstiger. Jeder Block sendet sein Busanforderungssignal zum Vermittlungskomplex und bekommt mit einem „Bus-erteilt"-Signal die Antwort, ob er den Bus benutzen darf (Bild 5.47). Die zentrale Vermittlung kann komplzierte und veränderliche Prioritäten berücksichtigen und kann schneller realisiert werden.

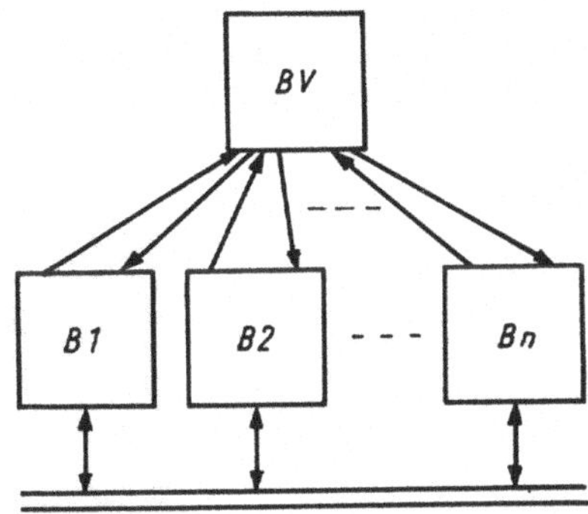

Bild 5.47
Prinzip der zentralen Busvermittlung

5.3.4.8.4. Synchrone und asynchrone Übertragung

Digitale Systeme arbeiten zeitdiskret, d.h., ihre Zustandsänderung geschieht nur in be stimmten Zeitpunkten, die durch Taktsignale aus der kontinuierlich ablaufenden realen Zeit ausgezeichnet werden. Das gilt auch für die Übernahme von Daten aus anderen Blöcken. Zwei miteinander kommunizierende Blöcke müssen folglich so synchronisiert werden, daß der sendende Block die Daten solange nicht ändert, bis der empfangende Block die Daten fixiert hat.

Bei synchron arbeitenden Blöcken, d.h., die kommunizierenden Blöcke schalten zu gleichen Zeitpunkten auf der Grundlage eines einheitlichen Taktsystems, erfolgt die Datenübertragung lediglich unter Berücksichtigung der Signallaufzeit wie zwischen zwei Registern. Entweder schalten Quell- und Empfangsregister mit unterschiedlichen Taktphasen, oder das Quellregister hat Master-Slave-Charakter und ändert seine Ausgangssignale erst nach dem Taktsignal.

Wenn im Sende- und Empfangsblock unterschiedliche Taktsysteme verwendet werden (andere Taktzeitpunkte, andere Taktabstände), so muß die notwendige Synchronisation durch zusätzliche Signale bewirkt werden. In diesem Fall spricht man von asynchroner Datenübertragung. Übliche Praktiken sind das Einwegkommando und die Quittierungsve fahren.

Beim Einwegkommando wird die Datenübertragung durch ein Signal nur eines Blocks gesteuert. Dies kann ein „Datenübergabe"-Signal vom sendenden Block oder ein „Daten anforderungs"-Signal vom empfangenden Block sein (Bilder 5.48a und b).

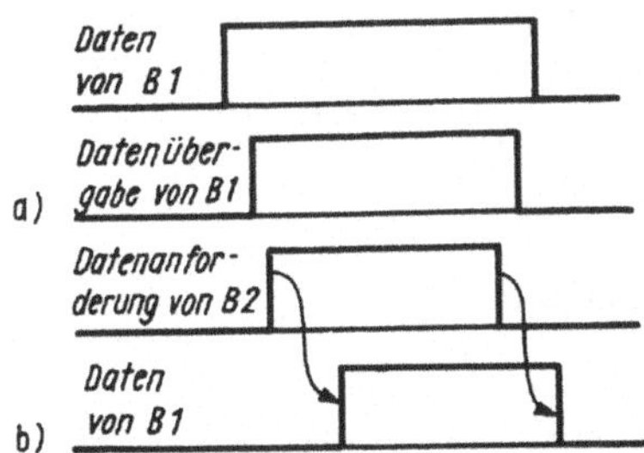

Bild 5.48
Einwegsteuerung für Datenübertragung

Das Einwegkommando erfordert die Berücksichtigung absoluter Zeiten, um das sichere Fixieren der Daten zu gewährleisten. So muß die Dachlänge des Datenübergabe-Signals so groß sein, wie die Summe aus Signallaufzeit auf der Leitung und dem maximalen Ab- stand bis zum nächsten Taktsignal im Empfängerblock sowie der Durchschaltzeit im Er fangsregister. Bei der Arbeit mit Datenanforderungssignal muß der empfangende Block mit der Datenübertragung solange warten, bis die angeforderten Daten stabil anliegen. dafür notwendige Zeit umfaßt die doppelte Signallaufzeit auf der Leitung und die Zeit fü das Durchschalten des Senderegisters.

Beim Einwegkommando tritt wegen der unterschiedlichen Taktsysteme und den notwendigen Wartezeiten bis zur garantierten Übernahme der Daten Zeitverlust auf. Dieser kann auf das jeweils notwendige Maß reduziert werden, wenn durch Rückantwort (Quittung) die vollzogene Datenübernahme mitgeteilt wird.

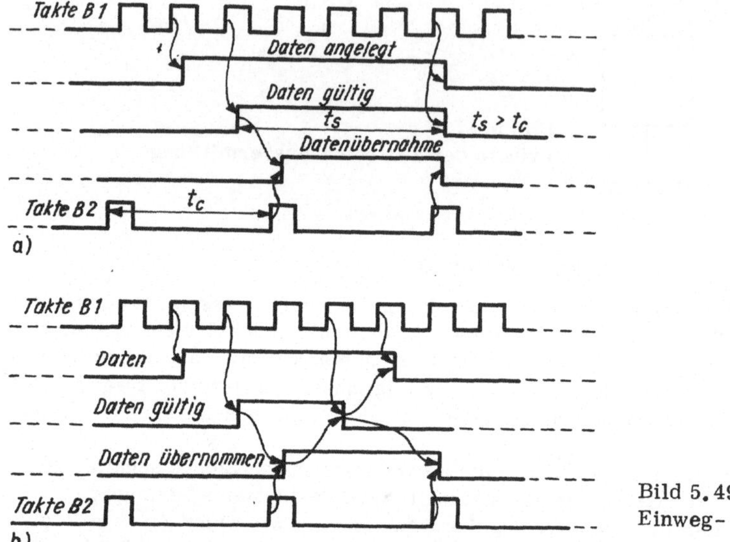

Bild 5.49. Vergleich von Einweg- und Quittiersteuerung

Bild 5.49a zeigt die Datenübertragung unter Verwendung eines Datenübergabesignals, welches aus Takten des sendenden Blocks abgeleitet ist. Seine Dauer t_S muß größer sein als der Taktabstand t_C im Empfängerblock (plus Signallaufzeit), um einen Takt zur Übernahme der Daten garantiert zu „treffen". Bild 5.49b zeigt die Arbeitsweise, wenn der Empfängerblock nach dem Empfang der Daten ein Quittungssignal zurücksendet (Zwei-Draht-Handshaking). Im Mittel läßt sich dadurch unnötige Wartezeit vermeiden.

Das kurz illustrierte Prinzip läßt sich auch bei bidirektionaler Datenübertragung verwenden. Dann hängt die Bedeutung der Steuersignale von der Richtung der Datenübertragung ab: Das Steuersignal ist Datenübergabesignal, wenn der Block sendet, und Quittungssignal, wenn der Block empfängt. Die Übertragung leitet derjenige Block ein, der zuerst sein Datenübergabesignal einschaltet. Um Konflikte zu vermeiden, wenn beide Blöcke gleichzeitig senden wollen, muß einem Block die Priorität zuerkannt werden. Dies erfordert ein weiteres Steuersignal, etwa von B1, wodurch B2 gezwungen wird, sein Sendegesuch zurückzunehmen.

5.4. Entwurfs- und Organisationsmethoden

Grundsätzlich kann zwischen intuitivem und algorithmischem Entwurf unterschieden werden. Ersterer entsteht völlig aus der menschlichen Intuition, die auf Erfahrung und schöpferischer Arbeit beruht. Hierbei spielen Nachdenken, Bleistift und Papier die wichtigste Rolle. Daran ändert prinzipiell auch der Einsatz der Rechentechnik zur maschinellen Unterstützung nichts (z. B. Datenerfassung, -aufbereitung und gegebenenfalls Prüfung).

Der algorithmische Entwurf basiert dagegen auf der Anwendung ausgearbeiteter Vorschriften zum Erzeugen des Entwurfsergebnisses aus einer vorgegebenen Aufgabe. Er kann gelehrt und gelernt werden, und es bedarf nicht unbedingt der Erfahrung und eigener neuer Ideen. Der algorithmische Entwurf läßt sich prinzipiell maschinell, d. h. durch geeignet programmierte Rechner ausführen.

Mit dem Vorhandensein der ersten programmgesteuerten Rechner wurde auch sofort versucht, den Schaltungsentwurf zu algorithmisieren und damit zu automatisieren. Für einfache Systeme wurden dazu schnell Verfahren bekannt (vgl. [4] [12] [13]). Diese lassen sich jedoch praktisch kaum auf den Entwurf komplexer Systeme übertragen. Für größere Systeme existieren algorithmische Lösungen nur für Teilprobleme oder unter einschränkenden Bedingungen ([60] [64] [65] [66]). Große, komplexe Systeme werden in ihren wesentlichen Eigenschaften und Strukturen noch immer als intuitiver Entwurf realisiert, besonders wenn die stürmische technische Entwicklung neuartige Lösungen ermöglicht.

Andererseits verlangt der Entwurfsumfang großer, komplexer Systeme eine systematische Entwurfsunterstützung, um die beim intuitiven Entwurf auftretenden Kosten und Irrtümer zu reduzieren ([42] [101] [105]). Dazu ist es notwendig, vom rein intuitiven Entwurf zum systematischen Entwurf überzugehen, indem der gesamte Entwurfsprozeß systematisiert wird und für die einzelnen Schritte Methoden erarbeitet werden, die die Grundlage für eine maschinelle Unterstützung oder gar teilweise Automatisierung bilden. Damit nimmt der systematische Entwurf gewissermaßen eine Mittelstellung zwischen intuitivem und algorithmischem Entwurf ein.

Zum systematischen Entwurf sind eine Reihe von Begriffen und Vorstellungen zu rechnen, die im folgenden erläutert werden.

Die auf der hierarchischen Betrachtungsweise aufbauende Gliederung des Entwurfs wird am besten durch den Begriff strukturierter Entwurf ausgedrückt ([16] [67]). Ursprünglich als strukturierte Programmierung für die Entwicklung umfangreicher und komplizierter Programmsysteme ausgearbeitet ([38]), wird diese Methodik inzwischen für die Bearbeitung der verschiedenartigsten Systeme, die ihres Umfangs wegen gegliedert werden müssen, zugrunde gelegt. Das gilt nicht nur für Programm- oder technische Systeme, sondern z. B. auch für betriebliche Informations- und Leitungsorganisation u. ä. (vgl. [68]).

Die wesentliche Charakterisierung des strukturierten Entwurfs ist die folgende: Darstellung und Bearbeitung eines komplexen Problems erfolgen in verschiedenen Ebenen, wobei innerhalb einer Ebene eine Unterteilung in einzelne Module vorgenommen wird. Das Zusammenspiel der Module in einer Ebene erfolgt über Interfaces, das sind informationelle Schnittstellen zwischen den Moduln, und über zwischen ihnen bestehende Verbindungen. Die Module selbst werden als Black-boxes betrachtet, d. h., sie werden nur insoweit spezifiziert, wie es ihrer äußeren Wirkung in einer Ebene entspricht, innere Prozesse von Moduln interessieren auf dieser Ebene nicht. Die Lösung des Gesamtproblems kommt beim strukturierten Entwurf durch das Fortschreiten von Ebene zu Ebene zustande, indem in einer Ebene die Zerlegung in Teilprobleme und deren Wechselspiel durchgeführt wird und danach die Teilprobleme, charakterisiert durch Interfaces und Black-box-Verhalten, in analoger Weise auf der nächsten Ebene bearbeitet werden.

Diese allgemein anwendbare und ausgearbeitete Methodik wird für den digitalen (Hardware-) Entwurf durch die Ausführungen in den Abschnitten 4., 5.2. und 5.3. konkretisiert.

In die Vorstellungen vom strukturierten Entwurf ordnen sich zwei weitere, häufig verwendete Begriffe ein: Unter Top-down-Entwurf (top-down - engl. von der Spitze nach unten) versteht man das Fortschreiten des Entwurfsprozesses von einer höheren zu einer niederen Ebene; d. h., dieser Begriff drückt die hierarchische Betrachtung und Vorgehensweise vom Globalen zum Konkreten und vom Gröberen zum Feineren aus. Als Bottom-up-Entwurf (bottom-up - engl. vom Boden aufwärts) wird eine Vorgehensweise bezeichnet, bei der aus vorhandenen Elementen, Blöcken, Moduln o. ä. kompliziertere Systeme zusammengesetzt werden.

Beide Methoden haben ihre Berechtigung und stehen praktisch im engen Wechselverhältnis. Um bei der Top-down-Vorgehensweise vernünftige Vorgaben für Unterblöcke machen zu können, bedarf es der Erfahrungen des Bottom-up-Entwurfs, was machbar ist und welche Eigenschaften erreicht werden. Das Primat der Methode kommt jedoch beim systematischen Entwurf der Top-down-Vorgehensweise zu, die weitgehend ein auf das Entwurfsziel ausgerichtetes Endergebnis garantiert. Innerhalb dieses Prozesses hat der Bottom-up-Entwurf in Form von Probeentwürfen, überschläglichen Betrachtungen und Bereitstellung typisierter Teillösungen seinen Platz. (Das Verhältnis von Bottom-up- und Top-down-Entwurf hat Zemanek [16] auf die kurze Formel gebracht: Der Baumeister entwirft vom Einzelteil zum Ganzen, der Architekt vom Ganzen zum Einzelteil.)

Zur systematischen praktischen Anwendung der Betrachtensweise des strukturierten Entwurfs wurden auch handhabbare Methoden ausgearbeitet (vgl. [68] [69] [70] [71] [106]). Besonders erwähnenswert ist die HIPO-Methode (HIPO - Hierarchie-Input-Prozeß-Output), auch als EVA-Methode (EVA - Eingabe-Verarbeitung-Ausgabe) bezeichnet. Sie soll insbesondere die Arbeitsweise auf einer Ebene des Entwurfs und speziell die Definition geeigneter Black-box-Elemente unterstützen. Die Idee besteht darin, zunächst die Interfaces so zu bestimmen, daß relativ selbständige, d.h. nicht in ständiger Wechselwirkung stehende Komplexe entstehen. Aus der Festlegung der ein- und ausgangsseitigen Interfaces (Inputs und Outputs) läßt sich dann die zu realisierende Verarbeitung im Block ableiten. Dann wird zur nächsten Ebene übergegangen und in gleicher Weise der Black-box-Prozeß bearbeitet.

Konkret beruhen derartige Methoden meist auf der Arbeit mit Tabellen, die allerdings mehr für den allgemeinen Systementwurf gedacht sind (siehe [68] [106]). Für den digitalen Hardware-Entwurf sind sie weniger geeignet, da sie nicht auf die dafür ausgearbeiteten mathematischen Grundlagen (Schaltalgebra, Automatentheorie) zurückgreifen.

Die Auffassung des strukturierten Entwurfs hat auch Einfluß auf die Arbeitsorganisation in den Entwurfskollektiven. Zuerst wurde die entsprechende Arbeitsweise wiederum in der Programmentwicklung eingeführt, woher die Bezeichnung Chef-Programmierer-System herrührt [107]. Inzwischen ist auch die Bezeichnung Chef-Entwerfer-System üblich.

Die Arbeitsorganisation im Chef-Entwerfer-System geht davon aus, daß es sinnvoll ist, entsprechend der Entwicklung der Systemstruktur auch die Struktur des Arbeitskollektivs aufzubauen. Wenn - wie es oft der Fall ist - die Bearbeitung einer Entwurfsaufgabe als Thema bezeichnet wird, so bedeutet eine solche Arbeitsorganisation, daß eine der Systemstruktur adäquate Unterthemenstruktur eingerichtet wird. Jedes Unterthema ist für den Entwurf eines Moduls der entsprechenden Hierarchiestufe verantwortlich. Die Unterthemenleiter oder Chef-Entwerfer konzipieren die Modulfunktionen und deren Zusammenspiel und untersetzen die daraus erwachsenden Aufgaben auf ihre Unterthemenkollektive. Sie legen Prinziplösungen fest, leiten die Bearbeitung der Teilaufgaben an und kontrollieren und koordinieren die Ergebnisse.

Je nach Umfang und Kompliziertheit des zu entwerfenden Systems und seiner Module kann diese Staffelung auch fortgesetzt werden.

5.5. Entwurfsetappen

5.5.1. Überblick

Wie schon im Abschn. 3. ausgeführt wurde, erstreckt sich der Entwurf komplexer Systeme über einen relativ großen Zeitraum, der eine Unterteilung in Etappen erforderlich macht. Diese wird sich vernünftigerweise an der Darstellungshierarchie des Systems und am hierarchisch organisierten Entwurfsalgorithmus orientieren. Ähnlich wie bei der Bildung von Hardwareblöcken kommt es bei der zeitlichen Unterteilung auf die Festlegung geeigneter Schnittstellen an. Folgende Überlegungen sollten dabei beachtet werden:

- Es muß möglich sein, das Zwischenergebnis der jeweiligen Etappe weitgehend exakt zu formulieren, um eine klare Übergabeleistung als Ausgangspunkt für die folgende Etappe zu gewährleisten.
- Die Schnittstellen sollen so definiert sein, daß zwischen zwei Etappen kein mehrfacher Informationsaustausch erforderlich ist, sondern daß das formulierte Zwischenergebnis für die Arbeiten der folgenden Etappe als Grundlage ausreicht. Dadurch werden Iterationen vermieden (wiederholte Ausführung früherer Etappen zwecks Korrektur von Fehlern bzw. Berücksichtigung von Erkenntnissen späterer Etappen) und ein möglichst „linearer" Entwicklungsdurchlauf erreicht.
- Die Schnittstelle sollte einen relativ „schmalen" Übergabebereich bilden. Das heißt, das definierte Zwischenergebnis sollte aus einer auf das Wesentliche reduzierten, in sich abgeschlossenen und vollständigen Menge qualitativer (funktioneller) und quantitativer (Randbedingungen, Zielparameter o.ä.) Aussagen bestehen.

- Die Entwurfsarbeiten zwischen zwei Schnittstellen müssen sich im Sinn der HIPO-Auffassung eindeutig definieren lassen.
- Eine Entwurfsetappe muß aus leitungsorganisatorischen Gründen eine klare Aufgabenstellung und zuordnungsfähige Verantwortlichkeiten ermöglichen. Dies ist insbesondere notwendig, wenn Entwurfsetappen von verschiedenen Teilkollektiven bearbeitet werden.
- Das Ergebnis einer Entwurfsetappe muß kontrollfähig sein. Das erfordert ein möglichst exaktes, als Leitungsinstrument brauchbares Kriterium zur Beurteilung des Zwischenergebnisses.

Welche und wieviel Schnittstellen konkret gewählt werden, hängt hauptsächlich von Größe, Kompliziertheit und Strukturierung des zu entwerfenden Systems ab. Es spielen aber auch terminliche und arbeitsorganisatorische Überlegungen eine Rolle. Diese betreffen unter anderem Termin- und Kapazitätsrelationen zu anderen Haupt- oder Nebenprozessen, Vorhandensein eingearbeiteter Kollektive o. ä.

Die folgende Einteilung in Entwurfsetappen entspricht allgemeinen Erfahrungen und findet sich - mehr oder weniger ausgeprägt - bei allen Entwurfsprozessen digitaler Systeme: Systemstudie, Konzeptions- und Planungsphase, Architekturentwurf, Blockstrukturentwurf, logischer Detailentwurf, technisch-konstruktiver (technologischer) Entwurf. Je nach Kompliziertheit des Systems kann der Blockstrukturentwurf mehrere Etappen enthalten, in denen die Blockstruktur weiter unterteilt wird. Die letzte Stufe des Blockstrukturentwurfs ist der Register-Transfer-Entwurf.

Der technisch-konstruktive Entwurf besteht je nach technologischer Basis meist ebenfalls aus mehreren Etappen. Beispielsweise folgen beim Schaltkreisentwurf auf den logischen Entwurf der elektrische (Transistor-) Entwurf und der Layout-Entwurf. Beim Einsatz von Standard-Bauelementen besteht der technologische Entwurf aus Plazierungs- und Trassierungs- (Leiterbahnen, Kabelführung usw.) Arbeiten. Außerdem sind Probleme der Stromversorgung, Kühlung und konstruktiven Lösung zu bearbeiten.

Die genannten Etappen liegen bei strenger Auffassung dieses Prozesses zeitlich nacheinander. Praktisch ist jedoch ein „Ineinanderschieben" der Etappen erwünscht, um die Entwicklungszeit zu verkürzen. Das ist möglich, wenn eine Etappe keine oder nur Teilergebnisse der vorhergehenden Etappe benötigt.

Beispielsweise ist für die Arbeiten zur Konstruktion, Stromversorgung und Kühlung nur der Aufwand und nicht der gesamte, vollständig strukturierte Entwurf interessant. Diese Angabe kann durch eine vorgezogene Schätzung geliefert werden, so daß bestimmte Arbeiten zeitlich parallel durchgeführt werden können.

Das Vorziehen von Arbeiten ist auch in anderen Fällen möglich, wenn mit Vorabergebnissen, Vereinbarungen oder Annahmen gearbeitet wird. Dann muß jedoch realerweise mit Rückwirkungen und Korrekturen gerechnet werden, um neue Erkenntnisse und Abstimmungsdefekte zu berücksichtigen.

5.5.2. Systemstudie

Die Systemstudie ist die erste Absichtserklärung über das zu entwickelnde System. Sie skizziert das vorgesehene Anwendungsgebiet, die besonderen Eigenschaften des Systems, den in Frage kommenden Nutzerkreis sowie den Zeitraum, in dem das System eingesetzt werden soll.

Die Systemstudie wird damit zur strategischen Grundlage für alle folgenden und exakteren Entwicklungsetappen. Bereits aus ihr müssen Sinn und Berechtigung der Entwicklung des Systems hervorgehen.

Die Systemstudie ist verbal abgefaßt und bedarf keiner besonderen Form. Sie wird von einem sehr engen Kreis erfahrener Fachleute ausgearbeitet, wobei die Sicht der Anwendung des Systems den Schwerpunkt der Betrachtung ausmachen muß. Außerdem spielt die Kenntnis über das technisch Machbare eine wichtige Rolle, letzteres sollte jedoch nicht die Oberhand bei der Formulierung der Zielstellung gewinnen.

5.5.3. Konzeptions- und Planungsphase

Während der Konzeptionsphase werden die Haupteigenschaften des Systems erarbeitet und in einem Systemkonzept niedergelegt. Es muß die für den Anwender wichtigen ersten Aussagen und die für die Planung des Entwicklungsprozesses notwendigen Grundlagen enthalten. Das sind im wesentlichen eine Funktionsskizze sowie wichtige praktische Randbedingungen wie Leistungsdaten, Kompatibilitätseigenschaften, Komplettierungsmöglichkeiten u.ä. In diesem Zusammenhang spielen auch Begriffe wie Generation, Familien- und Optionkonzept eine Rolle.

Der Begriff Generation ist nicht scharf definiert, man versteht darunter qualitativ entscheidende technologische und funktionelle Eigenschaften eines Systems. So sind die technischen Basislösungen Elektronenröhre, Transistor, integrierte Schaltung wichtige Merkmale der ersten, zweiten und dritten Rechnergeneration. Sie bestimmen allerdings nicht allein den Charakter einer Generation. Dazu gehören weiter Architektureigenschaften, Funktionsumfang und Leistungsdaten.

Für das Systemkonzept ist als strategische Orientierung der Entwicklung wichtig, ob das geplante System im Rahmen bekannter Generationslösungen realisiert werden oder etwa Merkmale einer neuen Generation aufweisen soll.

Ein Familienkonzept liegt vor, wenn innerhalb einer Generation und auf einheitlicher funktioneller Grundlage (funktionelle Verwandtschaft) eine Palette von vor allem in der Leistungsfähigkeit unterschiedlichen Systemvarianten angeboten wird. Familienkonzepte gestatten sowohl die Zusammenarbeit mehrerer verwandter Systeme als auch die Erweiterung installierter Systeme, letzteres vor allem durch Aufnahme oder Austausch eines funktionell gleichen, aber leistungsfähigeren „Familienmitgliedes".

Das Optionkonzept sieht die wahlweise Bereitstellung funktioneller oder struktureller Zusätze vor. Das Ziel ist die optimale Anpassung an spezifische Einsatzbedingungen.

Im Systemkonzept müssen weiterhin als wichtige, den Anwender interessierende Probleme, Aussagen zu Kosten, Verfügbarkeit und Service enthalten sein. Obwohl endgültige Aussagen meist erst im fortgeschrittenen Entwurfsprozeß möglich werden, müssen im Systemkonzept Zielvorstellungen und orientierende Kennziffern formuliert sein, da davon sowohl wichtige ökonomische Eigenschaften des Systems abhängen als auch die Wahl bestimmter Entwurfslösungen.

Das Systemkonzept ist nach den ungefähren terminlichen Vorstellungen der Systemstudie auch die Grundlage für die detailliertere Planung des Entwurfs- und Entwicklungsprozesses. Das Kernstück der Planung ist eine Abschätzung des logischen Aufwands des konzipierten Systems (Anzahl der logischen Elementarfunktionen, Mikrobefehle). Daraus werden unter Verwendung von auf Erfahrung beruhenden Durchschnittskennziffern Material-, Zeit- und Personalplanungen für die Systementwicklung durchgeführt. Sofern Erfahrungswerte aus vergleichbaren Entwicklungen nicht vorliegen, muß durch Probeentwürfe repräsentativer Funktionen bzw. Komplexe (Bottom-up-Entwurf) eine zutreffende Aussage zu den wichtigsten Entwurfskennziffern unter den konkreten Bedingungen gewonnen werden.

Wie schon im Abschn. 3.2. erwähnt, kann als Erfahrungswert genannt werden, daß eine Arbeitskraft im Jahr Entwürfe mit etwa 2000 bis 5000 elementaren logischen Gattern erarbeiten kann. Dieser Wert hängt im wesentlichen nicht von der technologischen Entwicklung (Integrationsgrad, Schaltgeschwindigkeit o.ä.) ab, dafür aber von den Möglichkeiten zur maschinellen Entwurfsunterstützung. Für den inzwischen bedeutsamen Mikroprogrammentwurf können etwa 3000 bis 6000 Mikrobefehlsbytes je Arbeitskräftejahr angesetzt werden.

Die Arbeiten der Konzeptions- und Planungsphase werden von einem Kollektiv erfahrener Spezialisten durchgeführt. Sie vertreten jeweils die in der Systemkonzeption wesentlich zu berücksichtigenden Spezialgebiete (Architektur und logische Struktur, Technologie, Ökonomie als wichtigste), überschauen aber auch die anderen Probleme, um zu einem ausgewogenen und abgestimmten Systemkonzept zu kommen.

Jedem Spezialisten des Konzeptionskollektivs sollten ein bis zwei Mitarbeiter zugeordnet sein, die Probeentwürfe durchzuführen sowie Prinziplösungen zu detaillieren und zu bewerten haben. Im weiteren Entwurfs- und Entwicklungsprozeß werden die Mitglieder des Konzeptionskollektivs zu „Kristallisationskernen" für spezialisierte Teilkollektive, d.h., im Sinn des Chef-Entwerfer Teams sind sie die Chef-Entwerfer.

5.5.4. Architekturentwurf

Der Begriff Systemarchitektur ist im Sinn einer ausgearbeiteten Theorie noch nicht exakt definiert. Er steht etwa für Systemgestaltung, wobei verschiedene Autoren entweder stärker funktionelle oder strukturelle Eigenschaften darunter verstehen. Zum Beispiel erklären Blaauw [108] und Zemanek [19] die Architektur als das äußere, d.h. funktionelle Erscheinungsbild eines digitalen Systems, so wie es für die Anwendung interessant ist, bei der es auf das Zusammenwirken mit den Prozessen der Systemumwelt ankommt. In anderen Veröffentlichungen (z.B. [50] [109]) wird unter Systemarchitektur mehr die Systemstruktur der obersten Hierarchiestufe verstanden. Manchmal findet sich dafür auch der Begriff Mikroarchitektur.

Beide Betrachtungsweisen haben ihre Berechtigung und stehen in engem Zusammenhang. Für die Zwecke des systematischen Entwurfs ist jedoch die Eigenständigkeit beider Standpunkte zu berücksichtigen und eine begriffliche Trennung sinnvoll. In den vorliegenden Darlegungen sollen dazu die Begriffe äußere und innere Architektur verwendet werden.

Die äußere Architektur soll im Sinn von Blaauw als das äußere funktionelle Erscheinungsbild eines digitalen Systems verstanden werden. Mit anderen Worten heißt das, sie beschreibt das „Was tut das System ?". Die Systeminnenarchitektur ist die Strukturierung des Systems hauptsächlich auf den obersten Hierarchieebenen, d.h., sie beschreibt das „Wie tut es das System ?".

Der Unterschied von äußerer und innerer Systemarchitektur kommt am deutlichsten im schon erläuterten Begriff der Familienkonzepte zum Ausdruck: Die Systeme einer Familie zeichnen sich durch gleiche äußere und verschiedene innere Architektur aus, wodurch gleiche Verarbeitungsfähigkeiten mit unterschiedlichen Leistungsparametern möglich werden.

5.5.4.1. Äußere Architektur

5.5.4.1.1. Grundlagen

Die (äußere) Systemarchitektur kann auch als Globalfunktion bezeichnet werden und ist deshalb wie jede Systemfunktion durch Ein-/Ausgangsvariable, innere Variable und deren gegenseitige Abhängigkeit charakterisiert. Die Komplexität moderner digitaler Systeme erfordert jedoch eine Untergliederung der recht umfangreichen und komplizierten funktionellen Zusammenhänge, um Verständnis, Beschreibung und Nutzung des Systems überschaubar zu machen.

Im Sinn der allgemeinen Reihenfolge Variablenspezifikation, Funktionsspzifikation unterscheidet man als wesentliche Elemente der Architektur komplexer Systeme: Datentypen und -formate, Speicherorganisation, Basisarchitektur, Befehls- oder Kommandosatz, sonstige Funktionen.

Unter einem Datentyp ist die Interpretation der in der Praxis grundsätzlich binären Anschluß- und Zustandsvariablen eines digitalen Systems zu verstehen. Wie im Abschn. 2.1. erläutert, beruht die Komplexität größerer Systeme wesentlich darauf, daß Binärvariable als zusammengehörige Gruppen behandelt werden, deren Wertebelegungen Symbole bzw. Werte eines höheren Formalismus repräsentieren. Die Datentyp- und Datenformatfestlegungen sind daher der erste Schritt zur exakten Beschreibung der funktionellen Möglichkeiten eines komplexen Systems.

Die zu definierenden Datentypen richten sich nach dem Einsatzgebiet des Systems und damit nach den im System darzustellenden und zu verarbeitenden realen Größen. So wird ein einfacher Steuerautomat, der lediglich Steuersignale für einen Prozeß zu liefern hat, als Datentyp nur die elementare Binärvariable benötigen. Ein Meßwerterfassungssystem braucht dagegen auch die Darstellung von Zahlen, d.h. einen arithmetischen Datentyp.

Wegen ihres universellen Charakters besitzen moderne digitale Systeme fast stets folgende drei Basisdatentypen: arithmetische, Boolesche und Zeichendaten. Die arithmetischen Daten dienen der Zahlendarstellung und werden häufig noch in dezimale und duale bzw. Festkomma- und Gleitkomma-Daten unterteilt (vgl. Abschn. 2.1. Die Booleschen Daten (Bitketten) sind beliebige Gruppen von binären Variablen zur Formulierung elementarer logischer Probleme bzw. Darstellung spezieller komplexer Sachverhalte, die sich nicht mit den üblichen Datentypen abbilden lassen. Zeichen- bzw. Zeichenkettendaten (Datentyp CHARACTER) dienen der Darstellung druckbarer bzw. anzeigbarer Symbole als wesentlicher Grundlage für die Mensch-Maschine-Kommunikation.

Außerdem gibt es oft spezielle Datentypen mit organisatorischer Aufgabe, die sich aus systeminternen Details der Architektur ableiten. Dazu gehören z.B. Adreßdaten zur Organisation der Speicherarbeit, sog. Programmsteuerdaten u.ä. Ein besonderer Datentyp dieser Art sind die Kommandos (Befehle). Diese sind keine zu verarbeitenden Daten, sondern Steuerdaten, die die im System auszuführende Funktion spezifizieren.

Datenformate beschreiben die quantitativen Eigenschaften der Datentypen. Prinzipiell wird zwischen Daten konstanter und variabler Länge unterschieden. Arithmetische und Steuerdaten haben meist konstante, Boolesche und Zeichendaten als sog. Kettendaten meist variable Länge. Der Grundbaustein fast aller Datenformate ist heutzutage das Byte, d.h. die Acht-Bit-Gruppe.

Datenformat und Datentyp bilden zusammen die Datenattribute der äußeren oder inneren Variablen eines Systems. Ihre Festlegung bildet die Grundlage zur Detaillierung der Verarbeitungsfunktion.

Zur Speicherorganisation gehören die Aufrufbreite und der Zugriffsalgorithmus der Speichervariablen als der wichtigste, aber nicht ausschließliche Teil der inneren Variablen. (Eine andere innere Variable, die nicht als Speichervariable angesehen werden kann, ist z.B. der Befehlszähler.) Meist handelt es sich um einen wahlfrei adressierbaren Speicher mit fester Wortlänge, der zur Aufnahme von Variablen aller Datenattribute in der Lage ist. Die Aufrufbreite wird so gewählt, daß sich alle Datenformate als das Vielfache der Aufrufbreite ergeben.

Die Basisarchitektur (in der speziellen, allgemein üblichen heutigen Form mitunter auch als zentrale Steuerschleife bezeichnet) ist die übergreifende Globalfunktion, die den Rahmen für die Ausführung von Befehlen und anderen Operationen bildet.
Alle gegenwärtigen digitalen Systeme entsprechen in ihrer Baisisarchitektur dem sog. von-Neumann-Konzept. Es läßt sich durch folgende vier Merkmale charakterisieren:

1) Das System besitzt einen wahlfrei adressierbaren Speicher, der als Daten- und Befehlsspeicher dient.
2) Die Verarbeitungsfunktion des Systems wird durch eine Befehlsfolge realisiert, die im Normalfall durch eine aufsteigende Folge von Speicheradressen für die Befehlsdaten festgelegt ist. Zur Adressierung der Befehlsdaten im Speicher dient eine spezielle Zustandsvariable, der Befehlszähler. Er gibt die Adresse des nächsten Befehls an und wird nach dem Lesen des Befehls um die Befehlslänge weitergezählt. Weiterhin existiert in den meisten Fällen ein Stopp-Zustand, dargestellt durch eine Binärvariable, in dem keine weitere Befehlsabarbeitung stattfindet.
3) In einem Befehl sind Angaben zu den beteiligten Daten und deren Verarbeitung enthalten.
4) Die Befehlsfolge kann durch Eingriffe von außen unterbrochen werden, bei denen der innere Systemzustand (Speicherinhalt, Befehlszähler, Stoppzustand) geändert werden kann.

Die Arbeitsweise eines nach dem von-Neumann-Konzept arbeitenden Systems läßt sich am anschaulichsten als Ablaufgraph verstehen (Bild 5.50). Unmittelbar einleuchtend ist, daß damit alle Funktionen realisierbar sind, die sich als linearer Algorithmus, d.h. als feststehende Folge von Anweisungsschritten darstellen lassen. Setzt man darüber hinaus die Existenz eines bedingten Sprungbefehls voraus, so läßt sich die lineare Anweisungsfolge um alternative Zweige und Schleifen im Ablauf erweitern, wodurch sich problem- und datenabhängig eine wesentlich größere algorithmische Komplexität realisieren läßt. Ein Sprungbefehl hat die simple Eigenschaft, daß er - abhängig von bestimmten inneren Zuständen - den Befehlszähler mit einem neuen Wert laden kann, so daß der Verarbeitungsablauf nicht mit dem normal folgenden, sondern mit einem anderen geeigneten Befehl fortgesetzt wird.

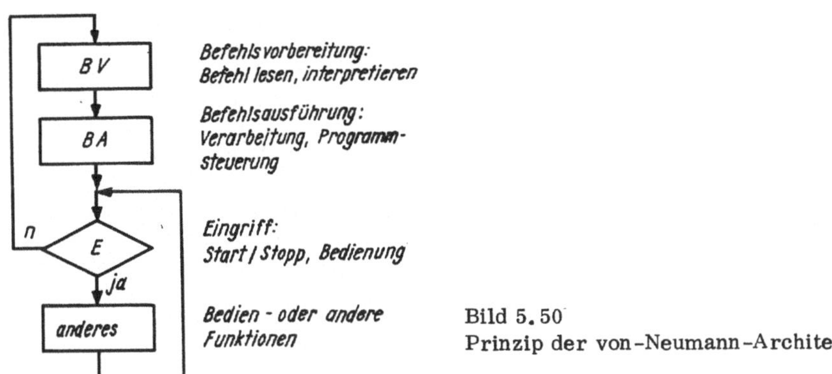

Bild 5.50
Prinzip der von-Neumann-Architektur

Eine sehr einfache, in ihrer theoretischen Bedeutung jedoch außerordentlich wichtige von-Neumann-Maschine ist die Turingmaschine (vgl. [10] oder auch [11]). Ihr Speicher besteht aus einem Band von Speicherplätzen, die nur aus Bits bestehen, d.h. nur die Binärwerte 0 und 1 speichern können. Ihre wahlfreie Adressierung ist darauf reduziert, daß jeweils nur der links oder rechts benachbarte oder der gleiche Platz gelesen werden kann. Außerdem enthält die Turingmaschine noch ein Zustandsregister Z, ebenfalls ein Bit, wenn der Speicher nur Bits enthält.

Die Arbeitsweise der Turingmaschine ist die folgende: Sie entnimmt in jedem Arbeitstakt aus dem gerade zugängigen Speicherplatz das darin gespeicherte Symbol und verknüpft es mit dem Symbol im Zustandsregister. Das Verknüpfungsergebnis besteht aus drei Teilergebnissen: 1. neuer Wert in Z, 2. neuer Wert auf dem Speicherplatz, 3. Anweisung zum Übergang auf den nächsten Speicherplatz (Stehenbleiben, Verschiebung zum linken bzw. rechten Nachbarplatz).

Der Begriff der Turingmaschine wurde noch vor den ersten programmgesteuerten Rechenautomaten geschaffen und diente nicht technischen, sondern theoretischen Überlegungen zur prinzipiellen Struktur von allgemeinen Berechnungsvorschriften. Die Untersuchungen zeigten, daß die Leistungsfähigkeit dieses einfachen, aber das Wesentliche der Informationsverarbeitung widerspiegelnden Modells so groß ist, daß die Turingmaschine dem Algorithmusbegriff gleichzusetzen ist. Das heißt, alle überhaupt algorithmisch lösbaren Probleme können auf einer (universellen) Turingmaschine bearbeitet werden.

Dieses außerordentlich wichtige Ergebnis und die - in der technischen Interpretation - enge Verwandtschaft der Turingmaschine mit der von-Neumann-Maschine begründen die prinzipielle Leistungsfähigkeit einer Basisarchitektur nach dem von-Neumann-Konzept.

Der Befehls- oder Kommandosatz ist die Menge unterschiedlicher Verarbeitungsvorschriften, die im Rahmen der Basisarchitektur als algorithmische Schritte ausgeführt werden können. Die Anzahl der Befehle wird durch das Befehlsformat, speziell die Form des Operationscodes bestimmt. Häufig hat der Operationscode vier oder acht Bit, so daß sich maximal 16 bzw. 256 verschiedene Befehle codieren lassen.

Die genaue Festlegung der Befehlsfunktionen richtet sich natürlich nach den erforderlichen Verarbeitungsfunktionen. Da sich die Verarbeitung aber stets auf die für das System definierten Daten bezieht, können grundsätzlich Befehlsgruppen unterschieden werden, die sich jeweils auf bestimmte Datentypen beziehen. Demzufolge haben moderne Systeme arithmetische Befehle (mindestens die Grundrechenarten, bei speziellen Anwendungen auch höhere Funktionen), Bit- und Zeichenketten verarbeitende Befehle (Boolesche Operationen, Vergleiche, Verschiebungen, Transporte) und Steuerbefehle (Sprungbefehle, Befehle zur Adressenrechnung u.a.).

Zu den sonstigen Funktionen gehört alles das, was in der zentralen Steuerschleife nach Bild 5.50 zwischen die Ausführung zweier Befehle eingeschoben werden kann. Dies sind vor allem diverse Bedienoperationen (Ein- und Ausschalten des Stoppzustands, Verändern des Befehlszählers und des Speicherinhalts, Anzeige des Speichers und anderes). An dieser Stelle der zentralen Steuerschleife können jedoch auch beliebig andere Eingriffe in den programmierten Befehlsablauf ausgeführt werden. Meist handelt es sich dabei um die Behandlung von Signalen anderer, außerhalb des Systems laufender Prozesse.

Für den systematischen Entwurf muß die Systemarchitektur hinreichend genau beschrieben werden, damit sie als funktionelle Vorgabe für den Strukturentwurf benutzt werden kann. Sehr oft geschieht dies rein verbal, ergänzt um Bilder, Diagramme und Tabellen. Für eine exaktere und vor allem rechentechnische Bearbeitung von Architekturproblemen (z.B. Simulation zum Nachweis der Eignung für ein vorgesehenes Anwendungsgebiet) ist jedoch eine formalisierte Darstellung notwendig. Auch und besonders hier haben sich spezielle Sprachen bewährt. Geeignet sind beispielsweise die bekannten Sprachen APL (siehe [110] [111]) und PASCAL [113] , es werden aber auch spezielle Sprachen geschaffen (siehe z.B. [113]).

Auch das hier benutzte PL/AS ist in der Lage, als Architekturbeschreibung zu dienen. Einmal ist die im Abschn. 4.2.3.7. erläuterte Ablaufgraphen-Beschreibung geeignet, indem damit beispielsweise die im Bild 5.50 gezeigte Basisarchitektur formuliert wird. Durch ihre Fähigkeit zur Graphenschachtelung bietet sie die Möglichkeit zur weiteren Detaillierung.

Eine andere Möglichkeit ist die direkte funktionelle Blockbeschreibung von Zeitpunkt T zu Zeitpunkt T+1. Die folgende Beschreibung ist ein Beispiel für eine einfache Von-Neumann-Maschine.

```
BLOCK: PROZESSOR;          /* EINFACHES ARCHITEKTUR-BEISPIEL     */
 RAND  START, STOP, LES, SCHR, /* SIGNALE VON BEDIENFELD        */
       SPADR  BIT(16),     /* SPEICHERADRESSE FUER EINGABE       */
       SPDAT  BIT(8);      /* EIN-ODER AUSGABE FUER DATEN        */
 ZUSTAND SPEICHER(0:65535),BIT(8), /* 64 K-BYTE-SPEICHER         */
           BZ  BIT(16),    /* 16 BIT-BEFEHLSZAEHLER              */
         AKKU  BIT(16),    /* AKKUMULATOR-REGISTER               */
         STOPZ;            /* STOPP-ZUSTAND DES SYSTEMS          */
 DCL                       /* LOKALE HILFSVARIABLE               */
       I  BIN FIXED (31),
       IB BIT(32) DEFINED I,
       BEFEHL BIT(32),        /* BEFEHLSWORT                     */
       BC     BIT(8);         /* 8 BIT-BEFEHLSCODE               */
 IF STOPZ='0'B THEN           /* NORMALE SYSTEMARBEIT            */
  DO;
   I=0; SUBSTR(IB,17,16)=BZ;
   DO J=1 TO 25 BY 8;         /* LESEN VON VIER BEFEHLSBYTES     */
    SUBSTR(BEFEHL,J,8)=SPEICHER(I);
    I=I+1;
   END;
   BZ=SUBSTR(IB,17,16);       /* BEFEHLSZAEHLER AUF FOLGEBEFEHL    */
   BC=SUBSTR(BEFEHL,1,8);
   SUBSTR(IB,17,16)=SUBSTR(BEFEHL,17,16);
   /* HIER FOLGT BEFEHLSENTSCHLUESSELUNG UND -AUSFUEHRUNG          */
   IF BC='00000000'B THEN
    GO TO BEFEND; /* KEINE WIRKUNG, D. H. NOOP-BEFEHL            */
   IF BC='00000001'B THEN
    AKKU=SUBSTR(BEFEHL,9,8); /* AKKU-LADEN MIT BYTE AUS BEFEHL     */
   IF BC='00000010'B THEN
    AKKU=SPEICHER(I);          /* AKKU-LADEN AUS SPEICHER        */
   ...
  /* HIER FOLGEN WEITERE BEFEHLSFUNKTIONEN */
  END;
 BEFEND:                    /* ENDE DER BEFEHLSAUSFUEHRUNG       */
  IF STOP THEN STOPZ='1'B;
  IF STOPZ='1'B THEN         /* STOPPZUSTAND                     */
   DO;
```

```
        I=0;  SUBSTR(IB,17,16)=SPADR;
        IF  LES  THEN  SPDAT=SPEICHER(I);     /*   ANZEIGEN SPEICHER     */
        IF  SCHR  THEN  SPEICHER(I)=SPDAT;    /*   SPEICHER SETZEN       */
        IF  START  THEN  STOPZ='0'B;          /*   STOPPZUSTAND AUS      */
        END;
    BEND;
```

Das Beispiel ist weitgehend in sich verständlich. Anzumerken ist, daß die Variablen BEFEHL, BC, I, IB nur beschreibungstechnischen Charakter haben, um bestimmte Ausdrücke leichter formulieren zu können. Sie sind in dieser Beschreibung nicht als Zustand relevant, d.h., sie brauchen in dieser „Ein-Takt-Maschine" nicht bis zur nächsten Taktzeit gespeichert zu werden. Wenn jedoch die Befehlsabarbeitung über zwei Takte geht, etwa an Bild 5.50 orientiert als Befehlsinterpretation und Befehlsausführung, so muß BEFEHL als Zustandsvariable definiert werden, damit sie im nächsten Takt verfügbar ist.

5.5.4.1.2. Wahl der äußeren Architektur

Das Festlegen der globalen Systemfunktion ist eine schwierige Aufgabe. Es stellt den Anfangspunkt des hierarchischen Entwurfsprozesses dar, liefert also die Grundlagen für die weiteren Entwurfsschritte. Die äußere Architektur kann jedoch selbst nicht auf eine ähnlich exakte Beschreibung ihrer Voraussetzungen aufbauen, sondern muß sich durch zwar gründliche, aber fast ausschließlich intuitive Analyse des Prozesses, in dem das System eingesetzt werden soll, gewonnen werden.

Die Architekturfestlegung ist im wesentlichen ein Dekompositionsproblem: Ein bestimmter realer Prozeß (Arbeit einer automatischen Anlage, Verwaltungsprozeß o.ä.) wird in Teilprozesse unterteilt (Arbeit der Maschinen, Meßwerterfassung, Steuerung, bzw. Datenerfassung, Datenverarbeitung, Aufbereitung der Ergebnisse), die über definierte Schnittstellen miteinander kommunizieren. Dann wird festgelegt, welche der Teilprozesse durch digitale Systeme realisiert werden sollen. Aus den Prozeßinterfaces leiten sich zunächst die benötigten Datentypen und Randvariablen des Systems ab. Daraufhin wird die Verarbeitungsfunktion der Inputs zu den Outputs konkretisiert. Bild 5.51 zeigt diese wichtigsten Schritte bei der Ausarbeitung der äußeren Architektur.

Neben dem Umfang und der Kompliziertheit der meisten realen Prozesse liegt die besondere Schwierigkeit des Architekturentwurfs auch darin, daß das Anwendungsgebiet meist gewissermaßen „nach oben offen" ist. Die Architektur muß also so gewählt werden, daß nicht nur die im Moment erkennbaren Funktionen, sondern auch weitere, sich im Verlauf der Überlegungen und der Nutzung ergebende Notwendigkeiten realisierbar sein müssen.

Es kommt deshalb beim Architekturentwurf darauf an, neben den von Anfang an klar erkannten Forderungen eine solche universelle Daten- und Verarbeitungsbasis zu wählen, daß auch spätere Erkenntnisse darin schon berücksichtigt sind. Dazu müssen in den Datentypen und in den Befehlssatz solche Elemente aufgenommen werden, die als datentechnische und algorithmische Bausteine zur Formulierung weiterer Zusammenhänge geeignet sind.

Grundsätzlich besitzt die universelle Turingmaschine diese Flexibilität. Allerdings werden auf ihr formulierte reale Algorithmen wegen der sehr elementaren Grundoperationen unpraktikabel lang. Moderne universelle Systeme zeichnen sich deshalb fast stets durch die schon erläuterten Architekturmerkmale aus.
Sie sollen noch einmal kurz aufgezählt werden:

- Basisarchitektur nach dem von Neumann-Konzept,
- Arithmetische, Boolesche, Character- und Steuerdatentypen,
- Befehlssatz in Gruppen für alle Datentypen gegliedert,
- Möglichkeiten zur Eingriffsbehandlung zwischen den Befehlen.

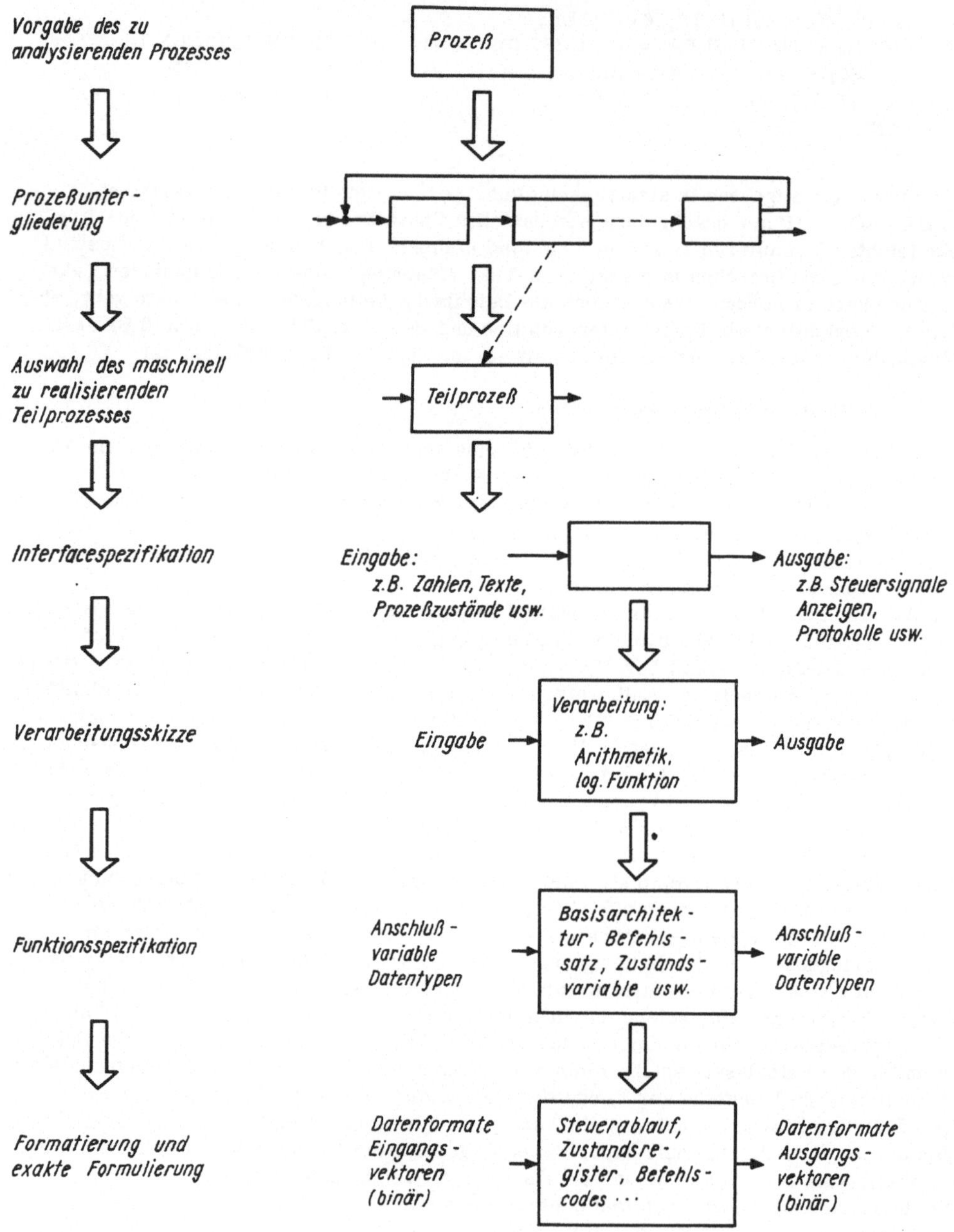

Bild 5.51. Vorgehensweise bei der Architekturausarbeitung

5.5.4.1.3. Architekturprinzipien

Das ausgeprägte intuitiv-heuristische Moment bei der Architekturfestlegung und die Notwendigkeit, möglichst weitreichende, leistungsfähige Funktionen zu realisieren, bergen zwei Gefahren in sich: Der Entwerfer neigt dazu, aus subjektiver Ansicht und in guter Absicht spezielle Funktionen und ausgetüftelte Lösungen festzulegen, die der Unterstützung und Leistungssteigerung bestimmter Anwendungsfälle dienen sollen. Nicht selten erweisen sich diese aber als trickreiche Spielerei, die mit verhältnismäßig hohem Aufwand erkauft wird, aber im Rahmen der späteren tatsächlichen Nutzung wenig oder nicht wirksam ist. Andererseits besteht die Gefahr, notwendige Funktionen zu übersehen, so daß später echte Lücken entstehen, die nur durch umständliche Lösungen geschlossen werden können.

Deshalb sind beim Architekturentwurf orientierende Arbeitsprinzipien zu beachten, die helfen sollen, die genannten Fehler des intuitiven Entwurfs zu vermeiden und eine ausgewogene Architektur zu erarbeiten. Ausgewogen heißt dabei, alles Notwendige bequem zu realisieren, Unnützes möglichst zu vermeiden und Unsinniges verhindern.

Dazu wurden vor allem von Blaauw als Architekturprinzipien bezeichnete methodische Regeln veröffentlicht und erläutert (vgl. [108] [114]). In Anlehnung daran seien hier folgende Architekturprinzipien dargestellt:

- Geschlossenheit: Sie kann als allgemeinstes, übergeordnetes Prinzip betrachtet werden, aus dem sich alle anderen ableiten. Sie sagt, daß die Architektur ein bestimmtes Anwendungsgebiet dicht, aber überlappungsfrei bedecken soll.

Daraus leiten sich drei Hauptprinzipien ab:

- Vollständigkeit: Sie fordert die vollständige Anwendbarkeit der Architektur auf alle Probleme des ausgewählten Anwendungsgebietes. Umgekehrt formuliert, darf es keine Aufgabe und kein Problem geben, welche nicht mit den Mitteln darstellbar und lösbar sind, die in der Architektur vorgesehen sind.
- Notwendigkeit: Alle in der Architektur enthaltenen Festlegungen, speziell zu den Datentypen und zum Befehlssatz, werden benötigt, d.h., es gibt keine, die ohne wesentliche Beeinträchtigung der Anwendung weggelassen werden können. (Dies wäre etwa der Fall, wenn die Multiplikation durch wiederholte Addition und Verschiebungen realisiert werden müßte, was prinzipiell durchaus möglich ist. Daraus ist zu entnehmen, daß das Kriterium der wesentlichen Beeinträchtigung ganz entscheidend von den praktischen Häufigkeiten der einzelnen Funktionen abhängt.)
- Konsistenz: Sie verlangt, daß alle Architekturfestlegungen lokal und global folgerichtig sein müssen. Insbesondere soll sie widersprüchliche Auswirkungen und mißverständliche Schlußfolgerungen verhindern. Konstruktiv gesagt, soll aus der Kenntnis der Details die Kenntnis des Ganzen ableitbar sein. Als Beispiel für das Konsistenz-Prinzip wird oft der Lochkarten-Code benutzt: Wenn z.B. die Buchstaben A und B durch die Lochkombinationen 12-0 und 12-1 codiert werden, so verlangt das Konsistenz-Prinzip, den Buchstaben C mit 12-2 zu codieren. Die Anwendung des Konsistenz-Prinzips ist schwierig, zumal Konsistenz-Verletzungen nicht einfach nachzuweisen sind. Meist wirken sie sich erst im praktischen Betrieb durch eine gewisse Umständlichkeit oder Erschwernis in der Nutzung des Systems aus.

Aus den Hauptprinzipien lassen sich weitere Unterprinzipien ableiten:

- Symmetrie: Sie dient der Vollständigkeit und soll ein abgerundetes Funktionsspektrum erreichen helfen. Aus Symmetriegründen folgt z.B., daß es neben der Links- auch die Rechtsverschiebung bzw. neben der Dezimal-Dual-Konvertierung auch die Dual-Dezimal-Konvertierung geben sollte.
- Sparsamkeit/Angemessenheit: Sie leiten sich aus der Notwendigkeit ab und sollen verhindern, für einzelne Zwecke besondere Maßnahmen vorzusehen, die zumutbar auch durch Kombination anderer Architektureigenschaften realisiert werden können. Beispielsweise ist die Quadratwurzelfunktion bei einem Taschenrechner angemessen, bei einem Großrechner dagegen nicht, weil hier die ingenieurtechnische Nutzung ohnehin meist mit Hilfe höherer Programmiersprachen erfolgt und weil wegen der verschiedenen arithmetischen Datentypen gleich mehrere Befehle notwendig wären.
- Transparenz: Sie steht mit der Konsistenz im Zusammenhang und verlangt, daß spezielle Realisierungsvarianten anwendungstechnisch nicht spürbar sein dürfen und speziell nicht die Konsistenz stören. Beispielsweise wird systemintern die Subtraktion oft als Addition des Komplements realisiert (vgl. Abschn. 5.3.4.3.). Wenn jedoch der Minuend kleiner ist als der Subtrahend, entsteht das Ergebnis als Komplement. Damit wie üblich eine vorzeichenbehaftete Zahl entsteht und in der Anwendung auf diesen speziellen, durch die Realisierung bedingten Fall nicht gesondert Rücksicht genommen werden muß, ist

intern noch eine Rekomplementierung erforderlich. Ein weiteres Beispiel für die Forderung der Transparenz spezieller Lösungen ist der Pufferspeicher: Seine aus Leistungsgründen notwendige Existenz darf die normale, durch die Architektur bestimmte Adressierung des Hauptspeichers nicht stören oder verkomplizieren.

– Fremdheit: Dieses Prinzip orientiert darauf, neben den unmittelbar für die direkte Anwendung notwendigen Funktionen auch solche vorzusehen, die für die Normalarbeit weniger benötigt werden, die aber doch gewisse Vorteile und Vereinfachungen für unvermeidliche Nebenprozesse bringen. Beispielsweise sind alle Hilfsmittel zur Programmtestung nicht als unmittelbar prozeßbezogen zu betrachten, sie dienen jedoch insgesamt der effektiven Anwendung des Systems.

Zum Abschluß eine ergänzende Anmerkung zum Verständnis der Rolle von Architekturprinzipien: Die Architekturfestlegung mit Hilfe von Architekturprinzipien besitzt eine gewisse Verwandtschaft mit folgendem Problem: Die Ausarbeitung einer modernen, wissenschaftlich-exakten Theorie wird als abgeschlossen betrachtet, wenn ihre axiomatische Begründung gelungen ist. (Vgl. dazu z.B. [115].) Das bedeutet, daß sich jede wahre Aussage der Theorie eines bestimmten Gebietes allein durch logische Schlußfolgerungen aus wenigen Axiomen ableiten lassen muß. Unter einem Axiom versteht man dabei grundlegende Aussagen, die als wahr vorausgesetzt werden und im Rahmen der Theorie nicht mehr bewiesen werden müssen (allerdings auch nicht bewiesen werden können). Für das Axiomensystem gelten dabei als Forderungen: Vollständigkeit (jede wahre Aussage der Theorie muß ableitbar sein), Unabhängigkeit (kein Axiom darf aus den anderen ableitbar sein, d.h., keines kann weggelassen werden, alle sind notwendig) und Widerspruchsfreiheit (es darf nie eine Aussage und gleichzeitig ihre Negation ableitbar sein).

Wesentlich unexakter, aber in der Zielstellung vergleichbar ist die Aufgabe der Architekturfestlegung: Durch die zu wählenden Architektureigenschaften (entsprechend dem Axiomensystem) sind die funktionellen Bedürfnisse eines bestimmten Anwendungsgebietes zu erfüllen (entspricht den Aussagen einer Theorie). Als Hauptkriterien für diese Zielstellung sind Vollständigkeit, Notwendigkeit und Konsistenz zu fordern, die wie Vollständigkeit, Unabhängigkeit und Widerspruchsfreiheit - eine erschöpfende, minimale und sinnvolle Realisierung der Aufgabe sichern sollen.

5.5.4.2. Systeminnenarchitektur

5.5.4.2.1. Prinzipielles

Es wäre im Prinzip durchaus möglich, eine definierte Architektur als sequentiellen Automaten gemäß Bild 5.6 zu realisieren, der mit einem einzigen Takt vom Zeitpunkt T zum Zeitpunkt T+1 arbeitet. Das würde bedeuten, alle Zustandsvariable, also alle Speicherplätze, Befehlszähler, Stoppzustand und eventuell weitere Teile als Zustandsvektor aufzufassen und eine entsprechende rein kombinatorische Schaltung F dazu zu entwerfen. (Die diesbezügliche Modellvorstellung liegt der Architekturbeschreibung im Abschn. 5.5.4.1.1. zugrunde.)

Umfang und Komplexität größerer digitaler Systeme machen jedoch aus einer Reihe von Gründen eine Unterteilung notwendig: Aus Verständnisgründen ist eine Zerlegung in einfachere Probleme erforderlich, aus Aufwandsgründen muß der Entwurf in Teilaufgaben für Teilkollektive umgesetzt werden, die Berücksichtigung von Leistungs- und technischen Randbedingunen ist zielgerichtet nur möglich, wenn sie schrittweise aus den Eigenschaften von Teilen zusammengesetzt werden können.

Die Systemarchitektur muß deshalb in zunächst durchaus komplexe Subfunktionen dekomponiert werden, die geeignet auf Blöcke aufzuteilen sind. Das durch die Dekomposition der Globalfunktion festgelegte Zusammenspiel der Subfunktionen hat eine Blockstruktur zur Folge, die als Systeminnenarchitektur (Mikroarchitektur) bezeichnet werden soll. Sie ist entscheidend durch Überlegungen zu Aufwand, Geschwindigkeit bzw. Leistung und technologischen Bedingungen beeinflußt.

5.5.4.2.2. Leistungsbetrachtungen

Leistungsforderungen sind nach den funktionellen Vorstellungen für die Anwendung am wichtigsten. Überlegungen zur Systemleistung stehen deshalb nach der Architekturwahl an erster Stelle. Dazu sind zunächst Leistungskreiterien notwendig, nach denen das System beurteilt werden soll.

Bei einfachen Systemen, etwa konventionellen Steuerautomaten, bietet sich dafür naheliegenderweise die Schaltgeschwindigkeit vom Anlegen der Eingangssignale bis zum Vorhandensein eingepegelter verwendbarer Ausgangssignale an. Da sich das Durchschalten meist zwischen den Signalen des Taktsystems vollzieht, wird auch oft der Taktabstand bzw. die Taktzykluszeit als Leistungsmaß verwendet.

Größere Systeme führen jedoch komplexere Funktionen nicht durch einmaliges Durchschalten aller Schaltungen aus, sondern die gewünschte Funktion setzt sich aus mehreren Schritten zusammen. Außer der Taktzeit kommt es also auch auf das algorithmische Zusammenspiel der einzelnen Funktionskomplexe an. In diesem Fall muß als allgemeinere Größe die Zeit vom Start einer Operation bis zum Vorliegen der erwarteten Ergebnisse benutzt werden, in der sich die zeitlichen Eigenschaften sowohl der Schaltungen als auch des Ablaufs ausdrücken. Diese Zeit soll als Operations- oder auch Reaktionszeit bezeichnet werden.

Mitunter ist jedoch auch die Operationszeit kein alleiniges zutreffendes Leistungsmaß. Wie z.B. bei der Erläuterung der Pipeline-Struktur (Abschn. 5.3.4.5.) dargestellt wurde, verkürzt sich dabei die Operationszeit für eine einzelne Operation nicht, es werden jedoch gleichzeitig mehrere Operationen bearbeitet, so daß sich die Gesamtleistung des Systems durch größeren Operationsdurchsatz verbessert. Dies kann auch als Verkürzung einer mittleren Operationszeit ausgedrückt werden.

In größeren komplexen Systemen charakterisiert jedoch auch die mittlere Operationszeit nicht vollständig die dem Nutzer gebotene Leistung. Meist besitzen komplexere Systeme organisatorische Abläufe (Mikroprogramme oder Programme, d.h. Firmware bzw. Software, Betriebssysteme), die nicht im engeren Sinn der Problembearbeitung dienen, aber zu einer insgesamt effektiven Nutzung des Systems beitragen. Das sind z.B. Steuerprogramme zur Verwaltung der Systemressourcen (Speicherplatz, Peripheriegeräte, Zeitanteile), Compiler und anderes. Diese Abläufe belegen einen Teil der Systemarbeit und entziehen faktisch dem einzelnen Nutzer Zeit zur eigentlichen Problembearbeitung (Blindleistung). Dadurch drückt nicht die Operationsgeschwindigkeit (Kehrwert der Operationszeit) die nutzbare Leistung aus, sondern es muß der praktische Problemdurchsatz (Zahl der Anwenderprogramme, Zahl der bedienten Nutzer o.ä.) als Leistungsmaß verwendet werden.

Alle genannten Größen, Zykluszeit, Operationszeit, mittlere Operationszeit, Problemdurchsatz, werden auch praktisch zur Leistungsbewertung verwendet. In der genannten Reihenfolge drücken sie zunehmend komplexere Eigenschaften eines Systems aus: Die Zykluszeit ergibt sich - wie im Abschn. 2.4. erläutert - aus der Schaltzeit der verwendeten Elemente und aus der maximalen Kettenlänge der kombinatorischen Schaltungsteile. Sie ist damit ein Ausdruck für die Leistungsfähigkeit der Schaltkreisbasis und den schaltalgebraischen „Pfiff" des logischen Detailentwurfs. Die Zykluszeiten moderner digitaler Systeme liegen gegenwärtig etwa bei 100 ns und darunter.

Die Operationszeit wird durch die Zykluszeit, multipliziert mit der Anzahl der Zyklen je Operation, ausgedrückt. In der Zyklenanzahl, d.h. Anzahl der Elementarschritte je Operation, kommt die Leistungsfähigkeit der verwendeten Ablaufalgorithmen zum Ausdruck. Die mittlere Operationszeit ist das gewichtete Mittel über alle Operationen. Sie beinhaltet sowohl die unterschiedliche Bedeutung der einzelnen Operationen als auch spezielle strukturelle Maßnahmen zur Beschleunigung einzelner oder aller Operationen. Bei modernen Systemen liegt sie im unteren Mikrosekundenbereich. (Das heißt, die Operationsgeschwindigkeit dieser Systeme liegt bei 100 000 bis 1 Million oder mehr Operationen je Sekunde.)

Der Problemdurchsatz ist das komplexeste Leistungskriterium. Er trifft vorwiegend auf separate Datenverarbeitungsprozesse zu und beinhaltet sowohl spezielle Hardwareeigenschaften wie Operationsgeschwindigkeit, Speichergröße, Peripherieausstattung, Datenübertragungsraten als auch die Leistung von Operations- und Steuerprogrammen sowie auch Eigenschaften der konkreten Anwenderprobleme.

Zur Bewertung des Problemdurchsatzes werden Größen verwendet wie die Verweilzeit eines Problems im System oder der Parallelitätsgrad (Multifaktor), d.h. gleichzeitige Bearbeitung mehrerer Probleme. Der Problemdurchsatz ist sehr vom konkreten Anwendungsfall abhängig. Er ist weniger als objektives Kriterium für die Leistungsfähigkeit einer Systemstruktur, sondern mehr für die ökonomische Begutachtung eines Systems in konkreten Anwendungsfällen geeignet.

Die Leistungsdaten von komplexen Systemen können gemessen oder berechnet werden. Das Messen erfolgt entweder mit speziellen Meßmitteln (Monitoren), das sind eingebaute Hardwaremittel oder innerhalb der Verwaltungs- und Steuerprogramme vorhandene Komponenten zur Bewertung der Nutzeraktivität, oder durch Lauf von Meßprogrammen (Benchmark-Programme). Bei beiden Varianten besteht grundsätzlich die Schwierigkeit, Systeme mit unterschiedlicher Architektur zu bewerten und exakt zu vergleichen. Sowohl Monitore als auch Meßprogramme müssen auf das jeweilige System umgesetzt werden, wodurch Verzerrungen zugunsten des einen oder anderen Systems möglich sind.

Die Berechnung von Leistungsdaten betrifft vorwiegend die mittlere Operationszeit. Der Problemdurchsatz läßt sich wegen der zahlreicheren Einflußgrößen und der komplizierteren Zusammenhänge praktisch kaum berechnen.

Zur Berechnung der Operationszeit wird von der Zykluszeit, den realisierten Ablaufalgorithmen, der Systemstruktur (mögliche Parallelarbeit, Pufferspeicher o.ä.) und von Annahmen über Verteilung von Daten und Befehlen ausgegangen. Letztere werden aus realen Programmen gewonnen.

Eine besondere Bedeutung haben hierbei Annahmen zu den relativen Häufigkeiten (Gewichte g_i) der einzelnen Befehle oder Befehlsgruppen. Mit ihnen wird die mittlere Operationszeit T aus den Operationszeiten T_i der einzelnen Befehle berechnet:

$$T = \sum_{i=1}^{n} g_i T_i. \qquad (108)$$

Ein Satz von Gewichten g_i wird oft als (Befehls-) Mix bezeichnet. Es gibt unterschiedliche Mixe für verschiedene Hauptanwendungsgebiete (kommerzielle bzw. wissenschaftlich-technische). Eine grobe Wichtung ist etwa durch folgende prozentuale Anteile gegeben: Lade- und Speicher-Befehle 40 %, Sprungbefehle 25 %, arithmetische Befehle 15 %, Boolesche und Verschiebebefehle 10 %, andere Befehlstypen 10 %. (Zur Leistungsbewertung speziell von Rechnern siehe [50].)

Für den Systementwurf ist die Messung von Leistungskennziffern nicht geeignet, weil sie im „Papierstadium" des Systems - von Simulation abgesehen - nicht sinnvoll durchgeführt werden kann. Sie dient deshalb im Rahmen des Entwurfs vorwiegend dem nachträglichen Nachweis für das Erreichen der Leistungszielstellung.

Die geeignete Kennziffer für den Systementwurf ist die mittlere Operationszeit. Sie ist ein zutreffendes Maß für die reine Hardwareleistung des Systems und läßt sich relativ gut in Detailrichtlinien für den Entwurfsprozeß untersetzen.

Die Vorgehensweise ist meist die folgende: Man geht von der notwendigen oder angestrebten Operationsgeschwindigkeit V_{Op} aus (gemessen in Operationen je Sekunde, manchmal auch in MIPS - Millionen Instruktionen je Sekunde - ausgedrückt), woraus sich nach der einfachen Beziehung $T_{Op} = 1/V_{Op}$ die mittlere Operationszeit ergibt.

Als nächstes wird eine überschlägliche Betrachtung durchgeführt, welche Zykluszeit im System mit angemessenen Mitteln erreichbar und welche mittlere Zyklenzahl je Operation notwendig ist, um die mittlere Operationszeit zu schaffen. (Dies ist beispielsweise eine Stelle im Top-down-Entwurfsprozeß, wo der Bottom-up-Entwurf seinen Platz hat: Durch vereinfachte Probeentwürfe ausgewählter typischer Schaltungen und Abläufe erhält man Anhaltspunkte für die Festlegung von Zykluszeit und mittlerer Zyklusanzahl.)

Wenn alle Operationen in der Nutzung gleich häufig benötigt werden, ist damit das Entwurfsziel, die erforderliche Zyklenzahl je Operation und die Zykluszeit, bereits formuliert. Treten die Operationen mit unterschiedlichen Häufigkeiten auf, so ist nach Festlegung des Mixes eine Verteilung zu bestimmen, die jeder Operation die erforderliche Zyklenanzahl zuweist. (Diese Aufgabe gestattet mehrere Lösungen, was für aufwandsarme oder in anderer Weise günstige Lösungen ausgenutzt werden kann.) Zu berücksichtigen ist dabei, ob eventuell für bestimmte Operationen unabhängig von mittlerer Operationszeit und Mix selbständige absolute Forderungen bezüglich ihrer Operationszeit bestehen.

5.5.4.2.3. Strukturelle Lösung

Der erste Schritt bei der Umsetzung der globalen Systemfunktion (äußere Architektur) auf die Systeminnenarchitektur besteht gewöhnlich darin, den Speicher als selbständigen Modul zu realisieren. Außer der Tatsache, daß die Speicherfunktion gut separierbar ist und ein einfaches, klares Interface besitzt, spielen dabei auch technologische Vorteile eine Rolle. Für die Realisierung von Speichern stehen spezielle Bauelemente mit höherer Integrationsdichte zur Verfügung, die einen aufwands- und kostengünstigeren Aufbau gestatten als mit den sonst verwendeten Elementen.

Die Aufrufbreite des Speichers richtet sich primär nach den definierten Daten- und Befehlsformaten. Es ist dabei zu bedenken, ob Befehle und Daten jeweils mit einem Zugriff oder eventuell mehreren geholt werden sollen. Die Kapazität des Speichers hängt vom mittleren oder auch maximalen Problemumfang ab, d.h., wieviel Befehle und Daten sich im Speicher befinden müssen, um eine Aufgabe aus dem vorgesehenen Anwendungsgebiet geschlossen bearbeiten zu können.

Das Separieren des Speichers führt zunächst zu einer Innenarchitektur, wie sie Bild 5.52a zeigt. Der Komplex P, der die eigentliche Systemfunktion realisiert, wird als Prozessor bezeichnet. Hierzu ist zu bemerken, daß bei dieser Struktur und Von-Neumann-Architektur eine Operation im allgemeinen nicht mehr in einem Taktzyklus realisiert werden kann. Da ein Speicherzugriff mindestens einen Taktzyklus benötigt, für die typische Operation aber Befehle und Daten gelesen und Ergebnisse abgespeichert werden müssen, beträgt die Dauer eines einzelnen Befehls mindestens zwei bis drei Taktzyklen, bei komplizierterer Befehlsfunktion meist wesentlich mehr.

Der üblicherweise große Funktionsumfang des Prozessors (verschiedene Befehle, Eingriffsbehandlung u.a.) macht als nächstes eine Trennung in Verarbeitungswerk und Steuerwerk notwendig (Bild 5.52b). Das Verarbeitungswerk enthält alle für die Funktion notwendigen inneren Variablen in Form von Registern (Befehlszähler, Befehlsregister, Akkumulator bzw. andere Datenregister) und Verknüpfungswerke in Form kombinatorischer Schaltungen.

Das Steuerwerk bekommt als wesentliche Eingabe den Befehlscode, außerdem weitere Signale aus dem Verarbeitungswerk und von der Bedieneinrichtung (z.B. Start- und Stoppsignale) und bildet für jede Operation die entsprechende Steuersignalfolge. Für einfachere Systeme genügt eine Folgesteuerung, umfangreichere Befehlssätze und kompliziertere Operationen werden jedoch als Mikroprogrammsteuerwerk realisiert.

Eine solche Struktur gestattet für kleinere Systeme mit nicht zu hohen Leistungsanforderungen eine auch bezüglich Aufwand und Kosten optimale technische Realisierung. Wenn jedoch aus den Geschwindigkeitsbetrachtungen folgt, daß mit dieser Struktur die notwendigen mittleren Zyklenzahlen nicht erreicht werden können, so muß schon auf der Ebene der Innenarchitektur nach Möglichkeiten gesucht werden, die Abläufe zu beschleunigen.

Eine erste und oft verwendete Möglichkeit, die sich gleichmäßig auf alle Operationen auswirkt, ist, die zwei Hauptschritte der Von-Neumann-Architektur - Befehlsaufbereitung und Befehlsausführung - nicht zeitlich nacheinander im Verarbeitungswerk, sondern in getrennten Funktionsblöcken auszuführen. Diese können wegen ihrer seriellen Arbeitsweise als Pipeline ausgebildet werden (vgl. Abschn. 5.3.4.5.), so daß parallel zur Ausführung des einen Befehls bereits der nächste Befehl vorbereitet wird (Befehlslesen, Adressenrechnung u.ä.). Zeitlich tritt damit die Befehlsaufbereitung nicht mehr in Erscheinung, und die Operationszeit besteht effektiv nur noch aus den Ausführungszyklen.

Man erhält damit die im Bild 5.52c gezeigte Struktur. Das Mikroprogrammsteuerwerk wirkt dann nur noch auf das Verarbeitungswerk, währenddem das relativ monofunktionale Befehlsvorbereitungswerk BVW günstigerweise durch eine weniger aufwendige Folgesteuerung FS gesteuert wird.

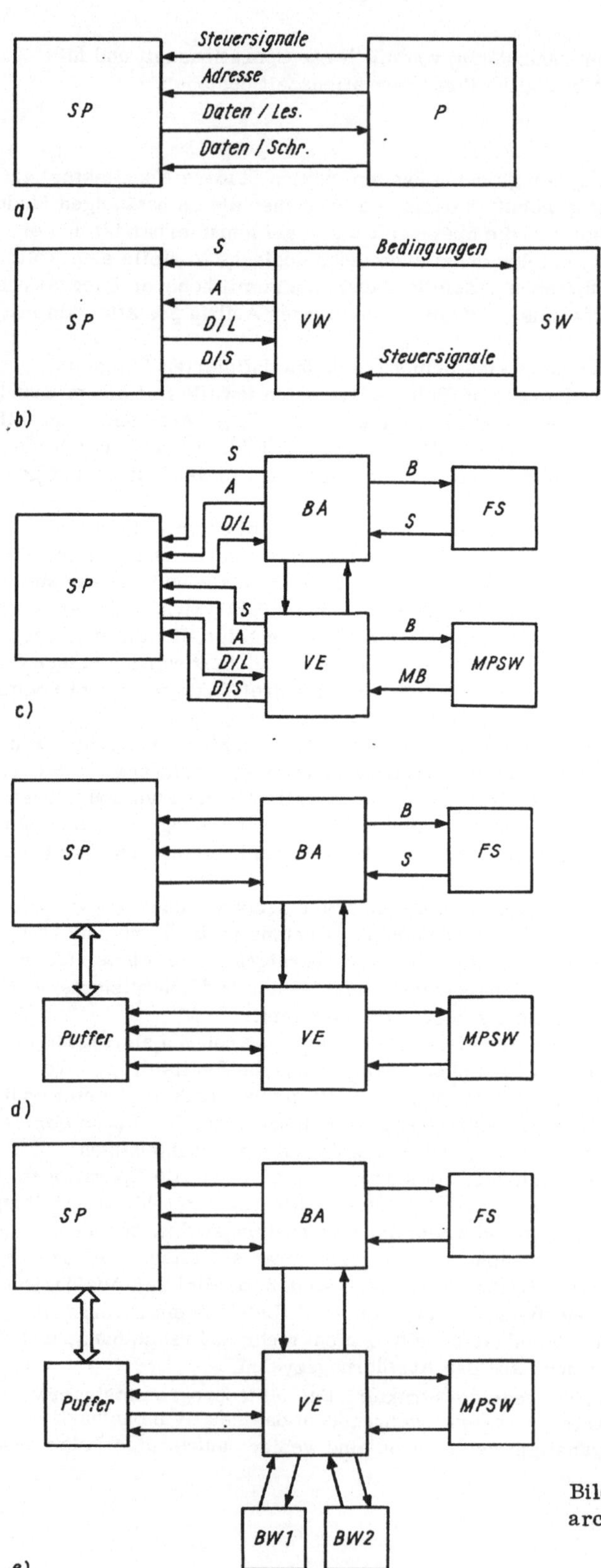

Bild 5.52. Varianten der Innenarchitektur eines Rechners

Stellt sich bei der nachfolgenden Analyse noch immer eine zu große mittlere Zyklenanzahl der Befehlsausführung heraus, so sollte differenziert nach den größten Zeitanteilen gesucht werden. Wenn z.B. alle Operationen durch zu große Zugriffszeiten zum Hauptspeicher verlangsamt werden (was in der Praxis oft der Fall ist, weil die in der Schaltung möglichen Zykluszeiten wesentlich geringer sein können als die Zugriffszeiten zu größeren Speichern), so kann der Einsatz eines Pufferspeichers generelle Abhilfe schaffen (Bild 5.52d).

Die mittlere Zyklenanzahl kann aber auch durch einzelne extrem lange Operationen oder durch hochgewichtete etwas zu langsame Operationen beeinflußt sein. In diesem Fall helfen zielgerichtete Beschleunigungsmaßnahmen für die ausschlaggebenden Operationen. Beispielsweise werden i.allg. Multiplikation und Division durch wiederholte Addition und Subtraktion realisiert. Ergibt dies aber im Rahmen der Leistungsziele zu lange Abläufe, kann etwa ein zusätzliches Multiplizierwerk oder Dividierwerk eingesetzt werden (Bild 5.52e).

Unabhängige Verarbeitungswerke für unterschiedliche Befehle bieten prinzipiell auch die Möglichkeit zur Parallelarbeit, d.h. zur gleichzeitigen Ausführung mehrerer Befehle. Der damit möglichen Geschwindigkeitssteigerung steht als Schwierigkeit das steuertechnische Beherrschen von Konfliktsituationen entgegen. Solche treten beispielsweise auf, wenn der Folgebefehl Ergebnisse des parallel laufenden Vorgängers benötigt oder wenn zwischen parallel ablaufenden Befehlen Eingriffsbedingungen (z.B. Bedienanweisungen oder Prozeßsignale) zu behandeln sind.

5.5.4.3. Weiterentwicklung der klassischen Architektur

Im wesentlichen beruhen alle gegenwärtigen Architekturen ausschließlich auf dem Von-Neumann-Konzept. Der tieferliegende Grund dieser Tatsache liegt in der weitreichenden Bedeutung der Turingmaschine, der einfachsten Konkretisierung des Von-Neumann-Konzepts, als universelles System zur Realisierung von Algorithmen. Solange digitale Systeme Algorithmen abarbeiten, wird sich daran kaum etwas Gravierendes ändern. Inwiefern Informationsverarbeitung auf neuen Grundlagen, etwa assoziativen oder Lernprinzipien, wirklich Neues bringen kann, läßt sich noch nicht sagen. Hier hat die Entwicklung das praktische Stadium noch nicht erreicht. (Vgl. dazu z.B. [77] [79] [116] [117].)

In der Praxis eingeführte Weiterentwicklungen betreffen genaugenommen nur die Innenarchitektur. Sie dienen meist der Leistungsverbesserung und der Beherrschung größerer Komplexität. Die Weiterentwicklungsrichtungen lassen sich hauptsächlich durch drei Prinzipien kennzeichnen:

- Übergang zur Parallelität (Gleichzeitigkeit) von Abläufen,
- Einführung hierarchischer Steuerungsprinzipien,
- Dezentralisierung, d.h. relativ selbständige Bearbeitung von Teilproblemen in separaten, in sich vollständigen Komplexen mit gelegentlichem gegenseitigem Informationsaustausch.

Diese Prinzipien leiten sich weitgehend folgerichtig aus den Bemühungen um Vergrößerung von Geschwindigkeit und Problemdurchsatz ab. Einige Ansätze dieser Art wurden im vergangenen Abschnitt erläutert. Die Entwicklung wird forciert durch die Verringerung der Hardwarekosten und vor allem durch die Fortschritte der Mikroelektronik. (Siehe dazu [97] [99] [100] [118].)

Eine erste entscheidende Verbesserung der Innenarchitektur komplexer Systeme wurde durch folgende Überlegung hervorgerufen: Die Befehlsgruppe der sog. Ein- und Ausgabebefehle ist stets um Größenordnungen langsamer als andere Befehle. Das liegt daran, daß die Zusammenarbeit mit externen Geräten, bei denen sehr oft mechanische Prozesse eine Rolle spielen, gegenüber der internen elektronischen Realisierung wesentlich mehr Zeit beanspruchen. Dadurch bleiben aber während der Ein- oder Ausgabe leistungsfähige Systemteile verhältnismäßig lange ungenutzt.

Es lag daher nahe, parallel zu den Ein- und Ausgabeoperationen andere, rein interne Abläufe auszuführen. Dazu ist erforderlich, daß die Ein- und Ausgabeoperationen durch separate Komplexe autonom realisiert werden. Diese werden durch den Befehlsaufruf zur selbständigen Arbeit gestartet, danach kann sofort ein neuer Befehl vorbereitet und im Verarbeitungswerk ausgeführt werden.

Die wirksame Umsetzung dieser Absicht macht jedoch eine weitere Modifikation der Architektur notwendig: Im Rahmen eines Programmablaufs ist es i.allg. nicht möglich, eine Eingabeoperation zu starten und parallel dazu sofort den nächsten Befehl auszuführen. Normalerweise baut das nachfolgende Programmstück auf die Eingabeoperation auf, indem es die eingelesenen Daten weiterverarbeitet. Die parallele Arbeit von E/A-Operationen und Prozessor ist deshalb nur sinnvoll, wenn beide nicht miteinander zusammenhängen, sondern unterschiedlichen Programmabschnitten (Aufgaben) angehören. Prinzipiell können auf diese Weise mehrere Programme in Arbeit sein (Multiprogrammarbeit), wobei eines den Prozessor belegt und mehrere andere mit E/A-Operationen beschäftigt sind.

Zur Realisierung dieser Arbeitsweise müssen im System drei weitere Spezialfunktionen vorhanden sein: 1. Nach dem Start einer E/A-Operation muß ein anderes Programmstück aufgerufen werden können. Dazu muß der Befehlszähler mit der Adresse eines Programmstücks geladen werden, welches als nächstes an der Reihe ist. Das erfordert einen Befehl „Lade BZ", der im Gegensatz zu einem Sprungbefehl verschiedene Befehlszählerwerte - situationsabhängig - laden kann. 2. Vor dem E/A-Start muß jedoch der alte Befehlszählerwert „gerettet" werden, denn das betreffende Programm muß nach Beendigung der E/A-Operation an der gleichen Stelle fortgesetzt werden. Auch hierzu ist ein spezieller Befehl - sinngemäß „Speichern BZ" - notwendig. 3. Das Ende einer E/A-Operation muß erkannt werden und zur Fortsetzung des zugehörigen Programms führen.

Dieses dritte Problem wird mit Hilfe eines sog. Unterbrechungssystems gelöst. Es arbeitet in der Weise, daß nach jedem Befehl getestet wird, ob irgendwelche Unterbrechungsbedingungen, nicht nur E/A-Endemeldungen, aufgetreten sind, die einen Übergang zu einem anderen Programm erfordern. (In gewisser Weise ist dies eine Verallgemeinerung der schon im Bild 5.50 dargestellten Eingriffsbehandlung.)

Wenn Unterbrechungsbedingungen anliegen, wird der Befehlszähler grundsätzlich gerettet (denn auch das abgebrochene Programm muß später fortgesetzt werden) und ein neuer Befehlszählerwert geladen, der die Fortsetzung des zur Unterbrechung gehörenden Programms gestattet. Damit ist der im Bild 5.53 dargestellte Ablauf entstanden (BL ist die Länge des Befehlswortes), der als Modifikation der Von-Neumann-Architektur in Richtung größerer Parallelität anzusehen ist.

Die Handhabung des Unterbrechungssystems verlangt die Verwaltung derjenigen Programmstücke, zwischen denen bei Unterbrechungen gewechselt werden muß. Zu diesem Zweck existiert ein Steuerprogramm, welches mit Hilfe von Tabellen im Speicher eine Übersicht über den Systemzustand hat und jeweils das nächste geeignete Programmstück auswählt und aufruft. Die Unterbrechung eines Programms führt deshalb zunächst in das Steuerprogramm. (Vgl. dazu [119].)

Mit dem Zusammenspiel Steuerprogramm/Problemprogramm ist ein hierarchischer Arbeitsstil (Steuerhierarchie, Auftragshierarchie) eingeführt, der ein weiteres Merkmal weiterentwickelter Architekturen ist. Der Befehlszähler wird unter diesen Bedingungen um weitere Zustandsvariable zum sog. Programmzustandswort (PSW - von engl. program status word) ergänzt. Darin sind Angaben über Steuer- oder Problemzustand, unterbrechbar oder nicht unterbrechbar und andere Informationen enthalten.

In ausgebauter Form führt die Parallelisierung der Systemarbeit unter einer Steuerhierarchie zur dezentralen Problembearbeitung in relativ selbständigen Prozessoren (Multiprozessoren). Besonders auf der Basis von VLSI-Schaltkreisen, speziell von Mikroprozessoren, gibt es verschiedene Ansätze in Richtung von Multimikroprozessorarchitekturen (siehe z.B. [42] [120]). Eine andere Form sind Rechnernetze ([121]), die durch Kommunikation zwischen Monoprozessoren über Datenfernübertragungsverbindungen realisiert werden.

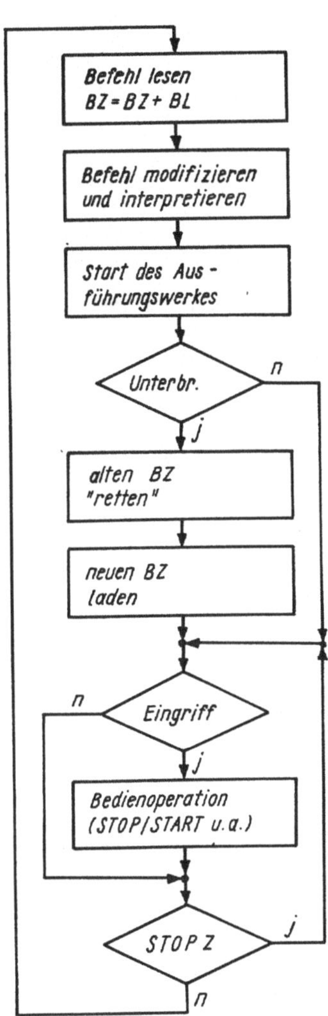

Bild 5.53
Detailliertere Steuerung einer von-Neumann-Maschine

Ein besonderes Problem komplizierterer Architekturen ist die Art der Kommunikation zwischen den Moduln bzw. Prozessoren. Eine erste und in der Entwicklung von Multiprozessorsystemen am Anfang stehende Form ist die Zusammenarbeit über einen gemeinsamen Speicher (Bild 5.54a). Dazu wird eine leistungsfähige Speichersteuerung SPST benötigt, die unter anderem auch Speicherschutzeinrichtungen benötigt, die die gegenseitige störende Beeinflussung von Programmen verhindert.

Eine konsequent dezentrale Multiprozessorstruktur wird jedoch sinnvollerweise mehr mit lokalen (privaten) Speichern arbeiten, in denen die relativ selbständigen Teilaufgaben enthalten sind. Meist wird auch ein globaler Speicher existieren, der die für alle Teilkomplexe gemeinsamen Informationen enthält. In diesen wird jedoch bei der selbständigen Bearbeitung von Teilaufgaben seltener zugegriffen.

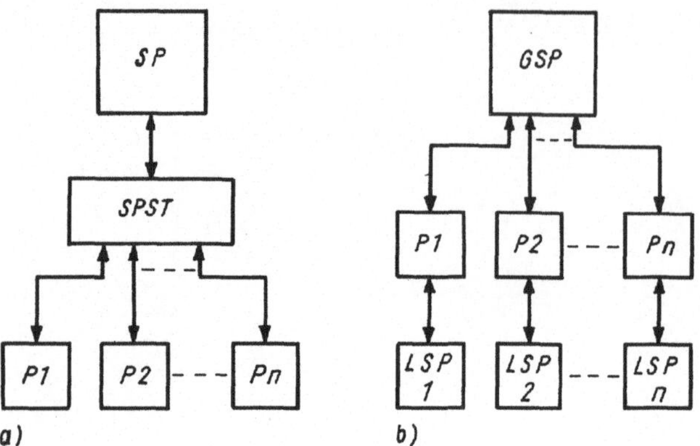

Bild 5.54. Kopplung von Mehrprozessorsystemen über einen gemeinsamen Speicher

Die Flexibilität der Verbindungsbeziehungen spielt in Netzstrukturen eine wichtige Rolle. Wenn zwischen Subsystemen nur Zwei-Punkt-Verbindungen existieren, so lassen sich nur feste Netze aufbauen, die als Baum-, Ring-, Kreuz-, Feldstrukturen realisiert sein können (Bild 5.55a...d).

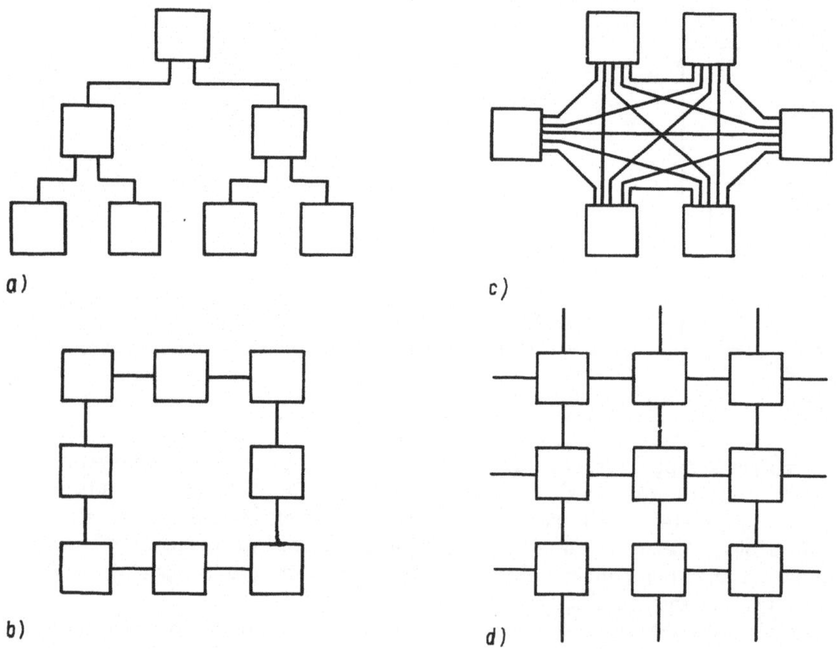

Bild 5.55
Mehrprozessornetze auf der Basis von Zwei-Punkt-Verbindungen

Wünschenswert sind aber auch Strukturen, wo gegebenenfalls jeder Block mit jedem in Verbindung treten kann und dadurch variable Beziehungen zwischen den Subsystemen organisiert werden können. Dazu sind Verbindungen nach dem Bus-Prinzip oder dem Prinzip des Kreuz-Schienen-Verbinders (cross-bar-switch) geeignet (vgl. Bilder 5.56a und b sowie [122].)

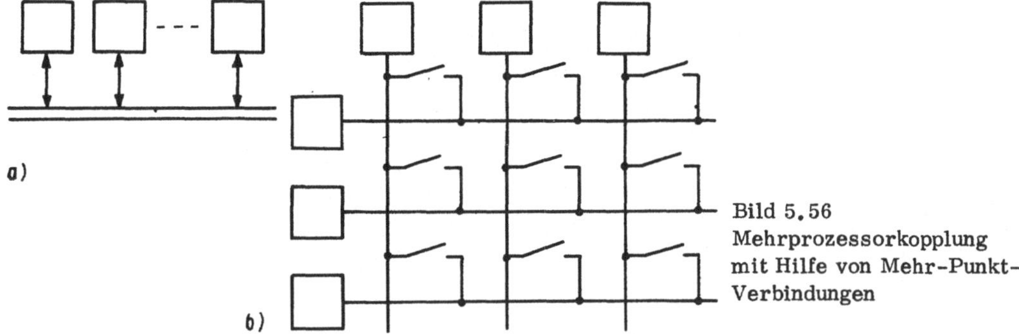

Bild 5.56
Mehrprozessorkopplung mit Hilfe von Mehr-Punkt-Verbindungen

Netzarchitekturen dienen vor allem der Erhöhung des Problemdurchsatzes und dem flexiblen Einsatz von Systemressourcen. Ein wesentlicher Grund ist weiterhin die Verbesserung der Zuverlässigkeit und Verfügbarkeit.

5.5.5. Blocksynthese

Als Blocksynthese ist allgemein jede Entwurfsetappe zu bezeichnen, bei der Strukturen aus zusammengeschalteten Komponenten gebildet werden, die noch keine elementaren Schaltkreise bzw. logische Gatter sind. Die oberste Stufe der Blocksynthese ist die Innenarchitektur, die unterste Stufe der Register-Transfer-Entwurf. Bei größeren und komplizierteren Systemen existieren unter Umständen mehrere Blocksyntheseschritte, die durch mehrfache Dekomposition und Strukturierung von Funktionsblöcken zustande kommen.

Beispielsweise läßt sich ein Pufferspeicherblock kaum sofort in detaillierter Form entwerfen. Im allgemeinen wird er zunächst noch aus nicht unbedingt elementaren Blöcken zusammengesetzt, wie Datenspeicher, assoziativer Adreßspeicher, Alterungslogik u.ä. (vgl. Bild 5.30).

Die Aufgabe der Blocksynthese besteht in der weiteren Untersetzung eines komplexen Funktionsblockes mit den Zielen:

- entwurfsmethodische Vereinfachung,
- Erreichen der Leistungsforderungen,
- Berücksichtigung technologischer Randbedingungen (Gefäßsystem, Verbindungstechnologie usw.),
- Reduzieren von Komponenten- und Typenanzahl.

Die methodische Vorgehensweise bei der Blocksynthese unterscheidet sich auf den einzelnen Stufen kaum und entspricht dem, was in den Abschnitten 5.3. und 5.5.4.2. gesagt wurde.

5.5.6. Register-Transfer-Entwurf

Auf der Ebene des Register-Transfer-Entwurfs wird ein Block dargestellt unter Verwendung von Registern für die internen Variablen und rein kombinatorischen Komplexen für die Verknüpfungsfunktionen. Bild 5.57 zeigt als Beispiel eine einfache Register-Transfer-Struktur für das Verarbeitungswerk von Bild 5.52c. Die Stufe des RT-Entwurfs ist - abhängig von der Komplexität einer Blockfunktion - dann erreicht, wenn diejenigen elementaren Verarbeitungsschritte zwischen zwei Takten festgelegt sind, aus denen sich alle funktionellen Abläufe eines Blocks zusammensetzen lassen.

Der RT-Entwurf resultiert aus der Verfeinerung einer Blockfunktion in Ablaufschritte (serielle Dekomposition und Zwischenspeicherung der Zwischenvariablen in Arbeitsregistern), wobei für alle Funktionen eines Blocks möglichst gleiche Subfunktionen als „Ablaufbausteine" verwendet werden.

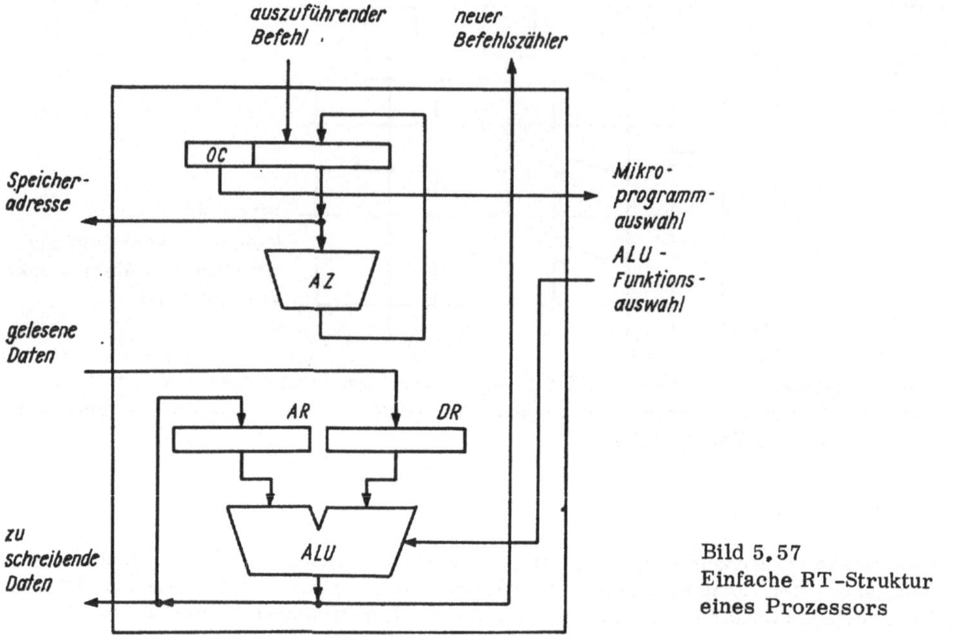

Bild 5.57
Einfache RT-Struktur eines Prozessors

Beispielsweise wird versucht, alle arithmetischen Funktionen eines Systems auf die duale Addition zurückzuführen. Die dezimale Addition wird - wie im Abschn. 5.3.4.3. erläutert - durch Hinzunahme der 6-Korrektur auf die duale Addition zurückgeführt, Subtraktion wird durch Addition des Komplements realisiert, Multiplikation durch wiederholte Addition und Verschiebung usw. Auf diese Weise existiert als Kern für die arithmetischen Funktionen eine ALU, alle anderen Funktionen laufen in dieser Struktur als komplexerer Ablauf ab.

Typisch ist für den RT-Entwurf die Trennung von Datenteil und Steuerteil des zu entwerfenden Blocks. Die aus der Dekomposition der Funktionen resultierende Struktur aus Registern und kombinatorischen Schaltungen bildet den Datenteil. Dieser benötigt für das definierte Schalten von Register zu Register sowie zur Steuerung der Kombinatorik (z.B. Addition/Subtraktion) Steuersignale, die vom zugehörigen Steuerteil gebildet werden. Die Funktion des Steuerteils wird durch die Steuersignalfolge bestimmt, die zur Realisierung eines Ablaufs im Datenteil notwendig ist. Das bedeutet, der Datenteil enthält gewissermaßen die aus der Dekomposition des Blocks hervorgegangenen Elementarfunktionen, der Steuerteil enthält die „Vorschrift", wie aus den Elementarfunktionen die zu realisierende Blockfunktion zusammengesetzt wird.

Zum Entwurf von Steuerwerken sei auf Abschn. 5.3.4.6. verwiesen.

5.5.7. Logischer Detailentwurf

Der logische Detailentwurf hat die Feinstrukturierung von Systemen auf der Basis elementarer digitaler (meist binärer) Einheiten zum Ziel. Er folgt auf den RT-Entwurf und realisiert Register und konbinatorische Funktionskomplexe durch Schaltungen aus logischen Elementen (Gattern, SSI- bzw. MSI-Schaltkreisen, RAM- und ROM-Elementen). Wenn die in RT-Darstellung gegebenen Blöcke mikroprogrammgesteuert sind, gehört auch der konkrete Mikroprogrammentwurf (Mikroprogrammierung) zum logischen Detailentwurf.

Das Kernstück des logischen Schaltungsentwurfs besteht aus der Aufgabe, die Funktion von kombinatorischen Blöcken, die vorwiegend als Wertetabelle, Boolesche Gleichung oder verwandte Form gegeben ist, so zu dekomponieren, daß die verwendeten Subfunktionen den konkret verfügbaren Bauelementen entsprechen und daß der festgelegte Taktabstand eingehalten wird. Dies kann als der klassische Teil des digitalen Systementwurfs betrachtet werden und muß hier nicht näher erläutert werden. (Vgl. dazu Abschn. 2.2.5.3. und z.B. [4] [12] [14].)

Zur Erhöhung der Entwurfseffektivität bei größeren Systemen besteht insbesondere für den logischen Detailentwurf die Forderung nach weitgehender Automatisierung. Obwohl der algorithmische Entwurf von logischen Schaltungen schon immer eines der wichtigsten Gebiete der Theorie des Schaltungsentwurfs war, gibt es zur Entwurfsautomatisierung bei modernen Systemen noch keine hinreichend allgemeingültigen Ergebnisse. Der wichtigste Grund dafür ist, daß durch die schnelle Entwicklung der technologischen Basis theoretische Lösungen zu diesem Problem durch neue praktische Möglichkeiten überholt wurden. Besondere Schwierigkeiten entstehen durch das Berücksichtigen praktischer Randbedingungen sowie moderne technische Lösungen wie ausgangsseitige Verknüpfungen (Draht-UND, Draht-ODER), bidirektionale Verbindungen, schalterähnliche Logikelemente (MOS-Transfer-Gatter), Tri-state-Anschlüsse, höher-integrierte Elemente.

Praktische Ergebnisse der Entwurfsautomatisierung existieren deshalb nur für Teilprobleme, z.B. Unterstützung der manuellen Arbeit im Rahmen des systematischen Entwurfs (z.B. Entwurfserfassung, -aufbereitung, -dokumentation, Vervielfältigung, Umformung, Einsetzen von Standardentwürfen, Simulation, Dialogarbeit über Bildschirm usw.). Außerdem gibt es algorithmische Lösungen unter bekannten, eingeschränkten Bedingungen, etwa für PLA-Entwurf, bei Verwendung niedrig-integrierter Elemente oder vereinfachter Standardlösungen. (Siehe dazu etwa [63] [64] [65] [123].)

Der Mikroprogrammentwurf (Mikroprogrammierung) besteht aus dem Ablaufentwurf für die in der RT-Struktur zu realisierenden Funktionen und aus der Codierung der einzelnen Ablaufschritte. Er nimmt eine gewisse Mittelstellung zwischen Hardware- und Software-Entwurf ein: Mikroprogrammierung ist nur möglich bei genauer Kenntnis von Schaltungsdetails. Andererseits besitzt sie methodisch enge Verwandtschaft zum Software-Entwurf und bedient sich ähnlicher Mittel (z.B. Unterprogrammtechnik, Mikroprogrammassembler, Debugger u.ä.).

Zu Problemen des Mikroprogrammentwurfs siehe etwa [50] [83] [84] [85] [124].

5.5.8. Technischer Entwurf

Nachdem im logischen Schaltungsentwurf die letzten digitalen (binären) Einzelheiten festgelegt wurden, ist es Aufgabe des technischen Entwurfs, die logischen Elementarfunktionen mit einer geeigneten Basistechnologie zu realisieren und alle materiell-technischen Details zu erarbeiten. Damit wird die logisch-digitale Ebene verlassen.

Zu den technologischen Problemen, die hier nur genannt, aber nicht behandelt werden können, gehören z.B.: Auswahl bzw. Entwurf der elektronischen Grundschaltungen (Transistorentwurf), Plazierung der Schaltungen auf physikalische Träger (z.B. Leiterkarte, Halbleiterfläche), Festlegung der Leiterzüge (Trassierung), beim Schaltkreisentwurf auch Layoutentwurf.

Für die Behandlung der damit zusammenhängenden Probleme sei auf die Literatur verwiesen, z.B. [63] [42] [105] [101] [125].

5.6. Entwurfsüberprüfung

5.6.1. Grundlagen

Die Entwurfsüberprüfung ist der letzte Schritt der Arbeiten auf einer Entwurfsebene (siehe Abschn. 5.2.). Sie hat die Aufgabe, die Zielstellungen einer Entwurfsetappe als erfüllt nachzuweisen, damit der folgenden Etappe eine gesicherte Grundlage für die dort auszuführenden Entwurfsarbeiten übergeben werden kann. Wenn die Zielstellungen einer Entwurfsetappe nicht oder nur zum Teil erreicht wurden, so ist es notwendig, bestimmte Schritte oder den gesamten Entwurfsablauf dieser Ebene zu wiederholen, bis die gestellten Anforderungen erfüllt werden. Andernfalls würden Fehler, ungelöste Probleme oder unvollständige Lösungen in nachfolgende Entwurfsetappen verschleppt, wo sie i.allg. schwer korrigierbar sind. In besonders kritischen Fällen kann es dann sein, daß zur vorhergehenden Etappe zurückgekehrt werden muß, um das Problem von neuem zu bearbeiten und gründlicher zu lösen. Diese Iteration über mehrere Etappen bringt Zeitverlust und organisatorische Schwierigkeiten, insbesondere wenn unterschiedliche Teilkollektive beteiligt sind.

Als Voraussetzung für eine systematische Entwurfsüberprüfung ist die Beschreibung (Dokumentation) der Entwurfsergebnisse erforderlich. Je nach deren Genauigkeit kann die Entwurfsüberprüfung unterschiedlich streng und damit unterschiedlich verläßlich ausfallen. Verbale Beschreibungen (Berichte, Listen o.ä.) lassen sich praktisch nur durch Mitarbeiter kontrollieren; das Überprüfungsergebnis ist dementsprechend subjektiv und möglicherweise irrtumsbehaftet. Außerdem bringt es der stets vorhandene Zeitdruck mit sich, daß manuelle Überprüfungen gekürzt und flüchtig durchgeführt werden.

Eine systematisch betriebene Entwurfsüberprüfung muß von subjektiven Einflüssen freie Verfahren verwenden, die den Entwurf an zutreffenden, objektiven Kriterien messen. Das erfordert die exakte, rechentechnisch faßbare Beschreibung aller wesentlichen Systemdetails in jeder Ebene, auf der algorithmische oder mindestens rechnergestützte Prüfungsverfahren aufgebaut werden können.

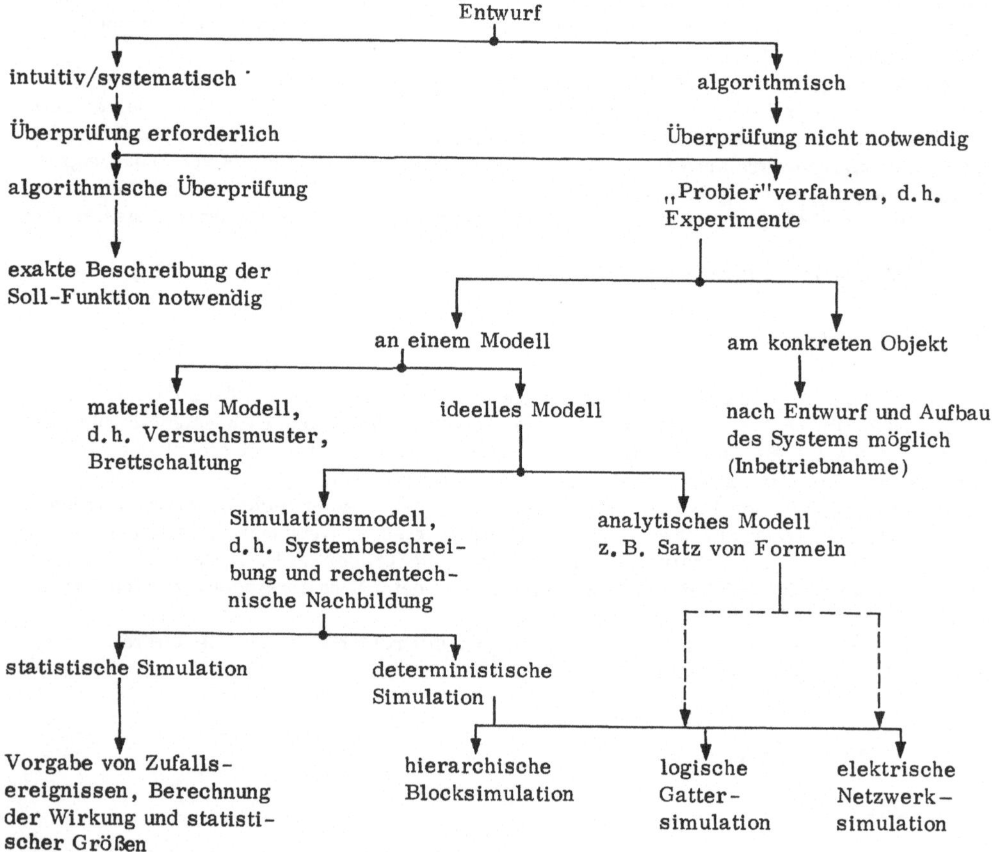

Bild 5.58. Übersicht zur Entwurfsüberprüfung

Bild 5.58 zeigt eine Übersicht von Möglichkeiten zur systematischen Entwurfsüberprüfung. Dazu ist als erstes zu bemerken, daß beim algorithmischen Entwurf keine Überprüfung notwendig ist, da hierbei das Entwurfsergebnis unter Beachtung der Nebenbedingungen direkt aus der Aufgabenstellung abgeleitet wird. Wenn dagegen der Entwurf intuitive Anteile enthält, muß er unbedingt nachträglich überprüft werden, um Irrtümer, Verletzungen von

Randbedingungen oder Entwurfsregeln u.ä. frühzeitig zu erkennen und korrigieren zu können.

Die gewissermaßen höchste Form ist die algorithmische Überprüfung. Diese vergleicht exakt und damit auch automatisierbar ein vorliegendes Entwurfsergebnis auf Einhaltung der funktionellen und sonstigen Zielstellungen. Dazu ist nicht nur der exakt beschriebene Entwurf notwendig, sondern ebenso die rechentechnisch auswertbare Beschreibung der Entwurfsziele.

Die Überprüfung auf Einhaltung speziell der funktionellen Zielstellungen wird als Entwurfsverifikation bezeichnet. Für die algorithmische Entwurfsverifikation liegt das Entwurfsergebnis als Strukturbeschreibung vor, als Vergleichsnormal wird die Beschreibung der Soll-Funktion benötigt.

Zur Erläuterung des Problems sei die Aufgabe gestellt, die Schaltung von Bild 4.1b zu überprüfen, ob sie die Antivalenzfunktion erfüllt. Mit den Mitteln von Abschn. 4.2. stehen Möglichkeiten zur exakten Beschreibung sowohl der Soll-Funktion als auch der Ist-Struktur bereit, die sich auch maschinell umsetzen lassen. Als erstes sei die Soll-Funktion formuliert:

```
BLOCK: SOLL; RAND E1,E2,A; A=E1&¬E2 | ¬E1&E2; BEND;
```

Der Ist-Entwurf wird beschrieben durch

```
BLOCK: IST; RAND E1,E2,A; BMENGE (B1,B2,B3,B4) NAND;
 NETZE (RAND.E1,B1.E1,B3.E1),(RAND.E2,B1.E2,B2.E2),
       (B1.A,B2.E1,B3.E2),(B2.A,B4.E2),(B3.A,B4.E1),
       (B4.A,RAND.A);
BEND;
BLOCK: NAND; RAND E1,E2,A; A=¬(E1 & E2); BEND;
```

Die Aufgabe der Entwurfsverifikation besteht darin zu zeigen, daß das aus NAND-Funktionen zusammengesetzte Verhalten der Ist-Struktur genau dem der Black-Box SOLL entspricht. Dies ist im Prinzip einfach dadurch zu lösen, daß alle Belegungen der Eingangsvariablen (bei sequentiellen Systemen auch der Zustandsvariablen) aufgestellt, Soll-Funktion und Ist-Struktur abwechselnd durchgerechnet und die Ergebnisse verglichen werden.

Praktisch ist dies jedoch wegen des enormen Datenumfangs höchstens bei sehr kleinen Systemen durchführbar. Für reale Systeme von einiger Größe werden leistungsfähigere Verfahren gebraucht. Prinzipiell beruhen diese auf der indirekten oder auf der konstruktiven Methode. Bei der indirekten Methode wird versucht, durch systematisches Suchen eine Belegung zu finden, bei der sich das Verhalten von Soll-Beschreibung und Ist-Struktur unterscheidet. Bei der konstruktiven Methode wird durch Substitution und Umformung der strukturellen Beschreibung schrittweise eine funktionelle Beschreibung erzeugt, die als äquivalent zur vorgegebenen Soll-Funktion erkannt werden kann.

Beide Verfahren sind für den allgemeinen Fall noch nicht gelöst. Dazu fehlt vor allem die vollständige Beherrschung des theoretischen Hintergrundes höherer Beschreibungsformen. Auf der Ebene der logischen Schaltungen sind dagegen Verfahren bekannt. In [64] wird ein Verfahren nach der indirekten Methode beschrieben, nach dem eine Belegung mit unterschiedlichen Ergebnissen für Soll-Funktion und Ist-Struktur systematisch konstruiert wird, sofern eine existiert. Ein konstruktives Verfahren ist auf der Grundlage der kanonischen Normalform für logische Gleichungen denkbar.

Neben der Entwurfsverifikation ist die Überprüfung auf Einhaltung vorgegebener Entwurfsregeln und technisch-konstruktiver Randbedingungen notwendig. Dies läßt sich meist relativ einfach algorithmisch realisieren, weil die entsprechenden Kriterien im wesentlichen quantifizierbar bzw. exakt formulierbar sind. Häufige Prüfungen betreffen z.B. die Einhaltung vorgegebener Grenzwerte bezüglich Anzahl der Elemente innerhalb eines Blocks (Schaltkreise auf der Steckkarte, Steckkarten im Rahmen o.ä.), Anzahl der Anschlüsse, maximale Verlustleistung je Block, maximale Kettenlänge einer Schaltung oder ähnliches.

Wenn eine algorithmische Überprüfung nicht möglich ist, muß prinzipiell mit einer unvollständigen Aussage gerechnet werden. Hauptsächlich wird dann so vorgegangen, daß mit dem konkreten Objekt oder mit einem adäquaten Modell experimentiert wird, ob das Entwurfsziel erreicht wurde oder ob Abweichungen auftreten.

Die Hauptschwierigkeit besteht hierbei darin, repräsentative Experimente zu formulieren, die in der Lage sind, wesentliche Abweichungen nachzuweisen. Insbesondere für die Entwurfsverifikation wirft dieses sog. Testdatengenerierungsproblem eine Reihe von Fragen auf, die eine systematische Lösung erschweren. Für die Darlegungen in diesem Abschnitt soll darauf nicht weiter eingegangen werden. Hier sei angenommen, daß repräsentative Testdaten gefunden seien. Im Abschn. 6.2. wird diese Frage noch speziell betrachtet.

Das zweite Problem dieser Vorgehensweise betrifft die Frage, mit welchem Objekt experimentiert werden soll. Experimente am konkreten System sind selbstverständlich nur nach abgeschlossenem Entwurf und vollständigem Aufbau des Systems möglich. Dies ist die Phase der Entwicklungsinbetriebnahme. Sie steht am Ende des Entwicklungsprozesses und dient dem abschließenden Nachweis einer erfolgreichen Entwicklung. Für alle anderen Etappen werden jedoch eine dem jeweiligen Entwicklungsstand entsprechende Modellbildung benötigt sowie geeignete Methoden zum Experimentieren mit diesen Modellen.

Man kann zunächst zwischen materieller und ideeller Modellbildung unterscheiden. Materielle Modelle (Versuchsaufbauten, elektronische Brettschaltung o.ä.) dienen meist der Erprobung physikalisch-technischer Lösungen und dem Erkennen und Vermeiden nicht erwarteter physikalischer Effekte. Sie werden gewöhnlich nur für Teile und spezielle kritische Lösungen von digitalen Systemen angewendet. Der Gesamtumfang komplexer Systeme läßt sich praktisch nicht sinnvoll als materielles Modell realisieren. Dem stehen Aufwands- und Kostengründe entgegen, außerdem mangelt es mitunter auch an der notwendigen Modelltreue, etwa bei der Modellierung von LSI-Schaltkreisen.

Ideelle Modelle, d.h. mit Hilfe mathematischer Methoden formulierte theoretische Systembeschreibungen, können in analytische und Simulationsmodelle unterteilt werden. Analytische Modelle sind möglich, wenn das zu modellierende System im Rahmen einer ausgearbeiteten Theorie beschrieben werden kann, etwa als Menge von Formeln. Das ist z.B. für logische oder elektrische Schaltungen der Fall.

Simulationsmodelle erhält man, wenn es für das System eine hinreichend exakte Beschreibungsform und einen darauf passenden Interpretationsalgorithmus gibt, der auf die Beschreibung angewendet wird und die Variablen des Systems mit den gleichen Werten belegt, wie es im realisierten System der Fall wäre. Im Unterschied zu analytischen Modellen benötigt eine solche Modellbildung keine geschlossene Theorie, sondern lediglich eine Menge von lokal geltenden Regeln, die durch den Simulations- (Interpretations-) Algorithmus ausgeführt werden.

Simulationsmodelle sind allgemeiner einsetzbar und im Prinzip für beliebige reale und fiktive Bereiche formulierbar. So kann auch jedes analytische Modell als Simulationsmodell formuliert werden, das Umgekehrte ist jedoch i.allg. nicht möglich. Beispielsweise kann die gegebene Beschreibung SOLL wegen der Verwendung Boolescher Grundfunktionen sowohl als analytisches als auch als Simulationsmodell betrachtet werden. Dagegen ist der im Abschn. 4.2.3.4. beschriebene Block MAX nicht analytisch zu formulieren.

Analytische Modelle bieten im Prinzip die Möglichkeit zur algorithmischen Verifikation, da sie auf einer ausgearbeiteten und formalisierten Theorie aufbauen, die mit Hilfe von Umformungsregeln den Nachweis der Äquivalenz von Soll-Funktion und Ist-System gestattet. Der Vorteil von Simulationssystemen besteht insbesondere darin, daß sie auf komplizierte Zusammenhänge angewandt werden können, die theoretisch noch nicht durchgearbeitet sind und mit anderen Mitteln nicht exakt und maschinell unterstützt bearbeitet werden können. Simulationsmodelle lassen sich prinzipiell durch schrittweise Anpassung mit jeder erforderlichen Genauigkeit und Übereinstimmung bezüglich eines realen Systems formulieren. (Zu Grundlagen der Modellbildung vgl. auch [126] [127].)

Bei den Simulationsmodellen sind sinnvollerweise statistische und deterministische Modelle zu unterscheiden. Bei der statistischen Simulation interessieren hauptsächlich das Langzeitverhalten des Systems bzw. seines Modells und dazugehörige globale Prozesse in seiner Umwelt. Dies erfordert eine Art „Zeitraffer"-Verfahren, indem beispielsweise von der Nachbildung physikalischer und logischer Details abgesehen und nur die Funktion bezüglich global wesentlicher Ereignisse beschrieben wird. Eine wichtige Rolle spielen dabei Zufallsgrößen und -prozesse und wahrscheinlichkeitstheoretische Betrachtungen.

Die Methoden der statistischen Systemsimulation unterscheiden sich praktisch deutlich von denen der deterministischen Simulation (vgl. dazu [128] [129] [130]). Für den Entwurfsprozeß digitaler Systeme spielen sie hauptsächlich nur während des Architekturentwurfs eine Rolle, wenn es um die relativen Häufigkeiten und Verteilungen bestimmter Größen, um Konflikte (zufälliges Zusammentreffen widersprüchlicher Situationen), Operationsgeschwindigkeit, Auslastung und ähnliches geht. Sie dient dabei weniger der Verifikation, sondern mehr dem Ermitteln von Parametern, die dem Entwurfsprozeß als Zielgrößen oder Randbedingungen vorgegeben werden.

Die deterministische Simulation bildet die zeitdiskrete Arbeitsweise eines digitalen Systems so exakt wie nötig nach. In der Modellbildung sind zwar vergröbernde, d.h. in Anzahl und Wertebereich reduzierte Variablenbeschreibung üblich, Wert und Zeitpunkt sind aber immer konkret und in ihren Abhängigkeiten untereinander determiniert. (Vollständigkeitshalber muß hier erwähnt werden, daß die funktionellen und strukturellen Beschreibungsmittel vor allem aus Abschn. 4.2.3.4. durchaus eine Blockbeschreibung gestatten, die das Auftreten der Variablenwerte von programmierten Zufallsgeneratoren abhängig macht. Damit läßt sich auch zufälliges Verhalten von Blöcken modellieren. Allerdings sind die für die statistische Simulation typischen Auswertungen hinsichtlich Verteilung, Streuung und anderes nicht auf natürliche Weise im deterministischen Simulationssystem enthalten.) Für die Entwurfsüberprüfung im Zuge des hierarchischen Entwurfsprozesses ist die deterministische Simulation das wichtigste Werkzeug.

Die deterministische Simulation kann noch einmal in hierarchische Blocksimulation, logische Gatter- und elektrische Netzwerksimulation unterteilt werden. Gatter- und Netzwerksimulation stehen im engen Zusammenhang zur analytischen Modellierung von logischen bzw. elektrischen Schaltungen. Sie sind für die untersten Entwurfsetappen gedacht und geeignet. Für den Prozeß des strukturierten Entwurfs und besonders für die höheren Stufen hat die hierarchische Blocksimulation die größte Bedeutung, weil sie in der Lage ist, die auf Blockschachtelung und dem Wechselspiel von funktioneller und struktureller Beschreibung beruhende Systemdarstellung zu modellieren.

5.6.2. Hierarchische Blocksimulation

In der Entwicklungsgeschichte der rechentechnischen Unterstützung des Entwurfsprozesses wurden zunächst die unteren Etappen exakt behandelt, zumal dafür bereits mathematische Theorien eingesetzt werden konnten. Demzufolge waren auch die ersten deterministischen Simulationsverfahren die logische Gatter- und die elektrische Netzwerksimulation (vgl. z.B. [34] [63] [131] [126]). Mit der zunehmenden Bedeutung einer systematischen Vorgehensweise in Form des hierarchisch strukturierten Entwurfs entstand jedoch auch die Forderung nach einem geschlossenen Entwurfsunterstützungssystems (CAD - von engl. computer aided design) und einer adäquaten Simulationsmethode (siehe [101] [105] [123]). Diese sollte den folgenden Forderungen genügen:

- Anwendbarkeit auf alle Entwurfsebenen, möglichst auf einheitlicher Beschreibungs- und rechentechnischer Grundlage,
- keine prinzipielle Beschränkung auf bestimmte Modelltypen,
- Behandlung sowohl global-funktioneller als auch strukturell-detaillierter Zusammenhänge,
- Abbildung und adäquate Bearbeitung des Blockschachtelungkonzepts, d.h. Mischung verschiedener Beschreibungsebenen (multi-level-Simulation),
- Kombination unterschiedlicher Modellbeschreibungen, z.B. logische und elektrische Schaltungen (mixed-level-Simulation),
- Manipulierbarkeit und Eingriffsmöglichkeit entsprechend den entwerferischen Forderungen (Ausdrucken, Setzen von Werten, Trennen und Zusammensetzen von Systemen, Vergleich von Systemen u.ä.),
- günstige rechenpraktische Eigenschaften (geringe Laufzeit, geringer Speicherplatzbedarf, einfache Handhabung).

Die hierarchische Blocksimulation erfüllt die genannten Forderungen weitgehend, konkrete quantitative Eigenschaften (z. B. Simulationsdauer) hängen allerdings von den realen Implementierungsbedingungen ab (verwendeter Rechner, Peripherie, Programmierung usw.). Die folgenden Ausführungen sollen die grundlegenden Probleme und die wichtigsten Lösungsprinzipien der hierarchischen Blocksimulation vorstellen und verständlich machen.

Als Voraussetzungen für die praktisch-konkrete rechentechnische Nachbildung des Verhaltens eines Systementwurfs müssen folgende Komponenten eines Simulationssytems vorhanden sein:

- Systembeschreibung: Die zu simulierenden Entwürfe müssen konkret und durch die maschinelle Rechentechnik erfaßbar beschrieben sein.
- Simulationsbeschreibung: Zur Durchführung der Simulation (Simulationslauf) werden genaue Anweisungen benötigt, in denen beispielsweise folgende Angaben enthalten sein müssen: Welches System soll simuliert werden? Welche Signale werden an das System angelegt? Welche Informationen sollen durch die Simulation gewonnen werden? Auch diese Anweisungen müssen in maschinenlesbarer Form gegeben sein.
- Simulationsalgorithmus: Es existiert eine allgemeingültige Vorschrift, nach der System- und Simulationsbeschreibung bearbeitet werden und die Schritt für Schritt Ergebniswerte erzeugt, die dem realen Verhalten des betrachteten Systems entsprechen.
- Simulationsprogramm: System- und Simulationsbeschreibung sowie Simulationsalgorithmus müssen in ein konkretes Programm einschließlich dazugehöriger Daten übersetzt werden, welches auf einem verfügbaren Rechner lauffähig ist.

Als Systembeschreibung eignet sich jede hinreichend exakt definierte Beschreibungsform, z. B. die im Abschn. 4. erläuterten Möglichkeiten. Als Dateneingabe können übliche heutzutage verfügbare Medien verwendet werden, etwa Lochkarte oder Lochstreifen, Tastatur, Bildschirm. Für die weitere konkrete Erläuterung sei wiederum auf PL/AS Bezug genommen, es besitzt ausreichende Leistungsfähigkeit für alle Systembeschreibungen, läßt sich leicht auch auf Simulationsbeschreibungen erweitern und kann ohne weiteres in bekannter Weise als Eingabeform verwendet werden.

Die Simulationsbeschreibung muß zum einen allen Erfordernissen der Simulationssteuerung genügen. Zum anderen sollte sie aus pragmatischen Gründen den ansonsten verwendeten Beschreibungsmitteln in Syntax und Semantik weitgehend verwandt sein. Mit geringfügigen Erweiterungen kann PL/AS auch dafür verwendet werden, wie das folgende einfache Beispiel zeigt:

```
SIM: BEISPIEL;          /*  NAME DER SIM-ANWEISUNGSGRUPPE    */
 BMENGE  SOLL;
 DO  I=1  TO 4;
   E1 = SUBSTR('0011'B,I,1);  /*  WERT-ZUWEISUNG ZU DEN        */
   E2 = SUBSTR('0101'B,I,1);  /*  SYSTEM-EINGAENGEN            */
   SIMULATION;          /*  ANWEISUNG ZUR SYSTEM-BERECHNUNG   */
   PUT  LIST  (A);
   END;
BEND;
```

Dieser Anweisungsblock, durch SIM als Simulationsprozedur ausgezeichnet, hat die Aufgabe, das im Abschn. 5.6.1. beschriebene System SOLL zu simulieren. Durch BMENGE wird der zu simulierende Block eingeführt. Da vier Eingangsbelegungen simuliert werden sollen, wird hier eine iterative DO-Gruppe benutzt, durch die zuerst den Eingängen die Belegungen 00,01,10,11 zugewiesen werden. Danach wird durch SIMULATION die Anweisung zum Berechnen der Systemvariablen gegeben. Nach der Berechnung wird die Ausgangsvariable A gedruckt.

In analoger Weise kann auch die Simulation des Systems IST aus Abschn. 5.6.1. angewiesen werden:

```
SIM:  BEISP2;   BMENGE  IST;
  DO  I=1  TO  4;
    IST.E1 = SUBSTR('0011' B,I,1);   IST.E2 = SUBSTR('0101' B,I,1);
    SIMULATION;
    PUT  LIST  (B1.A,B2.A,B3.A,B4.A,IST.A);
    END;
BEND;
```

Als Besonderheit ist hier zu berücksichtigen, daß IST eine Struktur ist, deren Elemente alle die gleichen Anschlußbezeichnungen E1, E2, A haben. Um Verwechslungen zu vermeiden, müssen deshalb die Bezeichnungen der Unterblöcke dazugeschrieben werden, d.h., die Anschlußbezeichnungen müssen qualifiziert werden. Außerdem sollte in diesem Beispiel nicht nur der Strukturausgang IST.A gedruckt werden, sondern auch die Ausgänge aller Unterblöcke, um bei eventuellen Fehlern einen Hinweis auf die Ursache zu bekommen.

Die Anweisungen und der Aufbau von PL/AS gestatten es auch, mehrere Systeme parallel zu simulieren. Auf diese Weise läßt sich z.B. die Entwurfsverifikation mit Hilfe der Simulation durchführen:

```
SIM:  BEISP3;   BMENGE  IST,  SOLL;
  DO  I=1  TO  4;
    SOLL.E1,IST.E1 = SUBSTR('0011' B,I,1);
    SOLL.E2,IST.E2 = SUBSTR('0101' B,I,1);
    SIMULATION;
    IF  SOLL.A ¬= IST.A  THEN
     PUT  EDIT  ('STRUKTUR HAT FEHLER BEI'  ,IST.E1,IST.E2)
                (A,B,B);
    END;
BEND;
```

Diese drei Beispiele sollen für das prinzipielle Verständnis der Aufgabe einer Simulationsbeschreibung genügen, sie zeigen außerdem einige diesbezügliche Möglichkeiten von PL/AS. In der Praxis wird jede Sprache zur Simulationsbeschreibung noch spezielle Anweisungen und diverse Unterstützungen besitzen, die die Arbeit erleichtern oder besondere Funktionen auslösen.

Die nächsten Fragen sind: Wie sieht der Simulationsalgorithmus aus, d.h. was muß konkret gemacht werden, wenn die Anweisung SIMULATION; auszuführen ist? Und wie werden Beschreibungen und Algorithmus in ein Programm umgesetzt?

Wie leicht zu sehen ist, sollte im vorliegenden Fall das endgültige Programm ein PL/1-Programm sein. Dies wird durch die enge Verwandtschaft von PL/AS und PL/1 nahegelegt; außerdem braucht dadurch hier kein konkreter Rechner angenommen zu werden, da PL/1-Compiler in fast allen modernen Rechnern verfügbar sind. Die beiden oben gestellten Fragen sollen daher im Zusammenhang behandelt und schrittweise anhand der Beispiele beantwortet werden.

Das Programm für das erste Beispiel ist am einfachsten vorstellbar. Eigentlich braucht statt der Anweisung SIMULATION; nur das getan zu werden, was in der Systembeschreibung von SOLL niedergelegt wurde. Aus Gründen der Allgemeinheit, die später benötigt wird, wird allerdings nicht einfach A =E1&¬E2 | ¬E1&E2 eingesetzt, sondern ein Unterprogramm für SOLL aufgerufen. Weiterhin ist zu berücksichtigen, daß in den SIM-Anweisungen und Blockbeschreibungen mit Variablen operiert wird, die in einem Programm noch konkret definiert werden müssen. Schließlich ist noch zu erwähnen, daß die speziellen PL/AS-Anweisungen, die nicht auch Bestandteil von PL/1 sind, durch das Setzen in Kommentarzeichen programmtechnisch unwirksam gemacht werden, aber im Programmtext stehenbleiben. um die ursprüngliche Form erkennbar zu lassen.

```
#BEISPIEL:  PROC  OPTIONS  (MAIN);
 /*SIM:  BEISPIEL;*/   /*NAME  DER  SIM-ANWEISUNGSGRUPPE */
 /*BMENGE  SOLL;*/
   DO  I=1  TO  4;
     E1  = SUBSTR('0011'B,I,1);      /*   WERT-ZUWEISUNG ZU DEN    */
     E2  = SUBSTR('0101'B,I,1);      /*   SYSTEM-EINGAENGEN         */
     /*SIMULATION;*/     /*   ANWEISUNG ZUR SYSTEM-BERECHNUNG     */
      # = ADDR(SOLL);    CALL # SOLL(#);
     PUT  LIST  (A);
     END;
 /*BEND;*/
   DCL  #  POINTER,
       1 SOLL,
         2 RAND,  3 E1  BIT(1),  3 E2  BIT(1),  3 A  BIT(1);
  #  SOLL:  PROC(#);
 /*BLOCK:SOLL;*/   /*RAND  E1,E2,A;*/
      A = E1&¬E2 | ¬E1&E2;
 /*BEND;*/
   DCL  1  SOLL  BASED  (#),
          2 RAND,  3 E1  BIT(1),  3 E2  BIT(1),  3 A  BIT(1);
    END # SOLL;
 END # BEISPIEL;
```

(Das Zeichen # wirkt wie ein normaler Buchstabe, ist aber für Simulations- und Systembeschreibung in PL/AS verboten. Damit ist gesichert, daß im Programm benötigte neue Namen nicht mit Namen, die der Entwerfer definiert hat, verwechselt werden können.)

Man erkennt hier bereits das Prinzip des Übergangs von der Simulations- und Systembeschreibung zum Programm: Alle nicht in PL/1 vorhandenen PL/AS-Statements werden durch Kommentarzeichen „ausgeklammert", manche werden durch neue PL/1-Anweisungen ersetzt, z.B. SIMULATION;. Dem blockeröffnenden Statement wird ein PROC-Statement zur Eröffnung der Programmbeschreibung vorgesetzt. PL/1-Statements bleiben unverändert. Am Ende folgen die Definition der verwendeten Daten und ein Anhängen der Beschreibung des zu simulierenden Blocks als interne Prozedur. Diese ist ihrerseits wieder nach den genannten Umformungsprinzipien aus der Systembeschreibung hervorgegangen.

Es bereitet keine prinzipiellen Schwierigkeiten, nach diesen Grundsätzen auch das Programm zu BEISP3 aufzustellen:

```
#BEISP3:  PROC  OPTIONS  (MAIN);
/*SIM:  BEISP3;*/  /*BMENGE  IST,  SOLL;*/
    DO  I=1  TO  4;
      SOLL.E1,IST.E1 = SUBSTR('0011'B,I,1);
      SOLL.E2,IST.E2 = SUBSTR('0101'B,I,1);
  /*SIMULATION;*/
       #= ADDR(IST);  CALL # IST(#);
       #= ADDR(SOLL);    CALL # SOLL(#);
      IF  SOLL.A¬= IST.A  THEN
       PUT  EDIT  ('STRUKTUR  HAT  FEHLER  BEI' ,IST.E1,IST.E2)
                  (A,B,B);
     END;
/*BEND;*/
   DCL # POINTER,
        1 IST
         2 RAND,    3 E1  BIT(1),   3 E2  BIT(1),   3 A  BIT(1),
         2 B1,      3 E1  BIT(1),   3 E2  BIT(1),   3 A  BIT(1),
         2 B2,      3 E1  BIT(1),   3 E2  BIT(1),   3 A  BIT(1),
         2 B3,      3 E1  BIT(1),   3 E2  BIT(1),   3 A  BIT(1),
         2 B4,      3 E1  BIT(1),   3 E2  BIT(1),   3 A  BIT(1),
```

```
        1 SOLL,
         2 RAND,  3 E1  BIT(1),  3 E2  BIT(1),  3 A  BIT(1);
#IST: PROC (#);
    ...
END # IST;
#SOLL: PROC (#);
    ...
END # SOLL;
END # BEISP2;
```

Dazu ist zu bemerken: Da die Beschreibung der Schaltung IST außer den Strukturanschlüssen auch innere Anschlüsse an den Subblöcken besitzt, deren Werte eventuell gedruckt werden sollen, bzw. die z.B. in der Netzbeschreibung verwendet werden, so muß auch für diese Variablen eine Vereinbarung erfolgen. Dies ist durch die Datenstruktur 1 IST, ... geschehen, die in ihrer Schachtelungsstruktur ein gewisses Abbild der Blockschachtelung in IST darstellt. Die Prozedur #SOLL ist identisch mit der des ersten Beispiels. Überlegungen sind aber noch notwendig, wie die Prozedur #IST aufgebaut sein muß.

Wie aus Bild 4.1b hervorgeht, hat die Prozedur #IST die Aufgabe, das Gesamtverhalten der Schaltung IST zu berechnen, wobei dies durch das Verhalten der einzelnen Elemente und der dazwischenliegenden Verbindungen zusammenzusetzen ist.

Diese Aufgabe läßt sich programmtechnisch dadurch lösen, daß der Reihe nach die Blockfunktionen der Subblöcke aufgerufen werden, wobei nach der Berechnung die Vernetzung durchzuführen ist, d.h., die neuen Ausgangswerte sind auf die logischen Verbraucher zu übertragen. Damit bekommt die Prozedur #IST folgende Gestalt:

```
#IST: PROC (#);
/*BLOCK:IST; */ /*RAND E1,E2,A; */ /*BMENGE (B1,B2,B3,B4) NAND; */
/*NETZE (RAND.E1,B1.E1,B3.E1), ...
            ...
            (B4.A,RAND.A); */
/*BEND; */
CALL##TRANS(RAND.E1,B1.E1,B3.E1);  /*  TRANSPORT DER    */
CALL##TRANS(RAND.E2,B1.E2,B2.E2);  /*  EINGAENGE        */
#= ADDR(B1); CALL#NAND(#);         /*  BERECHNUNG B1    */
CALL## TRANS(B1.A,B2.E1,B3.E2);    /*  TRANSPORT B1.A   */
#= ADDR(B2); CALL#NAND(#);         /*  BERECHNUNG B2    */
CALL##TRANS(B2.A,B4.E2,B4.E2);     /*  TRANSPORT B2.A   */
#= ADDR(B3); CALL#NAND(#);         /*  BERECHNUNG B3    */
CALL##TRANS(B3.A,B4.E1,B4.E1);     /*  TRANSPORT B3.A   */
#= ADDR(B4); CALL#NAND(#);         /*  BERECHNUNG B4    */
CALL## TRANS(B4.A,RAND.A;RAND.A);  /*  TRANSPORT B4.A   */
DCL 1 IST BASED (#),
      2 RAND,  3 E1  BIT(1),  3 E2  BIT(1),  3 A  BIT(1),
      2 B1,     ...
      ...
      2 B4,    3 E1  BIT(1),  3 E2  BIT(1),  3 A  BIT(1);
#NAND: PROC(#);
/*BLOCK: NAND; */ /*RAND E1,E2,A; */ A = ¬(E1 & E2); /*BEND; */
 DCL 1 NAND BASED(#),
      2 RAND,  3 E1  BIT(1),  3 E2  BIT(1),  3 A  BIT(1);
 END#NAND;
##TRANS: PROC(Q,V1,V2);          /*   VERBINDUNGSPROGRAMM   */
   DCL (Q,V1,V2) BIT(1); V1,V2 = Q;
END##TRANS;
END # IST;
```

Man macht sich leicht klar, daß diese einfache, lineare Programmstruktur schrittweise das Verhalten des Systems IST aus dessen Elementen berechnet. Die Realisierung der Verbindungsberechnung als Unterprogramm gestattet es, auch andere, kompliziertere Verbindungstypen, z. B. ausgangsseitige Verknüpfung oder bidirektionale Verbindungen zu berechnen, indem einfach ein anderes Unterprogramm eingesetzt wird.

Allerdings ist diese Strukturrealisierung noch nicht allgemeingültig. Das dargestellte Programm berechnet die Unterblöcke in der Reihenfolge B1, B2, B3, B4, wie es der Definition der Blöcke in BMENGE entspricht. Diese Reihenfolge muß andererseits auch so sein, wenn ein richtiges Ergebnis entstehen soll. Beispielsweise würde die Reihenfolge B4, B3, B2, B1 zu einem falschen Ergebnis führen, wie man sich mit Hilfe des Bildes 4.1b klarmacht.

Im allgemeinen kann jedoch nicht verlangt werden, daß sich der Entwerfer bei der Strukturerfassung schon über die Berechnungsreihenfolge klar wird und diese durch die Definitionsreihenfolge der Unterblöcke in BMENGE dem Programm vorgibt. Außerdem gibt es prinzipiell die Möglichkeit, daß keine eindeutige Berechnungsreihenfolge angegeben werden kann. Dies ist der Fall, wenn in der Struktur Schleifen existieren, wenn bidirektionale Verbindungen vorhanden sind oder wenn eine komplizierte Blockschachtelung vorliegt.

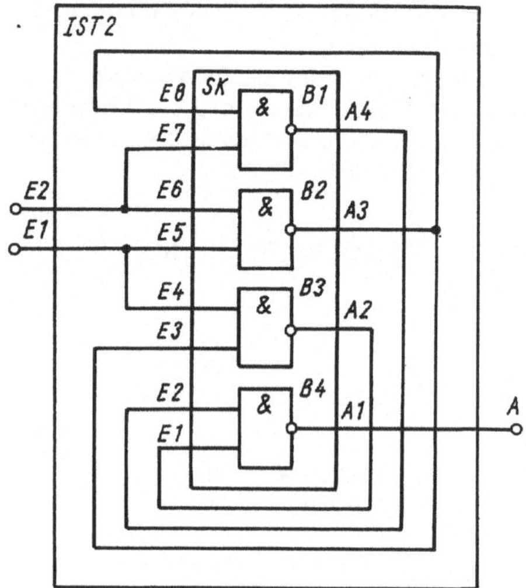

Bild 5.59. Schleifenbildung durch Blockschachtelung

Dieses letzte Problem sei an einem Beispiel erläutert. Bild 5.59 zeigt die Realisierung der Antivalenzfunktion mit vier NANDs, wobei sich diese allerdings gemeinsam auf einem Schaltkreis befinden (wie er in vielen Baureihen als Baustein vorkommt). Diese NANDs stellen auf dem Schaltkreis vier unabhängige Elemente dar, die erst außerhalb miteinander verbunden werden können. Die Beschreibung dieses Systems ist dreistufig und hat folgende Gestalt:

```
BLOCK: IST2;    /* SPEZIELLE STRUKTUR FUER ANTIVALENZ   */
 RAND  E1, E2, A;   BMENGE  SK;
 NETZE (RAND.E1,SK.E4,SK.E5), (RAND.E2,SK.E6,SK.E7),
       (SK.A3,SK.E8,SK.E3), (SK.A1,RAND.A),
       (SK.A2,SK.E1),(SK.A4,SK.E2);
BEND;
BLOCK: SK;      /* SCHALKREIS MIT VIER NAND-GATTERN     */
 RAND  E1,E2,E3,E4,E5,E6,E7,E8,A1,A2,A3,A4;
 BMENGE   (B1,B2,B3,B4)  NAND;
 NETZE (RAND.E1,B4.E1), (RAND.E2,B4.E2), (RAND.E3,B3.E1), ...
       ... (RAND.A2,B3.A), (RAND.A1,B4.A);
BEND;
```

```
BLOCK: NAND; RAND E1,E2,A;
   A =¬(E1 & E2);
BEND;
```

Die Berechnung des Verhaltens von SK wirft keine Probleme auf. Es werden die vier Elemente durch viermaligen Aufruf der Funktion NAND berechnet, wobei es nicht auf die Berechnungsreihenfolge ankommt, weil die Elemente untereinander nicht in Verbindung stehen, sondern jeweils auf andere Anschlüsse an SK wirken.

Anders ist es bei der Simulation von IST2. Diese Struktur besitzt nur den einen Unterblock SK, der allerdings durch die Vernetzung in IST2 viermal auf sich rückgekoppelt ist. Eine einmalige Berechnung genügt hier nicht, weil dabei nur A3 seinen richtigen Endwert bekäme. E3 und E8 würden jedoch noch mit dem alten Wert von A3 belegt, so daß A2 und A4 sowie A1 noch nicht die endgültigen Werte tragen würden. Eine zweite Berechnung von SK erzeugt dann an A2 und A4 die richtigen Endwerte und erst die dritte Berechnung eine vollständig richtige Wertebelegung an allen Anschlüssen in und an IST2.

Das Beispiel zeigt, daß prinzipiell nicht mit einer einzigen Berechnung aller Unterblöcke der richtige Endwert erzeugt werden kann, sondern daß i.allg. Iterationen notwendig sind. Da die Zahl der notwendigen Iterationen abhängig ist von der Vernetzung, von der Zahl der Unterblöcke, von der Art der Unterblöcke und von der Beschreibungsreihenfolge, so muß der Simulationsalgorithmus die Fähigkeit besitzen, die Zahl der erforderlichen Iterationen zu bestimmen. Die grundlegende und einfachste Methode ist dabei die, am Ende einer Durchrechnung zu prüfen, ob sich Werte verändert haben. Wenn ja, so ist die Berechnung aller Unterblöcke einschließlich Vernetzung zu wiederholen, um die neu entstandenen Werte an ihren Verbrauchern zu berücksichtigen. Wenn sich die Werte aller Variablen nach einer Durchrechnung nicht mehr verändert haben, so kann die Berechnung beendet werden, denn es würden die gleichen Ergebnisse entstehen (die Wertebelegung ist stabil, sie reproduziert sich selbst).

Der Test auf Werteveränderung verlangt, daß alle Werte vor einer Berechnung in einem Hilfsbereich gemerkt werden. Nach der Berechnung sind Hilfs- und Wertebereich zu vergleichen, ob Unterschiede, d.h. neue Werte entstanden sind. Für IST2 ergibt sich dann folgende Programmstruktur:

```
#IST2: PROC (#);
 /*BLOCK: IST2; */
  /*RAND ... */
  /*NETZE ... */
 /*BEND; */
     ##MERK =#; ##ITZAHL = 0;
##L: # =##MERK;##ITZAHL =##ITZAHL + 1;
       ##RETTEBEREICH = IST2;
        CALL##TRANS(RAND.E1,SK.E4,SK.E5);
        CALL##TRANS(RAND.E2,SK.E6,SK.E7);
        CALL##TRANS(SK.A3,SK.E3,SK.E8);
        CALL##TRANS(SK.A2,SK.E1,SK.E1);
        CALL##TRANS(SK.A4,SK.E2,SK.E2);
        #= ADDR(SK); CALL#SK(#);
        IF##ITZAHL >##ITMAX THEN
         PUT EDIT ('SYSTEM SCHWINGT') (SKIP,A);
                                  ELSE
         IF##RETTEBEREICH¬= IST2 THEN GOTO##L;
DCL (#,##MERK) POINTER,
       (##ITZAHL,##ITMAX INIT(iterationsmaximum)) DEC FIXED,
       1 IST BASED (#),
        2 RAND, 3 E1 BIT(1), 3 E2 BIT(1), 3 A BIT(1),
        2 SK
         3 RAND, 4 E1 BIT(1), 4 E2 BIT(1), ... 4 A4 BIT(1),
         3 B1,
```

```
        4 RAND,  5 E1 BIT(1),  5 E2 BIT(1),  5 A BIT(1),
        ...
       3 B4,
        4 RAND,  5 E1 BIT(1),  5 E2 BIT(1),  5 A BIT(1),
    1##RETTEBEREICH,
     2 RAND, ...        /*  AUFGEBAUT WIE DATENSTRUKTUR IST   */;
  #SK:  PROC (#);
   ...
  END # SK;
 ##TRANS:  PROC(Q,V1,V2);
   ...
  END##TRANS;
 END#IST2;
```

Zum Rettebereich ist zu bemerken, daß er in Größe und Aufbau dem eigentlichen Wertebereich IST2 gleicht, im Gegensatz zu diesem aber eine in der Prozedur#IST2 interne Datenstruktur ist, die nur Speicherplatz benötigt, wenn #IST2 aktiv ist.

Im allgemeinen wird sich nach einigen Iterationen eine stabile Wertebelegung einstellen, und die Blockberechnung kann beendet werden. Mitunter sind auch sehr viele Iterationen nötig, wenn sich die endgültigen Werte durch ungünstige Vernetzung und Blockreihenfolge nur langsam ausbreiten. Fs gibt jedoch auch Fälle, wo sich ein unendlicher Berechnungszyklus bildet, d.h., die Wertebelegung ändert sich ständig und nimmt keinen stabilen Wert an.

Man kann sich überlegen, daß ein richtig entworfenes endliches deterministisches System stets nach endlich vielen Berechnungsschritten einen stabilen Wert erreichen muß. Eine unendliche Berechungsschleife deutet auf einen Entwurfsfehler hin, der meist durch unverzögerte Rückführungsschleifen bedingt ist. Um diesen Fall zu erkennen und eine Programmschleife zu verhindern, wird mit der Laufvariablen##ITZAHL ein Maximalwert ##ITMAX abgefragt, der strukturabhängig vorgegeben ist.

Damit ist der Simulationsalgorithmus für die allgemeine Behandlung von kombinatorischen Strukturen erarbeitet. Sequentielle Systeme, die praktisch durch verzögernde Elemente und beschreibungstechnisch durch Zustandsvariable gekennzeichnet sind, können damit allerdings noch nicht allgemeingültig simuliert werden.

Das Wesen verzögernder Elemente bzw. von Zustandsvariablen besteht darin, daß deren Signale bzw. Werte auch im folgenden Zeitpunkt noch wirksam sind. Simulationstechnisch bedeutet das, bei Zustandsvariablen zwischen T- und (T-1) -Werten zu unterscheiden. Die (T-1) -Werte enthalten das Berechnungsergebnis der Zustandswerte vom vorhergehenden Zeitpunkt und dienen zur Berechnung der Werte zum Zeitpunkt T, die T-Werte enthalten die zum Zeitpunkt T berechneten neuen Zustandswerte, sie werden beim Weiterschalten der Zeit zu (T-1) -Werten. Damit wird simulationstechnisch das im Bild 5.6 dargestellte allgemeine Modell eines sequentiellen Systems realisiert.

Da im allgemeinen Fall bei der Berechnung für einen Zeitpunkt Iterationen, d.h. mehrfache Aufrufe der einzelnen Blöcke stattfinden, muß gewährleistet sein, daß auch bei wiederholtem Aufruf eines Blocks immer von den (T-1) -Werten ausgegangen wird, solange die Berechnung noch zum gleichen Zeitpunkt gehört. Im anderen Fall würden noch nicht endgültige T-Werte als Zustandswerte für die weitere Berechnung benutzt, wodurch reihenfolge- und beispielabhängige Ergebnisse entständen. Programmtechnisch bedeutet das, daß die neu berechneten T-Werte erst dann als (T-1) -Werte des vorhergehenden Zeitpunktes benutzt werden dürfen, wenn Stabilität der Berechnung eingetreten war.

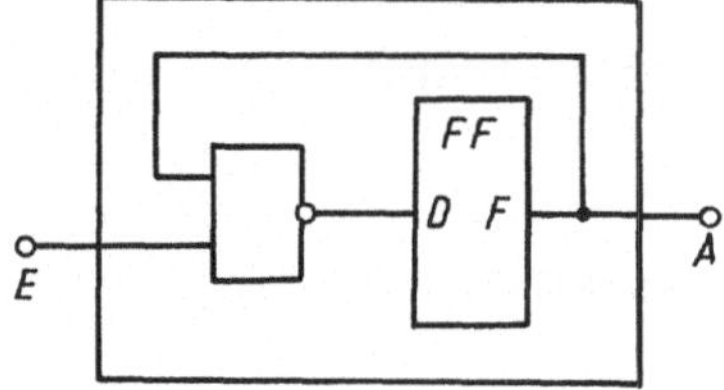

Bild 5.60. Echte funktionelle Schleife

Zum Verständnis sei das einfache Beispiel von Bild 5.60 betrachtet. Der Unterblock FF ist ein einfaches D-Flipflop, der Ausgang A der Struktur ESL triggert ständig, d.h. wechselt zwischen 0 und 1, mit dem Eingang E kann der Grundzustand auf 1 gestellt werden. Die Beschreibung lautet:

```
BLOCK:  ESL;        /*  EINFACHE SEQUENTIELLE LOGIK    */
 RAND   E,A;        BMENGE  FF,   NAND;
 NETZE  (FF.F,RAND.A,NAND.E2), (RAND.E,NAND.E1),
        (NAND.A,FF.D);
BEND;
BLOCK:  NAND;  wie üblich ... BEND;
BLOCK:  FF;     /*   REINES D-FLIPFLOP    */
 RAND   D,F;    ZUSTAND   Z;
  F = Z;   Z = D;
BEND;
```

Die Simulationsbeschreibung soll sein:

```
SIM:  SSS;     /*   SIMULATION DES SEQUENTIELLEN SYSTEMS    */
 BMENGE  ESL;
  DO I=1  TO 10;
   IF  I=1 | I=5  THEN  E='0'B;
                  ELSE  E='1'B;
    SIMULATION;
    PUT  LIST  (ESL.E,ESL.A,ESL.FF.Z);
    END;
BEND;
```

Nach den bisherigen Erläuterungen hat das Simulationsprogramm dann folgende Gestalt:

```
#SSS:  PROC  OPTIONS  (MAIN);
 ...
    /*SIMULATION; */
    # = ADDR(ESL);   CALL #ESL(#);
 ...
 /*BEND; */
 DCL # POINTER, ##GZP  BIT(1),
      1 ESL,
       2 RAND,   3 E  BIT(1),   3 A  BIT(1),
       2 FF,   3 D  BIT(1), ...
       2 NAND,   3 E1  BIT(1), ...            ;
 END#SSS;
#ESL:  PROC(#);
 ...
 /*BEND; */
       ##MERK =#;##ITZAHL = 0;
##L:# =##MERK;  ##ITZAHL =##ITZAHL + 1;
      ##RETTEBEREICH = ESL;
       CALL##TRANS(RAND.E,NAND.E1,NAND.E1);
       # = ADDR(FF);   CALL#FF(#);
       CALL##TRANS(FF.F,RAND.A,NAND.E2);
       # = ADDR(NAND);   CALL#NAND(#);
       CALL##TRANS(NAND.A,FF.D,FF.D);
       IF##ITZAHL>##ITMAX  THEN
        PUT  EDIT  ('SYSTEM SCHWINGT')  (SKIP,A);
                                 ELSE
       IF##RETTEBEREICH¬= ESL  THEN  GOTO##L;
```

```
DCL (#,##MERK) POINTER,
     (##ITZAHL,##ITMAX INIT(iterationsmaximum)) DEC FIXED,
     1 ESL BASED (#),
      2 RAND, ...
      2 FF     ,
       3 RAND, ...
      2 NAND,
       3 RAND, ...
     1##RETTEBEREICH,
      2 ... wie ESL aufgebaut ...
     #FF: PROC(#);
      ...
     END#FF;
     #NAND: PROC(#);
      ...
     END#FF;
    ##TRANS: PROC(Q,V1,V2);
      ...
     END##TRANS;
     END#ESL;
```

Wenn das Unterprogramm #FF analog wie #NAND aus den in der Blockbeschreibung für FF verwendeten Anweisungen besteht, so käme folgender Ablauf zustande: Beim ersten Berechnungsdurchlauf entsteht ein neuer Wert für die Zustandsvariable FF.Z. Anschließend wird NAND berechnet, wodurch sich ein neuer Wert an NAND.A ergeben kann (das hängt von E ab). Dadurch ist ein neuer Berechnungsdurchlauf notwendig. FF.Z enthält aber jetzt schon den Wert der ersten Berechnung, es würde also an F schon den neuen Wert ausgeben, und der vorhergehende eigentlich auszugebende Wert aus dem Zeitpunkt T-1 würde übersprungen werden.

Deshalb muß vor der erneuten Berechnung von FF der alte Wert von FF.Z regeneriert werden. Erst nachdem globale Stabilität eingetreten war, kann der neue Zustandswert als Endergebnis verwendet werden. Die globale Stabilität ist dann eingetreten, wenn die Aufrufhierarchie aller Unterblöcke verlassen und wieder die Ebene des SIM-Programms erreicht wurde. Dann wird ein zentraler Trigger ##GZP umgeschaltet. Durch Vergleich seines Wertes mit lokalen Triggern ##LZP wird in den einzelnen Blöcken erkannt, ob die Systemzeit weitergeschaltet wurde.

Die Prozedur #FF bekommt dann folgenden Aufbau:

```
 #FF: PROC(#);
 /*BLOCK: FF;*/
 IF##LZP=##GZP THEN ZUSTNEU = ZUSTALT;
                ELSE ZUSTALT = ZUSTNEU;
##LZP=##GZP;
 /*RAND D,F;*/ /*ZUSTAND Z;*/
 F = Z; Z = D;
 /*BEND;*/
 DCL # POINTER,
     1 FF BASED (#),
      2 RAND, 3 D BIT(1), 3 F BIT(1),
      2 ZUSTNEU, 3 Z BIT(1),
      2 ZUSTALT, 3#Z BIT(1),
      2 ##LZP BIT(1);    /*  LOKALER ZEITPUNKT  */
 END#FF;
```

Die Veränderung des globalen Zeitpunkts ##GZP - d.h. das Weiterschalten der Systemzeit nach Eintreten der Berechnungsstabilität - geschieht innerhalb der Simulationsanweisung im SIM-Block:

```
...
/*SIMULATION; */
##GZP =¬##GZP;
(#= ADDER(ESL);   CALL#ESL(#);
...
```

Mit dieser letzten Spezifikation für den allgemeinen Fall lassen sich beliebig geschachtelte funktionelle und strukturelle Beschreibungen rechentechnisch nachbilden. Man erkennt, daß die Blockhierarchie durch eine Daten- und Programmhierarchie widergespiegelt wird, wobei die gleichzeitige Arbeit der Blöcke einer Struktur durch wiederholte serielle Programmblockaufrufe ersetzt wird.

Der erläuterte Aufbau des Simulationsprogramms ist in dieser Form im wesentlichen auch praktisch lauffähig. (Spezielle, hier vernachlässigte programmtechnische Feinheiten betreffen z.B. das Herstellen eines richtigen Anfangszustands aller Variablen, die Ergänzung aller Bitkettenattribute um das Attribut ALIGNED und einige weitere, die reale Arbeit erleichternde Spezifikationen.) Es gibt allerdings eine Reihe von Möglichkeiten, diese Form ohne Änderung des Grundprinzips wesentlich zu effektivieren, d.h. hinsichtlich Programmerstellung, Programmumfang und Programmlaufzeit zu reduzieren (vgl. auch den folgenden Abschnitt). Wesentlich ist allein der hierarchisch arbeitende Simulationsalgorithmus, wie er im Bild 5.61 noch einmal symbolisch dargestellt ist.

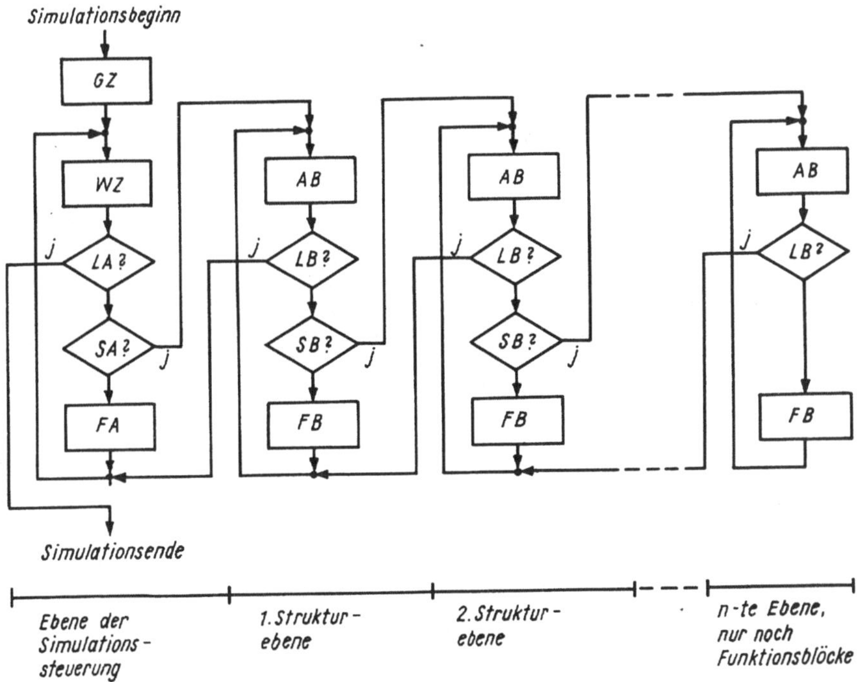

Bild 5.61. Ablauf der hierarchischen Blocksimulation

Die Simulation beginnt mit dem Herstellen eines Grundzustandes (Schritt GZ), danach wird im Schritt WZ die Zeit weitergeschaltet, wie es dem diskreten Zeitmodell entspricht. Anschließend erfolgt die Verarbeitung der Simulationsanweisungen. Ist die letzte Anweisung (LA ?) ausgeführt, wird die Simulation beendet. Liegt die Anweisung SIMULATION (SA ?) vor, so erfolgt die Blockberechnung, andernfalls wird eine Funktionsanweisung ausgeführt, z.B. Drucken von Ergebnissen, Setzen von Werten o.ä.

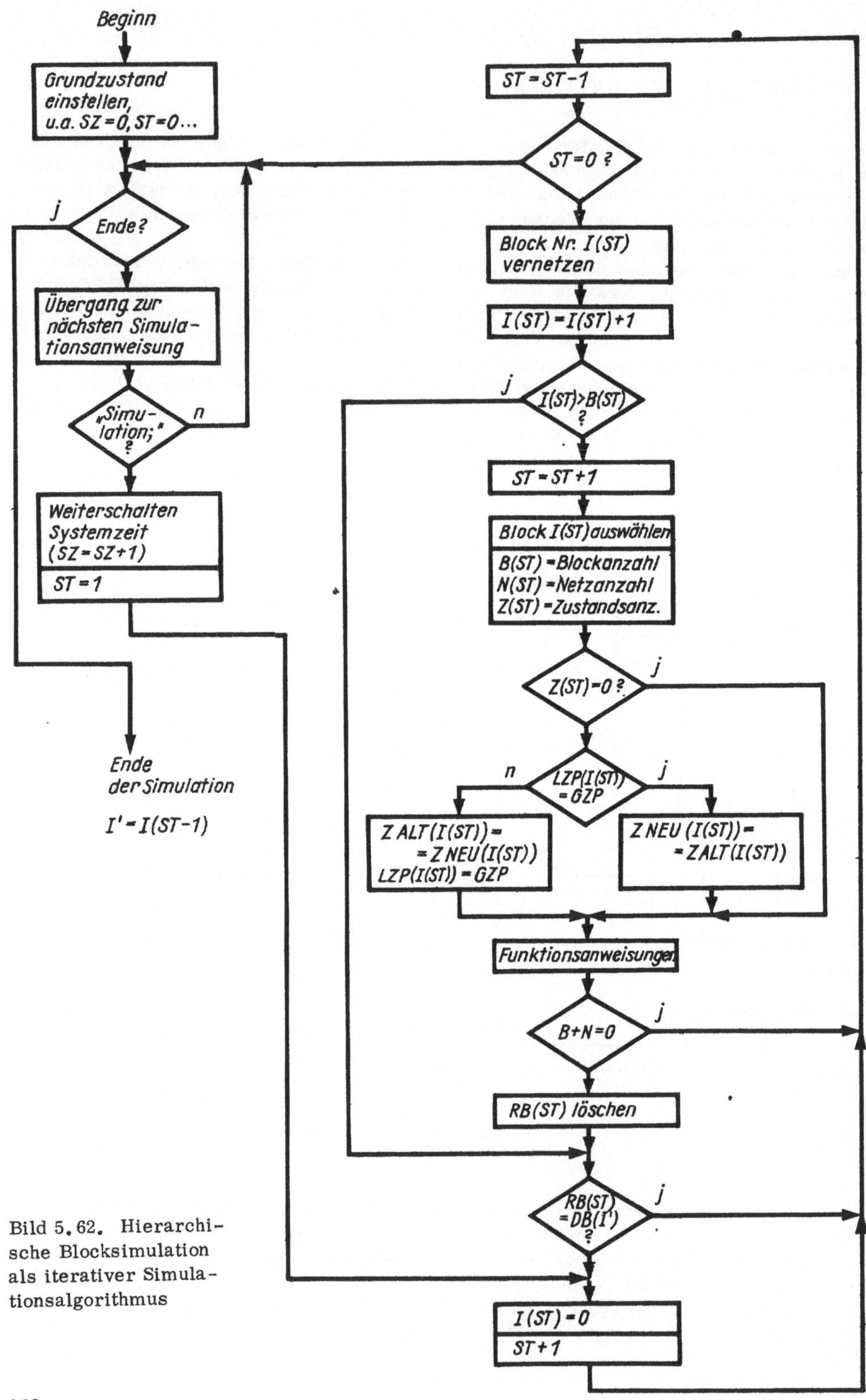

Bild 5.62. Hierarchische Blocksimulation als iterativer Simulationsalgorithmus

Die Blockberechnung hat folgenden Prinzipaufbau, der in jeder Strukturebene der gleiche ist: AB - Auswahl eines zu berechnenden Blocks, LB - letzter zu berechnender Block eines Strukturniveaus bearbeitet, SB - es handelt sich um einen Strukturblock, FB - Berechnen eines Funktionsblockes. In der letzten Strukturebene existieren keine Strukturblöcke mehr.

Man erkennt den hierarchisch auf die einzelnen Strukturebenen angewandten Berechnungsalgorithmus. Dies gestattet eine rekursive Realisierung, wie sie im Bild 5.62 dargestellt ist. Das heißt, für alle Strukturebenen wird das gleiche Programm benutzt, die Unterscheidung der einzelnen Blöcke in den verschiedenen Strukturebenen erfolgt mit Hilfe der Programmsteuervariablen ST (Strukturtiefe), I(ST) (Blocknummer in der Strukturebene ST), die Blocknummer I(ST)=0 bedeutet dabei die Systemumwelt des jeweiligen Blocks, wobei die Ausgänge der Systemumwelt die Eingänge des Blocks und die Ausgänge des Blocks die Eingänge der Umwelt sind), B(ST) (Anzahl der Unterblöcke des in Arbeit befindlichen Strukturblocks I(ST)), N(ST) (Anzahl der Netze des Strukturblocks I(ST)), Z(ST) (Anzahl der Zustandsvariablen des Blocks I(ST)). RB(ST) ist der Rettebereich einer Strukturebene, DB(I(ST)) ist der Datenbereich des zu bearbeitenden Blocks I(ST).

Obwohl dieser Simulationsalgorithmus aus der Zielstellung heraus entwickelt wurde, hierarchisch geschachtelte binäre Systeme zu simulieren, erweist er sich als außerordentlich universell, wie noch an einigen einfachen Beispielen gezeigt wird (Abschn. 5.6.4.). Diese Universalität beruht auf zwei entscheidenden Basisprinzipien: 1. Annahme einer diskreten Zeitskala, 2. Konvergenz aller Berechnungen für einen Zeitpunkt zu einer stabilen, sich selbst reproduzierenden Wertebelegung aller Variablen.

Dies kann in der Weise genutzt werden, daß die Funktionsbeschreibung und die Verbindungsberechnung andere, z.B. kompliziertere Zusammenhänge nicht unbedingt binärer Natur ausdrücken.

5.6.3. Spezielle Formen der Simulation

Der im vorigen Abschnitt erläuterte allgemeine Simulationsalgorithmus läßt sich praktisch in unterschiedlicher Gestalt realisieren und in verschiedener Weise spezialisieren, meist, um unter Ausnutzung von besonderen Eigenschaften einer Struktur höhere Leistungsfähigkeit zu erreichen. Die wichtigsten Varianten seien hier kurz erläutert.

Nach den Ausführungen des vorigen Abschnitts wurde das Simulationsprogramm unmittelbar aus der Simulations- und Systembeschreibung gewonnen, so daß die Systemarbeit durch eine adäquate Folge von Anweisungen modelliert wird. Eine solche Methode heißt compilierende (compiled-mode-) Simulation. Sie benötigt ein Übersetzungsprogramm (Compiler), welches aus der Systembeschreibung direkt ein lauffähiges Programm erzeugt. Im erläuterten Fall läuft die Übersetzung in zwei Schritten ab: Ein Vorübersetzer verarbeitet die PL/AS-System- und -Simulationsbeschreibung zu einem reinen PL/1-Quelltext, anschließend erzeugt der übliche PL/1-Compiler daraus den Maschinencode für die konkret benutzte Rechenanlage.

Wegen der Verwandtschaft von PL/AS und PL/1 kann der Vorcompiler nach einfachen Prinzipien arbeiten: Alle regulären PL/1-Anweisungen innerhalb einer Beschreibung werden unverändert übergeben. Alle PL/AS-typischen Anweisungen, die einfach durch ein spezielles einleitendes Schlüsselwort erkannt werden können, werden als Anweisungen unwirksam gemacht und durch eine adäquate Folge von reinen PL/1-Anweisungen ersetzt.

Die zur compilierenden Simulation alternative Lösung ist dadurch gekennzeichnet, daß nur der Simulationsalgorithmus als Programm realisiert ist und die Systembeschreibung, d.h. Blockbezeichnungen, Blocktypen, Vernetzung usw., in eine spezielle Datenstruktur umgeformt wird, die meist irgendeine Listenform hat. Der Simulationsalgorithmus ist ein im wesentlichen unveränderliches Programm, welches auf diese Datenstruktur zugreift und entsprechend den dort stehenden Informationen einen strukturgemäßen Verlauf nimmt. Dieses Simulationsprinzip heißt interpretierende oder tabellengesteuerte (table-driven-) Simulation.

Bei der interpretierenden Simulation kann deutlich zwischen drei Bestandteilen unterschieden werden: Simulationsprogramm, Systembeschreibung und Belegungsliste. Das Simulationsprogramm ist im wesentlichen unveränderlich und für alle Simulationsfälle das gleiche. Die Systembeschreibung in Form von Tabellen, Listen, Dateien o.ä. wird vom Simulationsprogramm nur gelesen und bleibt unverändert, solange das zu simulierende System nicht geändert wird. Die Belegungsliste enthält die konkreten Variablenwerte; sie wird gelesen und geschrieben und ändert ihren Inhalt (nicht den Aufbau) im Verlauf der Simulation. Bei der compilierenden Simulation bilden diese drei Bestandteile ein einheitliches Programm, bei dem diese einzelnen Teile nicht ohne weiteres klar abgetrennt werden können.

Die interpretierende Simulation ist in der Aufbereitungszeit etwas günstiger, weil ein Teil - der Simulationsalgorithmus - unverändert ist und nicht stets neu übersetzt werden muß. Für sehr große Systeme ergeben sich organisatorische Vorteile, weil das Auslagern von Teilen der Datenbereiche einfacher ist, falls das Gesamtsystem nicht im Speicher Platz hat. Bei der rein interpretierenden Form können keine Programmteile vorgegeben werden, d.h., alle funktionellen Unterblöcke sind unveränderlicher Bestandteil des Simulationsprogramms.

Die compilierende Simulation wird bei guter Implementierung etwas schneller sein als die interpretierende. Ihr Hauptvorteil besteht in der Flexibilität bei der Verwendung von funktionellen Beschreibungen. In der Praxis wird sich in leistungsfähigen Simulationssystemen eine Mischung beider Prinzipien herausbilden.

Ein zweiter Aspekt betrifft das Problem der Berechungsreihenfolge der Unterblöcke einer Struktur. Im materiellen System schalten alle Blöcke gleichzeitig, im Simulationssystem kann immer nur ein Block berechnet werden, und das Gesamtverhalten kommt durch die serielle Berechnung aller Blöcke zustande. Dabei ist die Berechnungsreihenfolge sowohl für die logische Richtigkeit des Ergebnisses als auch für die Laufzeit von Bedeutung.

Man unterscheidet Simulationsmethoden mit fester und mit variabler Berechnungsreihenfolge der Unterblöcke. Das ausführlich erläuterte Beispiel im vorigen Abschnitt verwendete eine feste Berechnungsreihenfolge, die durch die Reihenfolge in der Blockmengendefinition festgelegt war.

Bei der festen Reihenfolge wird ein Unterblock auch dann berechnet, wenn seine Anschlüsse noch nicht endgültig belegt sind oder wenn sie ihren Wert gar nicht geändert haben. In der variablen Berechnungsreihenfolge wird berücksichtigt, ob für einen Block überhaupt veränderte Signale vorliegen. Ein Block wird nur dann in eine Liste der zu berechnenden Blöcke aufgenommen, wenn durch einen seiner Vorgänger veränderte Signale an den Anschlüssen angetragen werden. Dadurch ergibt sich eine von der Signalflußrichtung und von der konkreten Wertebelegung abhängige Reihenfolge, bei der unnötige Berechnungen vermieden werden.

Die variable Berechnungsreihenfolge (auch als selective-trace-Verfahren bezeichnet) kann eine erhebliche Beschleunigung der Simulationszeit bewirken, da insbesondere bei größeren Systemen in einem konkreten Simulationslauf meist große Teile unveränderte Signale behalten und demzufolge nicht berechnet zu werden brauchen. Nachteilig ist der größere interne Organisationsaufwand zur Feststellung des jeweils als nächstes zu berechnenden Elements. Außerdem muß der wahlfreie Übergang zu einem beliebigen Block möglich sein, was bei der externen Speicherung im Falle sehr großer Systeme die Verwendung von Direktzugriffsdateien erfordert.

Die feste Berechnungsreihenfolge hat den Vorteil, daß der nächste zu berechnende Block einfach durch die serielle Anordnung in der Systembeschreibung gegeben ist. Dadurch werden Einleseprozesse von externen Datenträgern einfacher und schneller. Im Falle gerichteter Signalübertragung, wo eindeutige und feste Quelle-Verbraucher-Beziehungen bestehen, läßt sich durch Sortierung der Blöcke entsprechend der Signalflußrichtung (topologische Sortierung) die sinnvollste Berechnungsreihenfolge für eine Struktur vorher festlegen. Dadurch können „voreilige" Berechnungen vermieden werden.

Sofern eine Struktur im kombinatorischen Teil keine Rückführung hat, wird durch die topologische Sortierung sogar die Iteration überflüssig, so daß der Entwurf nur einmal „von oben nach unten" durchgerechnet zu werden braucht. Da dies für Strukturen wie die vom Bild 5.59 nicht möglich ist, wird in solchen Fällen eine sog. Strukturauflösung durchgeführt, d.h., alle Blockgrenzen werden aufgegeben und alle kombinatorischen elementaren Blöcke von Quelle zu Verbraucher sortiert. Die in dieser Reihenfolge letzten Elemente haben dann nur noch Flipflops als Verbraucher. Dann kann auch auf die Zustandsverdopplung verzichtet werden, weil jedes Element je Zeitpunkt genau einmal berechnet wird.

Ein dritter Aspekt praktischer Simulationssysteme betrifft das Nachbilden der diskreten Zeitskala. Die naheliegende Methode ist zweifellos, das Systemverhalten in jedem Zeitpunkt zu berechnen, so wie es der Modellvorstellung des abstrakten Automaten entspricht: (Y(T), Z(T+1)) = F(X(T), Z(T)).

Die Berechnungszeitpunkte ..., T-1, T, T+1, ... sind dabei ausgewählte Zeitpunkte der realen Zeit, die durch das modellierte reale Verhalten des Systems bestimmt werden. Beispielsweise können dies die Schaltzeitpunkte eines Systems sein, die durch in Abständen von 100 ns auftretende Taktsignale zustande kommen. Es ist aber auch möglich, daß den Simulationszeitpunkten ein realer Abstand von 5 ns zugeordnet wird. Dies ist beispielsweise der Fall, wenn Einzelheiten der Schaltverzögerung in einer Elementekette simuliert werden sollen. Der Abstand zweier Taktsignale im Abstand von 100 ns ist bei dieser Modellierung dann 20 Berechnungszeitpunkte ...T, T+1, T+2, ..., T+19, ...

Welche reale Bedeutung der diskreten Zeitfolge zukommt, hängt von der Modellbeschreibung der Systemelemente ab. Je nachdem, welche physikalische Bedeutung die durch Zustandsvariable ausgedrückte Verzögerung hat - Schaltzeit der Elemente, Signallaufzeit über Leitungen, Weiterschalten der Speicherelemente durch Takte -, ergibt sich die absolute Interpretation der Simulationszeitpunkte.

Die Simulation in festen Zeitabständen (fixed-time-increment-Simulation) berechnet jeden Block eines Systems für jeden Zeitpunkt, wobei die Interpretation des Abstands zwischen zwei Zeitpunkten durch die kleinste noch interessierende Zeiteinheit gegeben ist. Sie benötigt allerdings für das Durchrechnen realer Prozesse oft sehr viele Berechnungsschritte, wobei sehr oft keine Veränderungen im System stattfinden, weil die formulierten Verzögerungszeiten vieler Blöcke wesentlich größer sind als das gewählte Simulationszeitraster.

Dann liegt es nahe, das System nicht zu berechnen, solange keine Veränderung von Signalen erfolgt, und nur die Simulationszeit weiterzuschalten. Ähnlich wie sich bei der variablen Berechnungsreihenfolge aus den Signaländerungen eine Warteliste für die nächsten zu berechnenden Blöcke aufstellen läßt, können hier in einer Ereignisliste diejenigen Zeitpunkte und Blöcke (Berechnungsereignisse) zusammengestellt werden, für die als nächstes Berechnungen durchzuführen sind.

Die Information über die Berechnungsereignisse ergibt sich bei den einzelnen Blockberechnungen aus der dort niedergelegten internen Signalverzögerung. Stellt sich z. B. im Ergebnis einer Berechnung des Systems zu einem bestimmten Zeitpunkt T heraus, daß erst nach vier Simulationszeiten eine Veränderung stattfinden wird, so kann die diskrete Modellzeit vier Schritte weitergezählt werden, ohne daß Blöcke berechnet werden müssen. Zu diesem Zweck müssen die Variablen ##GZP und ##LZP nicht als binäre Trigger, sondern als Zeitvariable (Zahlen) realisiert werden.

Diese Simulationsmethode wird als ereignisgesteuerte (event-oriented-) Simulation bezeichnet.

Für die hier nur vom Prinzip her erläuterten Simulationspraktiken gibt es eine große Zahl von konkreten Implementierungsvarianten. Sie unterscheiden sich im wesentlichen von den beschriebenen Grundlagen nur dadurch, daß sie jeweils auf besondere praktische Randbedingungen (spezielle Schaltungsstrukturen, konkret verfügbare Rechentechnik usw.) zugeschnitten sind. Eine detailliertere Darstellung würde den vorliegenden Rahmen überschreiten. Dazu sei etwa auf [34] [63] [123] [133] ... [139] verwiesen.

5.6.4. Spezielle Anwendungen der hierarchischen Blocksimulation

Die bisherigen Erläuterungen bezogen sich auf die zweiwertige logische Simulation, wobei speziellerweise die Vernetzung als gerichtete Verbindung von einer Quelle zu einem oder eventuell mehreren Verbrauchern aufgefaßt wurde. Diese Modellvorstellung ist jedoch für die hierarchische Darstellung nicht allgemein genug, wie schon das Beispiel von Bild 5.63 zeigt. Es stellt einen einfachen Verstärkerbaum dar, dessen Besonderheit darin besteht, daß die Verzweigung eines Netzes auf mehrere Verbraucher in einem separaten Block durchgeführt wird.

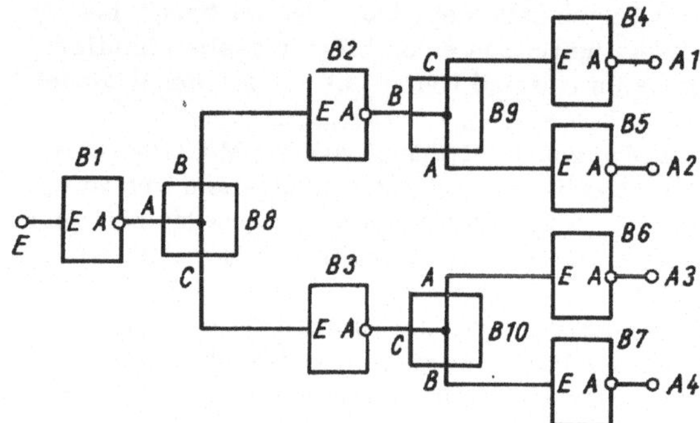

Bild 5.63. Einfache Baumstruktur mit Netz-Elementen

Die Beschreibung dieser Struktur hat folgende Gestalt:

```
BLOCK:  BAUM;
 RAND   E,A1,A2,A3,A4;
 BMENGE (B1,B2,B3,B4,B5,B6,B7) NEG;
        (B8,B9,B10) NETZ;
 NETZE  (RAND.E,B1.E), (B1.A,B8.A), (B8.B,B2.E), (B8.C,B3.E),
        (B2.A,B9.B), (B3.A,B10.C), (B9.C,B4.E), (B9.A,B5.E),
        (B10.A,B6.E), (B10.B,B7.E), (B4.A,RAND.A1),
        (B5.A,RAND.A2), (B6.A,RAND.A3), (B7.A,RAND.A4);
BEND;
BLOCK:  NETZ;  RAND A,B,C;  NETZE (RAND.A,RAND.B,RAND.C);  BEND;
```

Technisch ist eine solche Art der Blockbildung durchaus möglich, auch die Beschreibungsmittel von PL/AS lassen diese Form zu. Schwierigkeiten entstehen allerdings bei der herkömmlichen schaltalgebraischen, automatentheoretischen oder auch simulationstechnischen Beschreibung des Blocks NETZ. Beispielsweise ist die einfache Deutung eines Netzes als gerichtete Verbindung, wie es auch die Prozedur##TRANS im Abschn. 5.6.2. ausdrückt, dieser Darstellung nicht mehr angemessen, weil sich kein Anschluß A, B oder C eindeutig als Quelle interpretieren läßt.

Noch wichtiger ist eine adäquate Beschreibung für den Fall ausgangsseitiger Verknüpfungen. Bild 5.64a zeigt das Prinzip der elektronischen Realisierung, Bild 5.64b die auf die logische Wirkung reduzierte Darstellung. Die Wirkungsweise ist so, daß bereits einer der eingangsseitigen Negatoren das Potential auf der beiden gemeinsamen Ausgangsleitung auf Low ziehen kann. Dadurch hat die Verbindung die Eigenschaft einer logischen Verknüpfung (bei positiver Logik, d.h. Low-Pegel entspricht der logischen 0, die UND-Funktion, bei negativer Logik die ODER-Funktion).

Eine darauf aufbauende, elektronisch noch flexiblere Schaltungsvariante zeigt Bild 5.64c. Diese Schaltung arbeitet mit zwei als sog. Transfer-Gatter verwendeten MOS-Transistoren. Sie haben die Eigenschaft, daß sie je nach Signal am G-Eingang die Verbindung zwischen S und D unterbrechen oder öffnen. Dadurch kann wahlweise eine ausgangsseitige Verknüpfung hergestellt werden oder nicht.

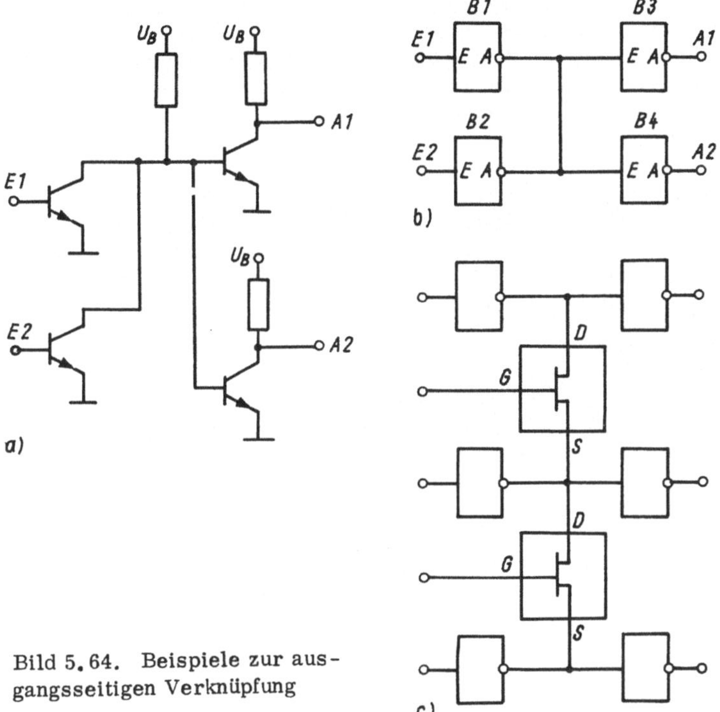

Bild 5.64. Beispiele zur ausgangsseitigen Verknüpfung

Bei der Simulation solcher Schaltungen mit der Modellvorstellung des Signaltransports von Quelle zu Verbraucher müssen praktisch Ersatzschaltungen verwendet werden, die kein identisches Abbild der tatsächlichen Schaltungsstruktur mehr sind und zu Einschränkungen der Allgemeinheit führen. Beispielsweise wird die ausgangsseitige Verknüpfung häufig durch ein fiktives UND-Element nachgebildet (Bild 5.65a). Dann sind zwangsläufig ausgangsseitige Verbindungen über Blockgrenzen verboten. Transfer-Gatter werden oft durch Trennung der Netze und Anschlüsse in eingangs- und ausgangsseitige Verbindungen behandelt (Bild 5.65b). Hierdurch entsteht faktisch eine völlig andere Struktur, deren Übereinstimmung bei komplizierter Vernetzung schwer zu überprüfen ist.

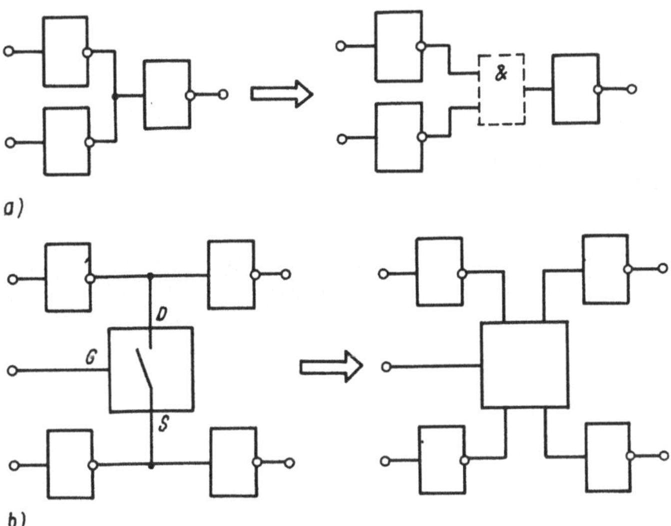

Bild 5.65. Ersatzschaltungen für nicht-klassische digitale Schaltungen

Wünschenswert ist jedoch eine Nachbildung des Verhaltens solcher struktureller Lösungen, die dem tatsächlichen Sachverhalt weitgehend nahekommt, ohne dabei die eigentliche strukturelle Grundlage zu verlassen. Offenbar ist dafür eine adäquatere Modellbildung der Block- und Verbindungsfunktion erforderlich, die es gestattet, in der im Abschnitt erläuterten Weise mit Hilfe des allgemeinen Simulationsalgorithmus aus den lokalen Beziehungen das reale Verhalten der Gesamtstruktur zu berechnen.

Dieses Ziel wird dadurch erreicht, daß die Systembeschreibung stärker an die physikalisch-elektronischen Verhältnisse angenähert wird, indem diejenigen physikalischen Eigenschaften des realen Systems, die für die angestrebte Nutzung wesentlich sind, im notwendigen Maß im Modell widergespiegelt werden. Von allen anderen physikalisch-technischen Details soll weiterhin so weit wie möglich abstrahiert werden.

Dazu ist es notwendig, sich folgenden Sachverhalt bewußt zu machen:

- Das tatsächliche Verhalten von elektronischen Schaltungen ist dynamisch in dem Sinn, daß nicht nur statische Pegel aufeinander einwirken, sondern daß der Schaltungszustand wesentlich durch das Fließen von Strömen bestimmt wird.
- Die Verbindung von Anschlüssen mit elektrischen Leitungen ist grundsätzlich isotrop, d.h., sie hat keinen Richtungscharakter, so daß bezüglich der Prozesse auf einer Verbindungsleitung kein Anschluß vor dem anderen ausgezeichnet ist.
- Ein Negator erzeugt nicht aktiv den logischen 1- oder 0-Pegel, sondern schließt entweder kurz gegen Masse (bei positiver Logik 0-Pegel) oder stellt einen hohen Widerstand dar, der den Pegel auf einer Leitung nicht beeinflußt.
- Die Einspeisung des Stromes in ein Netz - und damit die Erzeugung des High-Pegels - erfolgt über einen Lastwiderstand. Dieser wird bei herkömmlichen Gattern als Bestandteil des logischen Elements betrachtet; bei Elementen, die zur ausgangsseitigen Verknüpfung fähig sind, muß dieser jedoch extern als selbständiges Element realisiert werden.

Diese Charakteristika einer verfeinerten Modellbeschreibung sind im Bild 5.66 dargestellt. Es zeigt die ausgangsseitige Verknüpfung zweier Negatoren. Diese ist in einem Unterblock realisiert, der lediglich ein Netz enthält. Der logische Pegel wird außerdem über einen weiteren Unterblock gleichen Typs auf die Eingänge zweier Negatoren aufgefächert. Der Lastwiderstand der Verbindung, welche sich hier durch zwei Blöcke erstreckt, wird am Netz N4 angeschlossen. Im Bild ist weiterhin für eine bestimmte Eingangsbelegung der resultierende Stromfluß eingezeichnet. Die Werte 0 und 1 bedeuten ein konstantes Potential mit vernachlässigbarem Stromfluß, die Pfeile bezeichnen die Richtung des nach den elektrischen Bedingungen maximalen Stromes.

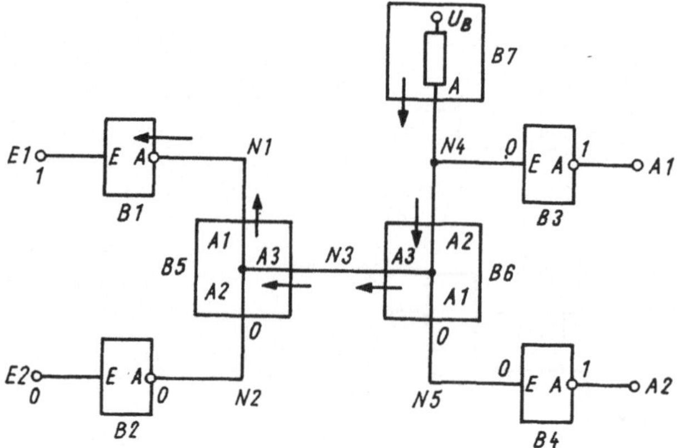

Bild 5.66. Verfeinerte Modellbeschreibung im Fall nicht-klassischer digitaler Elemente

Die Strukturbeschreibung dieser Schaltung lautet in PL/AS:

```
BLOCK: SSB;     /* SPEZIELLES SCHALTUNGSBEISPIEL   */
 RAND  E1, E2, A1, A2;
 BMENGE (B1,B2,B3,B4)  NEG, (B5,B6) NETZ, B7 LW;
 NETZE (RAND.E1,B1.E), (RAND.E2,B2.E),
       (RAND.A1,B3.A), (RAND.A2,B4.A),
       (B1.A,B5.A), (B2.A,B5.B), (B5.C,B6.C),
       (B6.A,B4.E), (B6.B,B3.E,B7.A);
BEND;
```

Der Blocktyp NETZ ist die schon vorn beschriebene reine Vernetzung der drei Anschlüsse Es besteht nun die Aufgabe, die Unterblockfunktionen für NEG und LW sowie eine entsprechende Prozedur für die Netzberechnung zu formulieren.

Als erstes ist die Signaldarstellung zu überlegen. Wie Bild 5.66 zeigt, genügen zwei binäre Werte 0 und 1 nicht mehr. Andererseits folgt daraus auch nicht, daß die Stromflußdarstellung nun einen kontinuierlichen Wertebereich erfordert. Wie zu sehen ist, genügt die qualitative Kennzeichnung der Stromrichtung in „einwärts" und „auswärts".

Tafel 5.12. Symbolik, Bedeutung und Codierung dynamischer Signalmodelle

Wert	Bedeutung	Codierung
0	konstanter 0-Pegel	0 0
1	konstanter 1-Pegel	1 0
↑	Abfluß aus Netz	0 1
↓	Zufluß ins Netz	1 1

Tafel 5.12 zeigt die zur Modellbeschreibung benötigten vier Werte, ihre Bedeutung und rechentechnische Codierung. Es sind also zwei Binärwerte erforderlich (Attribut BIT(2)), die sich folgendermaßen interpretieren lassen: Das erste Bit gibt den jeweiligen Pegel am Anschluß an, das zweite beschreibt, ob ein Stromfluß am Anschluß vorliegt oder nicht (Flußcharakteristik). (Man kann beide Binärwerte als auf ein Bit reduzierte Strom- und Spannungswerte betrachten.)

Die Funktion der Blöcke bezüglich dieser Signaldarstellung ist zunächst am leichtesten für den Negator zu verstehen.

Tafel 5.13. Wertetabelle für Negator im dynamischen Signalmodell

E A alt	E A neu	Bemerkung	
0 0	0 0	abgekoppelt, E beeinflußt Pegel nicht	
0 1	0 1	abgekoppelt, E beeinflußt Pegel nicht	
0 ↓	0 0	hochohmig, A kann nicht Quelle sein	
0 ↑	0 1	hochohmig, A läßt nichts abfließen	
1 0	1 ↑	über A Abfluß nach Masse	
1 1	1 ↑	über A Abfluß nach Masse	
1 ↓	1 ↑	über A Abfluß nach Masse	
1 ↑	1 ↑	über A Abfluß nach Masse	
↓ 0	0 0	Eingang ist stets hochohmig, hat nie Zufluß oder Abfluß	0-Pegel an E kann nicht angehoben werden, A ist hochohmig
↓ 1	0 1		
↓ ↓	0 0		
↓ ↑	0 1		
↑ 0	1 ↑		1-Pegel an E fließt nicht ab, wird zu konstantem 1-Pegel, an A Abfluß nach Masse
↑ 1	1 ↑		
↑ ↓	1 ↑		
↑ ↑	1 ↑		

Tafel 5.13 zeigt eine Wertetabelle. Man entnimmt daraus folgende qualitative Charakteristik: Der Eingang E ist grundsätzlich hochohmig, vor der Berechnung angetragene Stromflüsse werden durch den Aufruf der NEG-Funktion zu konstanten Pegeln. Dabei ist zu beachten, daß ein Zufluß in den Block (↑) wegen des hohen Eingangswiderstands zu einem „Stau", d.h. High-Pegel führt, ein Zufluß in das Netz (↓) kann wegen der nicht vorhandenen Quellfähigkeit des Eingangs den Pegel nicht anheben, er bleibt 0.

Die Werte des Ausgangs werden sowohl von E als auch vom ursprünglichen Wert an A bestimmt. Bei E = 1 ist die Ausgangsleitung grundsätzlich auf Masse gelegt, d.h., es findet ein Abfluß aus dem Netz statt. Bei E = 0 wird der Pegel der Leitung nicht beeinflußt, da kein Stromfluß möglich ist. Falls vor der Berechnung ein Stromfluß angetragen war, bleibt der Pegel erhalten, der ohne Stromfluß im Netz anliegen würde.

Die in Tafel 5.14 als Wertetabelle dargestellte Funktion des Lastwiderstands ist folgendermaßen zu verstehen: Es wird grundsätzlich am Anschluß der 1-Pegel erzeugt, je nach Vorwert am Anschluß ist jedoch die Flußcharakteristik 1 (Pegel war 0, Zufluß erforderlich) oder 0 (Netz ist schon „aufgeladen", kein Zufluß möglich).

Tafel 5.14. Wertetabelle eines Lastwiderstands im dynamischen Signalmodell

A	A
0	↓
1	1
↓	↓
↑	1

Die Berechnung der Netzfunktion muß die diesem Signalmodell entsprechende Wertebelegung erzeugen, wobei insbesondere die Gleichberechtigung aller Anschlüsse gewährleistet sein muß. In gewisser Weise kann die Berechnung als binäre Realisierung der Knotenregel betrachtet werden. Tafel 5.15 zeigt die Wertetabelle für ein Netz mit zwei Anschlüssen.

Tafel 5.15. Wertetabelle für ein Netz mit zwei Anschlüssen im dynamischen Signalmodell

A	B	A	B	A	B	A	B
0	0	0	0	↓	0	1	1
0	1	1	1	↓	1	1	1
0	↓	1	1	↓	↓	1	1
0	↑	0	0	↓	↑	↓	↑
1	0	1	1	↑	0	0	0
1	1	1	1	↑	1	↑	↓
1	↓	1	1	↑	↓	↑	↓
1	↑	↓	↑	↑	↑	0	0

Man erkennt als Prinzip: Wenn kein Abfluß aus dem Netz stattfindet, stellt sich überall konstanter 1-Pegel ein. Existiert an irgendeinem Anschluß ein Abfluß, so wird 1-Pegel zum Zufluß; falls nirgends ein 1-Pegel existiert, entsteht an allen Anschlüssen ein konstanter 0-Pegel. Die Interpretation und Codierung sind dabei so gewählt, daß der Stromfluß stets vom höheren Pegel zum niedrigeren verläuft.

Die Formulierung dieses Signalmodells und der Blockfunktionen, wie sie in den Wertetabellen dargestellt sind, in PL/AS zwecks praktischer Simulation, machen prinzipiell keinerlei Schwierigkeiten. Um solche Beschreibungen beliebig verketten und Blöcke schachteln zu können, muß jedoch beachtet werden, daß die Stromflußrichtung als „Zufluß" bzw. „Abfluß" keine absolute Bedeutung hat, sondern daß sich der Standpunkt durch die Blockaufrufe ändert.

Wenn z.B. in der Struktur SSB auf dem Netz N3 am Anschluß B5.C Abfluß (01) registriert wird, so bedeutet das, daß im Innern von B5 am Anschluß RAND.C ein Zufluß ins Netz erfolgt. Bei Überschreiten von Blockgrenzen ändert sich also grundsätzlich der Standpunkt bezüglich der Stromflußrichtung. Das erfordert, daß bei Aufruf oder Verlassen von Unterblockprozeduren grundsätzlich die Codierung korrigiert wird, und zwar in der Weise, daß alle Anschlüsse mit der Flußcharakteristik 1 den negierten Pegelwert bekommen.

Diese Manipulation muß immer erfolgen, sie sollte deshalb nicht andauernd bei der Blockbeschreibung explizit geschrieben werden müssen, sondern soll automatisch vom Compiler ausgeführt werden. (Praktisch erfolgt dies so, daß durch eine Steuerkarte dem PL/AS-Compiler mitgeteilt wird, welchen Signaltyp - logisch oder bidirektional - die beschriebenen Blöcke haben sollen. Je nachdem wird dann das Anschlußattribut BIT(1) oder BIT(2) generiert, im letzteren Fall werden außerdem Statements zur Korrektur der Stromrichtung ergänzt.)

Unter dieser Voraussetzung haben die Beschreibungen und Prozeduren für die verwendeten Blöcke folgende Gestalt:

```
BLOCK: NEG;
 RAND  E,A;
   SUBSTR(E,2,1)='0'B;
   IF  E  THEN  /*ZUSTROM*/
     A='11' B;
          ELSE  /*HOCHOHMIG*/
     SUBSTR(A,2,1)='0'B;
BEND;

#NEG: PROC(#);
/*BLOCK:NEG;*/
  IF  SUBSTR(E,2,1)  THEN
    SUBSTR(E,1,1)=¬SUBSTR(E,1,1);
  IF  SUBSTR(A,2,1)  THEN
    SUBSTR(A,1,1)=¬SUBSTR(A,1,1);
  /*RAND  E,A;*/
      SUBSTR(E,2,1)='0'B;
      IF  E  THEN  /*ZUSTROM*/
       A='11' B;
           ELSE  /*HOCHOHMIG*/
       SUBSTR(A,2,1)='0'B;
/*BEND;*/
  IF  SUBSTR(E,2,1)  THEN
    SUBSTR(E,1,1)=¬SUBSTR(E,1,1);
  IF  SUBSTR(A,2,1)  THEN
    SUBSTR(A,1,1)=¬SUBSTR(A,1,1);
  DCL # POINTER
       1  NEG  BASED  (#),
        2  RAND,  3  E  BIT(2),  3  A  BIT(2);
END#NEG;
```

```
BLOCK:  LW;  /*LASTWIDERSTAND*/
 RAND  A;
   IF  SUBSTR(A,2,1)  THEN
     SUBSTR(A,1,1)='0'B;
                     ELSE
     SUBSTR(A,1,1)='1' B;
BEND;

#LW:  PROC(#);
/*BLOCK: LW;  /*LASTWIDERSTAND*/
  IF  SUBSTR(A,2,1)  THEN
    SUBSTR(A,1,1)=¬SUBSTR(A,1,1);
 /*RAND A;*/
    IF  SUBSTR(A,2,1)  THEN
     SUBSTR(A,1,1)='0'B;
                     ELSE
     SUBSTR(A,1,1)='1'B;
/*BEND;*/
 IF  SUBSTR(A,2,1)  THEN
   SUBSTR(A,1,1)=¬SUBSTR(A,1,1);
   DCL # POINTER,
        1  LW  BASED  (#),
         2  RAND,  3  A  BIT(2);
END#LW;
```

```
BLOCK:  NETZ;
 RAND  A,B,C;  NETZE  (RAND.A,RAND.B,RAND.C);
BEND;
```

```
#NETZ: PROC(#);
 /*BLOCK: NETZ;*/
  IF SUBSTR(A,2,1) THEN SUBSTR(A,1,1)=¬SUBSTR(A,1,1);
  IF SUBSTR(B,2,1) THEN SUBSTR(B,1,1)=¬SUBSTR(B,1,1);
  IF SUBSTR(C,2,1) THEN SUBSTR(C,1,1)=¬SUBSTR(C,1,1);
  /*RAND A,B,C;*/ /*NETZE (RAND.A,RAND.B,RAND.C);*/
 /*BEND;*/
  CALL##DOT(RAND.A,RAND.B,RAND.C);
  DCL #POINTER,
      1 NETZ BASED (#),
       2 RAND, 3 A BIT(2), 3 B BIT(2), 3 C BIT(2);
##DOT: PROC(A,B,C);
  DCL (A,B,C,D(3)) BIT(2), (HP,LP) BIT(1);
  D(1)=A; D(2)=B; D(3)=C;
  /*  AUSWERTEN DER ALTEN WERTE    */
  HP='1'B; LP='1'B;
  DO I=1 TO 3;
   IF D(I)='01'B THEN HP='0'B;
   IF SUBSTR(D(I),1,1) THEN LP='0'B;
   END;
  /*  ANTRAGEN DER NEUEN WERTE   */
  IF LP THEN D='00'B;      /*  UEBERALL KONSTANTES NULLPOTENTIAL  */
        ELSE
   IF HP THEN D='10'B;     /*  UEBERALL KONSTANTES EINSPOTENTIAL  */
         ELSE
    DO I=1 TO 3;
     IF SUBSTR(D(I),1,1) THEN SUBSTR(D(I),2,1)='1'B;
     END;
A=D(1); B=D(2); C=D(3);
END##DOT;
##ENDE:
IF SUBSTR(A,2,1) THEN SUBSTR(A,1,1)=¬SUBSTR(A,1,1);
IF SUBSTR(B,2,1) THEN SUBSTR(B,1,1)=¬SUBSTR(B,1,1);
IF SUBSTR(C,2,1) THEN SUBSTR(C,1,1)=¬SUBSTR(C,1,1);
END#NETZ;
```

Tafel 5.16 zeigt anhand einer Berechnungsfolge, über welche Zwischenwerte sich bei dieser Modellbeschreibung ein stabiler Wert einstellt. Es wird von einem stabilen Grundzustand ausgegangen und an einem Struktureingang ein Wert gesetzt. Dann folgt eine Folge von Berechnungen von Blöcken und Netzen, wie sie sich nach dem allgemeinen Simulationsalgorithmus ergibt. In der Tabelle sind allerdings alle diejenigen Block- und Netzberechnungen nicht enthalten, die keine Werte ändern. Im ersten Berechnungsdurchlauf ist dann die Belegung das Ergebnis, die im Bild 5.66 dargestellt ist. Als zweites Beispiel ist daran anschließend ein Umschalten der Eingänge dargestellt.

Mit diesem verfeinerten Signal- und Vernetzungsmodell läßt sich die Funktion des Transfer-Gatters wie folgt beschreiben:

```
BLOCK: TGATE;
 RAND G,S,D;
  SUBSTR(G,2,1)='0'B; /*  G-EINGANG IMMER HOCHOHMIG   */
  IF ¬G THFN          /*  VERBINDUNG ZWISCHEN S UND D GETRENNT  */
   DO;
    SUBSTR(S,2,1)='0'B; SUBSTR(D,2,1)='0'B;
    ENDE;
    END;
  NETZE (RAND.S,RAND.D);
BEND;
```

Die PL/AS-Anweisung ENDE; wird durch das Statement GO TO##ENDE; ersetzt. Dadurch wird im Fall von G = '00' B keine Vernetzung durchgeführt, sondern S und D werden wie zwei separate offene Anschlüsse behandelt.

Als zweites Problem soll in diesem Abschnitt die Frage betrachtet werden, ob mit den Mitteln der hierarchischen Blocksimulation und der PL/AS-Beschreibung auch nicht-diskrete Systeme modelliert und simuliert werden können.

Dazu sei das einfache elektrische System von Bild 5.67 betrachtet. Es besteht aus einer Spannungsquelle SQ und zwei parallelgeschalteten gleich großen Widerständen R. Seine Struktur läßt sich ohne weiteres in PL/AS beschreiben:

```
BLOCK: EES;    /* EINFACHE ELEKTRISCHE SCHALTUNG  */
  BMENGE SQ, (R1,R2) R;
  NETZE (SQ.A,R1.A,R2.A), (SQ.B,R1.B,R2.B);
BEND;
```

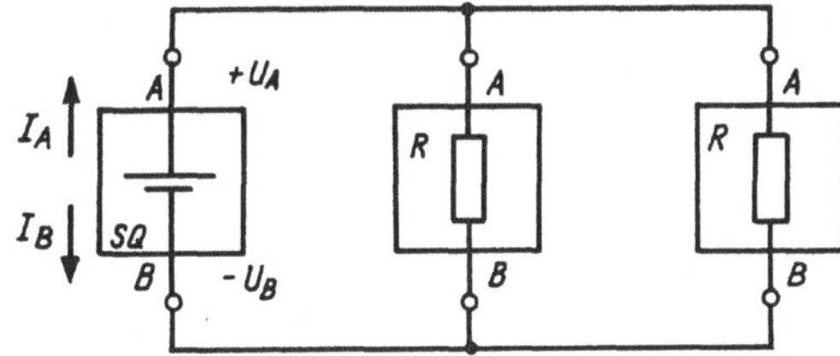

Bild 5.67. Elektrische Schaltung in Blockstrukturdarstellung

Dieser Text kann in der nun schon bekannten Weise vom PL/AS-Compiler in ein PL/1-Programm übersetzt werden. Dazu werden allerdings noch die Beschreibungen bzw. Prozeduren für die verwendeten Unterblöcke sowie für die Vernetzungsberechnung benötigt. Es erhebt sich damit die Frage, welches Aussehen diese haben müssen, damit im Ergebnis dieser Beschreibung und der Arbeitsweise des allgemeinen Simulationsalgorithmus das bekannte Verhalten dieses elektrischen Systems nachgebildet wird.

Als erstes ist wieder die Signaldarstellung zu überlegen. Da der Zustand an einem Anschluß eines elektrischen Netzes bekanntlich durch Strom- und Spannungswerte bestimmt ist, wobei diese einen kontinuierlichen Wertebereich durchlaufen, müssen die Attribute der Anschlußvariablen in PL/AS entsprechend gewählt werden. Es gibt dafür mehrere Möglichkeiten, die nächstliegende wäre etwa folgende: RAND (A(2),B(2)) DEC FLOAT; Das heißt, die Anschlußvariablen bestehen jetzt aus einem Feld von zwei Elementen A(1) und A(2) bzw. B(1) und B(2), wobei A(1) und B(1) den Stromwert an A bzw. B darstellen sollen und A(2) und B(2) den Spannungswert; alle Variablen haben das Attribut DEC FLOAT, sind also dezimale Gleitkommazahlen, um einen maximalen Zahlenbereich widerspiegeln zu können.

(Wenn in PL/AS keine gemischten Attribute verwendet werden, können die Attribute für Rand- und Zustandsvariable weggelassen werden. Der Compiler setzt diese automatisch ein, wenn ihm durch eine zuvor eingegebene Steuerkarte vorgegeben wurde, welche Attribute zu verwenden sind.)

Bei der PL/AS-Beschreibung elektrischer Elemente wie Spannungsquelle, Widerstand oder auch anderer ist zu berücksichtigen, daß die blockweise Bearbeitung der Elemente durch den allgemeinen Simulationsalgorithmus sich nur schrittweise an den durch die Kirchhoffschen Gesetze gegebenen Endzustand der elektrischen Schaltung annähert. Es können deshalb nicht die den Endzustand beschreibenden Netzwerkgleichungen als Beschreibung der Blöcke verwendet werden, sondern es muß gewissermaßen das mikroskopische, lokale Verhalten eines Blocks beschrieben werden. Dabei darf für eine Blockberechnung nicht auf den Gesamtzustand der Schaltung, d.h. auf die Werte anderer Blöcke, Bezug genommen werden, sondern nur auf die unmittelbare Blockumgebung, d.h. auf seinen Rand (Nahwirkungsprinzip).

Tafel 5.16. Simulationsablauf in der Struktur nach Bild 5.66

	B1		B2		B3		B4		B5			B6			B7
	E	A	E	A	E	A	E	A	A1	A2	A3	A1	A2	A3	A
GZ	0	1	0	1	1	↑	1	↑	1	1	1	1	1	1	1
Setzen	1														
B1	1	↑													
N1		↑							↓						
B5									↓	↑	↑				
N2				↓						↑					
N3											↑			↓	
B6												↑	↑	↓	
N4					↓								↑		↓
N5							↓					↓			
B2			0	0											
N2				0						0					
B3					0	1									
N4					0								↑		↓
B4							0	1							
N5							0					0			
stabil	1	↑	0	0	0	1	0	1	↓	0	↑	0	↑	↓	↓
Setzen	0		1												
B1	0	1													
N1		1							1						
B2			1	↑											
N2				0						0					
B5									1	1	1				
N2				1						1					
N3											1			1	
B6												1	1	1	
N5							1					1			
N4					1										
B2			1	↑											
N2				↑						↓					
B3					1	↑									
B4							1	↑							
B5									↑	↓	↓				
N1		↓							↑						
N3											↑			↓	
B6												↑	↑	↓	
N5							↓					↑			
N4					↓								↑		↓
B1	0	0													
N1		0							0						
B3					0	1									
N4					0								↑		↓
B4							0	1							
N5							0					0			
stabil	0	0	1	↑	0	1	0	1	0	↓	↑	0	↑	↓	↓

	B1		B2		B3		B4		B5			B6			B7
	E	A	E	A	E	A	E	A	A1	A2	A3	A1	A2	A3	A
Setzen			0												
B2			0	1											
N2				1						1					
B5									1	1	1				
N1		1							1						
N3											1			1	
B6												1	1	1	
N5							1					1			
N4					1								1		1
B3					1	↑									
B4							1	↑							
stabil	0	1	0	1	1	↑	1	↑	1	1	1	1	1	1	1

Weiterhin gilt grundsätzlich, daß bei passiven Bauelementen die Beschreibung bezüglich aller Anschlüsse symmetrisch sein muß, da keiner vor den anderen ausgezeichnet ist. Technisch bedeutet das, daß z.B. ein Widerstand beliebig angeschlossen werden kann; beschreibungstechnisch hat dies zur Folge, daß sich die Form der Beschreibung nicht ändern darf, wenn A und B gegeneinander ausgetauscht werden.

Zur konkreten Beschreibung von SQ ist nun folgendes zu überlegen: Eine (ideale) Spannungsquelle hat die Eigenschaft, daß sie stets eine konstante Spannungsdifferenz erzeugt, wobei sie in der Lage ist, beliebige Stromstärken zu akzeptieren. Das mikroskopische Verhalten besteht sozusagen darin, daß die an den Anschlüssen angebotenen Spannungswerte, die durch die Wirkung der anderen Strukturelemente zustande gekommen sind, stets auf die der Spannungsquelle entsprechende Spannungsdifferenz gebracht werden. Für die Ströme an den Anschlüssen gilt, daß sie im Prinzip unverändert gelassen werden. Zu berücksichtigen ist allerdings, daß durch die Wirkung der Blockumgebung unter Umständen an beiden Anschlüssen unterschiedliche Stromstärken auftreten. (In der Realität ist dies während des Einschwingvorgangs aufgrund von unterschiedlichen Leitungskapazitäten zeitweise und lokal möglich.) Nach der Berechnung muß jedoch die Knotenregel wieder erfüllt sein, d.h. $I_A = -I_B$. (Hierbei ist die allgemeine Vereinbarung unterstellt, daß die Stromrichtung dann positiv gerechnet wird, wenn der Strom den Block verläßt, d.h., wenn er in ein Netz fließt.)

Die folgenden Formeln erfüllen die eben erläuterten Bedingungen für eine Spannungsquelle. Die Strich-Werte sind die Werte der Anschlußvariablen nach der Berechnung, die ungestrichenen Werte die dem Block angebotenen Randwerte.

$$I'_A = \frac{I_A - I_B}{2} \qquad I'_B = \frac{I_B - I_A}{2}$$

$$U'_A = \frac{U_A + U_B + S}{2} \qquad U'_B = \frac{U_B + U_A - S}{2} \tag{109}$$

S ist hierbei die erzeugte Spannungsdifferenz. Für eine 12-V-Spannungsquelle ergibt sich danach folgende Blockbeschreibung in PL/AS:

```
BLOCK: SQ;        /*  12-V-SPANNUNGSQUELLE    */
  RAND  A,B;
    A(1) = (A(1) - B(1))/2;          B(1) = -A(1);
    A(2) = (A(2) + B(2) + 12)/2;     B(2) = A(2) - 12;
BEND;
```

Die Berechnung des Widerstandsblocks muß so erfolgen, daß aus einer beliebig angelegten, durch die Blockumgebung erzeugten Randbelegung eine Ergebnisbelegung entsteht, die das Ohmsche Gesetz erfüllt, d.h.

$$U_A' - U_B' = R \cdot I_B' = -R \cdot I_A'. \quad (110)$$

(Da nach Definition der Strom vom höheren zum niedrigeren Potential fließt und die Stromrichtung als positiv festgelegt wurde, wenn der Strom den Block verläßt, muß I_A' negativ sein, wenn U_A' größer als U_B' ist.) Folgende Gleichungen erfüllen die formulierten Bedingungen:

$$I_A' = \frac{I_A - I_B}{4} - \frac{1}{R}\,\frac{U_A - U_B}{2}$$

$$I_B' = \frac{I_B - I_A}{4} - \frac{1}{R}\,\frac{U_B - U_A}{2}$$

$$U_A' = \frac{U_A + U_B}{2} + \frac{U_A - U_B}{4} - \frac{R}{2}\,\frac{I_A - I_B}{4}$$

$$U_B' = \frac{U_B + U_A}{2} + \frac{U_B - U_A}{4} - \frac{R}{2}\,\frac{I_B - I_A}{4}. \quad (111)$$

Daraus resultiert folgende Verhaltensbeschreibung des Widerstandsblocks:

```
BLOCK: R;          /*  6-OHM-WIDERSTAND     */
  RAND  A,B;
    A(1) = (A(1) - B(1))/4 - (A(2) - B(2))/12;
    B(1) = -A(1);
    A(2) = (A(2) + B(2))/2 - 3*A(1);
    B(2) = A(2) + 6*A(1);
BEND;
```

Die Netzfunktion erfordert eine Berechnung, die an allen Netzanschlüssen das gleiche Potential erzeugt und für die resultierenden Ströme die Knotenregel erfüllt. Außerdem ist zu berücksichtigen, daß die Stromänderung dort am größten ist, wo auch die Spannungsänderung am größten ist. Dies leistet die Beziehung

$$U_A' = U_B' = U_C' = \frac{U_A + U_B + U_C}{3}$$

$$I_i' = I_i + U_i - \frac{I_A + I_B + I_C}{3} - \frac{U_A + U_B + U_C}{3}$$

$$i = A, B, C. \quad (112)$$

Die innerhalb des Strukturblocks EES benötigte interne Prozedur für die Netzberechnung hat danach die Gestalt:

```
##ELT: PROC(A,B,C);
  DCL (A,B,C,D) (2) DEC FLOAT;
    D = (A + B + C)/3;
    A(1) = A(1) + A(2) - D(1) - D(2);        A(2) = D(2);
    B(1) = B(1) + B(2) - D(1) - D(2);        B(2) = D(2);
    C(1) = C(1) + C(2) - D(1) - D(2);        C(2) = D(2);
END##ELT;
```

Die Simulation dieses Systems würde etwa durch folgenden Simulationsblock zu beschreiben sein:

```
SIM: ELTSIM;    /*  SIMULATION EINES ELEKTRISCHEN SYSTEMS    */
  BMENGE EES;
   /*  SETZEN EINER STABILEN ANFANGSBELEGUNG    */
   SQ.A,SQ.B,R1.A,R1.B,R2.A,R2.B = 0;
   SIMULATION;
   PUT LIST (SQ.A,SQ.B,R1.A,R1.B,R2.A,R2.B);
BEND;
```

Es genügt hierbei eine Simulationsberechnung, da der Zustand des Systems statisch ist, d.h. weder durch innere Prozesse noch durch äußere Eingriffe durch Setzen von Werten geändert werden kann.

Die Verarbeitung der PL/AS-Beschreibungen für Simulation und Blockfunktionen durch den PL/AS-Compiler geschieht nach den schon erläuterten Prinzipien, d.h., der Programmaufbau entspricht völlig den anderen dargestellten Beispielen, lediglich die Attribute der Randvariablen und die Netzprozedur sind anders. Zu berücksichtigen ist noch, daß die Iterationsschwelle ##ITMAX hoch genug gesetzt wird. Bedingt durch die größeren Wertebereiche der Variablen, sind zwangsläufig mehr Berechnungsdurchläufe notwendig, bis sich die Ergebniswerte stabilisiert haben. Man kann dies reduzieren, indem ein Rundungsverfahren in die einzelnen Blockberechnungen eingebaut wird. Dadurch konvergiert die Berechnung schneller, allerdings auf Kosten einer geringeren Genauigkeit.

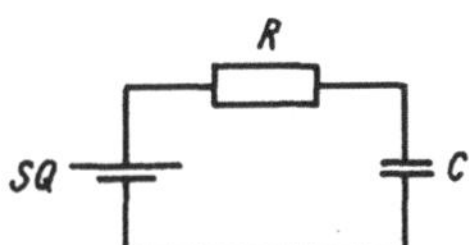

Bild 5.68. Einfachste RC-Schaltung

Bild 5.68 zeigt eine andere einfache Schaltung, die jedoch ein grundsätzlich anderes Verhalten aufweist: Sie nimmt ihren stationären Zustand - aufgeladener Kondensator, kein Stromfluß - erst nach einiger Zeit ein. Diesen Zustand erreicht sie über eine Reihe von Zwischenwerten, die die bekannte Kurve des Einschaltverhaltens ergeben (Bild 5.69).

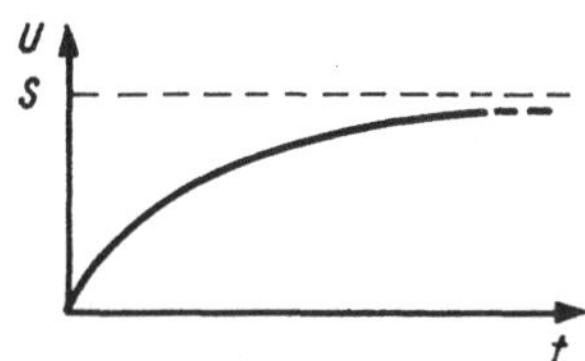

Bild 5.69. Spannungsverlauf am Kondensator einer RC-Schaltung

Simulationstechnisch bedeutet das, daß zur Berechnung des zeitlichen Verhaltens dieser Schaltung nicht nur eine Durchrechnung für einen Zeitpunkt genügt, sondern daß mehrere Zeitpunkte hintereinander berechnet werden müssen. Da außerdem der Zustand der Schaltung zu einem Zeitpunkt T vom vorher erreichten Zustand im Zeitpunkt T-1 abhängt, müssen hier Zustandsvariable zur Korrelation aufeinanderfolgender Zeitpunkte verwendet werden. Diese spielen für die Beschreibung des Kondensators eine Rolle, was auch seiner Eigenschaft als speicherndes Element entspricht.

Die Blockbeschreibungen für SQ und R sind die gleichen wie die oben verwendeten. Zur Beschreibung des lokalen, mikroskopischen Verhaltens des Kondensators ist vorbereitend zu überlegen: Die augenblickliche Spannungsdifferenz am Kondensator ist der jeweils auf dem Kondensator befindlichen Ladung proportional, d.h., in jedem Zeitpunkt wirkt der Kondensator wie eine Spannungsquelle, deren Spannung der jeweilig erreichten Ladung entspricht und sich von Zeitpunkt zu Zeitpunkt ändert. Die Größe der Änderung ist durch die Ladungsänderung, d.h. durch den fließenden Strom bestimmt. Damit wird die Ladung Q des Kondensators zur Zustandsvariablen, die die Korrelation der Zeitpunkte vermittelt. Folgende Formeln spiegeln diesen Sachverhalt wider:

$$I'_A = \frac{I_A - I_B}{2} \qquad I'_B = \frac{I_B - I_A}{2}$$

$$U'_A = \frac{U_A + U_B + Q/C}{2} \qquad U'_B = \frac{U_B + U_A - Q/C}{2}$$

$$Q' = Q - I'_A. \tag{113}$$

Als Blockbeschreibung ergibt sich dann:

```
BLOCK: C; /* KONDENSATOR MIT KAPAZITAET VON 1 MILLIFARAD */
  RAND A,B; ZUSTAND Q:
  A(1) = (A(1)-B(1))/2;           B(1) = -A(1);
  A(2) = (A(2) + B(2) + Q/1000)/2;
  B(2) = (B(2) + A(2) - Q/1000)/2;
  Q = Q - A(1);
BEND;
```

Für die Simulationsbeschreibung dieses Systems ist zu berücksichtigen, daß sich der stationäre Zustand genaugenommen erst nach unendlich langer Zeit einstellt, d.h. erst nach sehr vielen Simulationsdurchläufen erkennbar wird. Da man diese Zahl nicht ohne Mühe abschätzen kann, ist es günstiger, ein Endekriterium als Testbedingung zu formulieren:

```
SIM: KOSIM;  /*  SIMULATION EINER KONDENSATORSCHALTUNG  */
  BMENGE SQRC; /*SCHALTUNG NACH BILD 5.68, PL/AS-BESCHREIBUNG*/
                /*WURDE NICHT AUSGEFUEHRT*/
  SQ.A,SQ.B,R.A,R.B,C.A,C.B,C.Q = 0;  /*GRUNDZUSTAND*/
  WIEDER:
   SIMULATION;
   PUT LIST (SQ.A,SQ.B,R.A,R.B,C.A,C.B,C.Q);
   IF (SQ.A-SQ.B)*9 > (C.A-C.B)*10 THEN GOTO WIEDER;
BEND;
```

Abschließend muß speziell zur hierarchischen Blocksimulation von elektrischen Systemen folgendes bemerkt werden: Die angestellten Plausibilitätsbetrachtungen zum Aufstellen der Verhaltensbeschreibungen elektrischer Elemente sind zwar bei Kenntnis der physikalischen Grundlagen bis zu einem gewissen Grad einleuchtend, sie begründen jedoch nicht ausreichend, daß die blockweise, iterative lokale Berechnung tatsächlich zu den bekannten Ergebnissen für elektrische Schaltungen führt. Dies bedarf einer exakten theoretischen Argumentation, die sowohl sämtliche explizite und implizite Voraussetzungen für das Aufstellen der entsprechenden Gleichungen als auch den Beweis für die Konvergenz dieser Vorgehensweise zu den bekannten Ergebnissen enthalten muß. Die hierzu erforderliche Ausführlichkeit überschreitet den hier gesteckten Rahmen, sie muß einer späteren Veröffentlichung vorbehalten bleiben. Im vorliegenden Zusammenhang muß auf die Möglichkeit verwiesen werden, diese Methode mit den detailliert dargestellten rechentechnischen Mitteln empirisch nachzuprüfen.

Die hierarchische Blocksimulation hat allgemein, aber speziell auch für die elektrische Simulation folgende Vorteile:

- Systemstrukturen lassen sich relativ schematisch beschreiben, beispielsweise indem eine unmittelbare Übertragung aus einer Bilddarstellung vorgenommen wird. Dabei spielt die Modellinterpretation zunächst kaum eine Rolle, diese ist fast ausschließlich in den Beschreibungen der Elementarblöcke bzw. der Verbindungen zu berücksichtigen.
- Strukturblöcke lassen sich beliebig ineinander einsetzen, wobei Beschreibungsaufwand und rechentechnische Vorbereitung minimal bleiben.
- Als Simulationsergebnis stehen sämtliche Anschlußpunkte der Schaltung zur Verfügung,

so daß sich zwecks Beobachtung gewissermaßen beliebige Abgriffe anbringen lassen. (Im Gegensatz dazu erhält man bei der analytischen Modellierung elektrischer Schaltungen nur diejenigen Variablen, nach denen die Netzwerkgleichungen aufgelöst sind.)

- Eine echte mixed-level-Simulation ist dadurch möglich, daß bei einem Blockübergang eine Änderung der Modellbeschreibung in Richtung gröberer oder feinerer Darstellung erfolgt. Dies kann implizit in den jeweiligen Blöcken geschehen oder unter Verwendung geeignet definierter Wandlerblöcke, z.B.:

```
BLOCK: ADW; /*ANALOG_DIGITAL_WANDLER*/
  RAND  A(2) DEC FLOAT, B BIT(1);
    IF  A(1) > 5  THEN  B='1'B;
                  ELSE  B='0'B;
    A(2)=0;       /*LASTSTROM STETS NULL, D.H., HOCHOHMIGER*/
                  /*VERBRAUCHER                            */
BEND;
```

- Das Zeitraster läßt sich beliebig und einfach verändern, indem zeitliche Konstanten als globale Variable definiert werden, deren Wert sich durch Simulationsanweisungen setzen und ändern lassen.
  Bei der Simulation des Kondensators wird beispielsweise die Zeiteinheit dadurch bestimmt, wie groß die Ladungsänderung Q' -Q durch den Stromfluß angenommen wird. Im vorn dargestellten Beispiel wurde der gesamte Strom als Ladungsänderung beschrieben; bei der Stromeinheit Ampere ist damit die Zeiteinheit Sekunde festgelegt. Mit der Anweisung Q = Q-A(1)/1000; wäre dagegen das Weiterschreiten in Millisekunden formuliert. Allgemein ließe sich dann durch Q = Q-A(1)/Zeit; DCL ZEIT DEC FLOAT EXTERNAL; eine Variable einführen, die sich im Simulationsblock setzen läßt, wodurch sich das Zeitraster beliebig festlegen läßt.

6. Diagnoseentwurf

6.1. Aufgabe und Besonderheiten

In den vorangegangenen Abschnitten wurden Entwurfsprobleme behandelt, wie sie sich für den Systementwurf im Hinblick auf einen bestimmten Anwendungsfall ergeben. Die Hauptzielstellungen sind in diesem Sinn durch Begriffe wie Funktion, Leistung, Kosten charakterisiert. Dabei ist jedoch ein praktisch sehr wichtiger, allgemein bekannter Sachverhalt höchstens indirekt über die Gesamtkosten des Systems (einschließlich Betriebskosten) berücksichtigt: Was bedeutet es und was ist zu tun, wenn das System als realisierte, d.h. materiell vorhandene Struktur Fehler enthält, wenn es also nicht so geworden oder nicht so geblieben ist, wie es entworfen wurde? Welche Maßnahmen sind in diesem Fall des sog. Hardwarefehlers möglich und sinnvoll, und welche Voraussetzungen sind dazu insgesamt erforderlich?

Diese Problematik ist wegen ihrer praktischen Bedeutung als wichtige Aufgabe der Systementwicklung zu betrachten und muß ein integraler Bestandteil des Entwurfsprozesses sein, weil sinnvolle Reaktionen im Fehlerfall ohne vorbereitete Hilfsmittel und dementsprechende Systemeigenschaften praktisch nicht möglich sind. Dieser Teil des Systementwurfs soll als Diagnoseentwurf bezeichnet werden. Die Gesamtheit aller Maßnahmen zur Behandlung von Hardwarefehlern (Fehlermaßnahmen) wird auch als Systemdiagnose bezeichnet.

Unter Einbeziehung des Fehleraspekts besteht die Gesamtzielstellung des Systementwurfs aus folgenden Hauptaufgaben:

1. Entwerfen eines adäquaten Systems: Das System muß funktionelle, Leistungs- und Kostenanforderungen des ausgewählten Einsatzgebiets befriedigen.
2. Entwerfen eines prüfbaren Systems: Durch ungewollt eingebaute oder später entstandene Hardwarefehler kann das System in seinen für die Anwendung wesentlichen Eigenschaften beeinträchtigt sein, d.h., es arbeitet nicht oder nicht mehr adäquat. Es muß möglich sein zu beurteilen, ob das System die Einsatzbedingungen erfüllt und angewendet werden kann, oder ob es Fehler enthält und nicht mehr benutzt werden darf.
3. Entwerfen eines wartbaren Systems: Wenn im Ergebnis der Prüfung festgestellt wird, daß das System nicht verwendet werden kann, weil es die Anwendungsforderungen nicht erfüllt, so muß es möglich sein, durch zielgerichtete Maßnahmen (Eingriffe, Reparatur, Austausch o.ä.) das System wieder anwendungsadäquat und damit einsatzfähig zu machen.
4. Entwerfen eines verfügbaren Systems: Das System muß den zeitlichen Anforderungen an seinen Einsatz entsprechen. Das heißt, es muß zu bestimmten Zeitpunkten bzw. in bestimmten Zeiträumen oder mit einem bestimmten Zeitanteil praktisch genutzt werden können.

Die erste der genannten Hauptaufgaben ist Gegenstand des Systementwurfs im engeren Sinn, die drei letzteren sind Gegenstand des Diagnoseentwurfs. Es ist für die praktische Gestaltung des Entwicklungsablaufs ein wichtiges methodisches Problem, wie sich Systementwurf und Diagnoseentwurf zueinander verhalten und welchen Einfluß die Berücksichtigung des Fehleraspekts auf den dargestellten Entwurfsprozeß hat. Die Schwierigkeit dieses Wechselverhältnisses entsteht unter anderem daraus, daß sich der Diagnoseentwurf mit den sich ergebenden Maßnahmen gewissermaßen als gegensätzlich zu den sonstigen Zielstellungen erweist, d.h., das System wird durch Fehlermaßnahmen i.allg. komplizierter, aufwendiger, langsamer und teurer.

Der Systementwurf im engeren Sinn ist die wichtigere Aufgabe, was die Formulierung der Entwurfszielstellung und die Wahl der Prinziplösungen angeht. Er besitzt gewissermaßen entwurfsmethodisch das Primat gegenüber dem Diagnoseentwurf. (Einfach gesagt, darf nicht so vorgegangen werden: Wir entwerfen ein optimal auf Fehler reagierendes System; dann werden wir sehen, wofür es eingesetzt werden kann.)

Andererseits ist das entscheidende Entwurfsziel, das Schaffen eines praktisch nützlichen Systems, nicht erreicht, wenn ein „nach Papierform" leistungsfähiges und kostengünstiges System durch Fehler in seiner Verwendbarkeit wesentlich beeinträchtigt wird. Die Diagnoseeigenschaften des Systems sind folglich gleichgewichtiger Bestandteil der gesamten Leistungszielstellung und können nicht ohne Nachteil für die Praxis vernachlässigt werden, auch wenn dadurch andere Entwurfsziele mitunter nicht absolut optimal realisiert werden können. Primat des Systementwurfs bedeutet aber, daß der Diagnoseentwurf auf den Grundlagen des Systementwurfs aufbaut. Er ist somit als Modifikation bzw. als zweite Näherung des Systementwurfs unter Einbeziehung des Fehleraspekts anzusehen.

Modifikation des Systementwurfs kann jedoch bei komplexeren Systemen nicht bedeuten, daß der Diagnoseentwurf erst nach Abschluß aller Entwurfsetappen erfolgt. Dies würde den Gesamtprozeß untragbar verlängern, weil i.allg. alle Ebenen des Entwurfs durch die notwendigen Modifikationen betroffen sind. Weiterhin könnte es sein, daß manche Diagnoseziele prinzipiell nicht mehr erreichbar sind, weil durch die vom Systementwurf gefällten Vorentscheidungen manche durchaus möglichen Lösungen ausgeschlossen wurden.

Der Diagnoseentwurf muß deshalb als Begleitprozeß zu den Entwurfsetappen des Systementwurfs ablaufen. Auf jeder Entwurfsebene werden durch den Diagnoseentwurf Veränderungen und Ergänzungen des bis dahin erreichten Entwurfsergebnisses durchgeführt mit dem Ziel, die notwendigen Diagnoseeigenschaften des Systems einzuarbeiten.

Dabei ist das entwurfsmethodische Problem zu lösen, daß die zu treffenden Maßnahmen nicht gefühlsmäßiger Ermessensentscheid sein dürfen, sondern sich weitgehend begründet aus den konkreten, möglichst quantitativ bewertbaren Diagnosezielen ableiten sollen. Der Diagnoseentwurf sollte also wie der gesamte Systementwurf systematischer, strukturierter Entwurf sein, der mit Hilfe geeigneter Kriterien „kennzifferngesteuert" abläuft.

Organisatorisch ist der Diagnoseentwurf eine Teilaufgabe, die - je nach Größe des Systems - ein angemessenes Teilkollektiv erfordert. Im Sinn des Chefentwerfer-Systems gibt es dafür einen Teilaufgabenverantwortlichen, der die konzeptionelle Arbeit im Konzeptionskollektiv leistet und die schrittweise Umsetzung im Verlauf des Entwurfsprozesses leitet bzw. auch selbst durchführt.

6.2. Allgemeine Grundlagen des Diagnoseentwurfs

6.2.1. Überblick

Es ist notwendig, die im vorigen Abschnitt erläuterten qualitativen Zielstellungen des System- bzw. Diagnoseentwurfs zu detaillieren, um daraus konkretere Probleme, Systemeigenschaften und folglich auch entwerferische Aufgaben zu erkennen. Dazu müssen die Bedeutung der einzelnen Aspekte, ihr Zusammenhang und ihr Einfluß auf die praxiswirksamen Systemeigenschaften herausgearbeitet werden, um richtige Entscheidungen für die Wahl wirksamer Diagnosemittel fällen zu können.

Der Ausgangspunkt der gesamten Diagnoseproblematik ist die reale Erscheinung des Defekts eines Systems bzw. als theoretische Grundlage der Fehlerbegriff. Ganz allgemein und plausibel wird darunter irgendeine, praktisch in vielfältiger Form auftretende Abweichung von einer erwarteten oder vorgeschriebenen Funktion, Struktur oder Leistung verstanden. Da jede sinnvolle Reaktion auf das Auftreten von Defekten bzw. Fehlern in erster Linie vom Wirkungsmechanismus der Fehler abhängt, muß die Untersuchung dieses Aspekts an erster Stelle stehen.

Der bei systematischer Analyse nächste Aspekt betrifft die Frage nach dem Vorhandensein von Fehlern in einem System, d.h. die Prüfung oder Testung des Systems. Die Prüfung ist ein Prozeß, in dessen Ergebnis eine Aussage über die Fehlerfreiheit bzw. Fehlerhaftigkeit eines Systems entsteht. Davon hängt die Einsatzfähigkeit des Systems ab, wie es in der zweiten Hauptaufgabe des Systementwurfs beschrieben wurde.

An die Prüfung schließt sich als dritter Aspekt die Fehlerbeseitigung an. Sie hat die Aufgabe, die durch die Prüfung nachgewiesenen Fehler oder wenigstens deren Folgen zu beseitigen. Diese Aufgabe unterteilt sich in Fehlerlokalisierung, d.h. dem Ermitteln der fehlerhaften Stelle und deren Reparatur bzw. Korrektur.

Die Reparatur, d.h. das Austauschen oder zielgerichtete Verändern fehlerhafter Teile, ist vorwiegend ein praktisch-technologisches Problem. Da im hier behandelten Rahmen auf technologische Betrachtungen weitgehend verzichtet wird, kann und soll nicht auf Einzelheiten von Reparaturtechnologien eingegangen werden. Alle anderen Probleme sind vorwiegend logischer Art und lassen sich mit den hier benutzten Mitteln behandeln.

Der in der Systematik vierte, praktisch aber vielleicht wichtigste Aspekt betrifft die Frage nach der Fehlerhäufigkeit bzw. Zuverlässigkeit des Systems. Er steht im engen Zusammenhang mit der Verfügbarkeit des Systems (siehe vierte Hauptaufgabe des Systementwurfs) und beeinflußt maßgeblich die praktische Verwendbarkeit und Ökonomie eines Systems.

In den folgenden Abschnitten werden diese vier Probleme detaillierter behandelt. Daraus ergeben sich für den Abschn. 6.3. Orientierung und konkrete Schlußfolgerungen hinsichtlich des systematischen Diagnoseentwurfs. Als Literatur mit Grundlagencharakter kann etwa [36] [46] [63] [64] [140] [141] [142] [143] [144] [145] genannt werden.

6.2.2. Fehler und Fehlermodelle

Der Begriff Fehler bringt üblicherweise zum Ausdruck, daß bei einem bestimmten Objekt, sei es materiell oder nicht, unerlaubte Abweichungen aufgetreten sind. Das setzt voraus, daß für dieses Objekt in irgendeiner Form ein Vorbild existiert, welches als Vergleichsnormal dient. Ein fehlerhaftes Objekt an sich, ohne daß wenigstens eine Vorstellung existiert über das, was richtig wäre, ist nicht sinnvoll.

Im Fall digitaler Systeme muß demzufolge eine materielle Realisierung bzw. eine hinreichend exakte Beschreibung desjenigen Systems vorgegeben sein, bezüglich dessen die Fehlerfreiheit weiterer Exemplare beurteilt werden soll. Diesen Sachverhalt bringt die folgende Definition zum Ausdruck:

Definition 6.1.:

Es sei eine Menge $M = \{ \underline{S}_0, \underline{S}_1, \ldots, \underline{S}_n \}$, $n > 0$, digitaler Systeme $\underline{S}_i = (R_i, S_i, F_i)$ gegeben. In M sei $\underline{S}_0$ als Soll-System ausgezeichnet. Das geordnete Paar $D_i = (\underline{S}_0, \underline{S}_i)$ mit $i > 0$ heißt ein Fehler, wenn $S_i \neq S_0$ ist. $\underline{S}_i$ heißt fehlerhafte Realisierung von $\underline{S}_0$.

Damit ist der Fehlerbegriff theoretisch als Abweichung in den Bestimmungsstücken eines deterministischen Systems nach Definition 4.1 gegeben. So kann die Menge der Randvariablen R verändert sein (äußere Fehler durch veränderte Anzahl oder veränderte Attribute der Randvariablen), die Menge der inneren Variablen S oder die Funktion F (innere Fehler). Je nachdem, wie konkret diese Bestimmungsstücke gegeben sind, speziell also ob die Funktion als Abbildung oder Struktur von Funktionselementen gegeben ist, lassen sich unterschiedlich differenzierte Fehlerfälle definieren. Als Fehlerursache soll die konkrete Abweichung eines Bestimmungsstücks bezeichnet werden, also z.B. ein anderes Element in der Blockmenge, eine anders gezogene oder zusätzliche Verbindung o.ä.

Gegenstand der weiteren Betrachtung ist die Fehlermenge $\underline{D} = \{ D_1, D_2, \ldots, D_k \}$, mit $k \leqq n$ und $D_i = (\underline{S}_0, \underline{S}_i)$. Sie muß genauer bestimmt und weiter unterteilt werden, um eine Grundlage für zielgerichtete Maßnahmen zu bekommen. Eine erste wesentliche Unterteilung liefert

Definition 6.2.:

Sei $D_i = (\underline{S}_0, \underline{S}_i)$ ein Fehler und seien $A_0 = (X_0, Y_0, Z_0, \delta_0, \lambda_0, I_0)$ und $A_i = (X_i, Y_i, Z_i, \delta_i, \lambda_i, I_i)$ die zu $\underline{S}_0$ und $\underline{S}_i$ gehörenden abstrakten Automaten, dann heißt D_i unwesentlicher Fehler, wenn für alle $p \in W(X)$ (W(X) ist die Menge aller Worte über dem Alphabet X, d.h. aller möglichen Eingabefolgen) und alle $z_0 \in I_0$ und $z_i \in I_i$ (I_0, I_i - Mengen der Anfangszustände) gilt:

$$\lambda_0(p, z_0) = \lambda_i(p, z_i). \tag{114}$$

Alle anderen heißen wesentliche Fehler bzw. Fehlfunktion.

Die Definition besagt, daß es Systeme geben kann, die - obwohl sie vom Soll-System abweichen - doch keine Unterschiede in ihrem Verhalten zu $\underline{S}_0$ aufweisen. Im automatentheoretischen Sinn sind es nicht-unterscheidbare, im einfachsten Fall äquivalente Automaten zu A_0 (vgl. [5]).

Praktisch bedeutet dies, daß Systeme mit unwesentlichen Fehlern zunächst noch weiterverwendet werden können, da ihre Funktion vom Fehler vorerst nicht beeinträchtigt wird. Andererseits sind unwesentliche Fehler oft die Vorboten von wesentlichen Fehlern, sie sollten deshalb in der Praxis möglichst bald beseitigt werden. Im Diagnoseentwurf kommt es übrigens gerade darauf an, ein System so zu entwerfen, daß entstehende Fehler zunächst als unwesentliche Fehler wirken (Fehlertoleranz), damit die Systemarbeit nicht unmittelbar beeinträchtigt oder unterbrochen wird (siehe Abschn. 6.3.3.).

Eine weitere Unterscheidung besteht in systematischen und zufälligen Fehlern. Systematische Fehler haben eine feste, meist auf ungeeigneter Realisierung beruhende Ursache, z.B. Schwachstellen der Herstellungstechnologie. Zufällige Fehler haben verschiedene, durch das Zusammenspiel nicht determinierbarer Einflüsse bedingte Ursachen, wodurch Ort und Zeitpunkt von Fehlern weitgehend zufällig werden. Dazu gehören etwa Alterungs- und Korrosionserscheinungen (Parameterdrift von Bauelementen, Oxydation von Kontakten), mechanische Beschädigungen (Leitungsbrüche, verbogene Anschlüsse), Einwirkung von äußeren Störungen (Schwankungen der Spannungsversorgung, Temperaturerhöhung, etwa durch Lüfterausfall, elektromagnetische Störfelder usw.).

Systematische Fehler treten vor allem in der Anfangszeit eines Systems auf (Produktionsanlauf). Sie müssen durch eine gute Inbetriebnahme des fertigen Systems (Entwurfsüberprüfung am realisierten Objekt, vgl. Abschn. 5.6.1.) erkannt und dauerhaft beseitigt werden. Beim eigentlichen Nutzer des Systems dürfen systematische Fehler nicht mehr auftreten, dort ist nur noch mit zufälligen Fehlern zu rechnen.

Eine wichtige Klassifizierung betrifft die Unterscheidung von permanenten und kurzzeitigen Fehlern, auch als aussetzende, transiente oder intermittierende Fehler bezeichnet. Permanente Fehler haben eine dauerhafte Fehlerursache (z.B. Leitungsbruch, Kurzschluß, Bauelementetotalausfälle). Wesentliche permanente Fehler werden als Ausfälle bezeichnet. Bei kurzzeitigen Fehlern existieren die verursachenden Einflüsse nur begrenzte Zeit (z.B. Spannungsschwankungen, Störfelder u.ä.). Dadurch kann das System eine gewisse Zeit falsch funktionieren, ist aber danach wieder normal funktionsfähig.

Permanente Fehler erfordern unbedingt einen Eingriff ins System, für die Fehlersuche steht aber prinzipiell beliebig viel Zeit zur Verfügung. Die Beseitigung kurzzeitiger Fehler ist - sofern sie keine systematische Ursache haben, die zu großen Fehlerhäufigkeiten führt - nicht erforderlich, es muß lediglich das fehlerhafte Ergebnis korrigiert bzw. noch einmal berechnet werden. Allerdings erfordert die Erkennung kurzzeitiger Fehler besondere Mittel, da sie nur in einem kurzen Zeitraum nachweisbar sind.

Weiterhin ist zwischen statischen (DC-Fehlern, von engl. direct current - Gleichstrom) und dynamischen Fehlern (AC-Fehlern, von engl. alternating current - Wechselstrom) zu unterscheiden. Statische Fehler sind unter allen Bedingungen nachweisbar, können z.B. auch durch Nachmessen am ruhenden System erkannt und lokalisiert werden. Dies ist z.B. bei Leitungsbrüchen, Kurzschlüssen u.ä. der Fall.

Dynamische Fehler haben einen verursachenden Fehlermechanismus, der wesentlich von realen Nutzungsbedingungen geprägt ist, insbesondere von der normalen Schaltgeschwindigkeit. Beispielsweise könnte eine im Vergleich zum Taktabstand zu große Kettenlänge (vgl. Abschn. 2.4.) im normal schnellen Systembetrieb Fehlfunktionen zur Folge haben, wäre aber beim statischen Nachmessen am gestoppten System als Fehlerursache nicht zu erkennen. Dynamische Fehler werden meist durch Laufzeiteffekte (kritische Signalwettläufe, Hazards), Übersprechen (induktive oder kapazitive Einkopplung) oder Parameterveränderungen der Bauelemente hervorgerufen. Praktisch treten dynamische Fehler oft auch als kurzzeitige Fehler auf.

Schließlich sind noch Einzel- und Mehrfachfehler zu erwähnen. Einzelfehler werden durch nur eine fehlerhafte Stelle im System verursacht, Mehrfachfehler besitzen entsprechend mehr Fehlerursachen. Mehrfachfehler spielen hauptsächlich bei der Erstinbetriebnahme eines Systems eine Rolle, was für den Fehlerlokalisierungsprozeß von Bedeutung ist. Im späteren Betrieb beim Anwender kann von Einzelfehlern ausgegangen werden, sofern Fehler in angemessen kurzer Zeit beseitigt werden.

Neben den Begriffen des Fehlers und der Fehlerursache spielt auch der Begriff Fehlerbild eine praktisch wichtige Rolle. Er bezeichnet die Gesamtheit der beobachtbaren Eigenschaften eines Fehlers. Seine Bedeutung liegt darin, daß alle notwendigen Reaktionen auf Fehler (z.B. Fehlersuche, Fehlerkorrektur u.ä.) auf beobachtbaren Fehlerauswirkungen, d.h. dem Fehlerbild, aufbauen. Eine Aufgabe des Diagnoseentwurfs ist insbesondere, das System so zu gestalten, daß für alle wichtigen Fehler ein informatives Fehlerbild entsteht bzw. gewonnen werden kann, so daß eine schnelle und zielgerichtete Fehlerbehandlung möglich wird.

Für alle konkreten und theoretisch behandelten Untersuchungen und Verfahren zur Fehlerbehandlung hat schließlich der Begriff des Fehlermodells große Bedeutung. Fehlermodelle klassifizieren Fehlerursachen oder Fehlerbilder, abstrahieren von den konkreten physikalisch-technischen Bedingungen und bringen Fehlerursachen oder Fehlerbilder auf eine Form, die mit den üblicherweise verwendeten Beschreibungsmitteln für digitale Systeme ausgedrückt werden kann. Sie gestatten dadurch die exakte, mathematisch unterstützte Behandlung der Fehlerproblematik.

Am bekanntesten ist das sog. SA0/SA1-Fehlermodell. Die Bezeichnung kommt von stuck-at-0/stuck-at-1 (festgehalten auf 0 bzw. 1, mitunter auch als FA0/FA1-Fehlermodell bzw. auch Leitungsfehlermodell bezeichnet) und umfaßt alle diejenigen Fehler, die dadurch zustande kommen, daß bestimmte Leitungen oder Anschlüsse einer Struktur auf 1 bzw. 0 festgehalten werden. Dies kann praktisch z.B. durch Kurzschluß gegen Masse oder Bruch einer Verbindung verursacht werden.

Als Beispiel ist im Bild 6.1 eine einfache Struktur dargestellt. Tafel 6.1 enthält die Wertetabelle der fehlerfreien Funktion G und die möglichen vierzehn fehlerhaften Realisierungen, die durch SA0/SA1-Fehler der sieben Verbindungen A, B, C, d, e, f, G verursacht werden.

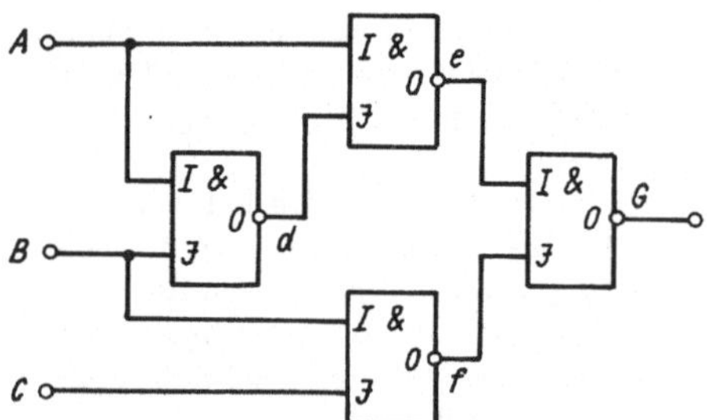

Bild 6.1. Einfache digitale Schaltung zur Fehlerbetrachtung

Tafel 6.1. Vollständige Tabelle aller SA0/SA1-Fehler der Struktur nach Bild 6.1

A B C	G	A/0	A/1	B/0	B/1	C/0	C/1	d/0	d/1	e/0	e/1	f/0	f/1	G/0	G/1
0 0 0	0	0	1	0	0	0	0	0	0	1	0	1	0	0	1
0 0 1	0	0	1	0	1	0	0	0	0	1	0	1	0	0	1
0 1 0	0	0	0	0	0	0	1	0	0	1	0	1	0	0	1
0 1 1	1	1	1	0	1	0	1	1	1	1	1	1	0	0	1
1 0 0	1	0	1	1	0	1	1	0	1	1	0	1	1	0	1
1 0 1	1	0	1	1	1	1	1	0	1	1	0	1	1	0	1
1 1 0	0	0	0	1	0	0	1	0	1	1	0	1	0	0	1
1 1 1	1	1	1	1	1	0	1	1	1	1	1	1	0	0	1

Das SA0/SA1-Fehlermodell wird sehr häufig verwendet, weil es einen großen Teil der real vorkommenden Fehler mit logischen Mitteln exakt beschreibt (vgl. z.B. [146]) und weil sich darauf relativ leistungsfähige Prüfverfahren aufbauen lassen (vgl. Abschn. 6.2.3.3.2.). Andererseits beruht es wesentlich auf der isolierten Betrachtung der einzelnen Anschlüsse und läßt z.B. die praktisch ebenfalls häufigen Kurzschlußfehler zwischen zwei Signalen außer acht. Mit diesen Fehlern ist aber gerade bei hohen Packungsdichten (benachbarte Leiterzüge, Anschlußklemmen o.ä.) zu rechnen, wie sie besonders in der LSI- und VLSI-Technik anzutreffen sind (vgl. [147]).

Das Kurzschlußfehlermodell ist prinzipiell ebenfalls mit logischen Mitteln beschreibbar. Dabei ist jedoch aus der technischen Realität zu analysieren, welchen logischen Effekt kurzgeschlossene Leitungen haben. Meist wird dies ähnlich wie eine ausgangsseitige Verknüpfung zu betrachten sein, d.h. je nach konkreter Realisierung Draht-UND bzw. Draht-ODER. Allerdings ist auch unbestimmtes Schaltverhalten möglich, wenn aus Belastungs- oder Laufzeitgründen keine definierten logischen Pegel mehr zustande kommen.

Während beim SA0/SA1-Fehlermodell die Fehleranzahl direkt proportional zur Anschlußzahl in einer Struktur ist, kann beim Kurzschlußfehlermodell theoretisch jede Leitung mit jeder kurzgeschlossen sein, was eine quadratische Abhängigkeit der Fehleranzahl zur Folge hat. Eine Einschränkung ist nur begründet möglich, wenn Kurzschlüsse auf die tatsächlich geometrisch benachbarten Leitungen beschränkt werden. Dies erfordert aber die Einbeziehung technisch-konstruktiver Informationen, überschreitet also die logische Beschreibungsebene, was die praktische Verwendung dieses Modells gegenüber dem SA0/SA1-Fehlermodell wesentlich verkompliziert.

Neben der großen Vielfalt hinsichtlich Fehlerursachen bzw. Fehlerbildern ist außerdem auch zu berücksichtigen, daß die Fehlermenge eines Systems zeitlich nicht konstant ist, sondern in den einzelnen Entwicklungs- und Anwendungsphasen des Systems unterschiedliche Fehlertypen und Fehlerhäufigkeiten enthält. So muß in der Anfangsphase der physischen Existenz eines Systems noch mit Entwurfsfehlern, systematischen und Fertigungsfehlern gerechnet werden. Danach dominiert eine Phase der Bauelementeanfangsausfälle, später treten vorwiegend nur noch zufällige Fehler auf, bis gegen Ende der Nutzungsperiode die sog. Spätausfälle auftreten.

Die Vielfalt und Veränderlichkeit der Fehlermenge hat realerweise zur Folge, daß auch bei ausgefeilter Fehlererkennung praktisch immer mit einem gewissen Schlupf nicht erkannter bzw. nicht behandelter Fehler zu rechnen ist. Nicht zuletzt liegt eine Ursache dafür auch darin, daß die real vorkommende Fehlermenge bis zu einem gewissen Grad auch prinzipiell unbekannt ist, d.h. erst im Nachhinein endgültig beurteilt werden kann. Aus diesem Grund müssen alle primär für ein dominantes Fehlermodell gedachten Fehlermaßnahmen auch so beschaffen sein, daß sie sich auf später erkannte Fehler erweitern lassen.

6.2.3. Prüfung

6.2.3.1. Allgemeines

Die Prüfung hat die Aufgabe, von einem gegebenen System zu entscheiden, ob es das Soll-System richtig realisiert oder ob es einen Fehler der als möglich angesehenen Fehlermenge repräsentiert. Im allgemeinen wird diese Aufgabe durch einen Prüfprozeß gelöst, in dessen Ergebnis die Aussage über Fehler oder Fehlerfreiheit entsteht. Es gibt jedoch auch Systeme, deren Fehlerzustand auch ohne Prüfprozeß bekannt ist. Solche Systeme sollen als Hardcore bezeichnet werden.

Es gibt im wesentlichen zwei Möglichkeiten, einen Hardcore technisch zu realisieren. Die erste besteht darin, dem System durch geeignete technologische oder logische Eigenschaften eine ideale Zuverlässigkeit zu verleihen. Dadurch sind Fehler praktisch ausgeschlossen; d.h., die Fehlermenge ist leer, die Fehlerfreiheit ist damit a priori bekannt, und eine Prüfung kann entfallen. Einschränkend muß allerdings hinzugefügt werden, daß diese prinzipielle Lösung praktisch nur für eine genau ausgewählte Fehlermenge und für einen begrenzten Zeitraum realisiert werden kann.

Die zweite Möglichkeit ist die Verwendung von Fehlererkennungsschaltungen. Dies sind zusätzlich zur Normalfunktion des Systems entworfene Schaltungen, die in der Lage sind, ausgewählte Fehlerzustände des Systems zu erkennen und als Signal zur weiteren Bearbeitung bereitzustellen. Im Gegensatz zum Hardcore erster Art, bei dem Fehler ausgeschlossen werden sollen, sind hierbei Fehler möglich und zugelassen, sie müssen jedoch augenblicklich erkannt und mitgeteilt werden, so daß ebenfalls kein separater Prüfprozeß notwendig ist. Weil hierbei die Erkennung von Fehlern direkt während der normalen Systemarbeit stattfindet, wird dies auch als On-line-Fehlererkennung bezeichnet.

Wenn ein System kein Hardcore ist oder die Hardcoreeigenschaft nur bezüglich einer ausgewählten Teilmenge von Fehlern erfüllt ist, so muß für die nicht erfaßten Fehler die Aussage zur Fehlerfreiheit durch einen expliziten Prüfprozeß gewonnen werden. Das heißt, die Systemarbeit wird zwecks Inspektion des Systems unterbrochen (Off-line-Prüfung).

Die dabei angewandten Methoden und Verfahren richten sich nach dem erwarteten Fehlertyp und der jeweiligen Situation. Beispielsweise werden Sichtprüfung des zerlegten und zusammengesetzten Systems oder Messung elektrischer, zeitlicher oder anderer Parameter verwendet. Die weitaus wichtigste Methode bei der Prüfung digitaler Systeme ist jedoch das Experimentieren mit dem System, d.h. das Anlegen geeigneter Eingabefolgen (Tests, Testfolgen) und das Beobachten und Beurteilen der Ausgabe. Aus dem Vergleich der Ergebnisse mit denen des Soll-Systems bei Eingabe der Testfolgen kann die Systemfunktion in ihrer ganzen Komplexität überprüft werden. Je nach der Ebene, auf der Testfolgen angewandt werden, spricht man von Testprogrammen (Systemebene), Testmikroprogrammen (Modulniveau) oder Testbelegungen bzw. Testsätzen (Baugruppenniveau).

Jedes Prüfmittel, sowohl Fehlererkennungsschaltungen als auch Testfolgen, besitzt die gewünschten Erkennungseigenschaften prinzipiell nur für eine bestimmte Fehlerklasse. Genaugenommen wird die geprüfte Fehlermenge allein durch das Prüfmittel exakt definiert. Es ist eines der zentralen Probleme des Diagnoseentwurfs, die Prüfmittel so zu entwerfen, daß sie für eine gegebene Fehlermenge zutreffend sind.

6.2.3.2. Fehlererkennungsschaltungen (On-line-Fehlererkennung)

Fehlererkennungsschaltungen haben die Aufgabe, Ergebnisse oder Zwischenergebnisse der Arbeit eines Systems $\underline{S}$ zu beobachten und auf ihre Richtigkeit zu überprüfen. Im Gegensatz zur Off-line-Prüfung steht hierfür nur soviel Zeit zur Verfügung, bis das nächste Ergebnis vorliegt, Fehlererkennungsschaltungen müssen also ihre Aufgabe mit der Arbeitsgeschwindigkeit der Normalfunktion ausführen.

Bild 6.2 zeigt die Prinziplösung: Das zu überwachende System $\underline{S}$ hat Eingänge E_i und liefert seine Ergebnisse auf Ausgänge A_j. Die Fehlererkennungsschaltung $\underline{S}_K$ ist an die Ergebnissignale angeschlossen und bildet zu jedem Ausgabevektor ein binäres Fehlersignal A_F, welches angibt, ob das Ergebnis fehlerhaft oder fehlerfrei ist.

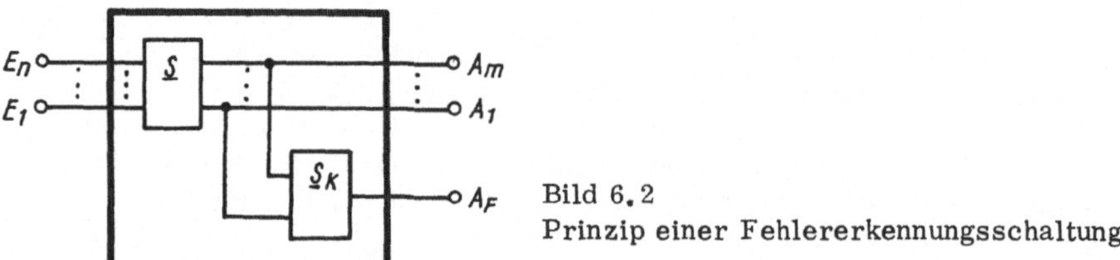

Bild 6.2
Prinzip einer Fehlererkennungsschaltung

Die Frage ist, woran die Ergebnissignale als fehlerhaft erkannt werden können. Denkbar wäre es, daß den Ergebnisvektoren ein Fehler unmittelbar „anzusehen" ist. Dies ist z.B. der Fall, wenn unter den Codierungsmöglichkeiten des Ausgangsvektors Signalbelegungen sind, die bei normaler Arbeit nicht benutzt werden. Dann kann das Auftreten solcher „verbotener" Belegungen als Indiz für Fehler benutzt werden. Wenn etwa das System $\underline{S}$ der im Bild 5.24 dargestellte dezimale Addierer ist, so können die nicht erlaubten Ausgabebelegungen 1010, 1011, 1100, 1101, 1110, 1111 durch eine Kontrollschaltung erkannt und als Fehler gemeldet werden.

Es erhebt sich aber die Frage, ob sich tatsächlich jeder reale Fehler so auswirkt, daß dadurch eine verbotene und damit erkennbare Codierung entsteht. Und wie ist zu verfahren, wenn alle Ausgangsbelegungen funktionell benötigt werden?

Die praktisch üblichen Lösungen dieses Problems lassen sich auf zwei prinzipielle Ansätze reduzieren: 1. Das System $\underline{S}$ wird so erweitert, daß redundante, d.h. normalerweise nicht benötigte Belegungen entstehen. Diese werden so zwischen die funktionell notwendigen Belegungen eingebaut, daß die zu erwartenden Fehler die erlaubten Belegungen in solche verbotene überführen (Methode der fehlererkennenden Codes, vgl. Bild 6.3a). 2. Das Ergebnis wird nachgerechnet (Systemduplizierung, Bild 6.3b).

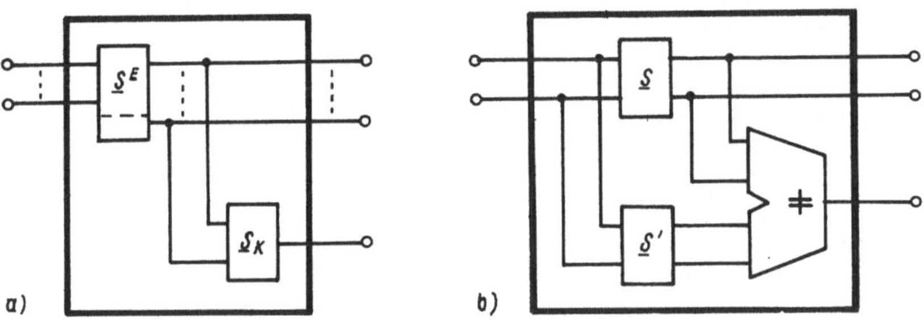

Bild 6.3. Beispiele zur Schaltungsmodifikation für Fehlererkennung

Prinzipiell wäre es denkbar, daß fehlererkennende Codes ganz spezifisch für eine Schaltung und die darin vorkommenden Fehler entworfen werden. Bei komplexen Systemen hätte dies aber zur Folge, daß darin jede Schaltung ihr eigenes Fehlererkennungsprinzip hat. Dies ist für große Systeme aus Gründen der Systematik und der Kaskadierbarkeit von Baugruppen durchaus nicht vorteilhaft. Deshalb werden allgemein sog. systematische Codes verwendet, bei denen die redundante Codeerweiterung nach Regeln erfolgt, die von der konkreten zu prüfenden Schaltung weitgehend unabhängig sind.

Eine erste Gruppe derartiger Codes sind solche, bei denen die Codewörter stets eine bestimmte Anzahl von Einsen haben, etwa m Einsen von insgesamt n Bits (m-aus-n-Code, fixed-weight-Code). Tafel 6.2 zeigt als Beispiel den 2-aus-5-Code und den Biquinär-Code. Man überlegt sich leicht, welche Codeverfälschungen in diesen Beispielen erkannt und welche nicht erkannt werden.

Tafel 6.2. Zwei Beispiele nicht-separierbarer redundanter Codes

Bedeutung	2-aus-5-Code	Biquinär-Code
0	00011	0100001
1	00101	0100010
2	01001	0100100
3	10001	0101000
4	10010	0110000
5	10100	1000001
6	11000	1000010
7	01100	1000100
8	00110	1001000
9	01010	1010000

Günstiger und allgemein verwendet sind solche redundanten Codes, bei denen die eigentlichen bedeutungstragenden Bits von den zur Codeerweiterung hinzugefügten Bits separierbar sind. Die redundante Codierung ergibt sich hierbei, indem die funktionell notwendigen Bits A_j unverändert bleiben und eine Anzahl Prüfbits P_k so hinzugefügt werden, daß stets ein bestimmter, kontrollierbarer Zusammenhang existiert, sofern keine Fehler vorliegen:

$$P_1 = f_1(A_1, \ldots, A_m)$$
$$P_2 = f_2(A_1, \ldots, A_m)$$
$$\ldots$$
$$P_k = f_k(A_1, \ldots, A_m). \qquad (115)$$

Die Aufgabe der Fehlererkennungsschaltung ist es, diesen Zusammenhang zu kontrollieren. Erkennt die Schaltung, daß eine der Gleichungen nicht erfüllt ist, muß ein Fehlersignal gebildet werden.

Die bekanntesten systematischen Codes sind Linearcodes, bei denen die f_i nur aus linearen Operationen zusammengesetzt sind:

$$P_i = c_{i0} \oplus c_{i1}A_1 \oplus c_{i2}A_2 \oplus \ldots \oplus c_{im}A_m \quad , i = 1,2,\ldots,k. \qquad (116)$$

Die Codematrix $C = (c_{ij})$ bestimmt hierbei den konkreten Code (vgl. [148]). Sehr verbreitet ist das sog. Paritätsbit, das der Beziehung genügt:

$$P = 1 \oplus A_1 \oplus A_2 \oplus \ldots \oplus A_m. \qquad (117)$$

Es hat die Eigenschaft, daß es die Zahl der 1-Werte auf eine insgesamt ungerade Anzahl ergänzt. Alle Fehler in der Schaltung, die eine ungerade Anzahl von Bits verändern, verfälschen den Zusammenhang gemäß Gl. (117) und werden durch die Kontrollschaltung erkannt.

Da systematische Codes nach Regeln gebildet werden, die von der zu kontrollierenden Schaltung unabhängig sind, ist zu überlegen, welche Fehler damit erkannt werden können. Weiterhin interessiert für den praktischen Entwurf die Frage, ob Schaltungen mit redundanten Codes kaskadierbar sind, d.h., ob die einmal gebildeten Prüfbits durch alle Stufen einer Verarbeitungskette geführt werden können, oder ob vor jeder zu kontrollierenden Schaltung neue Prüfbits gebildet werden müssen.

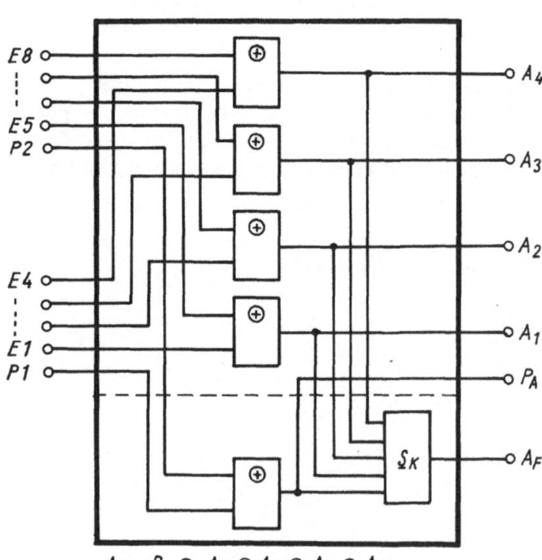

Bild 6.4. Detailliertere Schaltung mit Paritätsbit

Bild 6.4 zeigt als einfaches Beispiel die Verknüpfung zweier Tetraden durch bitweise Antivalenz. Unter der Annahme, daß die Eingangstetraden von vorgelagerten Schaltungen bereits jeweils ein Paritätsbit mitbringen, ergibt sich in diesem Fall das Ergebnisparitätsbit einfach aus der Antivalenz der Eingangsprüfbits. Der Ausgangsvektor kann daher wiederum als Linearcode nachgeschalteten Baugruppen übergeben werden.

Bezüglich der Fehlererkennung kann festgestellt werden, daß bei Einzelfehlern, d.h., höchstens eine Antivalenzbaustufe fällt aus, der Ergebnisvektor stets verfälscht wird, so daß der Fehler durch $\underline{S}_K$ erkannt werden kann.

Im allgemeinen Fall liegen die Verhältnisse weniger günstig. Wenn z.B. die Verknüpfungen der zu kontrollierenden Schaltung nichtlineare Elemente enthalten (z.B. UND, ODER o.ä.), dann läßt sich das Ergebnisprüfbit nicht oder nur teilweise aus den Eingangsprüfbits berechnen, wodurch die Zusatzschaltung wesentlich aufwendiger wird. Wenn die einzelnen Ergebnisbits zudem noch voneinander abhängig sind, d.h., die zu kontrollierende Schaltung zerfällt nicht in separate Teile wie im Bild 6.4, sondern enthält Querverbindungen zwischen den einzelnen Stellen, dann wird außerdem die Fehlererkennungswahrscheinlichkeit herabgesetzt, weil i.allg. nicht nur eine Stelle verfälscht wird, so daß im ungünstigen Fall wieder eine gültige Belegung entsteht.

Die meisten praktischen Schaltungen weisen solche für die Behandlung mit Linearcodes ungünstige Eigenschaften auf. (Für Addierschaltungen mit Paritätsbit ist dies in [149] etwas genauer untersucht worden.) Linearcodes eignen sich deshalb vor allem für Schaltungskomplexe, die keine oder höchstens lineare Operationen durchführen. Dies ist bei der Datenübertragung und -speicherung der Fall, wo Linearcodes auch sehr verbreitet sind.

Ein Beispiel für nichtlineare systematische Codes sind die Restklassencodes. Sie sind hauptsächlich zur Überwachung arithmetischer Funktionen gedacht, wo Linearcodes weniger geeignet sind. Die Grundlage bildet der Begriff der Kongruenz einer Zahl: Zwei Zahlen a und b werden als kongruent modulo einer Zahl m bezeichnet, $a \equiv b \bmod m$, wenn sie bei Division durch m den gleichen Rest ergeben:

$$R(a) = a - q_a \cdot m = b - q_b \cdot m = R(b) \quad \text{mit } R(a), R(b) < m. \tag{118}$$

Für kongruente Zahlen a_i und b_i gilt, daß auch Summen, Differenzen und Produkte kongruent sind:

$$\begin{aligned} a_1 + a_2 &\equiv (b_1 + b_2) \bmod m \\ a_1 - a_2 &\equiv (b_1 - b_2) \bmod m \\ a_1 \cdot a_2 &\equiv (b_1 \cdot b_2) \bmod m. \end{aligned} \tag{119}$$

Dies läßt sich für die Fehlererkennung benutzen, indem die zu einer Schaltung hinzugefügten Prüfbits als Reste der Operanden gebildet werden. Der Rest des Ergebnisses ergibt sich dann aus der analogen arithmetischen Verknüpfung der Operandenreste.

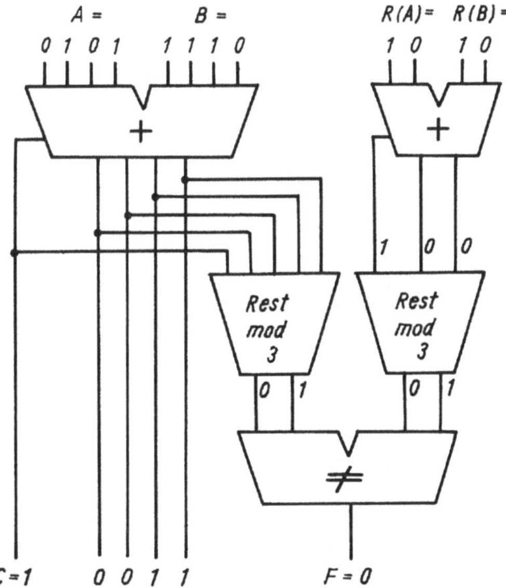

Bild 6.5. Beispiel zur Verwendung von Restklassencodes

Praktisch wird als Zahlenmodul oft m = 3 benutzt. Die Restklassenbehandlung wird damit auf die parallele Behandlung von zwei Bits beschränkt. Bild 6.5 zeigt am Beispiel eines Tetradenaddierwerks das Prinzip dieser Fehlerüberwachung. Die Funktionen f_i nach Gl. (115) genügen in diesem Fall den Beziehungen:

$$\begin{aligned} P_1 &= A_1A_2A_3\neg A_4 \mid A_1\neg A_2(A_3A_4 \mid \neg A_3\neg A_4) \mid \\ &\quad \mid \neg A_1(A_2\neg A_3A_4 \mid \neg A_2A_3\neg A_4) \\ P_2 &= \neg A_1\neg A_2\neg A_3A_4 \mid \neg A_1A_2(A_3A_4 \mid \neg A_3\neg A_4) \mid \\ &\quad \mid A_1(A_2\neg A_3A_4 \mid \neg A_2A_3\neg A_4). \end{aligned} \tag{120}$$

Wenn redundante Codeerweiterungen ungenügende Fehlererkennungseigenschaften oder beträchtlichen Zusatzaufwand besitzen, so ist es oft besser, die einfache Methode des „Nachrechnens" des Ergebnisses zu praktizieren: Die zu kontrollierende Schaltung wird parallel zur Originalschaltung ein zweites Mal realisiert, beide Ergebnisse werden miteinander verglichen und bei Unterschieden wird Fehler gemeldet (Bild 6.3b).

Um zu verhindern, daß sich Fehler mit gleichem technologischem Fehlermechanismus in $\underline{S}$ und $\underline{S}'$ gleich auswirken und unerkannt bleiben, wird $\underline{S}'$ oft als zu $\underline{S}$ komplementäre Logik entworfen, d.h., jeder Ausgang von $\underline{S}'$ ist die Negation des entsprechenden Ausgangs von $\underline{S}$. Dieses Prinzip läßt sich zur sog. Zwei-Weg-Logik (two-rail-Logik) erweitern, wenn grundsätzlich jedes Signal unnegiert und negiert zur Verfügung steht. Bild 6.6 zeigt die logischen Grundelemente dieser Lösung. Die Überwachung erfolgt dann einfach dadurch, daß von jeder Leitung geprüft wird, ob sie den negierten Wert zu ihrer komplementären führt.

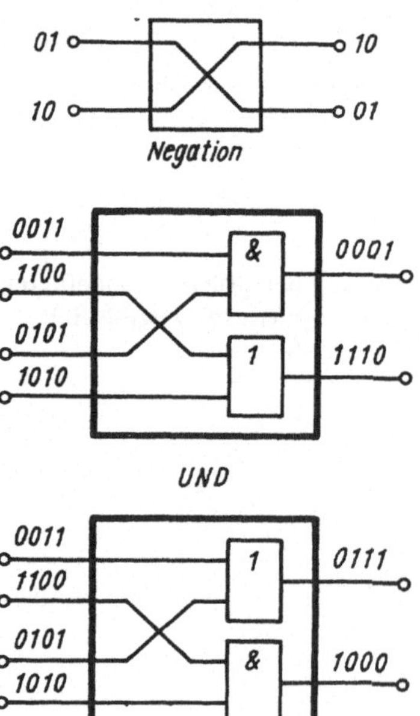

Bild 6.6. Basiselemente bei Two-rail-Logik

Ein besonderes Problem fehlererkennender Schaltungen sind ihre eigenen Fehler. Um das sichere Funktionieren der Fehlererkennung zu gewährleisten, sollten sie so beschaffen sein, daß die Wirkung der Fehlererkennung durch ihre eigenen Fehler nicht beeinträchtigt wird.

Zu diesem Zweck könnte etwa für die Kontrollschaltung eine wesentlich höhere Zuverlässigkeit angestrebt werden. Da aber kontrollierte und kontrollierende Schaltung meist auf der gleichen technologischen Basis realisiert werden, läßt sich dies nicht in einfacher

Weise erreichen. Im allgemeinen verwendet man deshalb das Prinzip vollständig selbstprüfender Kontrollschaltungen (TSC - totally self-checking checker).

TSCs sind so entworfen, daß an ihrem Ausgang nicht nur fehlerfreie bzw. fehlerhafte Codierungen, sondern auch eigene Fehler ablesbar sind. Dazu müssen sie den Forderungen genügen: 1. Es darf keine fehlerhafte Eingangsbelegung zu einer als fehlerfrei interpretierten Ausgabe führen. 2. Es muß mindestens eine fehlerfreie Eingabe geben, bei der die Ausgabe „fehlerhaft" anzeigt.

Dies wird praktisch meistens so gelöst, daß der Ausgang des TSC ein 1-aus-2-Code ist. Das heißt, ein TSC besitzt zwei Ausgänge, wobei die Belegungen 10 und 01 fehlerfrei bedeuten, währenddem 11 und 00 auf Fehler im TSC hindeuten. Bild 6.7 zeigt als Beispiel eine selbstprüfende Vergleichsschaltung. Zur detaillierteren Beschäftigung sei auf die Literatur [141] [150] ... [153] verwiesen.

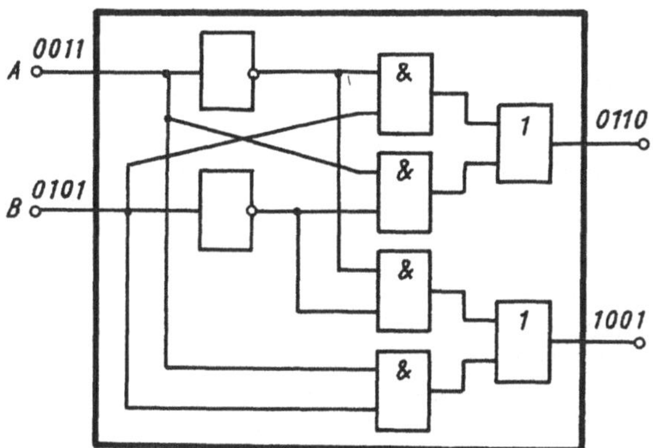

Bild 6.7
Einfaches Beispiel eines TSC

6.2.3.3. Fehlererkennungsexperimente (Tests, Off-line-Fehlererkennung)

6.2.3.3.1. Grundlagen

Die Arbeit mit Fehlererkennungsexperimenten kann als Probebetrieb des Systems betrachtet werden. Während dieser Zeit ist die normale Verwendung des Systems für seine eigentlichen Aufgaben nicht möglich, weshalb auch von Off-line-Prüfung gesprochen wird. Im Vergleich zu Fehlererkennungsschaltungen (implizite Prüfung) wird diese Form auch als explizite Prüfung bezeichnet.

Der Probebetrieb des Systems muß unter Bedingungen erfolgen, die dem tatsächlichen Anwendungsfall weitgehend entsprechen bzw. mindestens nicht schwächer sind. Das wichtigste sind dabei repräsentative Testdaten, d.h. die Eingabe solcher Signale, die zur Erkennung aller wesentlichen Fehler in der Lage sind.

Grundsätzlich wird ein solcher Testprozeß für ein System $\underline{S}$ folgendermaßen organisiert (Bild 6.8a): Eine Testdatenquelle TQ gibt die als Testdaten geeignete Signalfolge aus und legt sie an die Eingänge des zu prüfenden Systems. TQ kann z.B. ein Speicher sein, in dem die vorbestimmten Daten gespeichert sind und aus dem sie einfach nacheinander ausgelesen werden. Es kann aber auch ein irgendwie realisierter Generator sein, der die benötigten Testdaten nach einem gegebenen Algorithmus erzeugt. Speziell kann er programmierbar sein, so daß TQ universell einsetzbar wird und Testalgorithmen für verschiedene Systeme $\underline{S}_i$ abgearbeitet werden können.

Die Antwort des zu prüfenden Systems auf die eingegebenen Testdaten wird von einem Testinterpretierer TI entgegengenommen und beurteilt. Im einfachsten Fall wird TI die Ergebnisse mit ebenfalls vorbestimmten und gespeicherten Soll-Daten vergleichen. Letztere können durch Soll-Wert-Simulation berechnet oder von einem garantiert fehlerfreien gleichartigen System abgeleitet worden sein. Im ersteren Fall wird das Simulationsmodell zum Vergleichsnormal ($\underline{S}_0$ in der Menge $R = \{\underline{S}_0, \underline{S}_1, \ldots\}$), im zweiten Fall das betreffende fehlerfreie reale Muster.

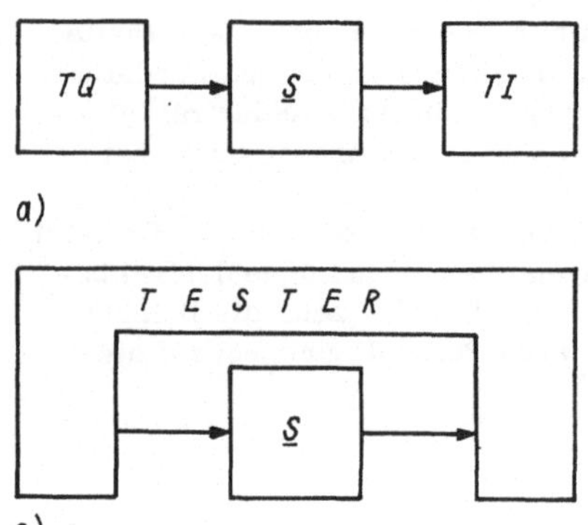

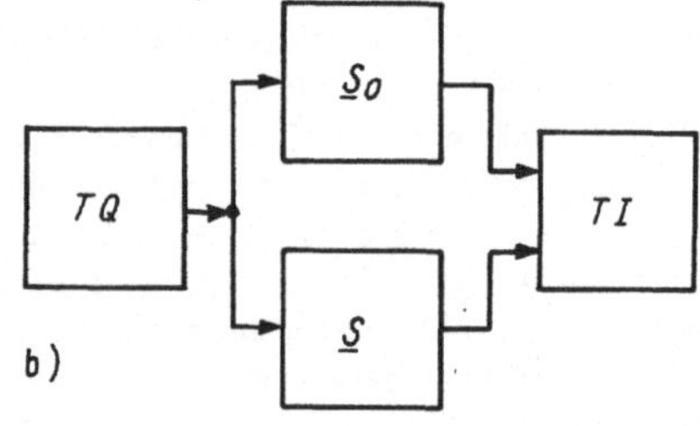

Bild 6.8. Grundprinzipien der Systemprüfung mit Tests

Eine andere Möglichkeit der Testinterpretation ist, die richtigen Ergebnisdaten erst während des Tests zu ermitteln. Dies kann durch ein mitlaufendes fehlerfreies Muster geschehen (Bild 6.8b) oder durch eine parallellaufende Simulation. Letzteres erfordert eine enge Kopplung von TQ und TI und ein leistungsfähiges Simulationssystem. Die meistverbreitete Methode ist allerdings die Verwendung vorausberechneter Ergebnisdaten.

Die explizite Testung wird konstruktiv meist so gelöst, daß TQ und TI zum sog. Tester zusammengefaßt werden, auch als automatische Testeinrichtung ATE bezeichnet (Bild 6.8c). Sie werden außer als spezielle Tester für ganz bestimmte Systeme nach Möglichkeit universell realisiert. Das heißt, es sind programmierbare Geräte, meist auf Mikrorechnerbasis, die entweder ein standardisiertes Anschlußbild oder austauschbare Anschlußadapter besitzen (vgl. dazu z.B. [154] [155]).

Die Testinterpretation hat als wichtigste Aufgabe, die Richtigkeit der Ergebnisdaten und damit die Fehlerfreiheit des geprüften Systems zu beurteilen. Sie liefert also zunächst eine reine gut/schlecht-Aussage (go/no-go-Test). In den meisten Fällen, wo nicht das gesamte, als fehlerhaft erkannte System ersetzt werden soll oder kann, ist jedoch eine Eingrenzung des Fehlers auf einzelne Teile des Systems notwendig (Fehlerlokalisierung), um einen gezielten Eingriff zwecks Fehlerbeseitigung zu ermöglichen. In diesem Fall muß der Tester in der Lage sein, aus der Art der Abweichung vom Soll-Ergebnis Schlußfolgerungen auf die Fehlerursache zu ziehen.

Man unterscheidet bei der expliziten Testung die statischen (DC-Tests) und die dynamischen (AC-Tests) Tests. Bei den statischen Tests wird das geprüfte System mit geringerer Geschwindigkeit betrieben, als es seine nominelle Arbeitsgeschwindigkeit gestattet. Dies stellt an die Realisierung des Testers nicht so hohe Anforderungen und erleichtert die Testdatenbereitstellung und -auswertung. Zu diesem Zweck muß sich das geprüfte System vom Tester synchronisieren lassen.

Dynamische Tests sprechen den Prüfling mit seiner normalen oder - zwecks Prüfverschärfung - auch mit erhöhter Frequenz an. Das bedeutet, daß der Tester mit seinen Leistungsdaten über denen des Prüflings liegen muß.

Die statische Prüfung kann durch dynamische Effekte hervorgerufene Fehler (Hazards, zu große Schaltzeiten, Übersprechen) im allgemeinen nicht finden, sie reicht allerdings zur Überprüfung der logischen Funktionsweise und damit zum Nachweis eines großen Teils der praktisch vorkommenden Fehler (vor allem von Ausfällen) aus.

Fortgeschrittenere Lösungen insbesondere für komplexere Systeme existieren in Form sog. Selbsttesteigenschaften. Sie beruhen faktisch auf der Integration eines speziellen Testers für das Gerät im Rahmen der gesamten logisch-strukturellen und konstruktiven Lösung. Dies ist nützlich und praktikabel bei entsprechender Komplexität des Systems sowie bei geeigneten logischen und technologischen Voraussetzungen, z.B. Mikroprogrammsteuerung und hohem Integrationsgrad.

Damit der Tester seine Aufgabe erfüllen kann, muß er mindestens während des Prüfprozesses seine Funktionen sicher ausführen, d.h., er darf in dieser Zeit selbst kein

Prüfobjekt sein. Das bedeutet mit den Begriffen aus Abschn. 6.2.3.1., der Tester muß ein Hardcore sein. Entweder liegt er mit seinen Zuverlässigkeitseigenschaften hinreichend hoch über denen des geprüften Systems, oder er besitzt Fehlererkennungsschaltungen, die fehlerhafte Arbeit sofort signalisieren. Dies ist insbesondere bei integrierten Testern der Fall, da diese meist in der gleichen Technologie wie das geprüfte System realisiert sind und demzufolge die gleiche Bauelementezuverlässigkeit aufweisen.

Für die Beurteilung der Leistungsfähigkeit der expliziten Testung dienen hauptsächlich zwei Kriterien: die Prüfdauer t_p, d.h. die Laufzeit bis zur Feststellung des Fehlerzustands des Systems, und die Prüfschärfe oder Vollständigkeit des Tests (engl. coverage), d.h. der Prozentsatz der gefundenen Fehler von den insgesamt möglichen bzw. angenommenen Fehlern. Die Prüfdauer bestimmt sich aus Testdatenumfang (Anzahl der Prüfbelegungen) und der verwendeten Testfrequenz. Die Prüfschärfe wird entweder empirisch durch Stichproben mit Hilfe eingebauter Fehler (physische Fehlerinjektion) oder rechnerisch auf der Grundlage eines angenommenen Fehlermodells ermittelt.

6.2.3.3.2. Testdatengenerierung

Das Aufstellen der zur Prüfung eines Systems geeigneten Eingabefolge ist die wichtigste und zugleich schwierigste Aufgabe der Off-line-Prüfung. Sie muß vor allen Dingen für den Funktionsnachweis bei technisch realisierten Systemen gelöst werden, ist aber in verwandter Weise bereits bei der Entwurfsüberprüfung mit Hilfe der Simulation während des Entwurfsprozesses von Bedeutung. Von außerordentlichem Interesse ist dabei, wie man zu den Testdaten gelangt: rein intuitiv oder durch systematische bzw. algorithmische Verfahren. Um den beträchtlichen Arbeitsaufwand für das Aufstellen von Testdaten zu reduzieren, sind vor allem algorithmische Verfahren von besonderem Interesse.

Die zentrale Frage der Testdatengenerierung betrifft das Kriterium für eine Testfolge. Dazu ist grundsätzlich festzustellen, daß allein die Fehlermenge, d.h. die bekannten, vermutlichen oder auch unbekannten Fehler der Maßstab sein können, ob die ausgewählten Testdaten in der Lage sind, die Fehlerfreiheit eines Systems festzustellen oder nicht. Für systematische bzw. algorithmische Verfahren zum Bestimmen von Testdaten bedeutet das, daß sie nur auf der Grundlage einer exakten, vorher festgelegten Fehlermenge bzw. eines Fehlermodells möglich sind. Das heißt aber auch, daß sie von vornherein mit den Unsicherheiten des Fehlermodells (bedingt durch unbekannte Einflüsse, zeitliche Veränderung o.ä.) behaftet sind und praktisch stets einen gewissen Fehlerschlupf aufweisen.

Es ist deshalb realerweise davon auszugehen, daß in der praktischen Anwendung noch Fehler bekannt werden, die von den erzeugten Testdaten bis dahin nicht erkannt wurden. Jede Testdatenerzeugung sollte aus diesem Grund so angelegt werden, daß ein vorhandener Testsatz noch um weitere Tests ergänzt werden kann, wenn sich in der Praxis seine Prüfschärfe als unzureichend erweist (Nachbesserungsprinzip).

Testgenerierungsverfahren lassen sich grundsätzlich in zwei Gruppen einteilen: den strukturellen und den funktionellen Ansatz zur Testdatengenerierung. Der strukturelle Ansatz geht von einer Strukturbeschreibung, d.h. einer den inneren Aufbau des Systems wiedergebenden Darstellung aus. Darauf baut die Formulierung eines strukturbezogenen Fehlermodells auf (z.B. SA0/SA1-Fehler, Einzelfehler von Bauelementen o.ä.). Beim Aufstellen der Testfolgen wird dann versucht, Unterschiede zwischen dem Verhalten des Soll-Systems und den definierten Abweichungen nachzuweisen. Die Möglichkeit zur exakten Beschreibung von Struktur und Fehlermodell bieten hierbei die Grundlage auch für algorithmische Ansätze. Ein gewisser Nachteil struktureller Verfahren ist, daß sie nicht zur Entwurfsüberprüfung geeignet sind, da strukturell abgeleitete Testdaten keinen Bezug zur Soll-Funktion haben und folglich Entwurfsfehler, also falsche Strukturen, nicht erkennen können.

Beim funktionellen Ansatz wird von der Verhaltensbeschreibung des Systems ausgegangen und versucht, einen Testsatz zu generieren, der den Nachweis der richtigen Relation zwischen Ein-, Ausgangs- und Zustandsvariablen erbringt. Die Schwierigkeit dieses Ansatzes besteht darin, daß zum einen die Formulierung zutreffender Fehlermodelle problematisch ist und daß zum anderen bisher kaum Ansätze für algorithmische Verfahren verfügbar sind. Der funktionelle Ansatz wird deshalb vorwiegend intuitiv-heuristisch praktiziert.

Der Vorteil ist darin zu sehen, daß Tests schon vor dem bzw. parallel zum Strukturentwurf ausgearbeitet werden können. Dadurch können die erzeugten Testdaten auch als Simulationsbeispiele zur Überprüfung der entworfenen Struktur auf richtige Funktion verwendet werden. Außerdem verkürzt sich der Entwicklungsprozeß.

Neben diesen beiden Ansätzen spielen statistische Verfahren noch eine gewisse Rolle; im übrigen existieren praktisch verschiedene Mischformen dieser Ansätze.

Struktureller Ansatz

Strukturelle Methoden haben wegen der genannten beiden Eigenschaften, Bildung zutreffender Fehlermodelle und geeignete Grundlage für eine Algorithmisierung, bisher eine herausragende Bedeutung. Beispielsweise kommt man durch Analyse der Struktur dadurch leicht zu praktisch realen Fehlermodellen, daß vorkommende Defekte in Schaltungen zugrunde gelegt werden: Kurzschlüsse oder Brüche von Leitungen, ausgefallene oder verwechselte Elemente o.ä. Die relativ leichtere Algorithmisierung beruht darauf, daß eine systematische Durchmusterung von Schaltungen, z.B. in Form der Simulation oder als Formelbehandlung, ohne weiteres programmierbar ist.

Die prinzipielle Denkweise strukturell orientierter Verfahren ist die folgende (siehe Bild 6.1): In der gegebenen Schaltung wird eine bestimmte Stelle herausgesucht, die auf dort für möglich gehaltene Fehler zu prüfen ist. Es sei beispielsweise zu prüfen, ob die Leitung d einen Kurzschluß gegen Masse hat, ob sie also bei positiver Logik ständig auf 0 liegt (SA0-Fehler). Das erfordert, daß d durch eine geeignete Eingangsbelegung auf 1 gebracht wird, wobei gleichzeitig erreicht werden muß, daß sich der Ausgangswert G ändert, falls d diesen Wert 1 nicht annimmt.

Aus der Strukturanalyse folgt in diesem einfachen Fall intuitiv, daß die Beobachtung von d am Ausgang verlangt, daß $A = 1$ und $f = 1$ ist. Damit $d = 1$ wird, muß folglich $B = 0$ sein; dies führt auch zu $f = 1$, so daß C beliebig sein kann. Damit wird die Eingangsbelegung $(A,B,C) = (1,0,?)$, d.h. konkret $(1,0,0)$ oder $(1,0,1)$, zu einem Test auf SA0-Fehler von d.

In dieser Weise müssen alle gedachten Fehler bearbeitet werden, um die Schaltung bezüglich eines gewissen Fehlermodells vollständig zu prüfen.

Wenn - als weiteres Beispiel - etwa ein Kurzschluß zwischen den Leitungen d und f zu prüfen ist, so ergibt sich folgende Überlegung: Kurzschlüsse zweier Leitungen erzeugen stets das gleiche Potential; in diesem Fall dominiert das Massepotential, was meist eine logische 0 bedeutet. Um dies zu erkennen, müssen d und f unterschiedliche Soll-Werte haben, also $d = 0$, $f = 1$ oder $d = 1$, $f = 0$. Die Beobachtung dieses Effekts verlangt, daß $e = 1$ und $f = 1$ sein müssen. Dadurch ist $d = 0$ bestimmt, weiterhin folgt $A = B = 1$ und $C = 0$. Die Belegung $(1,1,0)$ erkennt also einen Kurzschluß von d und f daran, daß G statt des Wertes 0 eine 1 ausgibt.

Man erkennt an diesen beiden Beispielen einen wesentlichen Sachverhalt: Die Erkennbarkeit eines Fehlers verlangt zum ersten die Beobachtbarkeit der fehlerhaften Situation und zum anderen die Steuerbarkeit der fehlerhaften Stelle auf ihren zu kontrollierenden Wert. Ist eine dieser beiden Eigenschaften nicht erfüllt, so ist der Fehler nicht prüfbar. Dies kann der Fall sein, wenn die Schaltung redundant ist, d.h., der Fehler wirkt sich überhaupt nicht aus, oder wenn andere Fehler - in einer sequentiellen Schaltung auch derselbe Fehler - die Erkennung verhindern (Fehlermaskierung).

Die exakte schaltalgebraische Grundlage für diese Vorgehensweise liefert folgende Überlegung: Es sei eine Schaltung gegeben, die die Funktion $g = F(x_1,x_2,\dots,x_n)$ realisiert. In der Schaltung werde eine Stelle h ausgewählt (ein Bauelementeanschluß, ein Netz o.ä.), die getestet werden soll. Dann ist sowohl die Zwischenfunktion h als Funktion der Eingänge als auch F als Funktion von h und der Eingänge zu schreiben:

$$\begin{aligned} g &= F(x_1,x_2,\dots,x_n) = p \,\&\, h \oplus q \,\&\, \neg h \\ h &= h(x_1,x_2,\dots,x_n) \\ p &= p(x_1,x_2,\dots,x_n) \\ q &= q(x_1,x_2,\dots,x_n). \end{aligned} \qquad (121)$$

Für die zu testende Stelle ist nun nach dem jeweils vorgegebenen Fehlermodell eine abweichende Funktion h' aufzustellen, die im Fehlerfall zustande kommt. Ein Test ist dann dadurch bestimmt, daß für diese Stelle die Bedingungen für Steuerbarkeit und Beobachtbarkeit aufgestellt werden. Die Steuerbarkeitsbedingung ergibt sich daraus, daß sich h und h' bei der entsprechenden Belegung unterscheiden müssen:

$$h \oplus h' = 1. \tag{122}$$

Die Beobachtbarkeitsbedingung ist gleichbedeutend mit der Abhängigkeit des Ausgangs von der getesteten Stelle, die mit Hilfe der Booleschen Ableitung ermittelt wird:

$$\frac{dg}{dh} = p \oplus q = 1. \tag{123}$$

Ein Test als realisierte Bedingung für Steuerbarkeit und Beobachtbarkeit ergibt sich folglich aus der Konjunktion beider Forderungen:

$$T_{h'} = (h \oplus h') \,\&\, (p \oplus q) = 1. \tag{124}$$

Für das benutzte Schaltungsbeispiel ergibt sich konkret:

$$\begin{aligned} h &= d = \neg(A \,\&\, B) \\ p &= A \mid B\&C \\ q &= B \,\&\, C. \end{aligned} \tag{125}$$

Ein Test auf einen Fehler h' an h ist dann

$$\begin{aligned} T_{h'} &= (\neg A \oplus \neg B \oplus \neg A\&\neg B \oplus h') \,\&\, (A \oplus BC \oplus ABC \oplus BC) \\ &= (\neg A \oplus \neg B \oplus \neg A \neg B \oplus h') \,\&\, A \,\&\, \neg(B \,\&\, C). \end{aligned} \tag{126}$$

Man sieht zunächst, daß zur Testung von h unabhängig vom konkreten Fehler A = 1 und BC ≠ 1 gefordert werden muß, andernfalls ist die Beobachtbarkeit nicht erfüllt, denn A = 0 bzw. BC = 1 sperren jeweils den Einfluß von d auf G.

Im ersten Beispiel war ein Test auf SA0-Fehler an d, also h' = 0, zu konstruieren:

$$\begin{aligned} T_{d/SA0} &= (\neg A \oplus \neg B \oplus \neg A \neg B) \,\&\, A \,\&\, \neg(B \,\&\, C) \\ &= (\neg A \mid \neg B) \,\&\, A \,\&\, (\neg B \mid \neg C) = A \,\&\, \neg B = 1. \end{aligned} \tag{127}$$

Wie schon intuitiv überlegt wurde, ist das die Belegung A = 1, B = 0, wobei für C keine Forderung besteht.

Für das zweite verwendete Beispiel ist davon auszugehen, daß ein Kurzschluß zwischen d und f sowohl d als auch f verfälschen kann, d.h., es müssen Fehlfunktionen d' und f' formuliert werden. Sie ergeben sich in diesem Fall aus der Konjunktion beider Signale:

$$d' = f' = d \,\&\, f = \neg(A \,\&\, B) \,\&\, \neg(B \,\&\, C) = \neg A \neg C \mid \neg B. \tag{128}$$

Ein Test ist dann dadurch bestimmt, daß die Schaltung so angesteuert wird, daß ein Unterschied zwischen d und d' bzw. f und f' auftritt und daß der Ausgang von d bzw. f abhängt:

$$T_{d\text{-}f} = (d \oplus d') \,\&\, \frac{dG}{dd} \mid (f \oplus f') \,\&\, \frac{dG}{df} - 1 \tag{129}$$

mit

$$\begin{aligned} d \oplus d' &= \neg(A \,\&\, B) \oplus (\neg A \neg C \mid \neg B) = \neg A \,\&\, B \,\&\, C \\ f \oplus f' &= \neg(B \,\&\, C) \oplus (\neg A \neg C \mid \neg B) = A \,\&\, B \,\&\, \neg C \\ \frac{dG}{dd} &= A \,\&\, (\neg B \mid \neg C) \\ \frac{dG}{df} &= \neg A \mid B. \end{aligned} \tag{130}$$

Man erhält dann

$$T_{d\text{-}f} = 0 \mid A \,\&\, B \,\&\, \neg C. \tag{131}$$

Dies ist die schon intuitiv konstruierte Belegung (1,1,0).

Bei sequentiellen Systemen ergibt die Testbedingung nicht nur Forderungen an die Eingangsvariablen, sondern auch an die Zustandsvariablen. Da die Zustandsvariablen in davor oder danach (bei Beobachtung) liegenden Zeitpunkten gesetzt werden, ergibt sich i.allg.

eine Folge von Belegungen (vgl. dazu [46]).

Die erläuterte exakte analytische Behandlung stellt den theoretischen Hintergrund aller praktischen Verfahren dar, die rechentechnische Realisierung arbeitet jedoch für real große Systeme mit konkreten Werten, weil praktikable Verfahren auf der Basis einer formelmäßig-analytischen Beschreibung bisher nicht zur Verfügung standen. Dabei reichen allerdings Binärwerte nicht mehr aus; um die Besonderheiten der Testgenerierung (getestete Stelle, unbestimmte bzw. beliebige Werte, unbedingte Werteforderungen) ausdrücken zu können, ist grundsätzlich eine mehrwertige Signalbeschreibung notwendig.

Der Grundgedanke der meisten Verfahren ist die sog. Signalwegsensibilisierung. Man konstruiert dabei zu einem angenommenen Fehler einen empfindlichen Weg zum Ausgang (Beobachtbarkeit) und die entsprechende Aktivierung vom Eingang (Steuerbarkeit).

Die bekannteste praktische Methode ist der sog. D-Algorithmus ([64] [156]). Er arbeitet mit den Werten 0, 1 (geforderte logische Werte), D (fehlerhafte Veränderung von 1 auf 0), $\overline{D}$ (fehlerhafte Veränderung von 0 auf 1), X (unbestimmter Wert). Für jedes in einer Schaltung vorkommende Element muß eine Funktionstabelle für diese Werte aufgestellt werden. Tafel 6.3 zeigt als Beispiel die entsprechende Tabelle für ein NAND-Element. (Die letzte Spalte zeigt sog. Fehlerimplikanden, das sind Belegungen bei Fehlern im Element.)

Tafel 6.3. D-Implikanden eines NAND-Elements

I J	O	I J	O	I J	O	I J	O	I J	O	I J	O
X X	X	0 X	1	1 X	X	D X	X	$\overline{D}$ X	X	1 0	D
X 0	1	0 0	1	1 0	1	D 0	1	$\overline{D}$ 0	1	0 1	D
X 1	X	0 1	1	1 1	0	D 1	$\overline{D}$	$\overline{D}$ 1	D	0 0	D
X D	X	0 D	1	1 D	$\overline{D}$	D D	$\overline{D}$	$\overline{D}$ D	1	1 1	$\overline{D}$
X $\overline{D}$	X	0 $\overline{D}$	1	1 $\overline{D}$	D	D $\overline{D}$	1	$\overline{D}$ $\overline{D}$	D		

Die Testbelegung erfolgt so, daß zunächst alle Werte auf X (Grundzustand) und die zu testende Stelle auf D gesetzt werden. Dann wird durch eine Vorwärtssimulation gemäß der Funktionstabelle die Beobachtbarkeit der Werte am Ausgang ermittelt. Anschließend wird eine Rückwärtssimulation durchgeführt, bei der die Beobachtbarkeits- und Steuerbarkeitsbedingungen schrittweise zu einer konsistenten Eingangsbelegung kombiniert werden. Tafel 6.4 zeigt diese Vorgehensweise am Beispiel der Struktur von Bild 6.1 und dem SA0-Fehler an d. Wie man sieht, ergibt sich nach einer Vor- und Rückwärtsberechnung die schon bekannte Belegung (1,0,X).

Die skizzierte Vorgehensweise führt bei baumartigen Strukturen immer zum Ziel. Bei rekonvergenten (vermaschten) Schaltungen, wo ein Signal über mehrere Wege vom gleichen Signal abhängen kann, genügt im allgemeinen Fall eine einfache Berechnung nicht. Das liegt daran, daß wegen der Signalwegmasche an ein Signal widersprüchliche Forderungen gestellt werden können. In diesem Fall muß der aufgebaute Signalweg ungültig gemacht und versucht werden, die Bedingungen über einen anderen Signalweg zu realisieren.

Die eben erläuterte sog. eindimensionale Signalwegsensibilisierung führt bei rekonvergenten Schaltungen nicht immer zum Ziel. In solchen Fällen müssen mehrere Wege parallel sensibilisiert werden. Weiterhin ist die benutzte fünfwertige Logik nicht allgemein für sequentielle Schaltungen bzw. für Mehrfachfehler anwendbar. Für diese Zwecke wurden verschiedene andere mehrwertige Logiken entwickelt (siehe dazu [55] [157] [158] [159]). Für große Systeme ist es weiterhin notwendig, die Verfahren auch auf geschachtelte Blockstrukturen anwenden zu können, um die Testgenerierung einer großen Struktur aus einer Anzahl von Berechnungen kleinerer Systeme zu ersetzen ([55] [160]).

Tafel 6.4. Testgenerierung mit Hilfe des D-Kalküls (Prinzip)

			B1			B2			B3			B4				
A	B	C	I	J	O	I	J	O	I	J	O	I	J	O	G	Bemerkungen
X	X	X	X	X	X	X	X	X	X	X	X	X	X	X	X	Grundzustand
							D									Vorgabe der zu testenden Stelle
X	X	X														Vorwärtssimulation
X	X	X	X	X		X			X	X						A, B, C verbinden
			X	X	X											B1 berechnen
							D									B1.O verbinden (D setzt sich durch)
						1	D	$\bar{D}$								B2 berechnen
								$\bar{D}$				$\bar{D}$				B2.O verbinden
									X	X	X					B3 berechnen
											X		X			B3.O verbinden
												$\bar{D}$	1	D		B4 berechnen
														D	D	B4.O verbinden
																Rückwärtssimulation
														D	D	G verbinden
												$\bar{D}$	1	D		B4 berechnen
								$\bar{D}$			1	$\bar{D}$	1			B4.I, B4.J verbinden
									0	X	1					B3 berechnen
	0	X		0					0	X						B3.I, B3.J verbinden
						1	D	$\bar{D}$								B2 berechnen
1			1		D	1	D									B2.I, B2.J verbinden
			1	0	D											B1 berechnen
1	0															B1.I, B1.J verbinden
1	0	X														Endergebnis am Eingang

Funktioneller Ansatz

Wie beim strukturellen Ansatz ist auch hier zuerst die Frage zu beantworten, auf welche Fehlermenge bzw. welches Fehlermodell zu prüfen ist. Aus einer funktionellen Beschreibung - Wertetabelle, Funktionsblockbeschreibung, Ablaufgraph - läßt sich jedoch kaum eine begründete Annahme über später vorkommende Fehler ableiten, besonders dann nicht, wenn die Struktur als Ausgangspunkt von Defekten noch nicht entworfen ist. In Ermangelung einer begründet eingeschränkten Fehlermenge wählt man deshalb als Zielstellung des funktionellen Ansatzes die sog. Maschinenidentifikation. Das bedeutet, daß durch die Prüffolge nachgewiesen werden soll, daß genau das geplante System realisiert ist und daß keinerlei wesentliche Abweichungen im System enthalten sind.

Das Prinzip der Maschinenidentifikation stellt damit die Aufgabe, eine Prüffolge aufzustellen, die alle denkbaren wesentlichen Fehler erkennt. Diese Zielstellung ist gegenüber einem Fehlermodell, welches letzlich nur auf technische Defekte orientiert ist, wesentlich verschärft. Sie schließt Fehlermöglichkeiten ein, wie sie durch Irrtümer während des Strukturentwurfs, durch Mängel in Fertigung und Montage und diverse andere Ursachen entstehen können. Für die Zwecke der Prüfung beim Anwender des Systems, bei dem vorwiegend durch Bauelementedefekte verursachte Einzelfehler typisch sind, ist die Maschinenidentifikation genaugenommen überdimensioniert. Sie ist jedoch der für Entwurfsüberprüfung und Systeminbetriebnahme zutreffende Ansatz.

Zum Verständnis des Wesens der Machinenidentifikation soll folgende einfache Betrachtung dienen: Von einer Prüffolge zur Maschinenidentifikation wird verlangt, daß aus der fehlerfreien Antwort des Systems eindeutig geschlossen werden kann, daß bis auf Äquivalenzen nur das gewünschte System vorliegen kann. Es sei angenommen, daß die Eingabefolge p = 001100 auf ein System angewandt wird und daß daraufhin die erwartete Ausgabefolge q = 000110 richtig ausgegeben wird. Welche Schlußfolgerungen lassen sich daraus ziehen?

Um das System zu identifizieren, muß beispielsweise der Automatengraph bzw. die Automatentabelle aufgestellt werden. Dazu ist neben p und q auch die Kenntnis der Zustandsfolge $r = z_1z_2z_3z_4z_5z_6$ notwendig, die das System bei diesem Beispiel durchläuft:

$$p = 0\ 0\ 1\ 1\ 0\ 0$$
$$q = 0\ 0\ 0\ 1\ 1\ 0$$
$$r = z_1 z_2 z_3 z_4 z_5 z_6.$$

Aus dem Schema erkennt man als erstes, daß $z_1, z_2, z_6 \neq z_5$ und $z_3 \neq z_4$ sein müssen, da diese Zustände bei gleicher Eingabe verschieden antworten. Zur Erklärung dieses Verhaltens sind folglich mindestens zwei Zustände notwendig. Geht man von einem reduzierten System mit genau zwei Zuständen aus, so muß $z_1 = z_2 = z_6$ gesetzt werden; dieser Zustand sei mit 0 bezeichnet, folglich muß $z_5 = 1$ sein. Weiterhin läßt sich daraus ableiten: Wenn der Folgezustand von z_1, d.h. z_2, wieder $z_1 = z_2 = 0$ ist, so muß wegen der gleichen Eingabe auch der Folgezustand z_3 Null sein. Dann kann nur $z_4 = 1$ sein. Man erhält damit das bis auf Umnumerierung eindeutige Ergebnis:

$$p = 001100$$
$$q = 000110$$
$$r = 000110.$$

Dies ist das im Bild 6.9 dargestellte System, welches sich als einfaches D-Flipflop erweist.

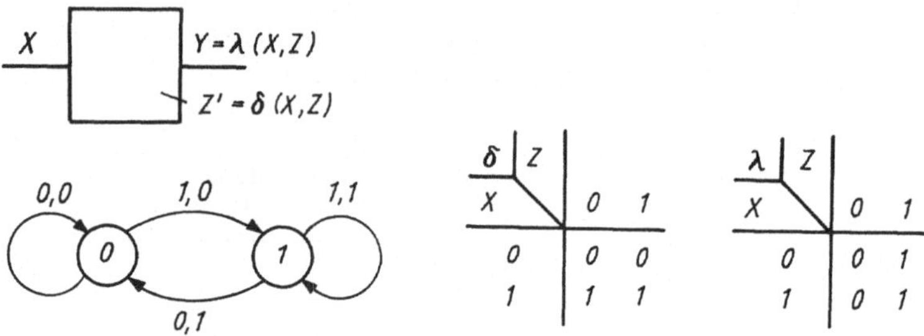

δ: X \ Z	0	1
0	0	0
1	1	1

λ: X \ Z	0	1
0	0	1
1	0	1

Bild 6.9. Einfacher zu prüfender Automat

Mit der Annahme von zwei Zuständen kann also aus der gegebenen Ein-/Ausgaberelation p/q das System eindeutig identifiziert werden. Jedes andere System mit zwei Zuständen, welches nicht äquivalent ist, würde auf die Eingabefolge p anders antworten.

Im allgemeinen Fall ist die Identifikation beliebiger Systeme durch eine E/A-Relation p/q nicht immer möglich, dazu muß das System bestimmte funktionelle Eigenschaften besitzen. Dies ist in [46] ausführlich diskutiert und soll hier nicht weiter betrachtet werden. Als wichtigstes Ergebnis sei nur genannt, daß ein System, dessen Zustandsgraph reduziert und stark zusammenhängend ist, eindeutig identifizierbar ist. Diese Eigenschaft ist bei den meisten praktischen Systemen erfüllt oder läßt sich wenigstens durch geringfügige Modifikationen des Systems leicht erreichen.

Hat das System die entsprechenden Eigenschaften, so erhebt sich die Frage, wann eine Eingabefolge zur Maschinenidentifikation in der Lage ist bzw. wie eine solche Eingabefolge systematisch konstruiert werden kann. Wie schon beim strukturellen Ansatz ist auch hier der Schlüssel durch die Begriffe Steuerbarkeit und Beobachtbarkeit gegeben. Das heißt, das System muß so mit Eingabefolgen beaufschlagt werden, daß es nacheinander zu allen Situationen hingesteuert wird und daß die Wirkung jeder Situation beobachtet werden kann.

Wenn die Funktionsbeschreibung des Systems als Abbildungsvorschrift gegeben ist, so besteht die Aufgabe darin, die Speichervariablen entsprechend zu laden, die dazugehörige Eingabebelegung anzulegen und die entstehende Ausgabe und den Folgezustand zu beobachten. Dabei wird i.allg. sowohl das Laden der Speichervariablen als auch das Beobachten des

Folgezustands mehrere Schritte benötigen, mit anderen Worten gesagt, über eine Folge von Zwischenzuständen laufen.

Wenn die Systemfunktion in Ablaufdarstellung gegeben ist, so entspricht eine Situation einem Zweig im Zustandsgraphen. Zur Identifikation des Systems muß also jeder Zweig mindestens einmal durchlaufen werden, wobei i.allg. analog zum oben Gesagten die Herstellung einer zu prüfenden Situation und die Identifikation des Folgezustands weitere Schritte (Setzfolge bzw. Identifizierungsfolge) benötigt.

In [46] ist eine allgemeine Konstruktionsvorschrift zum systematischen Aufstellen einer Eingabefolge zur Maschinenidentifikation beschrieben. Sie besteht aus folgenden Schritten:

1. Ermitteln einer Durchlauffolge $p_D = x_1 x_2 \dots x_n$ für das System; das ist eine Folge, in der jede Situation mindestens einmal vorkommt. Für kleine Systeme läßt sie sich am besten aus dem Ablaufgraphen ablesen.
   Als Voraussetzung für die Existenz einer solchen Folge muß das System von allen Anfangszuständen aus zusammenhängend sein.
2. Ermitteln einer Identifizierungsfolge p_I; das ist eine Eingabefolge, auf die jeder Zustand mit einer anderen Ausgabe antwortet.
   Als Voraussetzung dafür muß das System reduziert sein, d.h., es darf keine äquivalenten Zustände enthalten.
3. Für jeden Zustand z_i wird eine Rückkehrfolge p_{Ri} konstruiert, die nach der Identifizierungsfolge p_I zum identifizierten Zustand zurückführt:

   $$z_i = \delta(p_I p_{Ri}, z_i). \qquad (132)$$

4. Durchlauffolge, Identifizierungs- und Rückkehrfolge werden in der Weise kombiniert, daß nach jeder Eingabebelegung der Durchlauffolge zweimal die entsprechende rückkehrende Zustandsidentifizierung erfolgt:

   $$p_F = p_I p_{R0} p_I p_{R0} x_1 p_I p_{R1} p_I p_{R1} x_2 p_I p_{R2} p_I p_{R2} \dots \qquad (133)$$

Daß eine so konstruierte Folge die Systemidentifikation gestattet, ist ebenfalls in [46] exakt dargelegt. Anschaulich ist dies dadurch verständlich, daß ein Teil dieser Prüffolge $x_i p_I p_{Ri} p_I p_{Ri}$ gewissermaßen die Prüfung einer Situation, d.h. eines Schrittes durch den Zustandsgraphen bedeutet. Die Ausgabe auf x_i und auf p_I liefert die Aussage, ob auf die betrachtete Situation die richtige Reaktion erfolgt. Die zweifache Anwendung von $p_I p_{Ri}$ sichert, daß sich das System danach wieder im gleichen Zustand befindet, so daß die Prüfung mit der nächsten Situation der Durchlauffolge fortgesetzt werden kann.

Diese Überlegungen sind jedoch für praktische Belange nur von prinzipiellem Interesse. Die Konzeption algorithmischer Verfahren auf dieser Grundlage scheitert für reale Systeme, wenn man bedenkt, daß ein System mit m binären Zustands- und n binären Eingangsvariablen 2^{m+n} Situationen hat, d.h., allein die Durchlauffolge hat 2^{m+n} Eingabebelegungen. Für so lange Folgen ist sowohl das algorithmische Erzeugen als auch das praktische Abarbeiten undurchführbar. Das heißt, die praktische Lösung dieses Problems ist nur möglich, wenn eine wesentliche Reduktion der Länge der Prüffolge gelingt. Andererseits gibt es in dieser rein funktionellen Systembetrachtung ohne technischen Bezug keinen begründeten Hinweis, welche Situation aus der Prüfung weggelassen werden kann, denn alle Situationen sind in dieser Darstellung gleich hinsichtlich der Möglichkeit, fehlerhaft zu werden.

Diese Schwierigkeit läßt sich mit Hilfe einer hierarchischen Vorgehensweise lösen. Der Ausgangspunkt ist dafür eine hierarchisch geschachtelte Ablaufdarstellung. Dann wird für jede Hierarchiestufe ein Prüfablauf konzipiert, der mit der Verfeinerung der Ablaufdarstellung ebenfalls verfeinert wird.

Bild 6.10 zeigt das Prinzip am Beispiel einer einfachen Von-Neumann-Architektur. Auf der linken Seite der Darstellung ist die Systemfunktion in drei Ebenen beschrieben. Auf der rechten Seite sind die dazugehörigen Prüfabläufe dargestellt, die jeweils die Verfeinerung eines zunächst noch globalen Schrittes der höheren Ebene bilden. Ein Prüfschritt ist dadurch spezifiziert, daß ein Knoten oder eine zusammengehörige Knotenfolge des Ablaufgraphen als Prüfgegenstand ausgewählt wird.

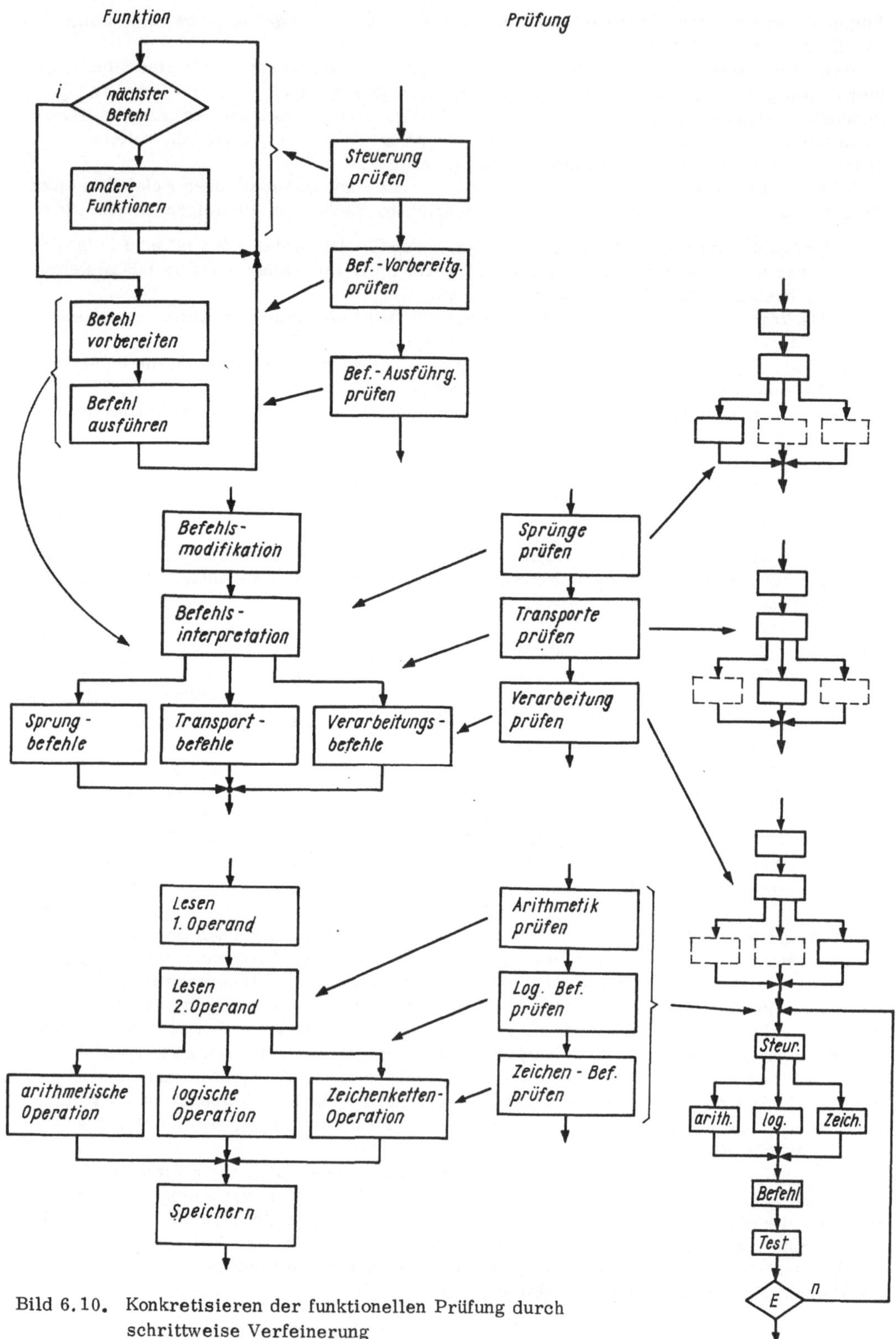

Bild 6.10. Konkretisieren der funktionellen Prüfung durch schrittweise Verfeinerung

Als Vorteile des hierarchisch-funktionellen Ansatzes lassen sich nennen:

1. Durch die funktionelle Grundlage ist er auch für Entwurfsverifizierung und Inbetriebnahme geeignet.
2. Er führt zu strukturunabhängigen Testfolgen, die für verschiedene strukturelle Realisierungen mit gleicher Funktion geeignet sind. Dies ist z.B. bei Familienkonzepten der Fall.
3. Funktionelle Tests können bereits vor Ausarbeitung der Entwurfsdetails konzipiert und schrittweise spezifiziert werden. Möglich ist dies insbesondere auch, wenn die zu entwerfende Funktion noch nicht als binäre Funktion vorliegt, z.B. bei der Algorithmierung arithmetischer Funktionen. Funktionelle Tests lassen sich dadurch mit der Entwurfsdetaillierung ebenfalls schrittweise verfeinern und entwickeln sich parallel zum entworfenen System.
4. Hierarchisch strukturierte funktionelle Tests führen zur Reduktion der Prüffolge, weil nicht alle automatentheoretisch vorhandenen Zweige durchlaufen werden, sondern nur die jeweils relevanten der betrachteten Teilfunktion. Beispielsweise ist es nicht notwendig, arithmetische Operationen mit allen Speicherplätzen des Systems zu überprüfen, dazu genügen wenige, die allerdings die für die Operation wesentlichen Operanden enthalten müssen. Die Prüfung aller Speicherplätze ist einfacher und schneller mit anderen Operationen, z.B. Transportbefehlen, durchzuführen.
   Indirekt besitzen hierarchisch-funktionelle Tests auch eine Strukturorientierung, da die Dekomposition der Funktion nicht nur als Grundlage für den Testentwurf, sondern auch für die Strukturierung dient, so daß Teiltests nach Fertigstellung des Strukturentwurfs oft auf bestimmte Blöcke ausgerichtet sind.
5. Hierarchisch-funktionelle Tests sind in ihrem Aufbau gut strukturiert und damit übersichtlich und verständlich. Dies erleichtert unter anderem auch die Erweiterung im Fall notwendig werdender Nachbesserung.

Der hierarchisch-funktionelle Ansatz ist eine systematische Methode, die gegenwärtig allerdings noch nicht algorithmisiert ist. Sie wird insbesondere für komplexere Systeme benutzt. Bei diesen werden die Testfolgen als Testprogramme oder Testmikroprogramme geschrieben; die aus dem Ablaufgraphen gewonnenen Prüfabläufe stellen dabei gewissermaßen die Programmablaufpläne der Testprogramme bzw. -mikroprogramme dar. Oft wird außerdem hierbei die Testauswertung in die Testabläufe integriert. Dazu werden geeignete Operationen benutzt, die entweder im System schon enthalten sind (z.B. Vergleichsmöglichkeiten) oder zusätzlich für diesen Zweck vorgesehen werden (z.B. spezielle Test- oder Diagnoseeinstruktionen). (Vgl. dazu z.B. [161] [162] [163] [164] [165].)

Der Ausbau dieses Ansatzes zu einem algorithmischen Verfahren verlangt eine exakte, maschinell interpretierbare Ablauf- bzw. Funktionsbeschreibung, die exakte Formulierung des Prüfkriteriums (z.B. jeder Zweig bzw. Knoten muß durch den Ablauf berührt werden) und einen Algorithmus, der auf dieser Grundlage Durchläufe in Graphen ermittelt. Diese Aufgabe besitzt eine enge Verwandtschaft zum Problem der Programmverifikation (vgl. [40] [166] [167] [168] [169]).

Statistische Testgenerierung

Um das schwierige Problem der systematischen Testgenerierung zu umgehen, gibt es den Ansatz, durch Zufallsgeneratoren erzeugte Eingabebelegungen als Testdaten zu verwenden. Das erfordert zusätzlich die Fehlersimulation der so erzeugten Daten, um ihre Eignung zur Erkennung von Fehlern zu beurteilen. (Bei der Fehlersimulation ist das Simulationsmodell der Schaltung im Sinn des Fehlermodells verändert. Damit werden Eingabebelegungen durchgerechnet, ob sie einen Unterschied zwischen Soll-Funktion und fehlerhafter Struktur nachweisen können. Genaugenommen gehören dadurch statistische Verfahren zu den strukturellen Methoden, da die Bewertung an einem strukturorientierten Fehlermodell erfolgt.)

Erfahrungsgemäß erreicht man mit statistischen Verfahren mindestens für kombinatorische Schaltungen zunächst verhältnismäßig schnell einen relativ hohen Prozentsatz an erkannten Fehlern. Sie werden jedoch beim Auffinden der letzten noch notwendigen Testbelegungen immer uneffektiver, da es immer unwahrscheinlicher wird, zufällig die besonderen Bedingungen zu erzeugen, die zur Erkennung einzelner Fehler notwendig sind. Deshalb werden statistische Verfahren mit adaptiven bzw. deterministischen Methoden ergänzt, um die gegen Ende abnehmende Testausbeute zu kompensieren. (Vgl. etwa [140] [170] [171]).

Gemischte Ansätze

Für größere Systeme sind funktionelle, strukturelle und statistische Verfahren jeweils nicht allein ausreichend. Alle Ansätze besitzen Vor- und Nachteile, und es ist zur Lösung praktischer Aufgaben oft günstig oder notwendig, verschiedene Verfahren so zu kombinieren, daß die Vorteile genutzt und die Nachteile kompensiert werden. Für die statistischen Verfahren wurde dies bereits erläutert.

Strukturelle Verfahren gehen in ihren bekannten Realisierungen meist von relativ einfachen logischen Elementen (UND, ODER, Negator, NAND, NOR) und ihren Verbindungen aus. Dies hat den Vorteil, daß detailorientierte Tests entstehen, die für die real vorkommenden Fehler meist gut geeignet sind. Für größere Systeme (komplexe Systeme, LSI- und VLSI-Schaltkreise) ergibt diese Betrachtung jedoch so große Elementeanzahlen, daß die praktische Berechnung durch wachsende Laufzeit und Kompliziertheit immer schwieriger wird.

Eine solche hochaufgelöste Struktur kann vereinfacht werden, indem Teilstrukturen von elementaren Gattern herausgelöst und durch komplexere Funktionsblöcke ersetzt werden. Da für diese Wertetabellen zur Testgenerierung - wie etwa nach Tafel 6.3 - nicht mehr praktikabel sind, ist es weiterhin notwendig, für solche Funktionsblöcke eine Beschreibung unter Verwendung einer höheren Sprache zu formulieren. Das kann eine speziell geschaffene Sprache ([172]) oder eine gebräuchliche Programmiersprache sein ([55]). Auf diese Weise wird die Blockanzahl reduziert und eine große Anzahl einfacher Berechnungen durch wenige komplexe, aber leistungsfähigere Berechnungen ersetzt.

Der hierarchisch-funktionelle Ansatz liefert die Grundlagen und den Aufbau der Teststrategie für komplexe Systeme, er geht jedoch bei Anwendung auf die konkreten Schaltungen der untersten logischen Ebene (z.B. Addierwerk, Codierschaltung o.ä.) an den dann bekannten technischen Details vorbei. Dies führt zu einer zu umfangreichen Testanzahl, weil dabei letzlich alle Situationen getestet werden. Für die bereits konkretisierte Schaltung lassen sich aber günstigerweise strukturelle Verfahren einsetzen. Dadurch kann das bis dahin hauptsächlich intuitive funktionelle Vorgehen durch algorithmische Methoden abgeschlossen werden.

Eine spezielle Klasse von Testdaten sind die Speichertests. Sie werden prinzipiell nicht unter Verwendung struktureller Generierungsverfahren aufgestellt, sondern stets funktionell auf der Basis der Hauptfunktionen eines Speicherelements: Anlegen einer Adresse, Beschreiben eines Speicherplatzes, Lesen eines Speicherplatzes. Andererseits werden die anzulegenden Testvektoren (Adresse und einzuschreibende Daten) entscheidend nach strukturellen Kriterien ausgewählt, z.B. Unterscheidung von Auswahllogik und Speichermatrix, Nachbarschaftsbeziehungen von Speicherplätzen, physikalische Fehlerursachen (etwa Abfließen von Ladungen, Übersprechen, α-Teilchen o.ä.).

Häufig verwendete Speichertests sind z.B. Adressierungstest (alle Plätze werden mit ihren Adressen beschrieben, anschließend werden alle Plätze gelesen), „Schachbrett"-Test (alle Speicherzellen abwechselnd mit 0 und 1 beschrieben, anschließend gelesen), „Marsch"-Test (marschierende 1 oder 0: zunächst alle Zellen auf 0, dann erste Zelle auf 1, zweite aus erster Zelle laden usw. bis Ende, anschließend mit Nullen, Wiederholung mit fallenden Adressen), „Walkpat"-Test (wanderndes Muster: zunächst überall 0, erste Zelle auf 1, alle anderen lesen, erste Zelle auf 0, zweite auf 1, alle anderen lesen usw., Wiederholung mit Komplement), „Galpat"-Test (galoppierendes Muster: ähnlich wie Walkpat-Test, aber 1 wird nach jedem 0-Lesen überprüft), Refresh-Test (eine Zelle laden, Nachbarn mit Komplement solange auslesen, bis Auffrischzeit vorüber ist, dann die betreffende Zelle prüfen).

Mehr über Speicherprüfung findet sich beispielsweise in [173] [174] [175] .

6.2.3.3.3. Testauswertung

Wenn die zur Prüfung eines Systems geeigneten Eingabedaten bestimmt sind, erhebt sich die Frage, wie die Antwort des Systems auf diese Eingabefolge beurteilt werden kann. Wie schon im Abschn. 6.2.3.3.1. erwähnt wurde, kann zwischen einer einfachen gut/schlecht-Aussage und einer detaillierten Interpretation des Testergebnisses zwecks Lokalisierung der Fehlerursache unterschieden werden. Letzteres wird ausführlicher im Abschn. 6.2.4. dargestellt.

Der go/no-go-Test benötigt zur Beurteilung der Testergebnisse lediglich die Ausgabe des fehlerfreien Systems zum Vergleich. Jede Abweichung wird als Indiz auf Fehler betrachtet, braucht aber nicht genauer interpretiert zu werden. Die Bereitstellung der Soll-Daten kann auf verschiedene Weise erfolgen: 1. durch ein parallel zum Prüfling laufendes fehlerfreies System, 2. durch Vorausberechnung der Soll-Daten (Soll-Wert-Simulation), 3. Abnahme der richtigen Ergebnisse von einem fehlerfreien Exemplar, 4. Integrieren der Testergebnisse bzw. Testkriterien in den Prüfablauf (selbstprüfende Tests).

Die erste Möglichkeit findet gelegentlich bei kleineren Systemen (Schaltkreisen, Leiterkarten, o.ä.) Verwendung. Bei größeren Systemen bzw. Einzelexemplaren verbietet sich diese Form praktisch. Moderne Testeinrichtungen, die auf der Basis von Mikrorechnern für den universellen Einsatz gedacht sind, verfügen deshalb für die Testauswertung über umfangreiche logische und Speicherfähigkeiten, so daß in den meisten Fällen mit vorbereiteten Soll-Daten gearbeitet wird.

Die Vorausberechnung der Soll-Daten durch Soll-Wert-Simulation der Testdaten erfolgt während des Systementwurfs auf der Basis eines Simulationsmodells des Systems. Sie wird sehr häufig durchgeführt, sofern der damit verbundene rechentechnische Aufwand bewältigt werden kann.

Bei sehr großen Systemen, wo die Testdaten die Form von Testprogrammen bzw. Testmikroprogrammen haben, die bereits auf dem realen System Laufzeiten von mehreren Sekunden oder Minuten haben, ist die Soll-Wert-Simulation praktisch nicht mehr sinnvoll durchführbar. Dann werden die Soll-Daten günstigerweise von einem als fehlerfrei bekannten Exemplar des Systems abgenommen. In diesem Fall gestaltet sich die Erstinbetriebnahme etwas schwieriger, da für den Test des ersten realisierten Exemplars keine Vergleichsdaten existieren. Dann ist faktisch nur die manuelle Auswertung möglich. Dazu sind qualifizierte Fachkräfte und ein systematisch aufgebauter und damit vom Menschen gut überschaubarer Test erforderlich (z.B. hierarchisch-funktioneller Test).

Um die manuelle Testauswertung besonders bei großen, komplexen Systemen zu erleichtern, wird der Test nach Möglichkeit so organisiert, daß gewissermaßen das Testergebnis vom System selbst beurteilt wird (selbstprüfende Tests). Dies kann z.B. so geschehen, daß im System das gleiche Ergebnis noch einmal auf andere Weise berechnet und die Identität beider verglichen werden kann. Beispielsweise kann in Rechnern mit Dual- und Dezimalarithmetik eine arithmetische Operation einmal dual und einmal dezimal durchgeführt werden, wobei beide Ergebnisse nach Konvertierung übereinstimmen müssen.

Selbstprüfende Tests benötigen eine entsprechende funktionelle Vielfalt des Systems. In komplexen Systemen ist diese meist von vornherein gegeben, durch Hinzunahme geeigneter Operationen, die vorzugsweise für Tests gedacht sind, läßt sich diese Möglichkeit aber prinzipiell in jedem System schaffen. Weiterhin muß der Testablauf schon bei seiner Konzeption als selbstprüfend geplant werden. Das bedeutet, daß die zum Vergleich zu benutzenden Variablen festgelegt und ihre wiederholte Berechnung mit einem alternativen Algorithmus ausgearbeitet werden muß.

Insbesondere für große Systeme entsteht weiterhin die Aufgabe, den Speicherbedarf und die Auswertezeit für die sehr umfangreichen Test- und Soll-Daten zu reduzieren. Entsprechende Verfahren werden als Kompakttestung bezeichnet.

So kann z.B. eine Folge von Testvektoren dadurch reduziert werden, daß nicht alle Binärwerte gespeichert werden, sondern nur deren Änderungen. Da gerade bei größeren Systemen in den einzelnen Prüfschritten jeweils nur einige Binärstellen wesentlich benötigt werden und der Rest über etliche Schritte ungeändert bleibt, ist damit eine spürbare Reduktion möglich.

Wenn beispielsweise Testdaten und/oder Soll-Daten je Schritt 256 Bits umfassen, von einem Schritt zum anderen aber im Mittel nur zehn Bits geändert werden, so kann etwa folgendermaßen verfahren werden. Es wird der erste Testvektor gespeichert, für die folgenden Prüfschritte werden jedoch nur noch die Nummern der Bits gespeichert, die sich gegenüber dem jeweils vorhergehenden Vektor geändert haben. Da 256 Bits mit einer achtstelligen Dualzahl adressiert werden können und je Schritt zehn geänderte Bits zu bezeichnen sind, kommt man in diesem Fall ab zweitem Schritt mit durchschnittlich 80 Bits statt 256 Bits aus.

Diese Form der Datenreduktion weist keinen Informationsverlust auf, sie ist deshalb sowohl für die Testeingabe als auch für die Testergebnisse geeignet. Von der Testeinrichtung muß gefordert werden, daß die Datenkompression bzw. -dekompression mit der für die Testung notwendigen Geschwindigkeit erfolgt.

Andere Datenkompressionstechniken sind mit Informationsverlust verbunden und daher nur für die Testergebnisse geeignet. Beispielsweise können die Testergebnisse dadurch verdichtet werden, daß nur die Signalwechsel gezählt werden und am Ende des Tests die Gesamtzahl der Signalwechsel mit der des fehlerfreien Systems verglichen wird. Allerdings können hierbei sehr leicht Fehler unbemerkt bleiben, wenn die Zählung der Signalwechsel durch andere oder auch denselben Fehler korrigiert wird.

In diesem Zusammenhang hat die sog. Signaturanalyse große praktische Bedeutung gewonnen. Dabei werden die Testergebnisse eines Systemausgangs in ein Schieberegister eingeschoben, dessen Stellen über Antivalenzgatter auf den Eingang rückgekoppelt sind (Bild 6.11). Auf diese Weise werden im Register die Testergebnisse der gesamten Folge aufsummiert und zu einem abschließenden Ergebniszeichen, der Signatur, verdichtet. Bei der Beurteilung des Tests wird nur die Signatur mit der Soll-Signatur verglichen. Die Art der Signaturbildung sichert weitgehend, daß sich Fehler nicht kompensieren.

Zu Problemen der Testorganisation und -auswertung vgl. [140] [176] [177] [178] [179].

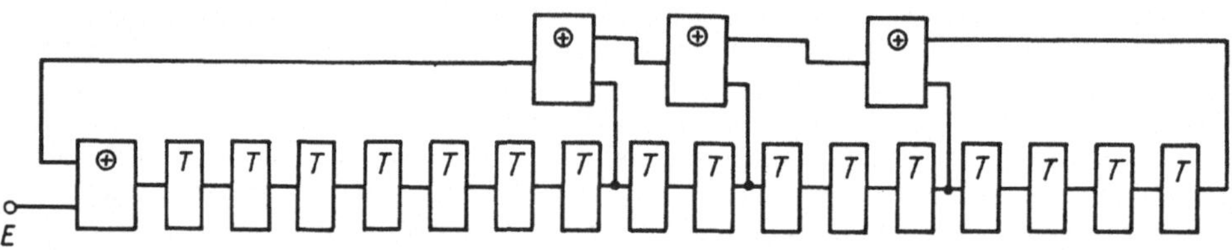

Bild 6.11. Beispiel zur Signaturbildung

6.2.4. Fehlerlokalisierung

6.2.4.1. Allgemeines

Wenn die Prüfung eines Systems einen Fehler feststellt, so ist das System in diesem Zustand meist nicht mehr verwendbar, und es muß sich eine geeignete Maßnahme anschließen. Diese richtet sich danach, welche Fehler vorgekommen sind und welches Ziel verfolgt wird. Nicht immer bedeutet das, die Fehlerursache zu finden und zu beseitigen.

Wenn z.B. der Fehler durch eine Fehlererkennungsschaltung bemerkt wird, so wird gewöhnlich davon ausgegangen, daß es ein flüchtiger Fehler sein kann. Es wird deshalb zunächst versucht, das betroffene Ablaufstück zu wiederholen, um die Auswirkung des Fehlers zu korrigieren. Erst wenn die Wiederholung mehrfach mißlingt, wird dieser Fehler als permanent betrachtet.

Bei einem permanenten Fehler handelt es sich um einen nicht mehr arbeitsfähigen Teil des Systems. Dieser muß ermittelt werden (Fehlerlokalisierung), um zielgerichtet weitere Maßnahmen durchführen zu können. Dazu gehören z.B. das Umgehen der fehlerhaften Stelle (Nichtbenutzen des fehlerhaften Moduls bzw. der fehlerhaften Teilfunktion), das Umschalten auf ein eingebautes Ersatzteil oder der Austausch bzw. die Reparatur des fehlerhaften Teiles. Das bedeutet, daß je nach gewünschter Maßnahme und erforderlicher

Genauigkeit der Lokalisierung außer der gut/schlecht-Aussage weitere Informationen benötigt werden. Diese müssen aus dem Testergebnis abgeleitet oder zusätzlich beschafft werden.

In fast allen Fällen interessiert die Lokalisierung des fehlerbehafteten Schaltungsteiles. Dies kann ein relativ umfangreicher Modul sein, der ausgetauscht werden soll; es kann aber zwecks gezielten Eingriffs auch eine möglichst genau bestimmte fehlerhafte Stelle sein (Schaltkreis, Gatter, Verbindung, Anschluß). Da Prüffolgen aus Zeit- und Aufwandgründen so kurz wie möglich gemacht werden bzw. durch Datenkompression Detailinformationen verlorengegangen sind, müssen die Lokalisierungsinformationen meist nachträglich beschafft werden.

Beispielsweise sind die vier Testbelegungen (0,0,1), (0,1,1), (1,1,0), (1,0,0) in der Lage, die Schaltung von Bild 6.1 vollständig auf SA0/SA1-Fehler zu prüfen. Wenn nun etwa nur bei der Belegung (1,1,0) statt der erwarteten 0 am Ausgang eine 1 erscheint, so kann dies nur durch SA1-Fehler an d oder c verursacht worden sein. Wenn diese beiden Fehler voneinander unterschieden werden sollen, muß nachträglich noch die Belegung (0,1,0) angelegt werden, die den Fehler an c nachweist.

Dieses Beispiel demonstriert die Arbeit mit einer Fehlerortungsstrategie: Abhängig von einem Testergebnis, das eine grobe Aussage liefert, wird ein spezieller Test zur weiteren Verfeinerung ausgewählt. Wenn eine solche Organisation vollständig und exakt durchgeführt werden soll, so sind eine umfangreiche Vorbereitung (Fehlersimulation, Generieren von speziellen Fehlerortungstests, Aufbau entsprechender, wahlfrei benutzbarer Dateien) und eine sehr flexible Testinterpretation und -organisation (Vergleich des Testergebnisses mit den simulierten Ergebnissen, Auswahl einer neuen Teilfolge, Wiederholung des Tests, Zuordnung der Ergebnisse zu technisch-konstruktiven Angaben) notwendig.

Für große Systeme steigen hierbei der Aufwand und die Kompliziertheit in einem Maß an, daß dieses Vorgehen praktisch unmöglich wird. Dort wird meist so verfahren, daß über spezielle Schaltungsmittel (Testpunkte) weitere Zwischeninformationen (Logouts) während des Tests gewonnen werden, die eine detailliertere Interpretation gestatten.

Wenn im Rahmen eines automatisierten Prüfprozesses die Fehlerlokalisierung ebenfalls maschinell ablaufen soll, so muß das Rückschließen aus dem Testergebnis auf die Fehlerursache algorithmisiert sein. Dies ist im wesentlichen auf zweierlei Weise möglich: Verwendung eines Fehlerkatalogs und rückwärtige Signalverfolgung.

6.2.4.2. Fehlerkatalog

Der einfache Grundgedanke der Arbeit mit einem Fehlerkatalog ist der folgende: Für die Testauswertung werden nicht nur die richtigen Testergebnisse des fehlerfreien Systems bereitgestellt, sondern auch alle Fehlerbilder, d.h. alle im Rahmen des erwarteten Fehlermodells denkbaren oder beobachteten Abweichungen. Diesen wird die angenommene oder ermittelte Fehlerursache zugeordnet. Beides, Fehlerbilder und Fehlerursache, wird in geeigneter Form gespeichert, so daß am Ende eines Tests nur mit dem beobachteten Testergebnis als Schlüsselbegriff in das Verzeichnis zugegriffen und die Menge dazugehöriger verdächtiger Stellen abgelesen wird.

Der Fehlerkatalog kann im einfachsten Fall aus der praktischen Arbeit abgeleitet werden, also durch Auswertung konkreter Fehlerfälle und Aufzeichnung ihrer Fehlerbilder. Das ist jedoch mit einem langen Lernprozeß und mühevollen organisatorischen Arbeiten verbunden. Praktisch wird deshalb der Fehlerkatalog auf der Grundlage eines definierten Fehlermodells vorbereitet und mit den Test- und Soll-Daten bereitgestellt. Im Zuge des Nachbesserungsprozesses werden dann konkrete Fehlerfälle, die noch nicht im Katalog enthalten sind, nachträglich aufgenommen.

Eine erste Möglichkeit zum Aufstellen eines Fehlerkatalogs ist das tatsächliche Einbringen von Defekten in ein laufendes Exemplar des Systems (physische Fehlerinjektion). Beispielsweise können Leitungen mit Masse oder anderen Leitungen kurzgeschlossen (SA0- bzw. Kurzschlußfehler) oder Anschlüsse unterbrochen (SA1-Fehler) werden; der dann gestartete Testablauf liefert das zugehörige Fehlerbild, welches mit der Fehlerursache in den Fehlerkatalog eingeordnet wird.

Allerdings ist dieses Verfahren sehr arbeitsaufwendig, und es lassen sich damit auch nicht alle Fehler nachbilden. In der Praxis wird die physische Fehlerinjektion deshalb höchstens zur nachträglichen stichprobenartigen Überprüfung des Test- und Lokalisierungsverfahrens benutzt.

Meist wird deshalb der Fehlerkatalog mit Hilfe der Fehlersimulation gewonnen. Dabei wird nicht nur eine Soll-Wert-Simulation mit der Modellbeschreibung des fehlerfreien Systems durchgeführt, sondern es wird noch einmal jede Abweichung des Systems nach dem festgelegten Fehlermodell simuliert. Dies bedeutet einen beträchtlichen rechentechnischen Aufwand und erfordert gegenüber der einfachen logischen Simulation speziell zugeschnittene leistungsfähige Simulationsverfahren (Parallelsimulation, deduktive bzw. konkurrente Simulation, vgl. dazu [63] [180] [181]).

Tafel 6.5 zeigt am Beispiel der Schaltung von Bild 6.1 und der Testfolge (0,0,1), (0,1,1), (1,0,0), (1,1,0), welche Fehlerbilder und Fehlerursachen beim SA-Fehlermodell im Fehlerkatalog enthalten sind.

Tafel 6.5. Fehlerkatalog für die Struktur nach Bild 6.1

Fehlerbild	Fehlerursache
0110	fehlerfrei
0100	A/SA0, d/SA0, C/SA0
1110	A/SA1
0011	B/SA0
1100	B/SA1
0010	C/SA0
0111	C/SA1, d/SA1
1111	e/SA0, f/SA0, G/SA1
0010	f/SA1
0000	G/SA0

Prinzipiell läßt sich durch Fehlersimulation für alle logisch-determinierten, permanenten Fehler ein Fehlerkatalog aufstellen. Praktisch sind jedoch schon die Kurzschlußfehler kaum erschöpfend zu behandeln. Hierbei müßten alle Leitungspaare einmal als kurzgeschlossen simuliert werden, was den Rechenzeitbedarf quadratisch mit der Zeit anwachsen läßt. Ähnliche Schwierigkeiten entstehen bei Mehrfachfehlern. Bei sehr großen Systemen ist die Fehlersimulation faktisch nicht mehr durchführbar.

Die schematische Arbeit mit dem Fehlerkatalog weist zudem bei der praktischen Fehlersuche einige prinzipielle Schwächen auf:

1. Wenn ein beobachtetes Fehlerbild noch nicht im Fehlerkatalog enthalten ist, so existiert keinerlei Hinweis oder Methodik, wie in diesem Fall vorzugehen ist. Dann muß der Fehler mühevoll auf intuitiver Grundlage gesucht werden.
2. Wenn sich hinter einem Fehlerbild mehrere Fehlerursachen verbergen, so ergeben sich aus der einfachen Fehlersimulation bzw. dem Fehlerkatalog noch keine Hinweise auf die anschließende Vorgehensweise. Detailliertere Informationen wie zusätzliche Testbelegungen, Angabe von Meßpunkten mit Soll-Werten o.ä. müssen zusätzlich erarbeitet und bereitgestellt werden.
3. Besonders negativ ist es, wenn ein Fehlerbild beobachtet wird, welches zwar im Katalog enthalten ist, für das aber auch eine Fehlerursache existiert, die im angenommenen Fehlermodell nicht enthalten und demzufolge im Katalog auch nicht aufgeführt ist. Dann wird aus dem Katalog ein falscher Schluß gezogen und unter Umständen ein schädlicher Eingriff vorgenommen.
4. Schließlich wird in der Praxis ungern im blinden Vertrauen auf vorbereitete Aussagen ein Eingriff vorgenommen. Im allgemeinen will man den vermuteten Fehler verifizieren, d.h. z.B. durch Nachmessen an der verdächtigen Stelle sichtbar machen. Der Fehlerkatalog gibt dazu zunächst keine Hinweise, derartige Informationen müßten zusätzlich gewonnen und aufgenommen werden.

6.2.4.3. Signalverfolgung

Beim Prinzip der Signalverfolgung wird auf einen vorgefertigten Fehlerkatalog verzichtet; es werden lediglich die Soll-Ergebnisse benötigt, und man versucht, die Fehlerursache zu finden, indem das abweichende Signal von der beobachteten Stelle rückwärts durch die Struktur verfolgt wird, bis die ursächliche Abweichung ermittelt ist.

Der Grundgedanke sei am Beispiel des SA1-Fehlers an d im System von Bild 6.12 erläutert. Wie schon erwähnt, wird dieser Fehler z.B. mit der Belegung (1,1,0) erkannt, weil statt der erwarteten Null am Ausgang eine 1 erscheint. Andererseits führt aber auch c/SA1 zum gleichen fehlerhaften Ergebnis.

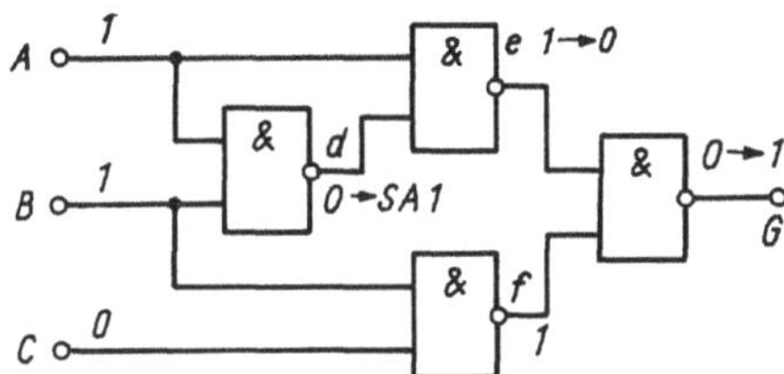

Bild 6.12
Einfaches digitales System mit Fehlern

Beide Fehler lassen sich voneinander separieren, wenn nicht nur der Systemausgang, sondern im Fall eines Fehlers auch Zwischenwerte beobachtet und analysiert werden. Im gegebenen Beispiel würde die Auswertung der Signale e und f zeigen, daß die 1 am Ausgang nicht durch f = 1, sondern nur durch e = 0 hervorgerufen worden sein kann. Das weitere Zurückverfolgen dieses Zweiges liefert A = 1, d = 1 und B = 1. Unter Kenntnis der Soll-Struktur folgt daraus, daß d = 1 ≠ ¬(A & B) = 0 die Fehlerursache ist.

Damit ist die logische Lokalisierung des Fehlers abgeschlossen. Welche physikalische Ursache (z.B. Leitungsbruch an B1.0 bzw. B2.J oder fehlerhaftes Element B1) vorliegt, kann abstrakt-algorithmisch nicht mehr bestimmt werden, sondern bedarf der konkreten Inspektion in der realen technischen Struktur.

Als Vorteile dieser Vorgehensweise lassen sich nennen:

1. Es braucht kein Fehlermodell vorgegeben zu werden. Alle Fehler, die sich als permanente Verfälschung von Signalen auswirken, werden auf die gleiche Weise gefunden.
2. Es ist demzufolge keine Fehlersimulation notwendig, lediglich die Soll-Werte müssen errechnet und bereitgestellt werden.
3. Mit der Lokalisierung ist zwangsläufig die Verifizierung des Fehlers verbunden, d.h., am Ende des Prozesses steht eine einzige, durch Messung nachprüfbare Fehlerursache

Bei der Frage nach der praktischen Realisierung dieser Methodik ist hauptsächlich die Beobachtbarkeit der Zwischensignale zu klären. Am einfachsten wäre es, alle Zwischensignale herauszuführen. Praktisch scheidet dies jedoch aus Gründen der Anschlußbegrenzung der konkreten technischen Struktur aus. Eine andere Möglichkeit besteht darin, Zusatzschaltungen vorzusehen (Logout-Mechanismen), die alle Zwischensignale erfassen und im Fall der Fehlersuche nacheinander über wenige zusätzliche Anschlüsse ausgeben können. Solche in großen Systemen häufig verwendete Zusatzschaltungen sind z.B. steuerbare ODER-Schaltungen (Multiplexer) oder zu Schieberegistern verbundene Flipflop-Ketten.

Logout-Mechanismen können jedoch ebenfalls nicht alle, für die Fehlersuche relevanten Signale erfassen. Dann ist das Nachmessen durch nachträgliche Antastung mit einem Meßinstrument, etwa mit Prüfstift, Spannungsmesser, Oszillograph o.ä. erforderlich. Dazu müssen die entsprechenden Strukturinformationen, wie Reihenfolge der Meßpunkte, konstruktive Angaben zu den Meßstellen, Soll-Werte der Zwischensignale, bereitgestellt werden.

Neben dem rein manuellen Vorgehen bei der Signalverfolgung bieten vor allem moderne Tester eine Reihe von Unterstützungen bis zur vollautomatischen Realisierung. Eine halbautomatische Variante besteht beispielsweise darin, daß über eine Anzeige (Ziffernanzeige, Bildschirm) die konstruktiven Angaben der anzutastenden Stelle ausgegeben werden, mit einem Prüfstift muß dann diese Stelle gemessen werden, wobei die Auswertung des Signals bereits wieder vollständig im Tester erfolgt (Verfahren der geführten Sonde). Wenn die zu testenden Baugruppen dafür geeignet sind (standardisierte Maße und Technologie), kann dies mit einer passenden Adaptiereinrichtung auch vollautomatisch realisiert werden.

In einer weiterentwickelten Form kann bei der Methode der Signalverfolgung sogar weitgehend auf das direkte Messen von Zwischensignalen verzichtet werden. Dabei wird unter der Einzelfehlerannahme und aus der Erfahrung heraus, daß bei einigermaßen komplizierten Systemen ein Fehler sich an mehreren Ausgangssignalen bemerkbar macht, die Signalrückverfolgung allein auf rechnerischem Wege realisiert. In dieser Form ist die Signalverfolgung auch als integriertes automatisiertes Mittel zur Fehlerlokalisierung in sehr großen Systemen geeignet. Das folgende Beispiel soll das prinzipielle Vorgehen bei dieser Form erläutern.

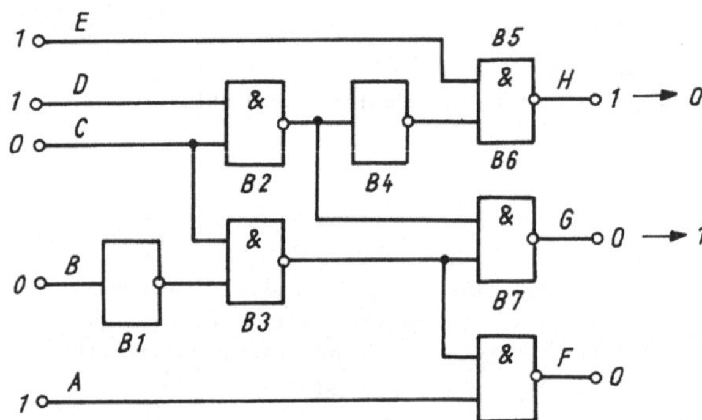

Bild 6.13
Fehlerbehaftetes System
mit mehreren Ausgängen

Bild 6.13 zeigt ein System mit fünf Eingängen und drei Ausgängen. Es sei angenommen, daß bei der Belegung (A,B,C,D,E) = (1,0,0,1,1) statt des erwarteten Ergebnisses (F,G,H) = (0,0,1) die Belegung (0,1,0) beobachtet wird. Zur Lokalisierung der Fehlerursache werde dann folgender Algorithmus abgearbeitet (siehe Tafel 6.6): An den Eingangsvariablen eines Simulationsmodells dieser Schaltung wird die Testbelegung (1,0,0,1,1) angelegt, an den Ausgangsvariablen die Sollbelegung (0,0,1), wobei an einem der fehlerhaften Ausgänge die mit 'F' markierte fehlerhafte Belegung eingetragen wird, also (F,G,H) = (0,0,F0). Dies ist in Ablaufschritt 0 von Tafel 6.6 dargestellt.

Tafel 6.6. Belegungsfolge für Signalpfadverfolgung

A	B	C	D	E	B1	B2	B3	B4	B5	B6	B7	F	G	H	AS
1	0	0	1	1								0	0	F0	0
1	0	0	1	1	1	1	1	0	1	0	0	0	0	F0	1→
									F0					D0	2←
1	0	0	1	1	1	1	1	0	F0	0	0	0	0	D0	3→
								F1	D0						4←
1	0	0	1	1	1	1	1	F1	D0	0	0	0	0	D0	5→
						F0		D1							6←
1	0	0	1	1	1	F0	1	D1	D0	0	0	0	1	D0	7→
		F1				D0									8←
1	0	F1	1	1	1	D0	0	D1	D0	1	1	1	1	D0	9→
		-0				-1		-0	-1					-1	10←

Nun wird die gesamte Schaltung normal simuliert, wobei lediglich mit 'F' markierte Werte (Fehlerursachen symbolisierend) nicht verändert werden (Ablaufschritt 1). Die Simulation schließt mit einem Vergleich ab, ob das beobachtete Fehlerbild (0,1,0) entstanden ist. Wenn dies nicht der Fall ist, wie im betrachteten Beispiel, so wird die Fehlerursache in einem speziellen Schritt der Rückwärtssimulation an die vorgelagerte Baustufe übertragen (Ablaufschritt 3). Das ist im Beispiel der Ausgang von B5.

Daraufhin wird die Schaltung wieder normal vorwärts simuliert, wobei jetzt die Fehlerursache an B5 unverändert gelassen wird. Diese Simulation liefert wieder das Fehlerbild (0,0,0), welches sich vom tatsächlichen Fehlerbild (0,1,0) unterscheidet. Bei der nun wieder notwendigen Rückwärtsrechnung ergibt der Versuch, den Fehler über den oberen Ausgang des Elementes B5 hinauszuschieben, daß die Verfälschung dieses Eingangs vom richtigen Wert 1 zu F0 den beobachteten Fehler nicht erklären kann; das Weiterschieben der Fehlerursache in diesen Schaltungszweig kann folglich unterbleiben. Der falsche Wert kann in diesem Fall nur über den zweiten Eingang als F1 zu B4 geschoben werden (Ablaufschritt 4).

Die anschließende Simulation mit Vergleich (Ablaufschritt 5) liefert noch nicht das richtige Fehlerbild; die Ursache wird als F0 weiter zurückversetzt zu B2 (Ablaufschritt 6) und die Schaltung mit dieser Annahme simuliert (Ablaufschritt 7).

Jetzt erhält man aber das beobachtete Fehlerbild (0,1,0), d.h., der angenommene Fehler B2/F0 erklärt das Fehlerbild und wird als eine mögliche Fehlerursache abgespeichert. Dann wird der Prozeß mit Rückschieben der Fehlerursache fortgesetzt. Der obere Anschluß von B2 kann diesen Fehler jedoch nicht fortpflanzen, dies ist nur durch F1 am Eingang C möglich (Ablaufschritt 8). Die folgende Simulation findet (1,1,0) als Ergebnis (Ablaufschritt 9), also nicht das beobachtete Fehlerbild. C/F1 ist demnach keine mögliche Fehlerursache.

Ein weiteres Rückschieben ist nun aber nicht mehr möglich, die Fehlerursache wird gewissermaßen am Schaltungseingang „reflektiert" und „fällt" den aufgebauten Weg (der durch 'D' markiert ist) zurück bis zu einer Stelle, wo weitere Zweige gangbar sind. Im vorliegenden Beispiel gibt es solche nicht, und die Fehlerursache fällt bis zum Ausgang zurück, was als Ende des Verfahrens erkannt wird (Ablaufschritt 10). Damit ist der Fehler B2/F0 als einzige Fehlerursache ermittelt, die das in diesem Prüfschritt beobachtete Fehlerbild erklären kann.

Im Bild 6.14 ist dieser Fehlerlokalisierungsalgorithmus noch einmal als Ablauf dargestellt. Als Voraussetzung für seine maschinelle Abarbeitung muß ein Tester vorhanden sein, der folgende Eigenschaften hat:

- Er kann den dargestellten Algorithmus realisieren, entweder auf der Basis seiner Normalfunktion (Schaltung oder Mikroprogramm) oder freier Programmierbarkeit (Mikrorechner).
- Er kann die Strukturbeschreibung jedes zu testenden Systems aufnehmen und hinreichend schnell nach diesem Algorithmus abarbeiten.

Als Vorteile dieser Verfahrensweise können hervorgehoben werden:

- Das Verfahren ist auf alle Schaltungen anwendbar. Es benötigt keinerlei spezifische Informationen speziell zur Fehlerlokalisierung. Es baut ausschließlich auf der Prüfung auf, d.h. arbeitet mit Testdaten, Soll-Daten und der Beschreibung des fehlerfreien Systems.
- Es unterstellt kein Fehlermodell, sondern geht ausschließlich vom konkret beobachteten Fehlerbild aus. Speziell kann der Fehler sogar dynamisch sein. Lediglich für das eventuelle Nachmessen muß Reproduzierbarkeit (permanente, statische Fehler) vorausgesetzt werden.
- Zur manuellen Fehlerverifizierung liefert das Verfahren Meßpunkte und Soll-Werte.
- Durch Behandlung weiterer Prüfschritte in der gleichen Weise lassen sich weitere Fehlerhypothesen gewinnen, die unter der Einzelfehlerannahme zur verdächtigsten Stelle verdichtet werden können.

Das Verfahren ist in [183] detailliert beschrieben. Dort finden sich auch spezielle Ausgestaltungen und vorteilhafte Erweiterungen.

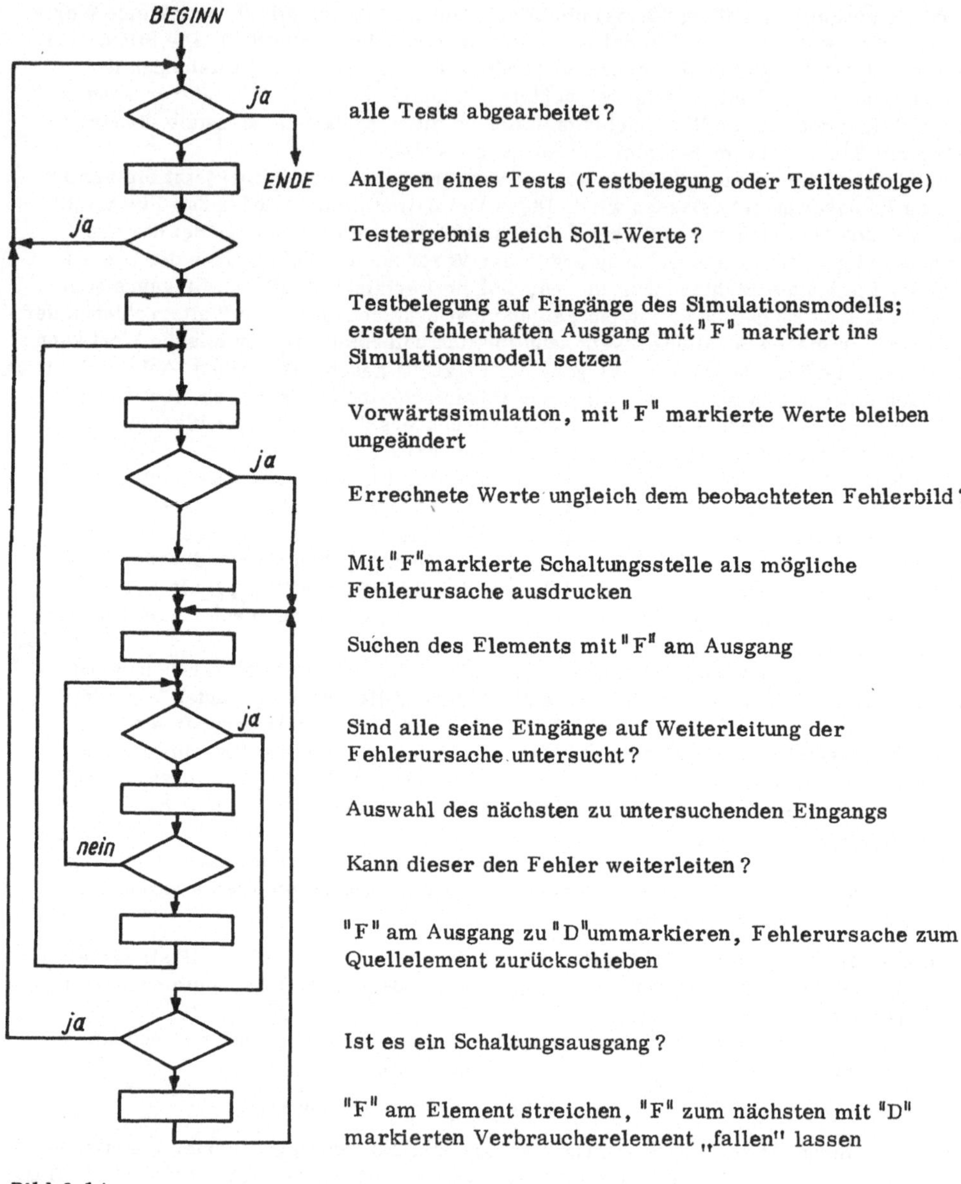

Bild 6.14
Algorithmus zur rechentechnischen Fehlerpfadverfolgung

6.2.4.4. Bewertung der Fehlerlokalisierung

Erfahrungsgemäß gelingt die Fehlerlokalisierung für unterschiedliche Systeme nicht stets gleich gut, sondern ist - bedingt durch die jeweilige Schaltungsstruktur - in der Dauer und Kompliziertheit des Prozesses sowie in der Genauigkeit der Lokalisierungsaussage verschieden. Um Systeme hinsichtlich ihrer Fehlerlokalisierungseigenschaften miteinander vergleichen und - wenn notwendig - gezielt verbessern zu können, sind objektive Maße notwendig, die die wesentlichen praktischen Auswirkungen zum Ausdruck bringen.

Neben der Dauer der Fehlerlokalisierung t_L, also der Laufzeit des Lokalisierungsverfahrens, ist die Genauigkeit der Lokalisierung, d.h. die Auflösung A des Fehlers auf ein möglichst kleines Element, das wichtigste Maß.

Die im Rahmen des geplanten Lokalisierungsverfahrens erreichbare Fehlerauflösung ist deshalb von besonderer Bedeutung, weil alle außerhalb des konzipierten Prozesses notwendig werdenden Aktionen zur weiteren Eingrenzung des Fehlers einen hohen manuellen und Qualifikationsaufwand erfordern, wodurch hohe Kosten verursacht werden. Es muß das Ziel des algorithmischen Lokalisierungsprozesses sein, genau diejenigen Teile bzw. Stellen im System zu bestimmen, auf die sich die folgenden Reparaturaktionen beziehen. Dies können z.B. Schaltkreise, Steckeinheiten, Verbindungen oder ähnliches sein.

Andererseits ist die Lokalisierung eines Fehlers auf eine einzige technologische Einheit aufgrund der logischen Vorgehensweise jedes Lokalisierungsverfahrens prinzipiell ein Problem. Zur Illustration sei das folgende Beispiel untersucht.

Bild 6.15 zeigt ein einfaches System, dessen Elementarsysteme zu Blöcken K1, K2, K3, K4, K5 zusammengefaßt sind. Es sei angenommen, daß diese Ki austauschbare Einheiten sind, d.h., die Lokalisierungsaufgabe ist gelöst, wenn der Fehler eindeutig innerhalb eines Ki lokalisiert werden konnte. Als spezieller Lokalisierungsfall werden nun die Testbelegung (A,B,C) = (0,1,1) sowie das Fehlerbild (D,E,F,G) = (1,1,1,0) → (1,0,0,0) vorausgesetzt.

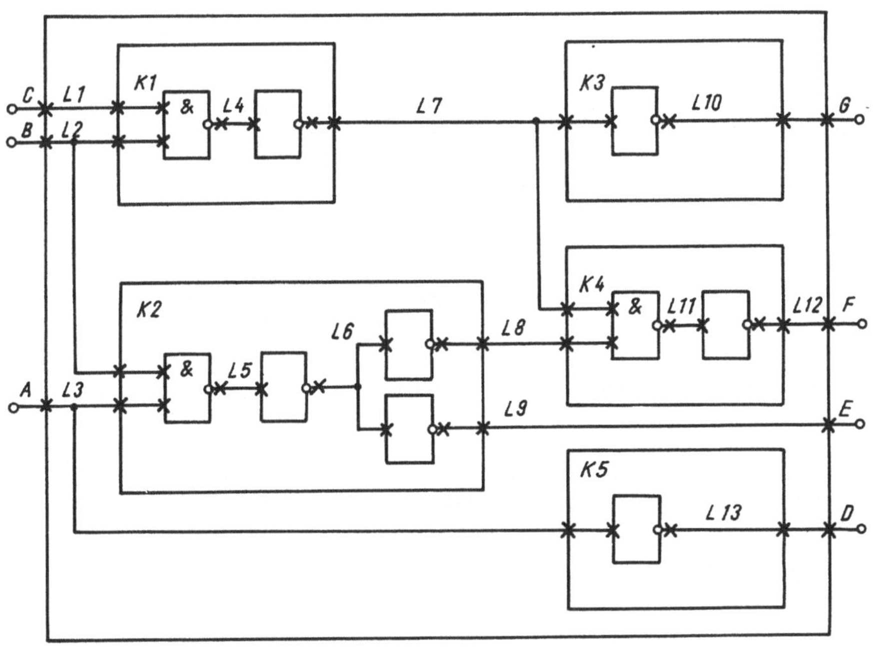

Bild 6.15
In Baugruppen gegliedertes System mit möglichen Fehlerquellen

Unter der Einzelfehlerannahme liefert etwa die Signalverfolgung, daß nur die Fehler F0 auf Leitung L5 bzw. F1 auf Leitung L6 dieses Fehlerbild erklären. Da L5 und L6 innere Leitungen von K2 sind, ist damit K2 eindeutig als fehlerhaft lokalisiert und kann ausgewechselt werden. (Von dem praktisch durchaus möglichen Fall, daß ein Leitungsbruch von L3, d.h. F1 am Anschluß von K2, unmittelbar vor, aber noch außerhalb von K2 vorliegt, soll hier abgesehen werden. Deshalb sollten in der Praxis vor dem Wechseln von K2 dessen Eingänge nachgemessen werden.)

Anders liegt die Situation, wenn auf die Testbelegung (0,1,1) die Antwort (1,1,0,0) beobachtet wird. Dann müssen die Leitungen L12, L11 und L8 verdächtigt werden, was aber durch Fehler in K4 oder K2, eventuell auch zwischen K2 und K4 verursacht worden sein kann.

Noch ungünstiger ist die Lokalisierungsaussage, wenn auf die Eingabe von (0,1,1) statt mit (1,1,1,0) mit (1,1,0,1) geantwortet wird. Dies kann durch L7/F0, L4/F1, C/F0, B/F0 verursacht worden sein. Als Ursache speziell der F0-Fehler können aber beispielsweise Kurzschlüsse gegen Masse der Leitungen L2 und L7 an oder in K1, K2, K3 oder K4 sein, d.h., es müssen genaugenommen vier auswechselbare Einheiten verdächtigt werden.

Die Beispiele zeigen, daß die Fehlerlokalisierung sogar bei ein und derselben Schaltung für die einzelnen Fehler unterschiedlich genau ist. Die Fehlerauflösung A muß deshalb offenbar durch einen mittleren Wert gekennzeichnet werden:

$$A = \frac{h_1 A_1 + h_2 A_2 + \ldots + h_k A_k}{h_1 + h_2 + \ldots + h_k}. \qquad (134)$$

Hierbei bedeutet h_i die Anzahl der Fälle, in denen bis auf A_i auswechselbare Einheiten genau lokalisiert werden kann.

Bei der Berechnung oder auch Abschätzung von A ist folgendermaßen vorzugehen:

1. Da die Fehlersuche zunächst logisch erfolgt, d.h., es wird die Stelle mit einer Abweichung von der Soll-Belegung gesucht, erhält man als erstes die Menge der Signalnetze und die daran möglichen Fehler.
2. Im allgemeinen wirken sich verschiedene Fehler so aus, daß sie das gleiche Fehlerbild erzeugen. Diese werden zu Fehleräquivalenzklassen zusammengefaßt, da sie durch ein Verfahren ohne Nachmessen nicht voneinander unterschieden werden können.
3. Für jedes Signalnetz wird die Menge der technologischen Einheiten aufgeschrieben, die das Netz verfälschen können.
4. Für jedes Signalnetz wird seine Fehlerhäufigkeit ermittelt. Dies ist exakt nur möglich, wenn ausreichende Erfahrungen über das Ausfallverhalten der verwendeten Technologie bekannt sind. Als erste Näherung kann angenommen werden, daß die Fehlerhäufigkeit proportional zur Anzahl der Anschlußpunkte am Netz ist.
5. Die Summe der Fehlerhäufigkeiten der Netze einer Äquivalenzklasse bildet die Fehlerhäufigkeit h_i, die Anzahl der Durchschnittsmenge aus den verdächtigen Einheiten einer Äquivalenzklasse bildet die Fehlerauflösung A_i für diese Äquivalenzklasse.

Tafel 6.7 zeigt das Ergebnis dieser Schritte für die Schaltung von Bild 6.15. (R ist der Systemrand, der als Stecker, Kontakt o.ä. ebenfalls eine technologische Einheit darstellt. Die Anzahl der Fehlerpunkte ist nicht einfach die Summe von Quellen und Verbrauchern, sondern muß auch alle Blockübergänge eines Netzes erfassen, da auch diese technische Fehlerursache sein können, in der Abbildung sind diese durch Kreuze gekennzeichnet.)

Man erhält dann für das Beispiel:

$$A = \frac{11 \cdot 4 + 2 \cdot (5 \cdot 3) + 5 \cdot 1 + 9 \cdot 3 + 3 \cdot (3 \cdot 2)}{11 + 2 \cdot 5 + 5 + 9 + 3 \cdot 3} = \frac{124}{44} = 2{,}8. \qquad (135)$$

Die rein algorithmisch-rechentechnische Fehlersuche ohne Nachmessen führt demnach für das Beispielsystem im Mittel auf etwas weniger als drei verdächtige technologische Einheiten.

Tafel 6.7. Fehlerklassenbildung, Fehlerauflösung und Bewertung

Netz	Defekt-stellen	Beteiligte Module	Auswirkung an D E F G	Äquival.-Klasse	h_i	A_i
L1	3	R, K1	X X			
L4	2	K1	X X	ÄQ 1	11	4
L7	6	K1, K3, K4	X X			
L2	5	R, K1, K2	X X X	ÄQ 2	5	3
L3	5	R, K2, K5	X X X	ÄQ 3	5	3
L5	2	K2	X X			
L6	3	K2	X X	ÄQ 4	5	1
L8	4	K2, K4	X			
L11	2	K4	X	ÄQ 5	9	3
L12	3	R, K4	X			
L9	3	R, K2	X	ÄQ 6	3	2
L10	3	R, K3	X	ÄQ 7	3	2
L13	3	R, K5	X	ÄQ 8	3	2

Das absolute Maß der Fehlerauflösung stellt noch keine völlig zutreffende Aussage über die bei der Fehlerlokalisierung erreichte Qualität dar und gestattet auch noch nicht den Vergleich beliebiger Systeme.

Wenn beispielsweise zwei verschiedene Systeme beide die Fehlerauflösung A = 3 aufweisen, das eine jedoch aus 100 Blöcken und das andere nur aus drei Blöcken (einschließlich Rand) besteht, so kann für das letztere überhaupt nicht von Lokalisierung gesprochen werden. Man erkennt, daß die Auflösung auf die Systemgröße bezogen werden muß, wenn ein allgemein verwendbares Maß definiert werden soll.

Ein solches ist die durch folgende Formel definierte Lokalisierungsgüte:

$$q = \frac{m - A}{m A - A} \qquad m \geqq 1, \qquad A \leqq m. \tag{136}$$

Sie ist Null, wenn A = m = Anzahl der Module einschließlich Rand ist, d.h., die Fehlerursache konnte keinem Teil des Systems zugeordnet werden. Sie ist eins, wenn A = 1 ist, d.h., jeder Modul kann einzeln als fehlerhaft erkannt werden.

6.2.5. Zuverlässigkeit

6.2.5.1. Grundlagen

Bei der Betrachtung der Fehlerproblematik digitaler Systeme ist es nicht nur von Interesse, welche Fehler auftreten, wie sie sich auswirken und was in diesem Fall zu tun ist. Für die praktische Arbeit und die Ökonomie eines Systems sowie auch für die vorzusehenden Maßnahmen ist es vor allem wichtig, wie häufig Fehler überhaupt auftreten. Mit diesem gesamten Problemkreis beschäftigt sich die Zuverlässigkeitstheorie (vgl. etwa [142] [143]), die wichtigsten Grundlagen sollen im folgenden kurz dargestellt werden.

Im Abschn. 6.2.2. waren Fehler als beliebige Abweichungen von einem irgendwie gegebenen Vorbildsystem eingeführt worden. Als wichtigste Klassifizierung waren dabei unwesentliche und wesentliche bzw. permanente und transiente Fehler unterschieden worden. Wesentliche permanente Fehler wurden als Ausfälle bezeichnet; mit ihnen beschäftigt sich die Zuverlässigkeitstheorie. Sie betrachtet das Auftreten eines Ausfalls als zufälliges Ereignis und untersucht die dabei geltenden Gesetzmäßigkeiten mit wahrscheinlichkeitstheoretischen Mitteln.

Als Ausgangspunkt aller Zuverlässigkeitsbetrachtungen kann die Lebensdauerfunktion R(t) eines Systems angesehen werden. Sie gibt die Wahrscheinlichkeit an, mit der das betrachtete System zum Zeitpunkt t noch nicht ausgefallen ist. R(t) liegt also mit seinen Funktionswerten zwischen 1 und 0 und ist für die meisten Systeme eine monoton fallende Funktion. Den typischen Verlauf für reale Systeme zeigt Bild 6.16a.

Als erste wichtige Größe wird daraus die Ausfallrate λ abgeleitet:

$$\lambda(t) = -\frac{1}{R(t)} \frac{dR(t)}{dt}. \qquad (137)$$

Die Ausfallrate gibt an, wieviel Exemplare eines Sortiments gleicher Systeme im Durchschnitt je Zeiteinheit ausfallen. Für die typische Lebensdauerfunktion von Bild 6.16a hat die Ausfallrate den im Bild 6.16b dargestellten Kurvenverlauf: Nach einer Anfangszeit mit relativ hoher Ausfallrate (Frühausfälle, verursacht durch Fertigungsmängel) nimmt λ ab und geht in einen Abschnitt relativ konstanter Ausfallrate über. Danach steigt es wieder an (Spätausfälle aufgrund von Alterung). Die Ausfallrate wird in Ausfällen je Stunde angegeben. Sie liegt bei elementaren Komponenten digitaler Systeme etwa bei $10^{-7}\ h^{-1}$.

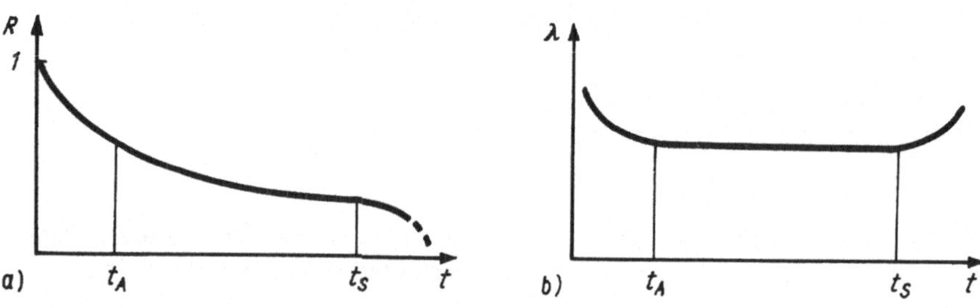

Bild 6.16
Typischer Verlauf von Lebensdauerfunktion und Ausfallrate

Die Phase konstanter Ausfallrate entspricht einem exponentiellen Abfall der Lebensdauerfunktion:

$$\frac{dR}{R} = -\lambda\, dt \qquad (138)$$

$$\ln R = -\lambda t + C. \qquad (139)$$

Mit der Annahme, daß zum Zeitpunkt t = 0 das System nicht ausgefallen ist (R = 1), ergibt sich:

$$R = e^{-\lambda t}. \qquad (140)$$

In diesem Zeitraum sollte die normale Nutzung des Systems liegen.

Als Zuverlässigkeit $R(t_1, t_2)$ im Intervall (t_1, t_2) wird die Wahrscheinlichkeit eingeführt, daß das System in diesem Zeitraum nicht ausfällt. Aus der Beziehung

$$R(t_2) = R(t_1) \cdot R(t_1, t_2) \qquad (141)$$

folgt

$$R(t_1, t_2) = \frac{R(t_2)}{R(t_1)}. \qquad (142)$$

Für den exponentiellen Teil der Lebensdauerfunktion erhält man als Zuverlässigkeit

$$R(t_1, t_2) = e^{-\lambda (t_2 - t_1)} = e^{-\lambda \Delta t} = R(\Delta t). \qquad (143)$$

Die Zuverlässigkeit ist in diesem Fall also allein eine Funktion der Größe des Zeitintervalls.

Aus der Zuverlässigkeit oder Überlebenswahrscheinlichkeit für ein Intervall ergibt sich dessen Ausfallwahrscheinlichkeit zu

$$Q(\Delta t) = 1 - R(\Delta t). \tag{144}$$

Die mittlere Zeit bis zum ersten Ausfall t_B ist definiert durch

$$t_B = \int_0^\infty R(t)\,dt = \int_0^\infty e^{-\lambda t}\,dt = \frac{1}{\lambda}. \tag{145}$$

Bei elementaren Systemen mit konstanter Ausfallrate ist diese mit dem mittleren Fehlerabstand (MTBF - von engl. mean-time-between-failures) identisch.

Neben der Zuverlässigkeit spielt in der Praxis noch der Begriff der Verfügbarkeit eine Rolle. Als Verfügbarkeit A(t) im Zeitpunkt t wird die Wahrscheinlichkeit definiert, daß das System zum Zeitpunkt t arbeitsfähig ist. Die Verfügbarkeit unterscheidet sich von der Lebensdauerfunktion dadurch, daß das System trotz bereits aufgetretener Ausfälle wieder arbeitsfähig ist, weil es z.B. repariert wurde. A(t) hängt damit außer von der Lebensdauerfunktion auch von der Chance ab, ob ein Fehler vielleicht von selbst verschwindet oder sich durch Reparatur beheben läßt (Wartbarkeit).

Neben der momentanen Verfügbarkeit A(t) als Funktion des Zeitpunktes interessiert praktisch mehr die Aufgabenverfügbarkeit für ein bestimmtes Zeitintervall

$$A_A(\Delta t) = \frac{1}{t_2 - t_1} \int_{t_1}^{t_2} A(t)\,dt \tag{146}$$

bzw. die Dauerverfügbarkeit

$$A_D = \lim_{t \to \infty} \frac{1}{t} \int_0^t A(t)\,dt. \tag{147}$$

Unter meist erfüllten Bedingungen ergibt sich für diese

$$A_D = \frac{t_F}{t_F + t_A}, \tag{148}$$

wobei t_F die Dauer der Funktionsperiode und t_A die gesamte Ausfallzeit des Systems sind. Dieser Quotient wird oft auch als technischer Nutzungskoeffizient bezeichnet.

6.2.5.2. Zuverlässigkeit zusammengesetzter Systeme

Die im vorigen Abschnitt dargestellten Grundlagen beziehen sich auf ein System mit gegebener Lebensdauerfunktion R(t) bzw. auf eine nicht im Zusammenhang stehende Gesamtheit gleichartiger Systeme. Für den Systementwurf ist es nun wichtig, wie sich die Zuverlässigkeit eines komplexeren Systems aus der Zuverlässigkeit der verwendeten Elemente ergibt und welche Möglichkeiten es gibt, die Gesamtzuverlässigkeit durch den Entwurf günstig zu beeinflussen.

Wenn ein System mit möglichst geringem Aufwand realisiert wird, was eines der Hauptziele des Entwurfs ist, so hat der Ausfall eines Elements fast stets den Ausfall des Gesamtsystems zur Folge. Nimmt man an, daß die Ausfallmechanismen der einzelnen Elemente voneinander unabhängig sind, so ergibt sich die Zuverlässigkeit R_S des Gesamtsystems aufgrund der Multiplikationsregel für Wahrscheinlichkeiten als Produkt der Zuverlässigkeiten R_i der n Elemente:

$$R_S = R_1\, R_2 \ldots R_n. \tag{149}$$

Wenn alle Elemente exponentielles Ausfallverhalten besitzen, bedeutet das

$$R_S = e^{-\lambda_1 t}\, e^{-\lambda_2 t} \ldots e^{-\lambda_n t} = e^{-t(\lambda_1 + \lambda_2 + \ldots + \lambda_n)}, \tag{150}$$

d.h., die Systemausfallrate setzt sich zusammen nach

$$\lambda = \lambda_1 + \lambda_2 + \ldots + \lambda_n \tag{151}$$

und der mittlere Fehlerabstand nach

$$\frac{1}{t_B} = \frac{1}{t_{B1}} + \frac{1}{t_{B2}} + \ldots + \frac{1}{t_{Bn}} . \tag{152}$$

Das bedeutet, mit wachsendem Aufwand wird das System unzuverlässiger.

Der Ausfallzustand eines Systems kann durch eine binäre Variable z(S) beschrieben werden, wobei z(S) = 1 bedeuten soll „Das System ist funktionsfähig." und z(S) = 0 „Das System ist ausgefallen.". Wenn alle Elemente eines zusammengesetzten Systems für die Funktionsfähigkeit benötigt werden, setzt sich der Ausfallzustand des Gesamtsystems aus der Konjunktion der Ausfallzustände der Elemente zusammen:

$$z(S) = z(S_1) \,\&\, z(S_2) \,\&\, \ldots \,\&\, z(S_n). \tag{153}$$

Dieser Zusammenhang kann auch durch sog. Zuverlässigkeitsnetze symbolisiert werden (Bild 6.17a). Systeme, deren Ausfallzustand sich nach Gl. (153) zusammensetzt, werden nach ihrem z-Netz auch als Seriensysteme bezeichnet.

Wenn es im System Elemente gibt, deren Ausfälle nicht zwangsläufig einen Systemausfall zur Folge haben, weil ihre Funktionen von anderen Elementen übernommen werden können, so spricht man von Parallelsystemen bzw. gemischten Systemen. Bild 6.17b zeigt das z-Netz für ein einfaches gemischtes System.

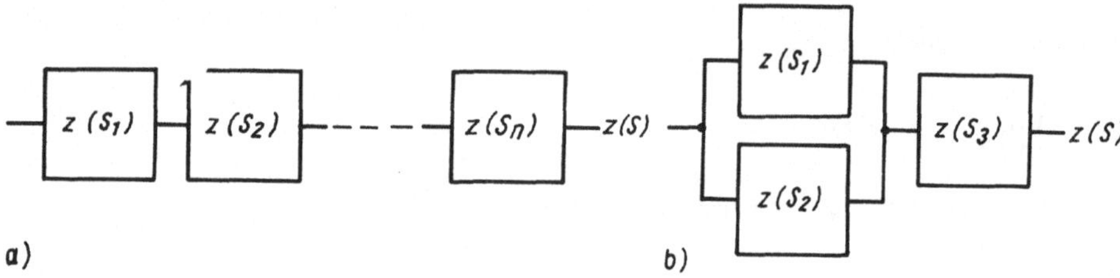

Bild 6.17. Prinzip des z-Netzes

Wenn das Element S_1 ausfällt, so übernimmt S_2 dessen Funktion und umgekehrt. Der Ausfallzustand ergibt sich durch

$$z(S) = (z(S_1) \mid z(S_2)) \,\&\, z(S_3). \tag{154}$$

Die Zuverlässigkeit dieses gemischten Systems wird nach der Formel

$$\begin{aligned} R_S &= R_{S_1,S_2} R_{S_3} = (1 - Q_{S_1,S_2}) R_{S_3} \\ &= (1 - Q_{S1} Q_{S2}) R_{S3} \\ &= (1 - (1 - R_{S1})(1 - R_{S2})) R_{S3} \\ &= R_{S1} R_{S3} + R_{S2} R_{S3} - R_{S1} R_{S2} R_{S3} \end{aligned} \tag{155}$$

berechnet. ($Q_{S1,S2}$ ist die Ausfallwahrscheinlichkeit des parallelen Teilsystems. Ein Parallelsystem ist ausgefallen, wenn alle seine Elemente ausgefallen sind.)

Da parallele Systeme keinen funktionellen Beitrag zur Systemarbeit liefern, werden sie auch als redundante Systeme bezeichnet. Wie man aber sieht, sind Parallelsysteme zuverlässiger als Seriensysteme, sofern ihre Komponenten alle eine Zuverlässigkeit kleiner als eins haben.

6.2.5.3. Redundante Systeme

Die Verbesserung der Systemzuverlässigkeit durch gezielt eingebaute Redundanz ist die wichtigste entwurfstechnische Maßnahme bei unzureichender Gesamtzuverlässigkeit des aufwandsminimalen Systems. Dadurch werden Ausfälle des Systems trotz fehlerhafter Teile vermieden (Fehlertoleranz). Die benutzten Redundanzformen können in Hardwareredundanz, Zeitredundanz und Softwareredundanz unterteilt werden. Bei der Hardwareredundanz unterscheidet man noch einmal zwischen heißer und kalter bzw. warmer Redundanz.

Bei heißer oder auch statischer Redundanz sind die zusätzlichen Teile so in das System eingebaut, daß sie ständig in Funktion sind und den Fehler eines anderen Teils augenblicklich, d.h. ohne Leistungsverlust, kompensieren können. Dazu gehören z.B. Fehlerkorrekturcodes (vgl. [148]), die allerdings nur eine bestimmte Klasse von Fehlern, etwa Einbitfehler, kompensieren.

Eine andere, sehr bekannte Form der heißen Redundanz ist die Systemverdreifachung mit Mehrheitsauswahl (TMR - engl. triple modular redundance) [184]

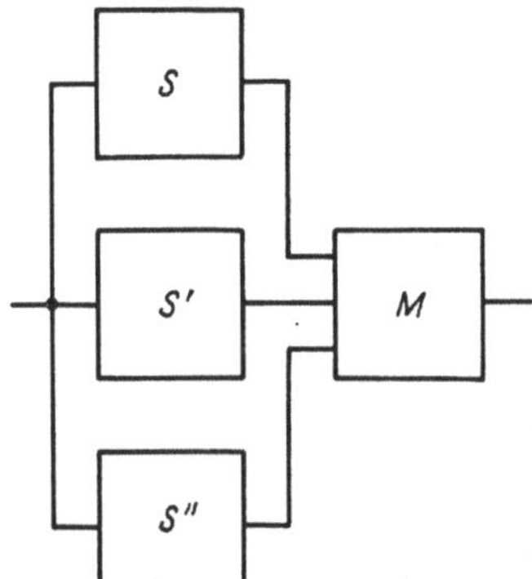

Bild 6.18
Systemverdreifachung mit Mehrheitsauswahl (TMR)

Bild 6.18 zeigt das Prinzip: Ein System S wird durch identische Kopien S' und S'' verdreifacht. Ein nachgeschaltetes System M empfängt die Ausgangssignale aller drei Systeme und leitet jeweils den Wert weiter, der mindestens von zwei Systemen erzeugt wird. Das heißt, M bildet für jede Ausgangsleitung die folgende Funktion:

$$A_i^M = A_i \,\&\, A_i' \;|\; A_i \,\&\, A_i'' \;|\; A_i' \,\&\, A_i'' . \qquad (156)$$

Bild 6.19 zeigt das z-Netz dieses Komplexes. Die Zuverlässigkeit des verdreifachten Teiles berechnet sich aus der Summe der Zuverlässigkeiten der parallelen Zweige, da

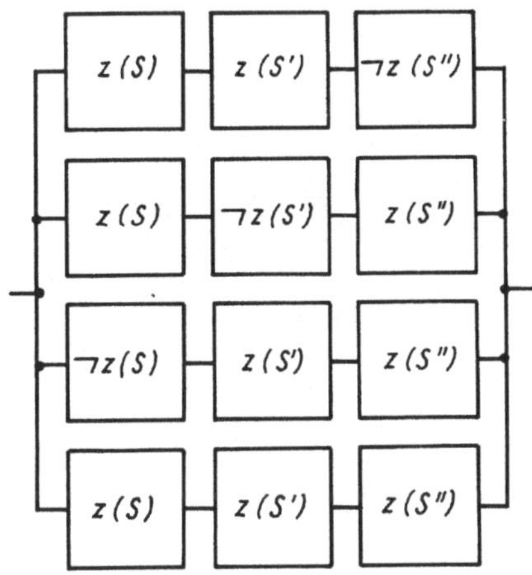

Bild 6.19. z-Netz einer TMR-Struktur

diese einander ausschließende Ereignisse bilden:

$$\begin{aligned} R_S &= R_1 + R_2 + R_3 + R_4 \\ &= R\,R'\,Q'' + R\,Q'\,R'' + Q\,R'\,R'' + R\,R'\,R'' \\ &= R\,R'\,(1-R'') + R\,(1-R')\,R'' + (1-R)\,R'\,R'' + R\,R'\,R'' \\ &= R\,R' + R\,R'' + R'\,R'' - 2\,R\,R'\,R''. \end{aligned} \tag{157}$$

Für $R = R' = R''$ ergibt sich

$$R_S = 3\,R^2 - 2\,R^3. \tag{158}$$

Der Kurvenverlauf ist im Bild 6.20 zu sehen. Man erkennt, daß $R > 0{,}5$ sein muß, wenn R_S besser als R sein soll; der größte Gewinn liegt bei $R \approx 0{,}8$. Hervorzuheben ist, daß nach dem ersten Ausfall das Einzelsystem zuverlässiger ist; die beiden noch verkoppelten Systeme sollten dann besser getrennt werden und einzeln arbeiten.

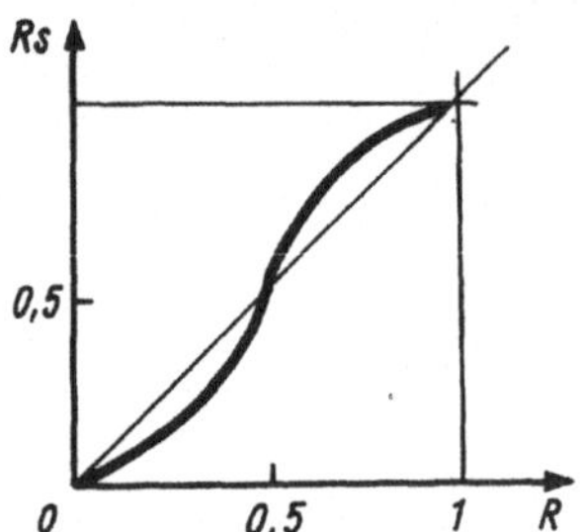

Bild 6.20. Zuverlässigkeit einer TMR-Struktur als Funktion der Elementezuverlässigkeit

Unter kalter oder warmer Redundanz versteht man bereitgehaltene Ersatzteile, die bei Ausfällen automatisch zugeschaltet werden und die Funktion des ausgefallenen Elements übernehmen. Bei kalter Redundanz befindet sich das Ersatzteil in einem Zustand, daß seine Beanspruchung und damit seine Ausfallrate geringer sind (z.B. ist es ausgeschaltet); warme Redundanz läuft gewissermaßen unbelastet mit und ist dadurch schneller bereit.

Durch kalte oder warme Redundanz wird das System relativ schnell wieder in den arbeitsfähigen Zustand versetzt. Wenn jedoch der aufgetretene Ausfall bereits zu fehlerhaften Ergebnissen geführt hat, so werden diese nicht automatisch korrigiert, sondern das erfordert einen zusätzlichen Korrekturprozeß, z.B. durch Ablaufwiederholung.

Bei der Zeitredundanz wird der Ausfall von Teilen durch einen höheren Zeitaufwand für die auszuführende Funktion kompensiert, wodurch sich ein Leistungsabfall der Systemarbeit ergibt (engl. degradation).

Ein typisches Beispiel sind Ausfälle in einem Pufferspeicher. In diesem Fall können Puffer oder Teile davon abgeschaltet bzw. logisch auskonfiguriert werden. Da das System prinzipiell auch in der Lage sein muß zu arbeiten, wenn die Daten nicht im Puffer sind, kann dabei die Systemarbeit ohne funktionelle Einschränkung fortgesetzt werden. Allerdings verlängert sich die Operationszeit, weil Daten immer oder häufiger mit der größeren Hauptspeicherzugriffszeit gelesen bzw. geschrieben werden müssen.

Software- oder auch Firmwareredundanz ist eine Form der Zeitredundanz, bei der die Funktion ausgefallener Blöcke durch Programme bzw. Mikroprogramme ersetzt wird. Diese benutzen die Funktion anderer Blöcke zur Nachbildung der defekten Funktion.

Firmwareredundanz liegt beispielsweise vor, wenn die Funktion eines Multiplizierwerkes, wie es für Hochgeschwindigkeitsanforderungen eingesetzt wird, durch Mikroprogramme in einer normalen ALU ersetzt wird. Ein Beispiel für Softwareredundanz ist etwa die bekannte Praxis mehrfacher Leseversuche bei Fehlern auf externen Datenträgern.

Kalte bzw. warme sowie Zeitredundanz werden auch als dynamische Redundanz bezeichnet, da ihre Mittel teilweise flexibel und abhängig vom Fehlerfall eingesetzt werden. Die entsprechenden Maßnahmen bewirken eine automatische Rekonfiguration des Systems, d.h., Struktur und Funktion im System werden umorganisiert. Als Voraussetzung benötigt dynamische Redundanz wirksame Fehlererkennungsmittel, sowie organisatorische und logische Umschaltmöglichkeiten zur funktionellen bzw. strukturellen Modifikation.

Alle praktischen Lösungen der automatischen Rekonfiguration verfolgen nicht nur das

Ziel, den Systemausfall zu überwinden, sondern versuchen, wenn irgendwie möglich, die Systemarbeit ohne Fehler fortzusetzen. Dies erfordert, daß die Phase fehlerhafter Arbeit während des Systemausfalls korrigiert wird, indem nach der Ausfallbeseitigung eine Wiederholung des betroffenen Abschnitts stattfindet.

Zu diesem Zweck wird von Zeit zu Zeit eine „Momentaufnahme" des Systemzustands gemacht (Checkpoint), z. B. in Form eines Speicherabzuges bzw. durch Abspeichern wichtiger Daten, mit denen eine Wiederholung organisiert werden kann. Dieser Checkpoint dient als Anfangszustand für die Fortsetzung der Arbeit (CRR - engl. checkpoint/rollback/recovery).

6.3. Methodik des Diagnoseentwurfs

6.3.1. Bewertung der Fehlermaßnahmen

Fehlermaßnahmen, also schaltungstechnische, ablauftechnische oder organisatorische Mittel zur Reaktion auf entstandene Fehler, sind in komplexen Systemen unabdingbar. Sie beeinflussen wesentlich den Entwicklungs- und Fertigungsprozeß und ganz entscheidend die Effektivität des Systems in der Anwendung. Andererseits bedeuten sie Entwicklungsaufwand, bringen größeren Schaltungs- und Programmaufwand sowie größere Kompliziertheit ins System und wirken sich negativ auf Kosten und Leistung des Systems aus. Im praktischen Systementwurf kommt es deshalb darauf an, zwischen diesen gegensätzlichen Zielen eine optimale Lösung zu finden.

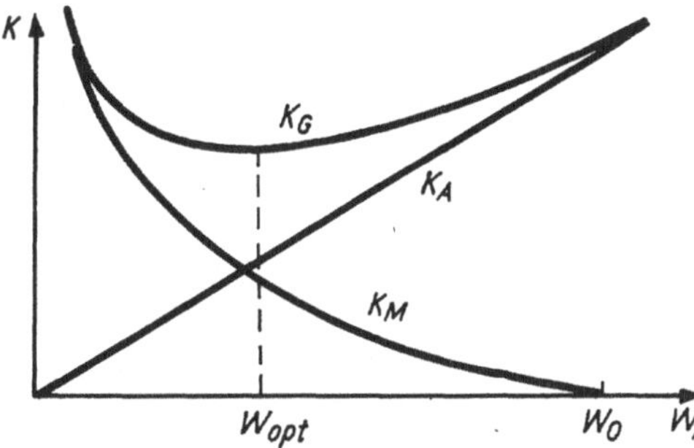

Bild 6.21. Kostenfunktionen in fehlerhaften Systemen

Bild 6.21 zeigt qualitativ das Wesen dieses Problems (siehe auch [185]): Über der Abszisse, die die Ausfallwahrscheinlichkeit eines Systems widerspiegelt, sind Kosten aufgetragen. Eine erste Kurve K_A beschreibt die durch Systemausfälle entstehenden Kosten (Verlustzeiten, Reparaturkosten usw.). K_A wächst mit zunehmender Ausfallwahrscheinlichkeit, die Abhängigkeit kann etwa linear angesetzt werden.

Die Funktion K_M bringt die Kosten von Fehlermaßnahmen zum Ausdruck, die für die Reduktion der Ausfallwahrscheinlichkeit vorgesehen werden müssen. Der Verlauf dieser Kurve muß nach aller Erfahrung so angesetzt werden, daß mit der Verringerung der Fehlerwahrscheinlichkeit eine überproportionale Zunahme der Kosten auftritt. Der Punkt w_0 kennzeichnet diejenige Lösung, bei der im System keinerlei spezielle Dinge für Fehlerbehandlung enthalten sind, d.h. einen allein auf die Realisierung der Normalfunktion beschränkten Systementwurf. Dies entspricht modellabhängig einer gewissen „natürlichen" Ausfallwahrscheinlichkeit w_0.

Die Kurve K_G beschreibt die aus der Summe von K_A und K_M bestehenden Gesamtkosten, die im Fehlerfall zu verzeichnen sind. Diese Kurve hat bei w_{opt} ein Minimum. Es muß das Ziel des Diagnoseentwurfs sein, die dazugehörige optimale Lösung zu bestimmen und auszuarbeiten.

Für diese Aufgabe ist es notwendig, daß nicht nur der qualitative Verlauf der Kurve K_G bekannt ist, sondern eine detailliertere funktionelle Beziehung, in der alle wesentlichen Einflußgrößen enthalten sind. Daraus muß hervorgehen, durch welche entwurfstechnische oder organisatorische Maßnahmen die einzelnen Parameter beeinflußt und die Gesamtfunktion optimiert werden können.

Als Ausgangspunkt beim Aufstellen einer derartigen Beziehung dient ein sog. Diagnosemodell. Dies ist eine konzeptionelle Vorstellung, welches Ausfallverhalten (Fehlermodell, Fehlerhäufigkeit) des Systems erwartet wird und wie die globale und lokale Fehlerreaktion im System aussehen soll. Die zunächst qualitative Formulierung des Diagnosemodells wird dann durch Einbeziehung von Maßzahlen als Formelzusammenhang konkretisiert, in dem alle wesentlichen Parameter mit ihrer quantitativen Bedeutung enthalten sind.

Im folgenden wird ein Diagnosemodell als Grundlage benutzt, welches anschaulich und für viele praktische Fälle zutreffend ist, das aber andererseits hinreichend allgemein ist, um alle entscheidenden Diagnoseprobleme daran diskutieren zu können.

Es geht davon aus, daß alle wichtigen Diagnoseeigenschaften durch zeitliche Parameter charakterisiert werden können und daß auch der Gesamteffekt der Diagnosemaßnahmen durch eine Größe ausgedrückt werden kann, die Bezug auf die Zeit hat. Dieser Ansatz vermeidet Kostenangaben, die wegen der in diesem Rahmen kaum exakt faßbaren Preisbildung keine objektive Grundlage bilden.

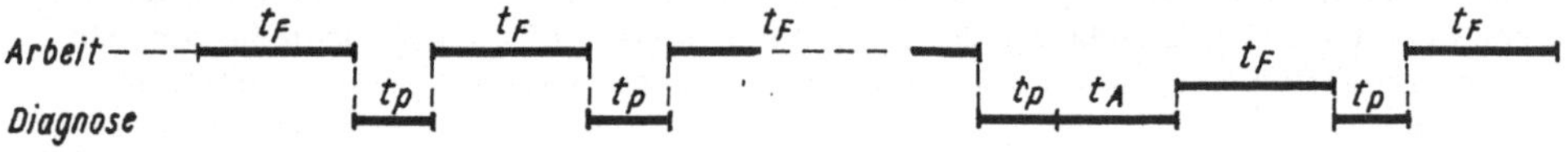

Bild 6.22

Dieses Diagnosemodell betrachtet die im Bild 6.22 skizzierte Arbeitsweise als die allgemein verwendete Praxis zur Reaktion auf zufällig auftretende Fehler. Sie besteht aus einem ständigen Wechsel zwischen Funktionsperioden t_F, in denen zweckbestimmte Systemarbeit geleistet wird, und Prüfperioden t_P, in denen das System auf inzwischen aufgetretene Fehler untersucht wird (Off-line-Prüfung). Wenn die Prüfung einen Fehler findet, folgt eine Ausfallzeit t_A, in der das System wieder voll funktionsfähig gemacht wird. Anschließend ist es (bei verantwortungsbewußter Arbeitsweise) notwendig, die letzte vor der Fehlererkennung liegende Funktionsperiode zu wiederholen, da diese i.allg. bereits vom erkannten Fehler beeinträchtigt sein kann. Danach folgt wieder eine Prüfperiode.

Damit diese Arbeitsweise korrekt ist, muß gefordert werden, daß die Fehlerdauer t_D mindestens so groß ist, daß der Fehler durch die nächste Prüfung noch sicher bemerkt wird:

$$t_D \geqq t_F + t_P. \tag{159}$$

Andernfalls könnte während des Arbeitsintervalls ein Fehler aufgetreten sein, der das Arbeitsergebnis verfälscht hat, der aber durch die nachfolgende Prüfung nicht mehr erkannt wird.

Dieses Diagnosemodell ist in all den Fällen zutreffend, wenn ein auftretender Fehler nicht unmittelbar katastrophale Folgen hervorruft, sondern erst bei einer etwas später folgenden planmäßigen Inspektion erkannt zu werden braucht. Weiterhin muß es prinzipiell möglich sein, die Auswirkungen des Fehlers durch spätere Wiederholung des betroffenen Arbeitsabschnitts zu korrigieren. Das ist etwa bei den meisten Verarbeitungsprozessen der Fall, weniger zutreffend ist dieser Ansatz, wenn das betrachtete digitale System die Steuerung eines anderen Prozesses darstellt, der bezüglich Fehler wesentlich empfindlicher und hinsichtlich einer Wiederholung nicht einfach reproduzierbar ist (z.B. bei Lebensüberwachungssystemen in der Medizin).

Ist dieses Diagnosemodell jedoch anwendbar, so kann als globales Maß der für den Anwender wirksamen Leistungsfähigkeit der Fehlermaßnahmen der Zeitanteil der nützlichen (profitablen) Arbeit an der Gesamtzeit der Systeminstallation verwendet werden. Diese Größe soll als Anwendungskoeffizient v bezeichnet werden:

$$v = \frac{\text{nutzbare Zeit}}{\text{aufgewendete Gesamtzeit}} = \frac{t_N}{t_G}. \tag{160}$$

Aus dem Diagnosemodell folgt unmittelbar ein detaillierterer quantitativer Zusammenhang, wenn angenommen wird, daß im Mittel aller n Abschnitte $t_F + t_P$ ein Fehler bemerkt wird:

$$v = \frac{t_N}{t_G} = \frac{n\ t_F}{n\ (t_F+t_P) + t_A + t_F + t_P}. \tag{161}$$

Es sei hier auf die Ähnlichkeit zur Dauerverfügbarkeit bei reparierbaren Systemen hingewiesen. Im Unterschied zur Dauerverfügbarkeit, die nur die reine Ausfallzeit in Rechnung stellt, zählt der Nutzungskoeffizient v auch die notwendig werdende Wiederholung als Verlustzeit.

Mit $n\,(t_F + t_P) = t_B$, dem mittleren Fehlerabstand, und nach Division durch n ergibt sich

$$v = \frac{t_F}{t_F + t_P + \frac{t_F + t_P}{t_B}\,(t_A + t_F + t_P)} . \tag{162}$$

In dieser Formel drückt sich der Einfluß einzelner Teileigenschaften des Diagnosesystems auf das globale Maß v aus: t_F ist der Abstand der planmäßigen Inspektionen; es ist gewissermaßen ein arbeitsorganisatorischer Parameter, der aus der Größe des durch die Anwendung bestimmten minimal zusammenhängenden Arbeitsabschnitts und der erforderlichen Prüfhäufigkeit folgt. t_P - die Prüfdauer - drückt die Prüfeigenschaften des Systems aus, wobei hier vollständige Prüfung vorausgesetzt ist. (Nicht bemerkte Fehler führen im Endeffekt zu sehr großen Zeitverlusten und sollten im eingelaufenen System nicht mehr vorkommen.) t_A charakterisiert die Fähigkeiten des Systems zur Überwindung des Fehlers (Reparatur bzw. automatischer Wiederanlauf) und t_B die Fehlerhäufigkeit, d.h. die technologische und logische Qualität bezüglich auftretender Fehler.

Alle Parameter sind Mittelwerte. Deshalb besitzt die Beziehung (162) keine absolute Genauigkeit. Diese ist für ihre orientierende Funktion während des Diagnoseentwurfs allerdings auch nicht erforderlich, da zum einen die Größen für den Entwurf aus überschläglichen Überlegungen gewonnen werden mit den dabei auftretenden Ungenauigkeiten und zum anderen die Konsequenzen aus dieser Gleichung in Entwurfslösungen umgesetzt werden, die ihrerseits wieder eine gewisse Schwankungsbreite mit sich bringen. Entscheidend ist, daß aus Gl. (162) mit den verwendeten typischen Werten qualitativ die richtigen Schlußfolgerungen auf notwendige funktionelle und strukturelle Modifikationen gezogen werden können.

Aus Gl. (162) läßt sich eine Reihe von Konsequenzen ableiten. Eine der wichtigsten ist, daß die Voraussetzung ihrer Gültigkeit gewährleistet sein muß, d.h., es muß zunächst die Forderung nach Gl. (159) erfüllt werden. Dies ist der Fall, wenn alle im System vorkommenden Fehler permanente Fehler sind. Wenn jedoch auch kurzzeitige Fehler mit beträchtlicher Häufigkeit angenommen werden müssen, d.h., t_D ist sehr klein, so muß auch $t_F + t_P$ sehr klein gewählt werden.

Da aber bei kurzzeitigen Fehlern keine garantierte untere Grenze der Fehlerdauer angegeben werden kann (faktisch gilt $t_D \to 0$), so bedeutet das, die Arbeit kontinuierlich zu überwachen, oder, wie im Abschn. 6.2.3.1. eingeführt, Hardcoreeigenschaft durch Fehlererkennungsschaltungen.

Handelt es sich hauptsächlich um permanente Fehler und werden keine weiteren speziellen Maßnahmen getroffen, so ergibt sich aus den t_F, t_P, t_A und t_B nach Gl. (162) ein bestimmter Nutzungskoeffizient. Meist werden jedoch aus ökonomischen Gründen Nutzungskoeffizienten von 0,9 und größer gefordert, und es ist dann die Aufgabe des Diagnoseentwurfs, dieses Ziel durch entsprechende Diagnoseparameter zu erreichen.

Zunächst kann, wenn für t_F seitens der Anwendung keine speziellen Forderungen bestehen, die Funktionsperiode so eingerichtet werden, daß v maximal wird:

$$\frac{dv}{dt_F} = 0 \Longrightarrow t_{F\,opt} = \sqrt{t_P^2 + t_P\,t_A + t_P\,t_B} = t_B\sqrt{p^2 + a\,p + p}$$
$$\text{mit } p = t_P/t_B, \quad a = t_A/t_B. \tag{163}$$

Dann wird

$$v = \frac{1}{(\sqrt{p} + \sqrt{1+a+p})^2} . \tag{164}$$

Falls $v = 1$, d.h. ständige Nutzbarkeit gefordert wird, so folgt aus Gl. (164) $t_B \to \infty$, d.h. ideale Zuverlässigkeit bzw. Fehlertoleranzeigenschaften des Systems.

Wie schon im Fall kurzzeitiger Fehler folgt auch hier aus einer quantitativen Beziehung eine spezielle qualitative Systemeigenschaft, nämlich Fehlertoleranz bzw. ideale Zuverlässigkeit oder mit anderen Worten Hardcoreeigenschaft erster Art. Dazu eine philosophische Anmerkung: Bekanntlich führt die Veränderung von Quantitäten zu einer neuen Qualität. Der mathematische Ausdruck dieses Sachverhaltes ist der Grenzübergang bestimmter Größen. Im hier betrachteten Fall folgen aus den Annahmen $t_D \to 0$ bzw. $v \to 1$ wesentlich andere qualitative Lösungen für die Fehlermaßnahmen im System, nämlich Hardcoreeigenschaft zweiter bzw. erster Art (Fehlererkennungsschaltungen bzw. Fehlertoleranz).

Die Ausfallzeit t_A setzt sich bei permanenten Fehlern gewöhnlich aus der Zeit für Lokalisierung des Fehlers, Reparatur und einer Zeit zur Reorganisation der Systemarbeit zusammen:

$$t_A = t_L + t_R + t_O. \tag{165}$$

Bei kurzzeitigen Fehlern ist Lokalisierung und Reparatur nicht sinnvoll, hier genügt im Prinzip, die Fehlerdauer abzuwarten:

$$t_A = t_D. \tag{166}$$

Praktisch wird dies durch wiederholte Abarbeitung der fehlerhaften Funktionsperiode bis zum fehlerfreien Durchlauf realisiert (CRR).

Abschließend sei erwähnt, daß neben diesem eben ausführlicher diskutierten Diagnosemodell auch andere als konzeptionelle Grundlage verwendet werden, teilweise sind die praktischen Diagnosemodelle auch Mischformen aus diesem und aus anderen Varianten.

Beispielsweise wird bei der Diagnoseplanung oft davon Gebrauch gemacht, daß ein System nicht kontinuierlich genutzt werden kann, sondern daß sich aus anwendungsorganisatorischen Gründen Arbeitspausen ergeben. Dann liegt es nahe, diese zur Prüfung und zur prophylaktischen Wartung zu benutzen. Eine andere Möglichkeit ist die Verwendung eines Duplexsystems. Bei diesem wird die Normalarbeit mit dem jeweils anderen fortgesetzt, wenn in dem einen Wartung (Prüfung bzw. Fehlersuche und Reparatur) durchgeführt wird. In beiden genannten Fällen reduzieren sich die Forderungen an die Diagnoseeigenschaften des Einzelsystems. Es erhöhen sich allerdings die spezifischen Kosten für die praktisch wirksame Systemarbeit.

6.3.2. Ablauf des Diagnoseentwurfs

Wie im Abschn. 6.1. erläutert, muß auch der Diagnoseentwurf im Rahmen der Dekompositions-, Strukturierungs- und Überprüfungsschritte des hierarchischen Entwurfsprozesses ablaufen, damit die notwendigen Modifikationen nicht zu Iterationen über mehrere Entwurfsetappen werden. Die detaillierten Fehlermaßnahmen im System müssen folglich in Etappen realisiert werden, wobei wie im funktionellen Entwurf aus globalen Zielstellungen schrittweise die konkreten Lösungen entwickelt werden müssen. Im folgenden soll skizziert werden, welche diesbezüglichen Überlegungen und Arbeiten in den einzelnen Entwurfsetappen ausgeführt werden müssen.

Die Systemstudie enthält gewöhnlich noch keine konkreten Aussagen zum Fehleraspekt. Eine zunächst grobe Orientierung ergibt sich indirekt aus dem angetrebten Anwendungsbereich.

In der Konzeptionsphase, die die anwendungswirksamen Leistungen des Systems festlegt, werden auch die globalen leistungs- und kostenbestimmenden Diagnosekennziffern vorgegeben. Sie resultieren aus der detaillierten Analyse des Anwendungsfalls und seiner Randbedingungen und dem daraus abgeleiteten Diagnosemodell.

Insbesondere werden die aus ökonomischen Gründen interessanten Werte für Dauerverfügbarkeit bzw. Nutzungskoeffizient und Zuverlässigkeit bzw. Ausfallrate als Zielwerte des Diagnoseentwurfs formuliert. Der Nutzungskoeffizient setzt faktisch Anschaffungs- und Betriebskosten des Systems zum praktischen Nutzen in Relation und ist daher für die ökonomische Effektivität wichtig; die Ausfallrate beeinflußt außer Verfügbarkeit des Einzelsystems auch die gesamte Servicekonzeption, Ersatzteilproduktion und -lagerung und damit einen beträchtlichen Teil der Betriebskosten.

Für komplexe digitale Systeme wird aus ökonomischen Gründen ein Nutzungskoeffizient von über 90 % angestrebt. Der Ausfallabstand liegt je nach Größe des Systems zwischen einigen Wochen und einem oder mehreren Jahren.

Wenn der Ausfallabstand in der Größe eines Jahres liegt, kann - abhängig von der Anzahl installierter Systeme - im Normalfall ein zentraler Service konzipiert werden. Liegt er unterhalb eines Jahres, so muß der Service dezentralisiert werden, meist in der Weise, daß jedes System sein eigenes Wartungspersonal und Ersatzteilsortiment bekommt, ansonsten haben die Wartezeiten im Ausfallzustand einen zu großen Anteil.

In der Architekturphase müssen dann aus dem Diagnosemodell und den bereits formulierten globalen Kennziffern die anderen Kennziffern wie t_P, t_L, t_O und t_F abgeleitet werden, da deren Wert bereits Einfluß auf die Innenarchitektur des Systems hat.

So würde beispielsweise mit v = 94 % und t_B = 400 Stunden aus Gl. (164) und (163) folgen:

$$t_A = \frac{t_B}{v} - t_B - 2\sqrt{\frac{t_B}{v}\, t_P} \approx 25,63 - 41,24 \sqrt{t_P} \qquad (167)$$

$$t_{F\,opt} = \sqrt{\frac{t_B}{v}\, t_P} - t_P = 20,62 \sqrt{t_P} - t_P . \qquad (168)$$

Darin kann noch eine Größe beliebig gewählt werden. Dazu sollten weitere praktische Randbedingungen berücksichtigt werden. Beispielsweise kann angenommen werden, daß ein Zyklus $t_F + t_P$ gerade eine Schicht, also acht Stunden beträgt.

Da bei diesen überschläglichen konzeptionellen Überlegungen keine übertrieben hohe Genauigkeit erforderlich ist, zumal es sich hierbei nur um Schätz- bzw. Mittelwerte mit einer gewissen Streuung handelt, kann mit $t_F + t_P$ = 8 Stunden aus Gl. (168) etwa t_P = 10' und t_F = 7 h 50' und aus Gl. (167) $t_A \approx$ 9 Stunden festgelegt werden.

Während der Innenarchitekturentwurfsetappe wird aus der Systemarchitektur und aus Leistungskennziffern die Strukturierung der obersten Blockebene (Modulebene) abgeleitet. Für den Diagnoseentwurf bedeutet das analog, die formulierten Diagnosekennziffern so zu untersetzen, daß sie als Resultat der gewählten Innenarchitektur und der Kennziffern der einzelnen Module dargestellt werden können.

Die Ausfallrate des Systems berechnet sich z. B. in bekannter Weise aus der Summe der Ausfallraten der Module:

$$\lambda = \lambda_1 + \lambda_2 + \ldots + \lambda_m = \frac{1}{t_{B1}} + \frac{1}{t_{B2}} + \ldots + \frac{1}{t_{Bm}} = \frac{1}{t_B} . \qquad (169)$$

Die λ_i resultieren aus einer Aufwandsschätzung für jeden Modul, die in dieser Etappe für verschiedene Zwecke (konstruktive Festlegungen, Strombedarf, Kühlung u. ä.) erforderlich ist. Unter Verwendung beispielsweise der in Tafel 6.8 angegebenen Ausfallraten für einzelne Bauelemente läßt sich aus der Aufwandsschätzung eine zu erwartende Ausfallrate jedes Moduls bestimmen.

Tafel 6.8. Ausfallraten einiger elektronischer Bauelemente

Elemente	λ
Schaltkreise	$1\cdot 10^{-8}$
Transistoren	$3\cdot 10^{-8}$
Dioden	$1\cdot 10^{-8}$
Kondensatoren	$5\cdot 10^{-8}$
Widerstände	$0,5\cdot 10^{-8}$
Stecker	$3,0\cdot 10^{-8}$
Lötstellen	$0,05\cdot 10^{-8}$
Wickelverbindungen	$0,1\cdot 10^{-8}$

Wenn sich hierbei herausstellt, daß die angestrebte Gesamtausfallrate nicht erreichbar ist, so muß bereits in dieser Phase für einzelne oder auch alle Module eine entsprechende Verbesserung konzipiert werden. Dies kann durch eine bessere technologische Basis oder durch logische Maßnahmen (Fehlertoleranz) geschehen.

In ähnlicher Weise läßt sich auch die Prüfzeit eines Systems aus den Prüfzeiten der Module zusammensetzen, sofern die Systemprüfung nicht als komplexes Zusammenspiel aller Module, sondern als Menge von modulorientierten bzw. interfaceorientierten Teilprüfungen organisiert ist. Dies ist bei einer entsprechenden Innenarchitektur möglich, die mindestens für Prüfzwecke eine relativ selbständige Nutzung der Module gestattet. Wenn außerdem gewisse Module parallel geprüft werden können, so ergibt sich insgesamt die Systemprüfzeit aus der Summe der maximalen Zeiten für die unbedingt seriell auszuführenden Teilprüfungen:

$$t_P = \sum_i \max_i (t_{Pi1}, t_{Pi2}, \ldots, t_{Pik}). \qquad (170)$$

Eine gewisse Schwierigkeit besteht in dieser Phase bei der Schätzung der t_{Pi}. Da zu diesem Zeitpunkt noch kein Detailentwurf und erst recht keine darauf aufbauenden Testdaten vorhanden sind, müssen die t_{Pi} mit Hilfe einer globaleren Betrachtung überschläglich bestimmt werden. Dazu kann die folgende Überlegung dienen.

Jeder Modul, der zunächst noch unstrukturiert, aber in seiner Funktion mindestens umrissen ist, kann in dieser Phase in der Form gemäß Bild 5.6 gedacht werden, wobei meist der Eingangs- und Zustandsvektor bereits aus Teilvektoren bestehend dargestellt ist. Für die Prüfung eines solchen Komplexes kann angenommen werden, daß es für jeden Teilvektor mit der daran anschließenden Kombinatorik notwendig ist, jeden Binärwert eines Eingangs mindestens einmal als ausgangsbestimmend nachzuweisen. Da zu diesem Zweck jede Binärstelle mindestens einmal den Wert 0 und den Wert 1 annehmen muß, wobei die anderen dafür eine geeignete Prüfbedingung bilden müssen, kann als untere Grenze der benötigten Prüfbelegungen die doppelte Summe aus den Binärstellen für Eingangs- und Zustandsvariable angesetzt werden:

$$A_P = 2\,(A_{FF} + A_E). \qquad (171)$$

A_{FF} ist die Anzahl der Flipflops und A_E die Anzahl der binären Eingangssignale. Die Prüfdauer für einen Modul ergibt sich dann zu

$$t_{Pi} = A_{Pi} \cdot t_{PS}. \qquad (172)$$

wobei t_{PS} die Dauer eines Prüfschrittes ist. Diese ist bei dynamischer Prüfung mit der Taktzeit des Systems identisch.

Wenn diese grobe Schätzung - die durch detailliertere Kenntnis der funktionellen Zusammenhänge zwischen Eingangs-, Zustands- und Ausgangsvariablen verfeinert werden kann - erkennbar werden läßt, daß die vorgegebene Systemprüfzeit nicht erreicht wird, so müssen auf dieser Ebene entsprechende Schlußfolgerungen gezogen werden. Dafür kommen prinzipiell die beiden Varianten Verkürzung der Modulprüfzeiten und Parallelisierung der Modulprüfungen in Betracht. Ersteres delegiert die Probleme in den Modulentwurf (Verringerung der Prüfschrittanzahl bzw. der Dauer eines Prüfschrittes), das letztere erfordert eine Korrektur der Blockstruktur mit dem Ziel der gleichzeitigen Prüfung mehrerer Blöcke.

In der Ausfallzeit t_A ist vorwiegend die Lokalisierungszeit t_L durch den Strukturentwurf zu beeinflussen, die Systemwiederanlaufzeit t_0 ist weitgehend von Fehlerart und -ort unabhängig und im wesentlichen durch die Systemfunktion bestimmt, die Reparaturdauer t_R hängt nach der Lokalisierung ausschließlich von technologischen Eigenschaften ab. t_0 und t_R müssen zwar ebenfalls abgeschätzt werden, können aber für den Strukturentwurf als konstant und ohne Einfluß angesehen werden.

Wie schon aus Abschn. 6.2.4.4. folgt, ist die Fehlerauflösung und damit die zur Fehlerlokalisierung benötigte Zeit t_L entscheidend von strukturellen Eigenschaften des Systems abhängig. Für die Abschätzung in frühen Entwurfsetappen, in denen noch keine Schaltungsdetails bekannt sind, kann zunächst unter Ausnutzung der Kenntnis der Blockschachtelung vorausgesetzt werden, daß sich die gesamte Lokalisierungszeit zusammensetzt aus der Zeit zur Lokalisierung eines fehlerhaften Moduls t_{LM} und der Zeit zur Lokalisierung des

Fehlers innerhalb des Moduls t_{Li}. Dabei ist zu berücksichtigen, daß die Fehlersuche innerhalb eines Moduls nur mit der relativen Fehlerhäufigkeit des betreffenden Moduls ins Gewicht fällt:

$$\begin{aligned} t_L &= t_{LM} + \frac{\lambda_1}{\lambda} t_{L1} + \frac{\lambda_2}{\lambda} t_{L2} + \dots + \frac{\lambda_m}{\lambda} t_{Lm} \\ &= t_{LM} + t_B \sum_i \frac{t_{Li}}{t_{Bi}}. \end{aligned} \tag{173}$$

Die t_{Li} hängen dabei von der gewählten Lokalisierungsmethode ab (Fehlerkatalog, Signalverfolgung o. ä.). Da praktisch alle Methoden auf die Prüffolge aufbauen, indem im Lokalisierungsfall zusätzliche Schritte hinzukommen (Katalogauswertung, Signalrückverfolgung), kann die Lokalisierungszeit t_{Li} in erster Näherung zur Prüfzeit t_{Pi} proportional angesetzt werden:

$$t_{Li} = c_{i1} t_{Pi} + c_{i0}. \tag{174}$$

Verlängerungsfaktor c_{i1} und konstanter Betrag c_{i0} kennzeichnen das konkrete Lokalisierungsverfahren.

Im Ergebnis aller Abschätzungen zu den wichtigsten Diagnosekennziffern folgen bereits für die Innenarchitekturphase gewisse Modifikationen der bis dahin festgelegten Struktur, um die formulierten Zielparameter prinzipiell zu sichern. Dazu gehören beispielsweise geänderte oder zusätzliche Verbindungen zwischen den Moduln, funktionelle Erweiterungen der Module oder auch zusätzliche Module. Zusätzliche Verbindungen und funktionelle Erweiterungen dienen meistens der Verbesserung der Lokalisierbarkeit bzw. Prüfbarkeit, zusätzliche Module werden unter anderem zur Verbesserung der Zuverlässigkeit notwendig.

Mit dem Abschluß dieser Entwurfsetappe liegen für jeden Modul quantitative (t_{Bi}, t_{Pi}, t_{Li}) und qualitative (z. B. On-line-Fehlererkennung, TMR, CRR o. ä.) Festlegungen hinsichtlich seiner Diagnoseeigenschaften vor, die neben den funktionellen und Leistungsvorgaben als Entwurfsziele der folgenden Etappen dienen. Auf der Basis des durch die Konzeption festgelegten Diagnosemodells und zusammen mit der modifizierten Innenarchitektur garantieren diese Vorgaben die entscheidenden anwendungswirksamen Diagnoseeigenschaften des Gesamtsystems.

In den folgenden Entwurfsetappen müssen diese Vorgaben weiter untersetzt werden. Handelt es sich dabei noch um relativ umfangreiche, komplizierte Komplexe, so sind eventuell noch einmal analoge Betrachtungen auf den anschließenden Ebenen auszuführen. Auf der Ebene des Register-Transfer-Entwurfs werden dann geeignete logische Lösungen konkret festgelegt, die anschließend als Schaltung oder Ablauf im Detail zu entwerfen sind.

6.3.3. Zuverlässigkeitsverbesserung

Wenn sich aufgrund der Schätzung die zu erwartende Gesamtzuverlässigkeit als unzureichend erweist, so wird man als erstes stets versuchen, die Fehlerhäufigkeit durch bessere technologische Grundlagen zu reduzieren (Konzept der Fehlervermeidung). Sehr oft gibt es dominierende Fehlertypen, die auf technologische Mängel zurückzuführen sind, und es ist in jedem Fall notwendig, systematisch bedingte hohe Ausfallraten durch Beseitigung der Ursache zu senken.

Wenn durch technologische Vervollkommnung keine entscheidenden Verbesserungen mehr möglich sind (vielschichtiges, unsystematisches Ausfallverhalten, unvermeidliche Störeinflüsse, nicht durch die Basistechnologie bedingte Fehler usw.) oder wenn extreme Bedingungen bestehen, die nicht mit ökonomisch vertretbarem Aufwand durch eine hochzuverlässige Technologie erfüllt werden können (sehr großes, einzelnes System, hohe Zuverlässigkeitsforderungen für spezielle Zwecke), dann muß die Funktionsfähigkeit des Systems trotz möglicher Fehler mit logischen Mitteln aufrechterhalten werden (Konzept der Fehlertoleranz).

Bei beiden Konzepten richten sich jedoch die notwendigen Maßnahmen grundsätzlich danach, wo der Schwerpunkt der Zuverlässigkeitsverbesserung zu sehen ist. So folgt aus der detaillierten Analyse des Ausfallverhaltens mit Hilfe von Gl. (169), welcher Block bzw. welche Bauelementegruppe mit ihren typischen Fehlern den größten Beitrag zur gesamten Ausfallrate leisten und wo demzufolge notwendige Maßnahmen am wirkungsvollsten sind. Zuverlässigkeitsverbessernde Maßnahmen können deshalb sehr differenziert und modulspezifisch sein.

Für den Diagnoseentwurf ist nur die Fehlertoleranz von Bedeutung. Sie beruht auf gezielt eingesetzter Redundanz, d.h. der Systemerweiterung über das funktionell notwendige Minimum hinaus. Als einfachste Maßnahme dieser Art ist hierbei zu nennen, bestimmte Module bzw. auch das gesamte System noch einmal, eventuell sogar mehrfach, als heiße oder kalte Redundanz bereitzustellen.

Dies hat den Vorteil, daß keine großen Auswirkungen auf den logischen Detailentwurf entstehen und außerdem eine gewisse Leistungssteigerung und Einsatzflexibilität erreicht werden, denn das Ersatzsystem kann selbständig verwendet werden, solange es nicht für die Hauptfunktion benötigt wird.

Als Voraussetzung einer solchen Lösung werden eine vollständige und schnelle Fehlererkennung sowie ein schneller Mechanismus zum Umschalten auf das Ersatzsystem benötigt. Nach dem Diagnosemodell von Abschn. 6.3.1. besteht der Haupteffekt in einer kurzen Ausfallzeit t_A, die sich auf die Umschaltzeit auf das Ersatzsystem reduziert.

Der Hauptnachteil der Redundanz auf Systemniveau ist darin zu sehen, daß das Gesamtsystem bereits als ausgefallen zu betrachten ist, wenn in jedem Teilsystem wenigstens ein Element ausgefallen ist. (Dann kann zwar das zweite System als Ersatzteillieferant dienen, eine längere Ausfallzeit mit Fehlersuche und Bauelementeaustausch ist jedoch unvermeidlich.)

In diesem Sinn günstiger ist deshalb die Verdopplung auf Baugruppenniveau. Bild 6.23 zeigt im Vergleich die Z-Netze der beiden genannten Lösungen. Man erkennt leicht, daß im Fall der Baugruppenduplizierung das System im allgemeinen länger arbeitsfähig ist.

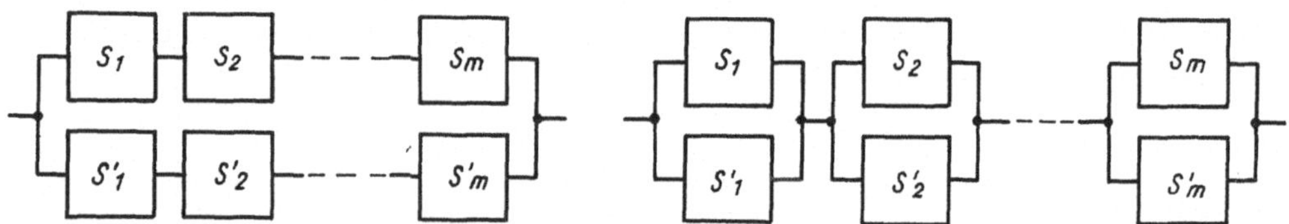

Bild 6.23
Zuverlässigkeitsnetze für Systemverdopplung auf System- bzw. Baugruppenniveau

Eine Lösung, bei der das Problem der Fehlererkennung zusammen mit der Fehlertoleranz gelöst wird, ist die schon im Abschn. 6.2.5.3. diskutierte Dreifachmodularredundanz (TMR). Bei Ausfall eines Moduls sinkt jedoch die Zuverlässigkeit des Restes unter die einer Einzelbaugruppe. Deshalb müssen entweder nach dem ersten Ausfall die beiden parallel arbeitenden Module getrennt werden, oder der ausgefallene Modul muß sehr schnell wieder funktionsfähig sein.

Das Trennen der Module hat allerdings den Verlust der Fehlererkennungseigenschaft zur Folge, so daß danach Ausfälle überhaupt nicht mehr bemerkt werden. Im Sinn der hohen Zuverlässigkeitsforderungen, die durch diese Lösung befriedigt werden sollen, ist daher eine schnelle Reparatur bzw. Austausch des ausgefallenen Moduls konsequenter. Letzteres führt zur Vierfachredundanz (TMR plus Ersatzmodul) (siehe [184]).

Eine etwas schwächere Form der Fehlertoleranz ist die Firmware- bzw. Softwareredundanz, bei der die Funktion eines ausgefallenen Moduls durch einen oder mehrere funktionsfähige Module zusätzlich übernommen wird. Auch hierbei kann das Gesamtsystem seine Arbeit ohne Fehler fortsetzen und ist in diesem Sinn zuverlässiger als ohne Redundanz; wenn der ausgefallene Block nicht überflüssig oder überdimensioniert war, so tritt hierbei aber ein spürbarer Leistungsverlust auf, der über kurz oder lang einen Eingriff erfordert. Man verwendet deshalb diese Redundanzform hauptsächlich dazu, bei einem

Defekt die Systemarbeit nicht zusammenbrechen zu lassen, sondern die Ausfallzeit aus einer kritischen Phase auf einen späteren geeigneteren Zeitraum zu verschieben.

Firmware- bzw. Softwareredundanz setzt voraus, daß es im Systemverband einen Block gibt, der hinreichend universelle Grundfunktionen besitzt (z.B. elementare logische oder arithmetische Operationen), die durch entsprechende Algorithmen so kombiniert werden können, daß die Funktion des ausgefallenen Blocks ersetzt werden kann. Diese Algorithmen müssen in Form von Mikroprogrammen bzw. Programmen verfügbar, d.h. aufrufbereit gespeichert sein. Weiterhin muß der ersetzende Block zu den gleichen Blöcken verbunden sein wie der ersetzte Block.

Wenn in einem Block Fehler dominieren, die sich vor allem in ihrer Wirkung relativ exakt charakterisieren lassen, so ist es oft nicht notwendig, den Block insgesamt als ausgefallen zu betrachten und zu umgehen, sondern es genügen dann differenzierte Maßnahmen zur Kompensation solcher spezieller Fehler. Dies trifft z.B. für korrigierbare und aussetzende Fehler zu.

Bei korrigierbaren Fehlern werden die Ergebnisse unabhängig von der eigentlichen Fehlerursache nur in einem beschränkten Maß verfälscht, so daß sich die richtigen Ergebnisse stets aus den falschen Werten regenerieren lassen. Die Grundlage bildet dazu eine redundante Codeerweiterung (Hardwareredundanz in Form von Informationsredundanz), bei der die typischen Fehlerursachen Fehlerbilder erzeugen, die immer noch eindeutig interpretierbar sind.

Bild 6.24 zeigt das Prinzip dieser Lösung: Die funktionell notwendigen Bits werden nach den Regeln eines Korrekturcodes (vgl. [148] [186]) um Kontrollbits erweitert, die im System durch einen - an sich redundanten - speziellen Teil S_R verarbeitet werden. Der Ergebnisvektor wird einschließlich Kontrollbits einer Korrekturschaltung zugeführt, die im Fall korrigierbarer Fehler eine Rücktransformation auf das richtige Ergebnis durchführt. Praktisch sehr verbreitet ist die Fehlerkorrektur speziell von Einbit-Fehlern an Speichern und bei der Datenübertragung.

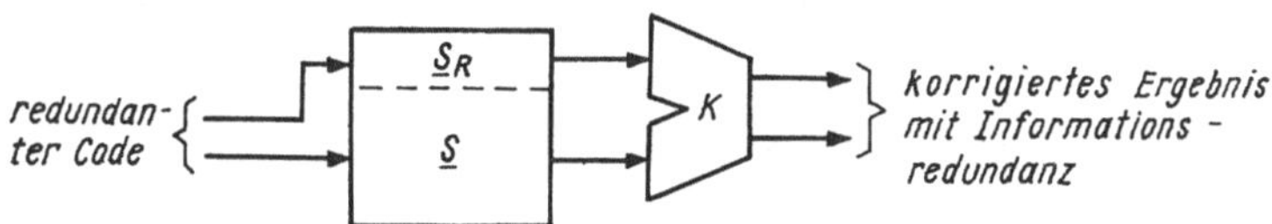

Bild 6.24
Zuverlässigkeitsverbesserung durch Informationsredundanz

Fehlerkorrektur bedeutet wie fast alle anderen Redundanzformen auch sowohl Hardware- als auch Zeitredundanz, da die Kontrollbits zusätzlichen Schaltungsaufwand benötigen und die ständig zu durchlaufende Korrekturschaltung die Schaltzeit des Systems verlängert. Im Vergleich zu anderen Lösungen kann hierbei aber unter Ausnutzung der Besonderheiten spezieller Fehler der zusätzliche Schaltungs- und Zeitaufwand geringer gehalten werden.

Bei aussetzenden Fehlern ist es nicht nur beinahe unmöglich, sondern tatsächlich nicht nötig, den aufgetretenen Fehler nachträglich zu finden und zu beseitigen. Da der soeben noch fehlerhafte Block kurz darauf wieder normal arbeiten kann, ist es sogar möglich, ihn selbst für die Korrektur des Fehlers einzusetzen. Dies erspart bis auf gewisse organisatorische Voraussetzungen größeren Hardwarezusatzaufwand und gestattet die Fehlerkompensation im wesentlichen nur mit Zeitredundanz.

Bild 6.25 zeigt die prinzipielle Organisation dieser Lösung: Vor Beginn eines Arbeitsabschnitts erfolgt das Retten der für eine eventuelle Wiederholung erforderlichen Ursprungsinformationen. Dann läuft der betreffende Arbeitsabschnitt ab, an dessen Ende eine Überprüfung entweder des Systems oder der Ergebnisse erfolgt. Meist werden dazu Fehlererkennungsschaltungen auf der Basis redundanter Codes verwendet. Bei Fehlerfreiheit werden die Ausgangsinformationen des folgenden Arbeitsabschnitts wieder gerettet und die Arbeit fortgesetzt; wenn Fehler festgestellt werden, wird - abhängig von einem Fehlerzähler - die Rückkehr zu den Ursprungsdaten organisiert. Wenn der Fehlerzähler einen vorgegebenen Wert überschreitet (sehr oft acht). wird keine nochmalige Wiederholung versucht, sondern ein permanenter Ausfall gemeldet.

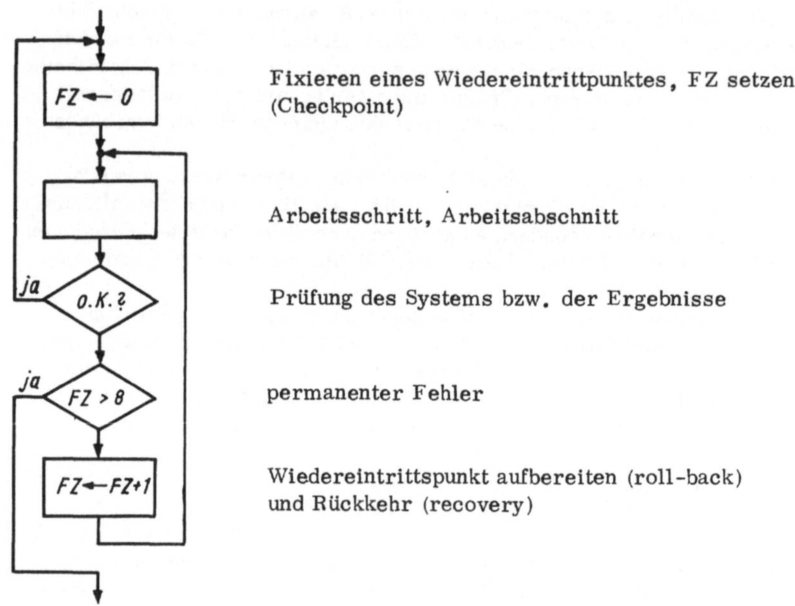

Bild 6.25. Behandlung aussetzender Fehler durch Ablaufwiederholung

6.3.4. Verbesserung von Prüfbarkeit und Lokalisierbarkeit

In digitalen Systemen richten sich derartige Maßnahmen hauptsächlich auf die Erhöhung der Prüfschärfe, die Verkürzung der Prüfdauer, Reduktion des Datenumfangs, Vereinfachung der Testdatenerstellung und die Verfeinerung der Aussagen über die Fehlerursachen. Diese Zielstellungen lassen sich auf einheitlicher Grundlage verwirklichen, indem die zentralen Eigenschaften der Prüfung, Steuerbarkeit und Beobachtbarkeit differenziert verbessert werden. Verbesserung der Steuerbarkeit bedeutet vereinfachtes Erzeugen aller für die Prüfung notwendigen Situationen im System, Verbesserung der Beobachtbarkeit heißt leichte Beurteilung der Reaktion des Systems.

Prüfschärfe

Für die Erhöhung der Prüfschärfe ist es erforderlich, daß alle Situationen, die für die praktische Nutzung relevant sind und durch Fehler beeinträchtigt werden können, mit einer einzigen, zusammenhängenden Folge von Eingabebelegungen herstellbar sein müssen. Für die Steuerbarkeit des Systems bedeutet das, daß vor allem die entsprechenden Zustände einstellbar sein müssen.

Kombinatorische Systeme sind in diesem Sinn vollständig steuerbar, da sie - im automatentheoretischen Sinn - nur einen inneren Zustand haben und die Menge der interessanten Situationen allein durch entsprechende Eingangsbelegungen gebildet wird.

Für sequentielle Systeme entsteht die Forderung, daß faktisch jeder Zustand durch eine Setzfolge herstellbar sein muß, wobei diese Setzfolgen so beschaffen sein müssen, daß sie jeweils auf der in der Prüfung vorangehenden Situation aufbauen. Als automatentheoretische Bedingung war dafür im Abschn. 6.2.3.3.2. genannt worden, daß der Automatengraph von den Anfangszuständen aus einfach zusammenhängend ist und daß jeder Zustand durch eine rückkehrende Folge identifizierbar ist. (Vgl. auch [46] .)

Sofern der Originalentwurf diesen Forderungen nicht bereits genügte, werden sie durch zusätzliche Zustandsübergänge, d.h. durch spezielle Zweige im Zustandsgraphen, die über die für die Normalfunktion notwendigen hinausgehen, erfüllt. Dies ist in zweierlei Weise möglich:

- Der Originalentwurf geht aus einem partiell definierten Automaten hervor, d.h., die benötigte Systemfunktion ist nicht in allen Situationen festgelegt. Es gibt also bestimmte Zustände und Eingabebelegungen, bei denen Ausgabebelegung und vor allem Folgezustand nicht definiert sind. Solche Situationen sind frei wählbar und können als Zweige so genutzt werden, daß die oben genannten Zusammenhangsbedingungen erfüllt werden.
- Die vorgegebene Systemfunktion ist vollständig definiert, alle Situationen werden funktionell genutzt. Dann müssen die zusätzlich notwendigen Zweige im Zustandsgraphen durch Erweitern des Eingabealphabets, konkret durch zusätzliche Eingangssignale eingeführt werden.

Die diesbezügliche Beurteilung und Modifikation eines Systems mit Hilfe des Zustandsgraphen ist nur bei kleinen Systemen praktisch möglich, für komplexe digitale Systeme ist der Zustandsgraph wegen seines Umfangs und seiner Unübersichtlichkeit ungeeignet. Diese werden am günstigsten auf der Basis einer Register-Transfer-Darstellung untersucht.

Man ersetzt dabei die Forderung nach einfachem oder starkem Zusammenhang des Zustandsgraphen durch die schärfere Forderung des strukturellen Zusammenhangs. Das bedeutet, daß für jedes Register und jedes Flipflop ein Datenweg nachweisbar sein muß, über den das Register oder Flipflop von außen beliebig gesetzt werden kann. Ergibt diese strukturelle Analyse, daß alle oder einige Register nicht definiert eingestellt werden können, so muß durch möglichst wenige, geschickt festgelegte zusätzliche Datenwege der notwendige strukturelle Zusammenhang hergestellt werden.

Als Beispiel sei Bild 5.33 betrachtet. Das Herstellen einer beliebigen Situation bedeutet, daß in jedes Register der Datenstruktur entsprechende Binärvektoren eingetragen werden müssen. Dabei genügt es meist, daß ein Register beliebig gesetzt werden kann, dessen Inhalt dann in einer Folge von Übertragungsschritten in alle anderen Register transportiert wird.

Die Analyse der Struktur zeigt, daß im Prinzip zwar von jedem Register zu jedem anderen ein - nicht unbedingt direkter - Transport möglich ist, nicht aber die beliebige Einstellung mindestens eines Registers. Es muß deshalb vom Systemrand aus ein zusätzlicher Datenweg in ein geeignetes Register festgelegt werden. Als Zielregister ist besonders B geeignet, weil von B aus alle anderen Register direkt erreichbar sind. Wenn dagegen A als Zielregister des zusätzlichen Weges vorgesehen würde, wäre B nur über den Speicher ladbar, wozu vorher immer erst das Adreßregister geladen werden müßte.

Vom Steuerwerk SW muß gefordert werden, daß es die für diese Datentransporte notwendigen Steuerfolgen erzeugen kann. Dies ist für komplexe Systeme besonders dann einfach möglich, wenn SW eine Mikroprogrammsteuerung ist. Die für die Systemprüfung notwendigen Setzfolgen (und auch das eigentliche Testen und Beobachten) sind dann einfach spezielle Mikroprogramme (Testmikroprogramme), die für die jeweilige Datenstruktur geschrieben und den Funktionsmikroprogrammen hinzugefügt werden. Zum Prüfzeitpunkt werden diese Mikroprogramme wie die anderen Funktionen gestartet („aufgerufen") und realisieren zusammen mit den außen angelegten Daten die Prüffolge (siehe z.B. [187] [188]).

Daß die Forderung nach strukturellem Zusammenhang strenger als unbedingt notwendig ist, erkennt man am Beispiel eines Zählers. Wenn dieser als Ringzähler (modulo 2^n) arbeitet, so ist sein Zustandsgraph stark-zusammenhängend. Für die vollständige Steuerbarkeit würde deshalb durchaus ein einziges Rücksetzsignal zur Einstellung eines Grundzustands genügen, ein n-stelliger Datenweg in das Zählregister wäre theoretisch nicht erforderlich.

Für komplexe Systeme ist jedoch die Orientierung auf strukturellen Zusammenhang aus mehreren Gründen vorteilhafter: Zunächst ist die Beurteilung eines großen und komplizierten Systems einfacher, wenn die Struktur untersucht werden kann; die diesbezügliche Analyse einer komplexen Systemfunktion ist schwieriger. Auch die notwendigen Modifikationen lassen sich besser in bezug auf die strukturelle Lösung ableiten und konkretisieren. Weiterhin werden die Prüffolgen bei Vorhandensein von breiteren Datenwegen kürzer, außerdem wird meist dadurch auch die Beobachtbarkeit verbessert. Ein weiterer Vorteil zusätzlicher Datenwege besteht schließlich auch darin, daß diese - zunächst zur Verbesserung der Prüfung gedachten - Veränderungen des Systems auch für die Normalfunktion genutzt werden und zu größerer funktioneller oder zeitlicher Leistungsfähigkeit führen. Dadurch tritt der für Diagnose eingeführte Zusatzaufwand nicht als expliziter Mehraufwand in Erscheinung (implizite, „verwobene" Redundanz).

Prüfdauer

Die Verbesserung der Prüfschärfe verlängert natürlich die Prüffolge, weil der Test einer zusätzlichen Situation mindestens eine Belegung, meist aber eine ganze Folge benötigt. Die Vervollständigung der Prüfung muß deshalb stets von Maßnahmen zur Senkung der Prüfzeit begleitet sein. Nach Gl. (172) kann dies durch Reduktion der Anzahl der Testvektoren oder durch Verkürzung der Zeit für einen Prüfschritt erreicht werden.

Naheliegend sind für die Reduktion der Anzahl der Eingabebelegungen bei gleichbleibender Prüfschärfe zwei Maßnahmen: Parallelisierung der Prüfung (vgl. Gl. (170)) und Verkürzung der Teilfolgen zur Prüfung einer Situation durch verbesserte Steuerbarkeit und Beobachtbarkeit.

Beide Ziele werden im wesentlichen mit Hilfe zusätzlicher Anschlüsse und zusätzlicher Steuerschaltungen realisiert. So werden beispielsweise zwecks Parallelisierung der Prüfung Ein- und Ausgangssignale von Blöcken zusätzlich zum Systemrand geführt (vgl. Bild 6.26, das Signal S_T steuert zwischen Normalbetrieb und Testbetrieb um). Die Verbesserung der Steuerbarkeit wird hauptsächlich durch vereinfachtes Setzen interner Zustände erreicht (zusätzliche Rücksetzsignale bzw. Datenwege in Register). Die Beobachtbarkeit wird durch direktes Herausführen von Flipflop-Zuständen bzw. zusätzliche Verbindungen zur Verkürzung des Datenweges zum Systemrand verbessert.

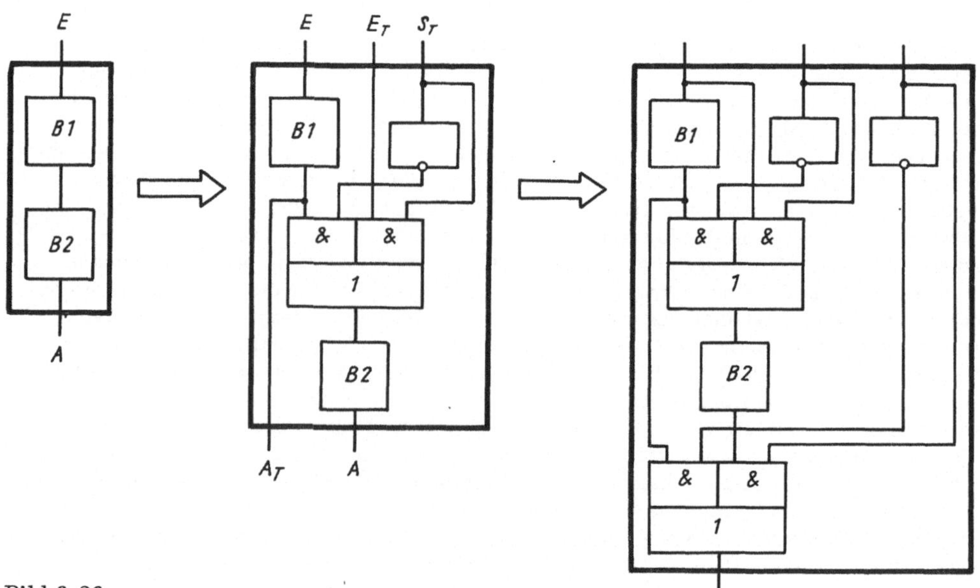

Bild 6.26
Systemmodifikation zur Verbesserung der Prüfbarkeit (Prinzip)

Eine weitere Möglichkeit zur Reduktion der Prüfschrittanzahl ist die Fehlerklassenbildung. Am Bild 6.12 stellt man beispielsweise fest, daß der SA0-Fehler an C das gleiche Fehlerbild erzeugt wie der SA1-Fehler von f. Ähnlich liegen die Verhältnisse in jeder anderen Blockkette (vgl. etwa Bild 5.31): Zu jedem Fehler in einer vorderen Stufe gibt es einen Fehler in nachgeschalteten Stufen, der das gleiche beobachtbare Fehlerbild erzeugt.

Es braucht deshalb nicht für jede Situation eines Systems ein Test aufgestellt zu werden, sondern es genügt jeweils nur einer für alle Situationen einer Fehlerklsse. Dazu muß für die Fehlermenge eines Systems eine Klasseneinteilung festgelegt werden (es gibt mehrere mögliche), dann muß ein geeigneter Repräsentant jeder Fehlerklasse bestimmt werden, für die schließlich Tests zu generieren sind.

Für komplexe Systeme ist die explizite Fehlerklassenbildung wegen des Umfangs der Fehlermenge und der Variationsmöglichkeiten nicht praktikabel. Hier kann das Prinzip in folgender Weise verwirklicht werden: Man bestimmt eine Menge von Datenpfaden durch das System, die insgesamt alle Verbindungen der Register-Transfer-Struktur überdecken. Diese sollten möglichst lang sein, damit soviel wie möglich Fehler von einem Test erfaßt werden. Die ausgewählten Datenpfade werden mit einer gewissen Menge von Binärvektoren durchlaufen, die bei dem vermutlichen Fehlermodell als Testvektor geeignet sind. Am Ende des Datenpfades wird kontrolliert, ob das richtige Endergebnis angekommen ist.

Als Beispiel sei die Struktur von Bild 5.33 betrachtet. Ein im eben erläuterten Sinn langer Datenpfad ist hier z.B. B → B+0 → A → A+0 → AR → AR+1 → AR → SPEICHER-Platzadressierung. (Als Voraussetzung ist dazu das Einspeisen von Daten in B zu verlangen, was bereits weiter vorn als günstig erachtet wurde.)

Der Abschlußtest auf das richtige Durchlaufen dieses Datenpfades besteht in diesem Beispiel darin zu überprüfen, ob der richtige Speicherplatz adressiert wird. Dies kann günstig in der Weise geschehen, daß in den adressierten Speicherplatz die Summe aus A und B eingeschrieben wird. Wenn beispielsweise in B der Binärvektor (0,0,...,0,0,1,0) eingespeist wird, so muß am Ende auf dem Speicherplatz 00...0011 der Ergebnisvektor (0,0,...,0,1,0,0) stehen.

In gewissem Sinn ist diese Methode als Pfadsensibilisierung auf höherem Niveau anzusehen. Die elementaren Objekte dieser Betrachtungsweise sind nicht Flipflops und Gatter, sondern Register und Netzwerke. Die so erzeugten Tests sind sehr leistungsfähig, benötigen wenige zusätzliche Anschlüsse bzw. Datenwege und lassen sich leicht nachbessern.

Als Nachteil ist zu erwähnen, daß wegen der Kompliziertheit der Netzwerkfunktionen und der Datenwege in realen Systemen und des Mangels an hinreichend exakten Beschreibungsmitteln auf dieser Ebene bisher kaum eine maschinelle Bearbeitung dieses Problems möglich war. (Eine Ausnahme ist z.B. [187].) Praktisch wurden solche Tests fast ausschließlich manuell in Form von Testmikroprogrammen aufgestellt (Testfirmware).

Die zweite prinzipielle Möglichkeit zur Reduktion der Prüfdauer ist die Verkürzung der Zeit t_{PS} für einen Ablaufschritt in der Prüffolge. Das bedeutet, die Testvektoren möglichst schnell hintereinander an das System anzulegen, wobei die Maximalfrequenz durch die Arbeitsfrequenz des Prüflings bestimmt ist.

Bei der Prüfung komplexer digitaler Systeme ist es dabei oft so, daß deren Arbeitsgeschwindigkeit und der in ihnen anfallende Informationsumfang die Leistungsfähigkeit üblicher Tester übersteigen. Für sie werden deshalb mitunter spezielle Testgeräte entworfen, die auf die speziellen Bedingungen des Prüflings (Interface, Arbeitsgeschwindigkeit, Testdatenumfang u.ä.) zugeschnitten sind.

Noch günstiger ist es jedoch, den Tester gewissermaßen zu integrieren, indem Testdatenbereitstellung und Testauswertung von einem speziellen Unterblock (Diagnosemodul, Serviceprozessor) innerhalb des Systems übernommen werden. In modernen Systemen, die auf mikroelektronischer Technologie basieren, über Mikroprogrammsteuerung und Bildschirmanzeige verfügen, lassen sich damit sehr hochentwickelte Selbsttest- und Selbstdiagnosefähigkeiten realisieren.

Datenreduktion

Für komplexe Systeme stellen Test- und Ergebnisvektoren umfangreiche Datenmengen dar, die so gering wie nur möglich gehalten werden müssen. Als erstes sollten selbstverständlich die Prüffolgen selbst möglichst kurz sein, was sich sowohl auf Speicherung als auch Prüfdauer und Testgenerierung positiv auswirkt. Diesem Ziel dient z.B. die Methode der Fehlerklassenbildung.

Darüber hinaus ist es aber wünschenswert, die unbedingt notwendigen Daten weiter zu verdichten. Dafür werden verschiedene Datenkompressionstechniken eingesetzt (vgl. Abschnitt 6.2.3.3.3. und [189]), die extern oder intern, hardware- oder softwareunterstützt dem eigentlichen Testverfahren hinzugefügt werden. Besondere Bedeutung haben praktisch die rückgekoppelten Schieberegister gewonnen (Signaturanalyse), die als externe oder interne Datenkompressoren das Testergebnis weitgehend ohne praktischen Informationsverlust auf wenige Binärstellen verdichten (vgl. z.B. [177] [178] [190]).

Vereinfachung der Testdatengenerierung

Um zielgerichtet Schaltungsmodifikationen zur vereinfachten Testdatengenerierung vornehmen zu können, muß der konkrete Testdatengenerierungsalgorithmus hinreichend detailliert ausgearbeitet sein, der für eine bestimmte Schaltungsklasse angewendet werden soll. Aus der Kenntnis des prinzipiellen Verfahrens und der Implementierungsbesonderheiten lassen sich dann Schaltungseigenschaften ableiten, die sich als ungünstig erweisen und zu praktischen Schwierigkeiten bei der Anwendung des Verfahrens führen. Solche Schwierigkeiten können beispielsweise sein: zu große Laufzeit des Verfahrens bei bestimmten Schaltungen, Unvollständigkeit der Tests, zu lange Tests, Abbruch des Verfahrens o.ä.

Aus diesen Erkenntnissen lassen sich Vorschriften gewinnen, die beim Entwurf oder der nachträglichen Modifikation der Schaltungen zu beachten sind, wenn im Sinn des Generierungsverfahrens günstige Schaltungen entstehen sollen. Konkrete Maßnahmen dazu sind natürlich nur auf der Basis eines vorgegebenen Generierungsverfahrens festzulegen. Aus erfahrungsgemäß häufig auftretenden Schwierigkeiten können jedoch allgemein folgende Empfehlungen gegeben werden (die sich global wieder als Verbesserung der Steuerbarkeit und Beobachtbarkeit betrachten lassen):

- Bevorzugte Verwendung baumartiger Strukturen, d.h. Vermeiden rekonvergenter (vermaschter) Signal- bzw. Datenwege, damit funktionelle Abhängigkeiten zwischen Variablen nicht über mehrere Datenwege zu widersprüchlichen Forderungen bei der Testgenerierung führen. Wenn vermaschte Strukturen nicht sinnvoll zu vermeiden sind (was aus Aufwandsgründen sehr häufig der Fall ist), so sollten vermaschte Strukturen für Testzwecke durch zusätzliche Steuersignale entkoppelt werden können.
- Bevorzugte Verwendung von Blockketten, d.h. Vermeiden oder steuerbares Auftrennen von Rückführungsschleifen in einer Struktur. Rückführungsschleifen bedeuten selbstmodifizierende Abhängigkeit von Zustandsvariablen, die das Setzen von Zuständen erschwert.
- Gesteuerte Taktierung von Speichervariablen, um einen determinierten Ablauf während der Prüfung zu gewährleisten. Dies ist günstig bzw. notwendig zur Synchronisation der Prüfung mit dem Prüfgerät, für das bessere Verfolgen der Zustandsübergänge und bei der Fehlerlokalisierung.
- Vereinfachen des Setzens und Beobachtens beliebiger Zustände, um lange, komplizierte Setz- bzw. Identifizierungsfolgen zu vermeiden. Dies wird durch direkte Setz- oder Anzeigesignale bzw. zusätzliche direkte Datenwege erreicht. Bei hochintegrierten Schaltkreisen und Baugruppen, die nur über eine im Verhältnis zum logischen Inhalt geringe Anzahl von Anschlüssen verfügen, ist die Methode des LSSD (level sensitive scan design) verbreitet. (Vgl. z.B. [64] [191] .) Hierbei werden alle Flipflops eines Komplexes neben ihrer Verknüpfung im Rahmen der Normalfunktion zu einer Schieberegisterkette verschaltet. Dadurch wird mit vier zusätzlichen Eingängen, je einem Schiebeeingang und -ausgang sowie zwei Takteingängen für das Schieben nach dem Master-Slave-Prinzip, ein einfaches und vollständiges Setzen und Beobachten der Zustände möglich.

Faktisch wird damit eine beliebige sequentielle Schaltung in eine Flipflop-Kette und eine daran angeschlossene kombinatorische Schaltung zerlegt. Das vereinfacht die Testgenerierung entscheidend, weil sie auf die wesentlich einfacher zu behandelnden kombinatorischen Schaltungen beschränkt ist.
Dem Vorteil der einfacheren Testgenerierung steht als Nachteil für die praktische Prüfung gegenüber der zeitlich aufwendige Schiebeprozeß, der faktisch statische Testbetrieb, und ein im allgemeinen größerer Umfang der Test- und Ergebnisdaten, weil die Testvektoren aus dem Schaltungsdetail heraus entwickelt werden und keine Fehlerklassenbildung über mehrere Verarbeitungsschritte hinweg erfolgt.

- Standardisierung der technischen Lösung zur Vereinfachung des praktischen Prüfprozesses. Dazu gehört z.B., daß Takt-, Rücksetz-, Steuer-, Anzeige- bzw. Schiebesignale stets über die gleichen Anschlüsse geführt werden, daß einheitliche bzw. ähnliche Taktsysteme verwendet werden, daß Kontakte, Stecker, Adapter usw. standardisiert sind u.ä.

Verbesserung der Fehlerlokalisierung

Grundsätzlich müssen für die Fehlerlokalisierung weitere Informationen über das System beschafft werden, weil gerade eine gute Prüfung, die sich durch kurze Prüffolgen, geringen Datenumfang und trotzdem hoher Prüfschärfe auszeichnet, kaum Schlußfolgerungen auf die Fehlersuche gestattet.

Durch die zusätzlich zu beschaffenden Informationen sollen die in einer Äquivalenzklasse befindlichen, d.h. durch das gleiche Fehlerbild charakterisierten Fehler voneinander unterschieden werden. Wie auch schon im Abschn. 6.2.4. dargestellt wurde, kommen dafür zwei Möglichkeiten in Betracht: Verlängerung des Testablaufs um weitere Belegungen zur Unterscheidung der Fehlerursachen und Erweiterung und Verfeinerung des Fehlerbildes durch Anzeige zusätzlicher Signale.

Für komplexe Systeme scheidet die Verlängerung der Testfolge um Unterscheidungsfolgen für die Fehlerlokalisierung faktisch aus. Einerseits ist das Aufstellen solcher Folgen ein schwieriges Problem, welches die Testgenerierung weiter verkompliziert. Andererseits wird dadurch der Testdatenumfang vergrößert, und die Anforderungen an die Steuerung der Testabarbeitung und -auswertung steigen. Außerdem gelingt die Fehlerlokalisierung in diesem Fall nur, solange die Gültigkeit des Fehlermodells gewährleistet ist, wobei sich eine prinzipielle strukturelle Schranke sowieso nicht überwinden läßt (alle Fehler in den Abschnitten einer Blockkette fallen in eine Äquivalenzklasse, die sich grundsätzlich durch Experimente nicht weiter auflösen läßt).

In komplexen Systemen wird deshalb zur Verbesserung der Fehlerlokalisierung meist die Methode zusätzlicher Ausgänge (Testpunkte) gewählt. Das heißt, je nach geforderter Lokalisierungsgenauigkeit werden in der Schaltung weitere Zwischenvariable bestimmt, deren Kenntnis für die Unterscheidung der Fehlerursachen wesentlich sind und die als zusätzliche Verbindung zum Systemrand herausgeführt werden bzw. deren Wert mit Hilfe geeigneter Meßmittel im Fall der Fehlersuche beschafft wird.

Als Kriterium zur Auswahl von Testpunkten sollte eine möglichst quantitative, exakte Beziehung dienen, aus der sich jeweils die optimale Stelle mit maximalem Gewinn an Fehlerauflösung ableiten läßt. Dies kann z.B. Gl. (134) sein, vgl. dazu auch [46] [193]

Der praktische Strukturentwurf muß Schaltungen auf technologische Baugruppen aufteilen, wobei sehr oft die Anschlußzahl eine kritische Grenze ist. Zusätzliche Testpunkte lassen sich deshalb kaum im gewünschten Umfang herausführen. Die ausgewählten Testpunkte werden deshalb oft innerhalb der Komplexe in Sammelschaltungen zusammengefaßt und seriell nach außen weitergeleitet.

Eine solche Sammelschaltung kann beispielsweise ein Multiplexer sein, bei dem die Eingangssignale nacheinander durch einen Zähler ausgewählt werden (Bild 6.27a), oder ein Schieberegister, welches die Testpunktsignale aufnimmt und als seriellen Schiebeprozeß nach außen transportiert (Bild 6.27b). Auch die LSSD-Methode ist geeignet, zur Fehlerlokalisierung nützliche Zwischeninformationen bereitzustellen.

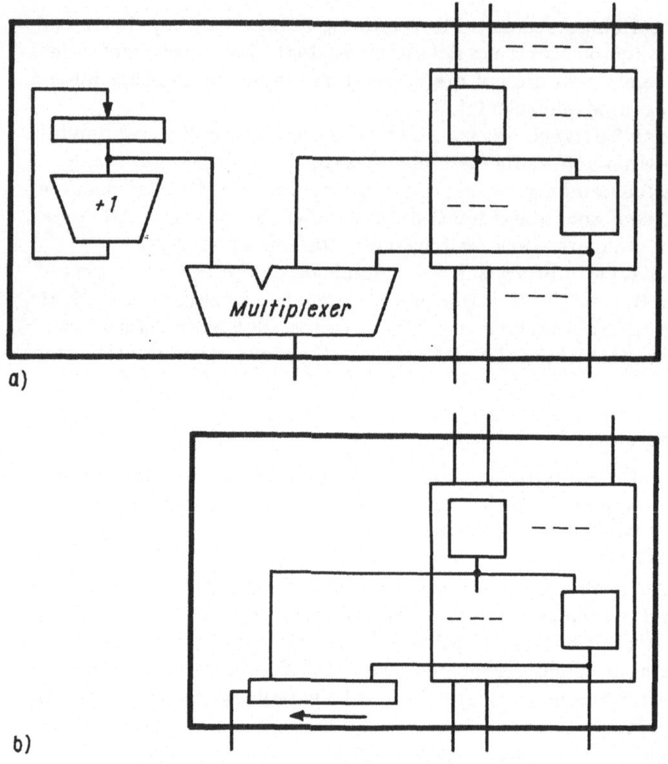

Bild 6.27
Serialisierung von Lokalisierungsinformationen (Testpunkten)

Die Gesamtheit aller funktionellen und strukturellen Modifikationen zur Verbesserung der Prüf- und Lokalisierbarkeit (prüfgünstiger Entwurf, BIT-Technik, d.h. Built-in-test-Technik) ist sehr vielfältig und wird insbesondere durch die Schaltungsintegration begünstigt (Einsatz von ROMs, RAMs, Schieberegister usw.). Weitere Details und spezielle Lösungen finden sich u.a. in [193] ... [198] .

7. Entwurf eines Beispielsystems

7.1. Vorbemerkung

In den folgenden Abschnitten soll versucht werden, die wichtigsten Überlegungen beim Entwurf eines etwas komplizierteren digitalen Systems noch einmal am Beispiel einer zu Demonstrationszwecken definierten Entwicklungsaufgabe zu verdeutlichen. Dabei ist natürlich zu berücksichtigen, daß im hier möglichen Umfang kein vollständiger, in allen Details ausgearbeiteter Entwurf vorgeführt werden kann. Das wichtigste Ziel ist es zu zeigen, wie aus anfangs nur skizzenhaften Vorstellungen durch zunehmende Spezifizierung schrittweise Funktion und Struktur konkretisiert werden und welche Überlegungen dazu erforderlich sind.

Das benutzte Beispiel muß zum einen eine gewisse Komplexität aufweisen, um die wichtigsten praktischen Probleme überhaupt darstellen zu können, zum anderen können die gewählten Lösungen natürlich nur einfach sein, um im gegebenen Rahmen einigermaßen verständlich und abgeschlossen zu bleiben.

Folglich wird der Fachmann vieles als ungeschickt, nicht optimal oder gar unpraktikabel empfinden. Ein Ziel dieses Buches wäre aber gerade dann erreicht, wenn jeder Leser solche Stellen erkennen und eigene Ideen und Lösungsvorschläge dazu entwickeln kann.

Bewußt wurde das Beispiel nicht an bekannte Systeme und übliche Lösungen angelehnt, um zu zeigen, wie sich ein Entwurf allein aus den objektiven Bedingungen der aktuellen Aufgabe entwickeln läßt.

Schließlich muß betont werden, daß in der Praxis viele Probleme doch wesentlich schwieriger sind und erst nach einigen Iterationen zu vernünftigen Lösungen geführt werden können. Vieles kann deshalb nur angedeutet oder ohne ausführliche Erläuterung genannt werden.

7.2. Systemstudie

Es sei ein Kleincomputer zu entwerfen, dessen Größe, Kosten und funktionelle Eigenschaften so gewählt sind, daß er für kleine Betriebe, Handwerker und Privatpersonen interessant ist. Er ist als Auftischgerät gedacht, und soll einen gewöhnlichen Fernseher als wesentliches Anzeige- und - zusammen mit einer Tastatur - Bedienmittel benutzen sowie mit Kassettenbandspeichern, Druckwerk und eventuell weiteren Geräten ergänzungsfähig sein.

Er sei frei programmierbar und verfüge über arithmetische, logische und für Textverarbeitung geeignete Grundfunktionen. Seine Rechengeschwindigkeit sei so, daß er für kleinere Abrechnungsaufgaben, Bildschirmspiele u. ä. geeignet ist. Der geschätzte Bedarf erfordere eine Produktionsstückzahl von etwa 1000 je Jahr.

Die prinzipielle Vorstellung zeige Bild 7.1.

Bild 7,1
Prinzipvorstellung des Beispielsystems

7.3. Konzeption und Planung

Das Ziel der Konzeptions- und Planungsphase besteht darin, die wesentlichen Eigenschaften des Systems soweit zu konkretisieren, daß daraus überschlägliche Schätzungen der wichtigsten Kenndaten des Systems und des Entwicklungsablaufs abgeleitet werden können. Kernstück dieser Überlegungen ist eine Funktions- und Strukturskizze.

Die bereits in der Systemstudie skizzierte äußere Erscheinungsform des geplanten Systems macht von vornherein folgende grobe Strukturierung sinnvoll (Bild 7.2): Im Zentrum steht der Rechnerkern RK, der die eigentliche informationsverarbeitende Funktion ausführt. Dieser wird von den drei Teilen Bedientastatur BT, Peripheriesteuerung PST und Videoteil VT umgeben. Als Kriterium dieser ersten groben Unterscheidung einzelner Module dienen die teilweise wesentlich verschiedenen Funktionen und Realisierungsbesonderheiten (im Rechnerkern diskrete Verarbeitung auf homogener technologischer Basis, Peripheriesteuerung und Tastatur diskrete und analoge Verarbeitung sowie mechanische Technik, im Videoteil Analogtechnik).

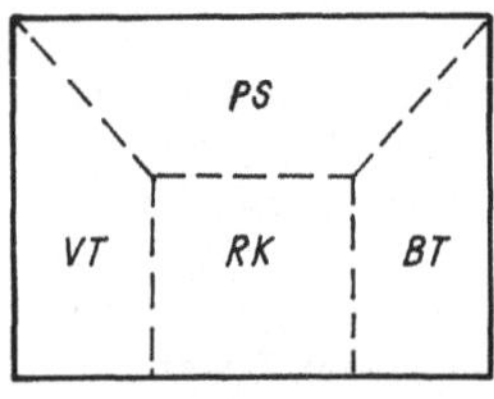

Bild 7.2
Erste grobe Unterteilung in Funktionsblöcke

Die folgenden Ausführungen beschäftigen sich nur noch mit dem Rechnerkern. Die anderen Komplexe werden auf der Basis der Kenntnis ihrer Globalfunktion durch ihre Interfaces zu RK berücksichtigt. Entwicklungsmethodisch gestattet dies nach der Konzeption die parallele Bearbeitung der vier Komplexe in verschiedenen Entwicklungskollektiven.

Überlegungen zur Funktionsskizze müssen - wie alle Betrachtungen entsprechend dem HIPO-Konzept - mit einer genaueren Datenspezifikation beginnen. Da der Bildschirm das wichtigste Darstellungs- und Kommunikationsmittel sein soll, muß er der Ausgangspunkt der weiteren Überlegungen sein.

Grundsätzlich sollen auf dem Bildschirm Zahlen, Buchstaben und andere Zeichen (für Abrechnungs- und Textverarbeitungsaufgaben) sowie Bildpunktmuster für diverse andere Anwendungen (Fernsehspiele, Bildverarbeitung o.ä.) darstellbar sein. Da Zeichen üblicherweise durch eine Bildpunktmatrix realisiert werden, kommt es auf eine Zeilen- und Spaltenaufteilung an, die beiden Formen gerecht wird und zudem noch mit der Zeilenstruktur der Fernsehbilderzeugung harmoniert.

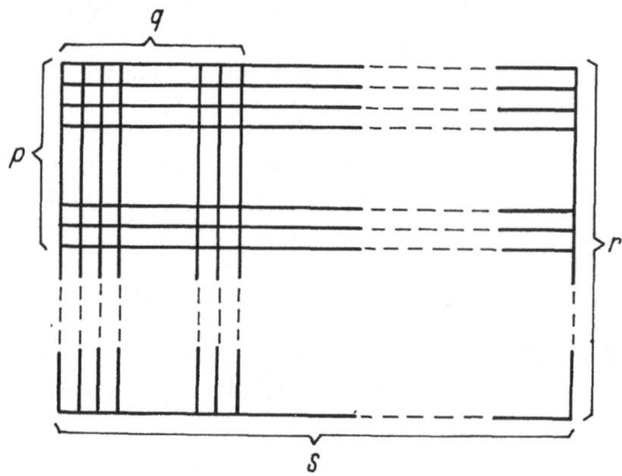

Bild 7.3
Ansatz zur Bildschirmeinteilung

Bild 7.3 zeigt den allgemeinen Ansatz. Eine Bildpunktmatrix für die Darstellung eines Zeichens bestehe aus p Zeilen und q Spalten, auf dem gesamten Schirm sollen Texte in r Zeilen mit s Zeichen je Zeile dargestellt werden können. Als weitere Randbedingungen seien zu beachten: Bildhöhe und Bildbreite verhalten sich wie 3 : 4, eine Bildpunktzeile entspreche 1 Fernsehzeilen, die Zeilenanzahl für lesbare Zeichen sei nicht größer als 30, und die Zahl der Bildpunkte je Zeile sei durch acht teilbar (um eine Zeile als Vielfaches eines Bytes, der allgemein verwendeten Dateneinheit, behandeln zu können). Das heißt, es gelten folgende Randbedingungen:

$$\frac{p\,r}{q\,s} = \frac{3}{4} \qquad q\,s = 8\,k \qquad r \leqq 30$$
$$l \geqq 1 \qquad p\,r\,l = 625. \tag{175}$$

Eine Variante, die alle Bedingungen am besten erfüllt, ist p = 13, r = 24, q = 8, s = k = 52, l = 2. Das heißt, die Bildpunktmatrix für Zeichen besteht aus 13 Zeilen und 8 Spalten (Bild 7.4 zeigt einige Beispiele der Zeichendarstellung einschließlich Spalten- und Zeilenzwischenräumen und Kursordarstellung), für Textdarstellung stehen 24 Zeilen mit je 52 Zeichen zur Verfügung; das ergibt 312 · 416 Bildpunkte, die in 624 Fernsehzeilen dargestellt werden. Der Videoteil muß folglich für die Bildgenerierung jede Bildpunktzeile zweimal schreiben, die 625-te Zeile wird dunkel getastet. Der dargestellte Bildschirminhalt umfaßt folglich 312 · 416 = 129 792 Bits = 16 224 Bytes, die in einem Hintergrundspeicher enthalten sein müssen.

Bild 7.4
Beispiele für Zeichendarstellung

Die Betrachtung des Bildschirms als Textfeld und als Bitmuster bedeutet, daß für die Funktion des Rechnerkerns als Datentypen das Einzelzeichen bzw. die Zeichenkette und das Einzelbit bzw. die Bitkette benötigt werden. Für die Zeichendarstellung soll aus Kompatibilitätsgründen das Byte in der üblichen Codierung (siehe Tafel 2.1) verwendet werden. Weiterhin wird für arithmetische Funktionen eine interne Zahlendarstellung benötigt.

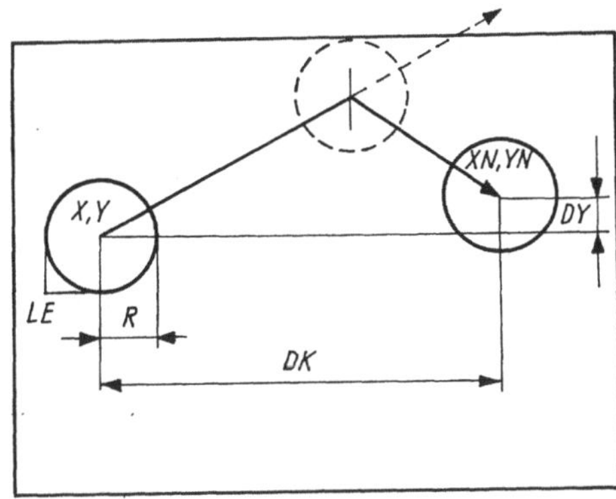

Bild 7.5. Skizze zum analysierten Anwendungsfall

Mit diesen ersten Vorstellungen zur Variablendarstellung muß die ungefähre Verarbeitungsfunktion des Systems skizziert werden. Dazu wäre es notwendig, alle ins Auge gefaßten Anwendungsgebiete zu analysieren und die dafür benötigten Funktionen zusammenzustellen. Für das hier zu diskutierende Beispiel sei nur ein einziges Problem betrachtet, dessen Lösung als typisch für die Anwendung des Systems gelten soll und das im weiteren zur Grundlage aller Überlegungen gemacht wird.

Es sei die Aufgabe gestellt, ein Bild zu erzeugen, welches ein Rechteck darstellt, in dem sich ein als Kreis sichtbarer „Ball" bewegt, der nach den Reflexionsgesetzen von den Wänden zurückspringt (Bild 7.5). Begrenzung des Rechtecks, Radius und Anfangsort und Anfangsgeschwindigkeit des Balls können vorgegeben werden.

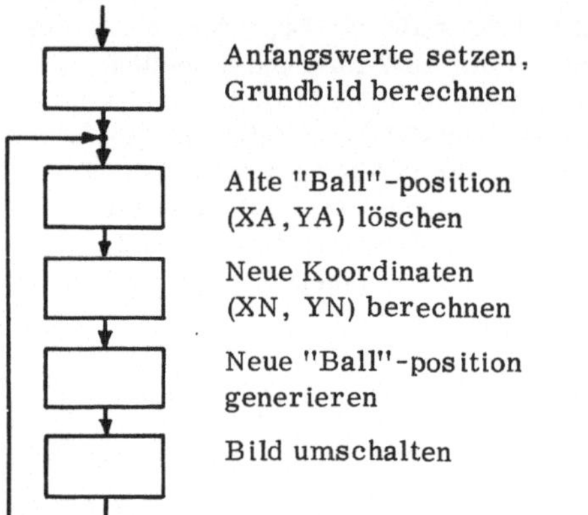

Bild 7.6
Grobablauf des Anwendungsbeispiels

Bild 7.6 zeigt den groben Ablauf, der nur durch Bedieneingriffe unterbrochen werden kann. Dabei ist unterstellt, daß der Hintergrundspeicher für den Bildschirminhalt aus zwei gleichen Teilen besteht. Währenddem der Videoteil aus dem einen Teil das aktuelle Bild aufbaut, berechnet der Rechnerkern das nächste Bild im anderen Teil und schaltet nach Fertigstellung des Bitmusters den Videoteil auf das neue Bild um (Bild 7.7).

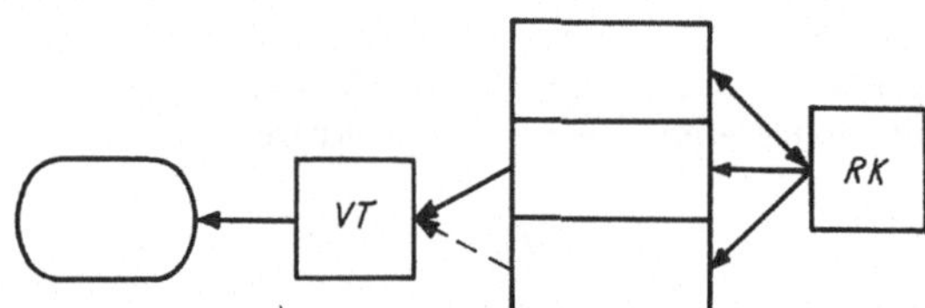

Bild 7.7. Zur geteilten Nutzung des Hauptspeichers

Zur Berechnung der neuen Koordinaten des Ballmittelpunkts überlegt man sich, daß gilt:

$$XN = \begin{cases} 2(LG+R) - (X+DX),\ DX = -DX & X+DX < LG+R \\ X+DX & \text{für}\quad LG+R \leqq X+DX \leqq RG-R \\ 2(RG-R) - (X+DX),\ DX = -DX & RG-R < X+DX \end{cases}$$

$$YN = \begin{cases} 2(UG+R) - (Y+DY),\ DY = -DY & Y+DY < UG+R \\ Y+DY & \text{für}\quad UG+R \leqq Y+DY \leqq OG-R \\ 2(OG-R) - (Y+DY),\ DY = -DY & OG-R < Y+DY. \end{cases} \tag{176}$$

Hierbei sind X, Y die aktuelle und XN, YN die neue Position des Ballmittelpunkts, DX, DY die Positionsänderung von Bild zu Bild, R der Ballradius und LG, RG, UG. OG der linke, rechte, untere und obere Rand des begrenzenden Rechtecks.

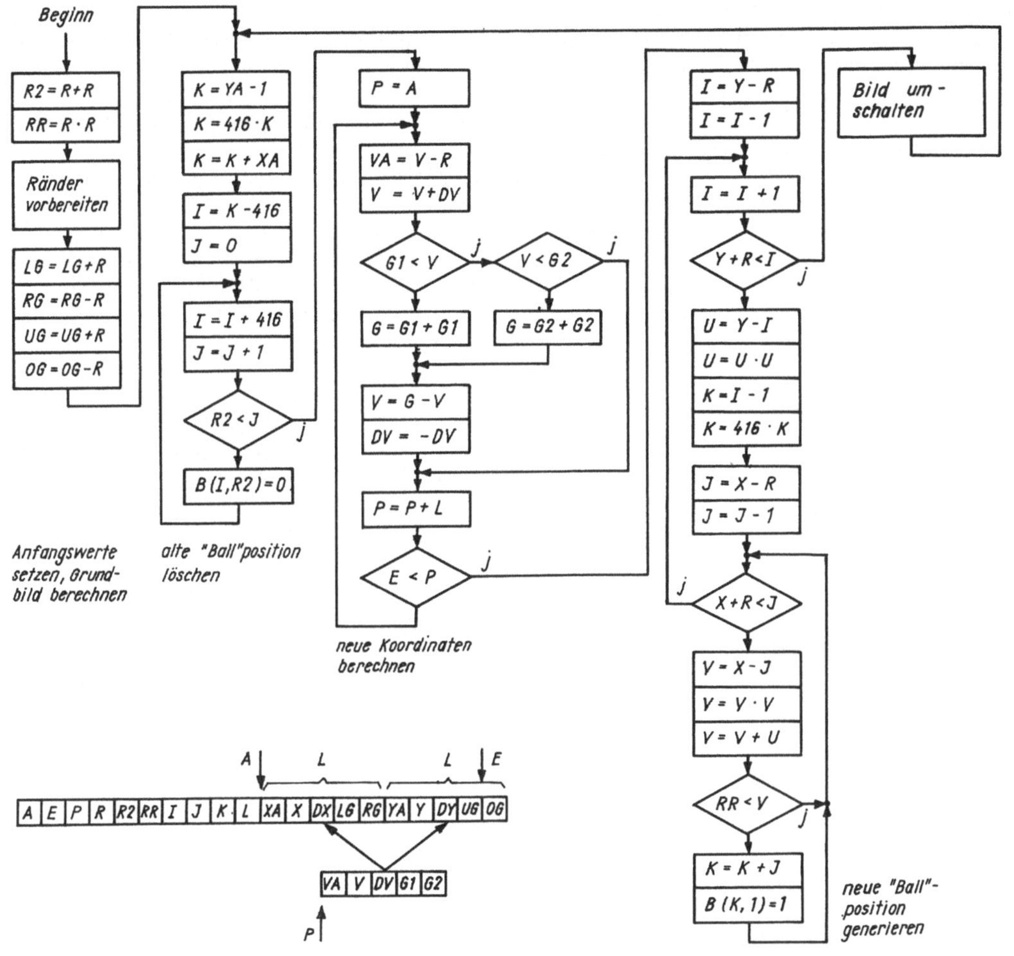

Bild 7.8
Verfeinerte Ablaufdarstellung des Anwendungsbeispiels

Bild 7.8 zeigt die detailliertere Darstellung des dazugehörigen Ablaufs. Man erkennt die Notwendigkeit arithmetischer Operationen (z. B. V = V+DV, RR = R·R), von Sprungoperationen (z. B. E<P), Bitkettenoperationen (B(I,R2) = 0) und anderer. Die vorgesehene Arbeit mit überlagerten Variablen (V für X bzw. Y) verlangt die sog. relative oder indizierte Adressierung von Speichervariablen. Aus dem Beispiel nicht ersichtlich sind Operationen für Textverarbeitung, Ein- und Ausgabe über die Peripherie und Bedienung.

Die überschlägliche Schätzung von quantitativen Kenndaten ist in dieser Phase für Speichergröße, Operationsgeschwindigkeit und Verfügbarkeits- bzw. Zuverlässigkeitsforderungen möglich und notwendig. Noch nicht möglich sind Aufwandsschätzungen und darauf aufbauende Kosten- und Entwicklungsplanungen. Diese wären nur als Analogiebetrachtung zu vergleichbaren Geräten möglich. Im vorliegenden Beispiel sollen diese als nicht bekannt vorausgesetzt werden, so daß diesbezüglich genauere Vorgaben erst nach Architektur- und Innenarchitekturfestlegung möglich sind.

Die Speichergröße ergibt sich daraus, daß nach dem schon erwähnten Anzeigeprinzip zwei Speicherbereiche als Bildhintergrundspeicher zu je 16 224 Bytes und ein Bereich für Programme und Programmdaten gebraucht werden. Die Größe des letzteren ließe sich aus den Erfordernissen des skizzierten typischen Ablaufs abschätzen. Man zählt grob 50 Anweisungen und 20 Variable. Da diese zum Teil noch komplexen Charakter haben und einige Programmteile nicht detailliert dargestellt sind, sei eine Anweisung mit rund 20 Bytes angesetzt, so daß mit 1500 Bytes Programmspeicherbedarf gerechnet werden könnte.

Da es sich aber hierbei um ein sehr einfaches Anwendungsbeispiel handelt und auch Ein- und Ausgabeoperationen mit dem üblicherweise benötigten Pufferspeicherbereich nicht betrachtet wurden, dürfte dies praktisch doch zu knapp sein. Der Programmbereich soll deshalb großzügig ebenfalls mit 16 224 Bytes angesetzt werden, so daß der Speicher eine Gesamtkapazität von $3 \cdot 16\,224 \approx 50\,000$ Bytes besitzt.

Die Operationsgeschwindigkeit muß aus den zeitlichen Erfordernissen der Anwendungsfälle rückgeschlossen werden. Wenn das geschilderte Beispiel als typisch vorausgesetzt wird, ergeben sich folgende Schlußfolgerungen: Auf dem Bildschirm sollen einigermaßen kontinuierliche Bewegungen dargestellt werden können, das erfordert etwa aller 0,1 Sekunde ein neu berechnetes Bild. Aus dem Ablauf entnimmt man überschläglich als Anzahl der Operationen

$$A = 25 + R2\ (12 + R2 \cdot 8). \qquad (177)$$

(Die Schleifen mit I und J werden jeweils R2-mal durchlaufen, die Schleife mit P zweimal.) Wenn die durchschnittliche Größe des Balls mit $R2 = 10$ Bildpunktzeilen angesetzt wird, wird $A \approx 1\,000$ Operationen, d.h., in einer Sekunde sind 10 000 Operationen auszuführen.

Bezüglich der Verfügbarkeit sind offenbar bei dem skizzierten Anwenderkreis keine gravierenden Forderungen zu stellen. Es sei angenommen, daß im Durchschnitt jedes Gerät je Tag etwa zwei Stunden in Betrieb ist. Hinsichtlich Prüfdauer und Ausfallzeit erwachsen daraus bei der zu erwartenden Systemgröße keine besonderen Probleme.

Für die Zuverlässigkeit entstehen eigenständige Forderungen aus den geplanten Stückzahlen und der vorgesehenen Serviceorganisation: Der Kundendienst sei so geplant, daß von einer zentralen Stelle aus alle Reparaturen betreut werden, wobei im Mittel je Tag ein Ausfall beseitigt werden kann. Als Anzahl zu betreuender Geräte sei die Produktion von fünf Jahren angenommen, das bedeutet, von 5000 Geräten darf im Mittel je Tag eins ausfallen. Der mittlere Fehlerabstand je Gerät muß also 5000 Tage oder - auf zwei Stunden mittlerer Nutzungszeit je Tag umgerechnet - 10 000 Stunden bei durchgehendem Betrieb betragen.

7.4. Architekturentwurf

7.4.1. Allgemeines

Aus den bisherigen Überlegungen folgt, daß für den Rechnerkern eine einfache von-Neumann-Architektur ausreichend sein wird. Das heißt, der Hauptspeicher ist ein wahlfrei adressierbarer Speicher mit bytebreiten Plätzen, die seriell durchnumeriert sind. Er dient als Programm-, Daten und Bildhintergrundspeicher. Auf ihn greifen die beiden Module Videoteil und Rechnerkern zu.

Die Informationsverarbeitung beruht auf der Abarbeitung von Befehlen, die in aufsteigender Reihenfolge im Speicher angeordnet sind und durch einen Befehlszähler ausgewählt werden. Parallelarbeit von Befehlen oder anderen Operationen ist nicht vorgesehen. Nach jedem Befehl wird abgefragt, ob eine Stopp-Bedingung eingetreten ist (durch den Ablauf oder Bedieneingriff ausgelöst). Im Stoppzustand sind verschiedene Bedien- und Sonderfunktionen ausführbar (Setzen und Anzeigen des Speichers, Verändern des Befehlszählers u.a.).

Die detaillierte Ausarbeitung der Architektur muß auf dieser globalen Orientierung aufbauen und entsprechend dem HIPO-Konzept zunächst die exakten Datentypen und -formate (einschließlich Steuerdatenformat, d.h. Befehlsformat) und anschließend die Befehlsfunktionen festlegen. Außerdem sind die Eingriffsbehandlung und Bedienoperationen (Ein-/Ausschalten, Start/Stopp, Setzen/Anzeigen usw.), eventuelle Hilfsfunktionen (Assemblieren, Kopieren, symbolisches Programmieren o.ä.) und Wartungsunterstützung zu erarbeiten. Abschließend sollte die Architektur exakt beschrieben und gegebenenfalls simuliert werden, um sie auf Vollständigkeit, Konsistenz und Effektivität bezüglich der vorgesehenen Anwendung zu überprüfen.

In den folgenden Abschnitten sollen dazu die wichtigsten Überlegungen demonstriert werden.

7.4.2. Datentypen und -formate, Befehlsformat

Wie schon im Abschn. 7.3. erwähnt, werden als Datentypen arithmetische Daten, Bitketten und Zeichenketten sowie als spezielle Programmsteuerdaten Hauptspeicheradressen (zur indizierten Adressierung) benötigt.

Außer bei Bitketten soll das Byte als Grundbestandteil aller Datenformate dienen, d.h., außer Bitketten sind alle Daten Vielfache eines Bytes. Arithmetische und Programmsteuerdaten sowie Befehle sollen festes Format haben, Bit- und Zeichenketten sollen variable Länge besitzen.

Als aritmetische Daten werden ausschließlich Dezimalzahlen verwendet. Sie bestehen wegen der grundsätzlich dezimalen Orientierung des Rechnerkerns aus zehn Zeichen (= zehn Bytes) einschließlich Vorzeichen und Komma. Das Vorzeichen steht in der vordersten Position, das Komma kann an beliebiger Stelle danach stehen, so daß noch acht gültige Ziffern möglich sind, also z.B. '+154,23508'. Die kleinste darstellbare Zahl ist damit '-99999999,' , die größte ist '+99999999,'.

Die Darstellung eines Zeichens erfolgt durch die in Tafel 2.1 angegebenen Bytecodierungen. Die Zahl '-0,0012345' hat demzufolge die Bitbelegung

-0,0012345	=	0110 0000	1111 0000	0110 1011	1111 0000
		1111 0000	1111 0001	1111 0010	1111 0011
		1111 0100	1111 0101		
	=	60 F0 6B F0 F0 F1 F2 F3 F4 F5.			(178)

Im Gegensatz zu der häufig anzutreffenden sog. gepackten Dezimaldarstellung im Rechner (die vordere Tetrade wird auch als Dezimalziffer verwendet, so daß ein Byte zwei Ziffern enthält) und der halbalgorithmischen Darstellung von Gleitkommazahlen wird hier aus Gründen der Einfachheit und Anschaulichkeit gewissermaßen eine 1:1-Umsetzung der Zahlen von der landläufigen zur rechnerinternen Darstellung konzipiert. Das ergibt eine schlechtere Ausnutzung des internen Speicherraums, erspart aber Konvertierungsoperationen und erleichtert für das Beispiel die Verständlichkeit.

Die für Programmsteuerzwecke benötigten Adreßdaten sind vereinfachte arithmetische Daten. Sie besitzen kein Vorzeichen und kein Komma und haben eine feste Länge von fünf Bytes. Damit sind 100 000 Speicherplätze adressierbar, was der festgelegten Speicherkapazität von 50 000 Byteplätzen stellenmäßig entspricht.

Bit- und Zeichenketten bedürfen keiner besonderen Erläuterung, hinzuweisen ist lediglich darauf, daß wegen ihrer variablen Länge bei der Arbeit mit Kettendaten eine Längenangabe benötigt wird.

Schließlich ist das Befehlsformat festzulegen. Dazu dienen die folgenden Überlegungen: In einer Von-Neumann-Architektur enthält ein Befehl Angaben zur auszuführenden Funktion (Operationscode) und zu den benutzten Operanden. Letztere sind vor allem dadurch bestimmt, wo sie sich befinden (z.B. auf welchem Speicherplatz). Wenn es verschiedene Formate der Operanden gibt, die nicht schon durch die Befehlsfunktion bestimmt sind, gehören zu den Operandenangaben noch Informationen zum Datenaufbau. Im vorliegenden Beispiel ist das für Kettendaten der Fall, deren konkrete Länge angegeben werden muß.

Die Größe des Operationscodes sollte nach der grundsätzlichen Orientierung ein Byte sein. Damit sind 256 verschiedene Befehlsfunktionen codierbar. Dies reicht für das Beispielsystem aus, so daß der Operationscode nicht größer sein muß. Eine Reduktion auf vier oder sechs Bits ist kaum sinnvoll. Vier Bits, d.h. sechzehn Operationscodes, dürften zu wenig sein, sechs Bits oder ähnliches ergeben für andere Verwendungen der restlichen Bits des Bytes keinen Vorteil.

Die Angaben zu den Operanden bestehen nach dem bisher schon Gesagten aus drei Teilen: Die Speicheradresse setzt sich wegen der relativen Adressierung aus einer Basisadresse und einer sich darauf beziehenden relativen Adresse zusammen, außerdem muß noch eine Länge angegeben werden (die für Daten festen Formats nicht verwendet wird).

Die Basisadresse bestimmt diejenige Stelle im Hauptspeicher, von der aus eine bestimmte Gruppe von Daten adressiert werden soll. Durch Änderung der Basisadresse kann der gleiche Programmteil zur Verarbeitung auf einen anderen Speicherbereich verschoben werden. (Das wurde im Anwendungsbeispiel bei der Berechnung der Variablen X und Y benutzt.) Im Befehl sollte deshalb nicht die Basisadresse selbst stehen (die Verschiebung der Verarbeitung müßte dann in jedem Befehl die Basisadresse ändern), sondern nur die Stelle, wo die Basisadresse steht (indirekte Adressierung). Das Verschieben des bearbeiteten Speicherbereichs geschieht durch Schreiben einer neuen Basisadresse auf diese Stelle.

Relative Adresse und Länge des Operanden sind dann einfach Zahlenangaben, die den Abstand von der Besisadresse bzw. vom Operandenbeginn ausdrücken.

Um das konkrete Befehlsformat festlegen zu können, muß berücksichtigt werden, wie viele Operanden für eine Verarbeitung benötigt werden und welche Darstellung Basisadresse, relative Adresse und Länge haben werden. Andererseits sollte der gesamte Befehlsaufbau seinerseits im Rahmen der Architektur „harmonisch" sein.

Im Ergebnis derartiger Überlegungen sei festgelegt: Die Befehlslänge beträgt fünf Bytes (das ist bei dezimaler Orientierung eine „runde" Zahl). Der Operationscode hat ein Byte, es kann ein Speicheroperand spezifiziert werden, dem damit noch vier Bytes, also acht Tetraden verbleiben. Die erste Tetrade dient der Angabe einer Basisadresse (diese befindet sich in einem von zehn Basisadressenregistern), es folgen fünf Tetraden für eine relative Adresse (damit sind erforderlichenfalls alle Hauptspeicherplätze adressierbar), den Abschluß bilden zwei Tetraden für die Operandenlänge (maximale Länge 100 Bytes bzw. Bits). (Siehe Bild 7.9.)

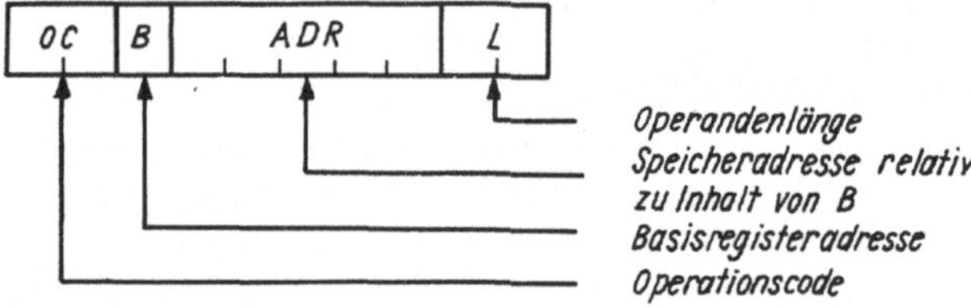

Bild 7.9. Aufbau eines Befehlswortes

Erläuternd ist zu dieser Festlegung hinzuzufügen: Da nur ein Speicheroperand im Befehl spezifiziert wird, für verknüpfende Operationen aber zwei Operanden benötigt werden und außerdem ein neues Ergebnis entsteht, müssen der andere Operand und das Ergebnis indirekt gegeben sein. Dazu wird ein sog. Akkumulatorregister AC im Rechnerkern benutzt, welches den ersten Operanden bzw. das Ergebnis enthält. Verknüpfende Operationen, z.B. Addition, haben dann grundsätzlich folgende Gestalt AC = AC + Speicheroperand.

Die Angabe der Basisadresse mit einer Tetrade erfordert, daß die Basisadressen selbst (d.h. fünf Dezimalziffern = fünf Bytes) auf speziellen Plätzen stehen, die von 0 bis 9 durchnumeriert sind. Das heißt. neben dem Hauptspeicher besitzt diese Architektur ein spezielles Speicherfeld zur Speicherung von zehn Basisadressen, den sog. Basisadressenregisterspeicher.

Die fünf Tetraden relative Adresse im Befehl bedeuten, daß im Befehl gewissermaßen die gepackte Zahlendarstellung benutzt wird. Die sog. Zonentetrade, die bei reiner Zahlendarstellung keine Bedeutung hat, ist hier weggelassen.

Abschließend sei vereinbart, daß bei Basisadressenregister B = 0 keine relative Adressierung erfolgen soll, d.h., dann ist die relative Adresse im Befehl die direkte Speicheradresse. Das ist sinnvoll, wenn Programme auch bei noch nicht geladenen Registern definiert laufen sollen, wie es beim Einlesen von Programmen in den Speicher der Fall ist.

7.4.3. Befehlssatz

Bei der Spezifikation des Befehlssatzes wird zunächst zwischen Verarbeitungs- und organisatorischen Befehlen unterschieden. Die Verarbeitungsbefehle unterteilen sich in arithmetische, Bitketten- und Zeichenkettenbefehle, die organisatorischen Befehle in Lade- und Speicherbefehle, Sprungbefehle und sonstige. Zu letzteren gehören z.B. Ein- und Ausgabebefehle.

Bei den arithmetischen Operationen befindet sich der erste Operand stets im Akkumulatorregister AC, welches zu diesem Zweck eine Länge von zehn Bytes haben muß. Das Ergebnis einer arithmetischen Operation bleibt im Akkumulator stehen, d.h., arithmetische Operationen haben grundsätzlich die Gestalt AC = AC op SO (SO - Speicheroperand). Es existieren die arithmetischen Befehle Addition ADD(B,RSA) (in der Mnemonik für den Befehl ist die Operation ADD und der Speicheroperand durch Basisregister B und relativer Speicheradresse RSA spezifiziert), Subtraktion SUB(B,RSA), Multiplikation MUL(B,RSA) und - obwohl im Anwendungsbeispiel nicht benötigt, aber aus Vollständigkeitsgründen erforderlich - die Division DIV(B,RSA).

Für Bitketten- und Zeichenkettenbefehle ist es nicht sinnvoll, den ganzen ersten Operanden im Akkumulatorregister zu haben, da dieser dann 100 Bytes aufnehmen müßte, was den Aufwand unverhältnismäßig erhöhen würde. Im Akkumulator soll deshalb nur die Adresse des ersten Operanden stehen.

Als Bitkettenoperationen sind vorgesehen das logische UND, mit der Mnemonik UND(B, RSA,L), das logische ODER (B,RSA,L), die Antivalenz EXOR(B,RSA,L), die bitweise Links- und die bitweise Rechtsverschiebung BSL(B,RSA,L) bzw. BSR(B,RSA,L).

Als Zeichenkettenbefehle seien nur zwei Befehle genannt, die nach dem bisher Gesagten notwendig sind. Das ist einmal ein Transportbefehl TRAN(B,RSA,L), der die angegebene Byteanzahl vom Feld des zweiten Operanden in das Feld des ersten Operanden überträgt, und zum zweiten der Zeichenaufbereitungsbefehl EDIT(B,RSA,L). Der EDIT-Befehl hat die Aufgabe, aus der Bytecodierung für ein Zeichen des Druckzeichenvorrats die 13 Bitmuster des 13·8 Bildpunktrasters (vgl. Bild 7.4) zu erzeugen. Dazu transportiert er zu jedem Byte des zweiten Operanden die 13 zugehörigen Bytes in die 13 „untereinander" liegenden Bytepositionen des Speichers, deren oberste durch die Adresse im Akkumulator bestimmt ist.

Um das Ergebnis von Verarbeitungsoperationen (arithmetische und Bitkettenbefehle) besser testen zu können, existiert im Rechnerkern nicht nur das Akkumulatorregister AC, sondern außerdem ein einzelnes Bit BED, welches als Bedingung für Programmsprünge dient. Bei Addition und Subtraktion ist BED Null, wenn das Ergebnis positiv ist, andernfalls ist BED = 1. Bei der Division dient BED dazu, die notwendige Erkennung der Division durch Null anzuzeigen. Im Ergebnis der logischen Operation ist BED = 1, wenn das Resultat wenigstens eine Eins enthält, bei BSL übernimmt BED das herausgeschobene Bit, bei BSR ist BED das hineingeschobene Bit.

Die Ladebefehle sind erforderlich, um für die entsprechenden Befehle die Basisregister und den Akkumulator mit den gewünschten Werten setzen zu können. Der Speicheroperand gibt hierbei das Quellfeld an, das Ziel ist durch den Operationscode definiert. Es gibt die Registerladebefehle LR0(B,RSA),...,LR9(B,RSA), durch die die zehn Basisregister mit je fünf Ziffernbytes geladen werden können, und den Akkumulatorladebefehl LAC(B,RSA). Zur besseren Durchführung von Adreßrechnungen existiert außerdem noch LACH(B,RSA), mit dem nur fünf Bytes in die rechte Hälfte des Akkumulators geladen werden, und ein Adressenladebefehl LACA(B,RSA), durch den die absolute Adresse eines Speicheroperanden, der durch B und RSA spezifiziert ist, ebenfalls in die rechte Akkumulatorhälfte geladen wird. (Mit diesem Befehl kann z.B. die Anweisung P = A im Ablaufbeispiel von Bild 7.8 realisiert werden.)

Die Speicherbefehle SR0(B,RSA),...,SR9(B,RSA),SAC(B,RSA),SACH(B,RSA),SACA(B, RSA) realisieren die analogen umgekehrten Transporte, d.h., der Speicheroperand definiert hierbei das Zielfeld.

Als Steuerbefehle werden im hier diskutierten Rahmen ein Sprungbefehl, ein Befehl zum Speichern des Befehlszählers und ein Befehl zur Steuerung des Videoteils benötigt. Damit ist ein Minimum an Programmsteuerfunktionen gegeben, aus denen sich auch eine kompliziertere Organisation aufbauen läßt.

Der Sprungbefehl SPR(B,RSA) fragt die Zustandsvariable BED ab. Wenn sie den Wert 1 hat, so lädt er den Befehlszähler BZ mit den fünf Ziffern, die im Feld des zweiten Operanden stehen. Die Adresse des nächsten Befehls ist damit im allgemeinen nicht mehr die Folgeadresse, wodurch das Programm einen Sprung im Ablauf ausführt. (Der Sprungbefehl kann faktisch als bedingter Ladebefehl des Befehlszählers betrachtet werden.)

Der Befehl SBZ(B,RSA) speichert die fünf Ziffern des Befehlszählers in den adressierten Speicherbereich. Seine Sinnfälligkeit kann damit begründet werden, daß aus Symmetriegründen ein Gegenstück zum BZ-Ladebefehl SPR(B,RSA) erforderlich ist. Funktionell ist seine Notwendigkeit durch die Unterprogrammtechnik begründet.

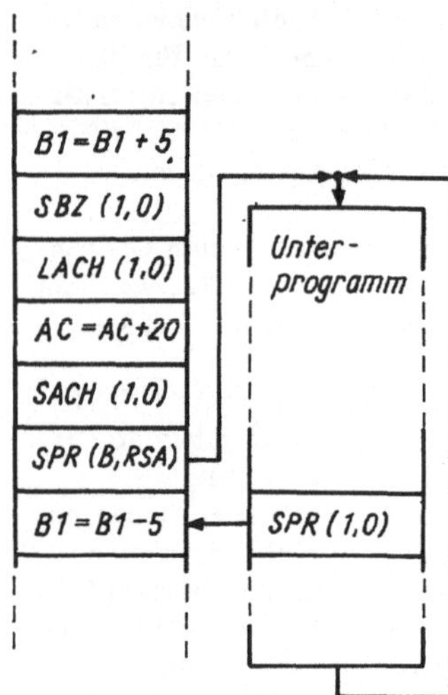

Bild 7.10
Anwendung der Unterprogrammtechnik

Bild 7.10 zeigt die zu realisierende Praxis: Ein Basisregister (im Beispiel B1) dient als Zeiger (Stackpointer) für einen Kellerspeicherbereich (Stack), in dem die Absprungadressen der aufrufenden Programme gespeichert sind. Vor einem eventuellen Absprung wird der Stackpointer um fünf Bytes weitergezählt und zeigt auf einen noch freien Platz, auf dem anschließend mit SBZ der aktuelle Befehlszählerstand gespeichert wird. Dieser Platz wird noch um vier Befehle weitergezählt (AC = AC+20) und zeigt damit auf die Rücksprungadresse. Mit SPR(B,RSA) kann dann - abhängig von BED - in ein Unterprogramm abgesprungen werden. Von diesem wird durch Laden des Befehlszählers mit dem Operanden, auf den der Stackpointer zeigt, in das aufrufende Programm zurückgesprungen. Danach muß der Stackpointer wieder zurückgezählt werden.

Diese Organisation gestattet prinzipiell den beliebigen Aufruf von Unterprogrammen von allen Stellen eines Programms aus. Speziell könnte ein Unterprogramm sogar sich selbst aufrufen (rekursiver Aufruf). Allerdings ist die Organisation für häufige praktische Anwendungen etwas umständlich. Sie kann durch den Architekturentwurf vereinfacht werden, indem ein spezieller Befehl „Absprung ins Unterprogramm" eingeführt wird, der diese Funktion allein ausführt.

Der Steuerbefehl „Laden Videoteil" LVT(B,RSA) transportiert zehn Bytes, die als zwei Speicheradressen interpretiert werden, in zwei Steuerregister des Videoteils. Sie bestimmen Anfang und Ende des als Bildhintergrundspeicher benutzten Teils des Hauptspeichers, wodurch ein beliebiger Hauptspeicherbereich als Bildhintergrundspeicher dienen kann. Bildwechsel ist dann einfach durch Umladen dieser Steuerregister möglich. Außerdem kann das angezeigte Bild kleiner sein, wenn Anfangs- und Endadresse nicht die maximale Bildgröße ausmachen (Dunkeltasten der außerhalb liegenden Bildpunkte).

Aus Symmetriegründen wird weiterhin ein Speicherbefehl SVT(B,RSA) vorgesehen. Zu den sonstigen Befehlen sollen keine speziellen Ausführungen gemacht werden. Dies würde die detailliertere Behandlung der Komplexe außerhalb des Rechnerkerns erfordern, was den gegebenen Rahmen überschreitet.

Zum Abschluß dieser Betrachtungen ist in Tafel 7.1 die Codierung der Operationscodes für die erläuterten Befehle angegeben. Sie zeigt eine Anordnung der Operationscodes in Gruppen, die so gewählt sind, daß einerseits eine einfache Interpretation der Befehle und eine eventuelle spätere Erweiterung des Befehlssatzes möglich ist.

Tafel 7.1. Codierungsbeispiel der Befehlsliste

Codierung	Mnemonik	Wirkung	Codierung	Mnemonik	Wirkung
00010000	LR0	Laden Register 0	00100000	SR0	Speichern Register 0
0001	LR1	1	0001	SR1	1
0010	LR2	2	0010	SR2	2
0011	LR3	3	0011	SR3	3
0100	LR4	4	0100	SR4	4
0101	LR5	5	0101	SR5	5
0110	LR6	6	0110	SR6	6
0111	LR7	7	0111	SR7	7
1000	LR8	8	1000	SR8	8
1001	LR9	9	1001	SR9	9
1010	LACH	Laden AC-Hälfte	1010	SACH	Speichern AC-Hälfte
1011	LAC	Laden AC	1011	SAC	Speichern AC
1100	LACA	Laden Adresse	1100	SACA	Speichern Adresse
1101	LVT	Laden Videoteil	1101	SVT	Speichern Videoteil
1110	-	nicht benutzt	1110	-	nicht benutzt
1111	SPR	Sprung	1111	SBZ	Speichern BZ
01000000	ADD	Addition	10000000	UND	Konjunktion
0001	SUB	Subtraktion	0001	ODER	Disjunktion
0010	MUL	Multiplikation	0010	EXOR	Antivalenz
0011	DIV	Division	0100	BSL	Linksverschiebung
			0101	BSR	Rechtsverschiebung
....			1000	TRAN	Transport
			1001	EDIT	Aufbereiten
			....		

7.4.4. Ergänzende Bemerkungen zum Architekturentwurf

Neben der Befehlsliste ist die Eingriffsbehandlung eine wichtige funktionelle Komponente der Architektur. Sie beschreibt die Echtzeit-Kommunikation des Systems mit seiner Umwelt, vor allem also Bedienoperationen, aber auch die Kopplung an andere Prozesse, wie es z.B. bei Prozeßrechnern der Fall ist. Es kann hier keine detaillierte Betrachtung dazu erfolgen, es sollen lediglich einige Gedanken skizziert werden, um einen Eindruck von dieser Problematik für das diskutierte Beispiel zu geben.

Da es sich bei dem Beispielsystem um einen Rechner ohne Echtzeit-Anforderungen handelt, interessieren hier nur noch Bedienfunktionen. Neben Start- und Stoppanweisung für das System (durch Tasten ausgelöst) sind eine Reihe von weiteren einfachen oder auch komplizierteren Anweisungen nützlich, die die Verwendung des Systems erleichtern. Dazu gehören hauptsächlich Speicheranzeige- und Setzoperationen. Wegen der unterschiedlichen Datentypen ist es dabei wünschenswert, verschiedene Anzeigemodifikationen zu besitzen; z.B. aufbereitete lesbare Zeichen, bitweise Bytedarstellung (unter Verwendung der Zeichen 0 und 1) und Bildpunktraster. Zur Erleichterung der Programmierung wäre außerdem eine Funktion bequem, bei der das Programm unter Verwendung der Befehlsmnemonik in Klarschrift in den Speicher geschrieben und anschließend automatisch in den formatierten Maschinencode übersetzt werden kann.

Konkret sei zur Realisierung der Bedienfunktionen festgelegt, daß nach jedem Befehl ein Eingriffssignal abgefragt wird und daß - wenn dieses Signal 1 ist - durch ein Kommandobyte vom Bedienteil die gewünschte Operation spezifiziert wird, die dann als Schaltung oder Ablauf im Rechnerkern wirksam wird.

Nach dem Entwurf einer neuen Architektur sollte unbedingt eine über die verbale Beschreibung hinausgehende exakte Darstellung der Systemarchitektur erarbeitet werden. Erstens dient dies durch den Zwang zur Genauigkeit im Detail zur Vervollständigung und Verfeinerung und hilft, Fehler zu erkennen. Zweitens benötigen Anwender und Entwerfer der Struktur eine solche Beschreibung, um auch in allen speziellen Einzelfällen eine Vorstellung vom zu erwartenden oder zu realisierenden Verhalten zu bekommen. Schließlich gestattet eine exakte Beschreibung auch die Simulation des Architekturentwurfs. Dies sollte gemacht werden, um mit den konkreten Festlegungen einige typische Anwendungsbeispiele zu formulieren und dadurch die funktionelle und Laufzeiteffektivität der Architektur zu beurteilen.

Das folgende Beschreibungsfragment in PL/AS ist ein Beispiel einer exakten Architekturbeschreibung auf der Basis einer geeigneten Sprache.

```
BLOCK: RK;   /* RECHNERKERN DES BEISPIELSYSTEMS */
 RAND EINGRIFF BIT(1),   /* BEDIENANFORDERUNG */
      (BFEIN,BFAUS) BIT(8),  /* DATENBYTE VOM UND ZUM BT */
      ... ;   /* ANSCHLUESSE ZU ANDEREN NACHBARKOMPLEXEN */
 ZUSTAND
  HS(0:49999) BIT(8),   /* HAUPTSPEICHER MIT 50000 BYTES */
  B(0:9)      BIT(40),  /* 10 BASISREGISTER MIT JE 5 BYTES */
  BZ          BIT(40),  /* BEFEHLSZAEHLER */
  AC          BIT(40),  /* AKKUMULATOR-REGISTER */
  (BED,STOP) BIT(1);    /* BEDINGUNGS-UND STOPP-ZUSTAND */
 DCL /* VEREINBARUNG VON ORGANISATORISCHEN HILFSVARIABLEN */
  (I,J,OPAD /* SPEICHERADRESSE */ ) DEC FIXED (5),
  (KBD,KTD) RETURNS (DEC FIXED (5),
  BEFEHL BIT(40);   /* AUFBEREITETES BEFEHLSWORT */
/* HIER BEGINNT DIE BESCHREIBUNG DER FUNKTION DES RK */
  IF STOP= 0 B THEN /* BEFINDET SICH RK NICHT IM STOPP ? */
   DO;              /* NORMALE BEFEHLSABARBEITUNG */
      /* ZUNAECHST ERFOLGT BEFEHLSAUFRUF */
    I=KBD(BZ); /* UMWANDLUNG DER 40 BZ-BITS IN DEZIMALZAHL */
    DO J=1 BY 8 TO 33; /* FUENF BEFEHLSBYTES LESEN */
     SUBSTR(BEFEHL,J,8)=HS(I); I=I+1;
     END;
     /* OPERANDENADRESSE BERECHNEN */
     OPAD=KTD(SUBSTR(BEFEHL,13,20)); /* 5 BEFEHLSTETRADEN, */
     I=KTD(SUBSTR(BEFEHL,9,4)); /* B AUS BEFEHL IN DEZIMAL- */
                                /* ZAHL UMWANDELN */
     IF I>0 THEN I=KBD(B(I));   /* REGISTER B(I) ALS ZAHL */
     OPAD=OPAD+I /* RELATIVE UND BASISADRESSE ADDIEREN */
/*   HIER FOLGEN DIE EINZELNEN BEFEHLSBESCHREIBUNGEN */
     IF SUBSTR(BEFEHL,1,4)='0001'B THEN /* LADEBEFEHLE */
     DO;
      I=KTD(SUBSTR(BEFEHL,5,4));
      IF I<10 THEN                 /* REGISTER LADEN */
       DO J=1 BY 8 TO 33;
        SUBSTR(B(I),J,8)=HS(OPAD); OPAD=OPAD+1;
        END;
      ...
      IF SUBSTR(BEFEHL,5,4)='1111'B THEN /* SPRUNGBEFEHL */
       IF BED THEN
        DO J=1 BY 8 TO 33;        /* LADEN BEFEHLSZAEHLER */
         SUBSTR(BZ,J,8)=HS(OPAD); OPAD= OPAD+1;
         END;
      END;   /* ENDE DER GRUPPE DER LADE-BEFEHLE */
```

```
    ...      /*   ANDERE BEFEHLE HIER NICHT BESCHRIEBEN      */
   END;      /*   ENDE DER BEFEHLSAUSFUEHRUNG                */
  IF EINGRIFF THEN /*  EINGRIFF VON BEDIENTEIL GEFORDERT     */
   DO;
    IF BFEIN='00000000'B THEN /*  KOMMANDO STOPP             */
     STOP='0'B;
    IF BFEIN='00000001'B THEN /*  KOMMANDO START             */
     STOP='1'B;
    ...                       /*  ANDERE KOMMANDOS           */
    END;
/* ES FOLGT DIE BESCHREIBUNG DER VERWENDETEN UNTERPROGRAMME  */
    KBD: PROC (X) DEC FIXED (5);
    /* FUNKTIONSPROZEDUR ZUR BERECHNUNG EINER DEZIMALZAHL    */
    /* AUS DEN FUENF ZEICHENBYTES VON X                      */
     DCL (X,XH) BIT(40), (Y,Z) DEC FIXED (5);
     XH=X;
     DO I=32 BY -4 TO 16; /*  XH NACH RECHTS VERDICHTEN      */
      XH=(4)'0'B || SUBSTR(XH,1,J) || SUBSTR(XH,J+4,36-J);
      END;
     Y=0; Z=1;
     DO I=40 BY -1 TO 21; /*  XH ALS ZAHL IN Y AUFBAUEN      */
      IF SUBSTR(XH,I,1) THEN Y=Y+Z; Z=2*Z;
      END;
     RETURN (Y);
    END KBD;
    KTD: PROC (X) DEC FIXED (5);
     ...
    END KTD;
 BEND; /*  ENDE DER FUNKTIONSBLOCKBESCHREIBUNG FUER RK       */
```

Zum Verständnis der Funktionsprozeduren KBD und KTD ist zu bemerken: Da alle Zustands- und einige Hilfsvariable als Bitketten definiert sind (im Hinblick auf ihre binäre Realisierung), ist eine Umwandlung in eine arithmetische Variable notwendig, wenn die Bitkette als Zahl interpretiert werden soll. Die beiden Prozeduren sind Umwandlungsunterprogramme, die in der Beschreibung mehrfach verwendet werden.

Wie schon erwähnt, sollte nach der exakten Formulierung der Architektur geprüft werden, ob damit die typischen Anwenderprobleme ausreichend gut gelöst werden können. Tafel 7.2 zeigt in mnemonischer Codierung einen Programmausschnitt, der einen Teil des im Bild 7.8 dargestellten Algorithmus realisiert.

Erläuternd ist dazu zu sagen: Die arithmetischen Daten seien von Speicherplatz 0 beginnend gespeichert. Da sie jeweils zehn Bytes benötigen, steht z.B. die Variable R auf Platz 30. Der Zeiger P für die verschieblichen Variablen VA,V,...,G2 sei im Basisregister B1 eingestellt. Das Programmstück selbst soll auf Platz 1000 beginnen. Das Basisregister B2 enthält die Anfangsadresse des Bereichs mit den Sprungadressen. Beispielsweise befinden sich auf den ersten fünf Plätzen dieses Bereichs die Ziffern 01145 (die Zieladresse des ersten Sprungs) usw.

Die Analyse dieses Beispiels zeigt bereits einige Schwächen der Architektur: Der häufig notwendige unbedingte Sprung kann nur umständlich realisiert werden, indem z.B. durch Subtraktion ein negatives Ergebnis erzeugt wird. Günstig wäre auch, die Zeigerrechnung P = P+L direkt im Register auszuführen (Fünf-Byte-Arithmetik mit allen Registern als neue Befehlsgruppe).

Tafel 7.2. Programmausschnitt des Beispielalgorithmus

Wirkung	Befehle	Platz	Wirkung	Befehle	Platz
P = A	LAC(0,0)	1000	P = P+L	LAC(0,20)	1100
	SAC(0,20)	1005		ADD(0,90)	1105
(B1 = P)	LR1(0,25)	1010		SAC(1,20)	1110
VA = V-R	LAC(1,10)	1015	E< P ?	LAC(0,10)	1115
	SUB(0,30)	1020		SUB(0,20)	1120
	SAC (1,0)	1025		SPR(2,5)	1125
V = V+DV	LAC(1,10)	1030	unbedingter Sprung	LAC(0,0)	1130
	ADD(1,20)	1035		SUB(0,10)	1135
	SAC(1,10)	1040		SPR(2,10)	1140
G1< V ?	LAC(1,30)	1045	V < G2 ?	LAC(1,10)	1145
	SUB(1,10)	1050		SUB(1,40)	1150
	SPR(2,0)	1055		SPR(2,15)	1155
G = G1+G1	LAC(1,30)	1060	G = G2+G2	LAC(1,40)	1160
	ADD(1,30)	1065		ADD(1,40)	1165
V = G-V	SUB(1,10)	1070	V = G-V	SUB(1,10)	1170
	SAC(1,10)	1075		SAC(1,10)	1175
DV = -DV	LAC(1,20)	1080	unbedingter Sprung	LAC(0,0)	1180
	SUB(1,20)	1085		SUB(0,10)	1185
	SUB(1,20)	1090		SPR(2,20)	1190
	SAC(1,20)	1095			

7.5. Leistungsbetrachtungen

Für die konkreten Arbeiten zur Innenarchitektur müssen detailliertere Überlegungen zur Leistung angestellt werden, aus denen sich differenzierte Schlußfolgerungen auf Ablauf- und Strukturgestaltung der einzelnen Funktionen ergeben. Im vorliegenden Beispiel reduziert sich die Leistungsbetrachtung auf die Operationsgeschwindigkeit. Im Abschn. 7.3. war bereits eine Operationsgeschwindigkeit von 10 000 Operationen je Sekunde für das noch komplexe Ablaufbeispiel abgeschätzt worden. Aus Tafel 7.2. geht hervor, daß für die komplexeren Operationen des verwendeten Ablaufbeispiels im Mittel drei Befehle angesetzt werden können, so daß RK etwa 30 000 Befehle je Sekunde ausführen muß, d.h., im Mittel darf ein Befehl ungefähr 30 Mikrosekunden dauern.

Da nicht alle Operationen gleich häufig auftreten, ist es vorteilhaft, einen Befehlsmix festzulegen. Dadurch kann für seltenere Befehle (z.B. Multiplikation) eine längere Operationsdauer und damit eine einfachere Lösung mit weniger Aufwand realisiert werden.

Zur Festlegung eines Befehlsmix wird wiederum Tafel 7.2 benutzt. Von den dort aufgeführten 39 Befehlen sind 20 Lade- oder Speicherbefehle, 14 sind arithmetische Befehle und fünf sind Sprungbefehle. Wenn angenommen wird, daß diese Verteilung bei allen Programmen ähnlich ist, wobei zusätzlich noch eine Gruppe sonstige Befehle unterstellt wird, so kann als Befehlsmix angesetzt werden: Lade- und Speicherbefehle 50 %, arithmetische Befehle 35 %, Sprungbefehle 12 %, sonstige Befehle 3 %. (Diese Festlegung entspringt - aus Gründen der Einfachheit - einer statischen Programmanalyse, genaugenommen müßte die Befehlshäufigkeit aus den dynamischen Ablaufverhältnissen des Programms abgeleitet werden.)

Für die weiteren Betrachtungen, die sich mit den konkreten Befehlsabläufen beschäftigen müssen, ist es günstiger, nicht in absoluten Zeiten, sondern in Ablaufschritten, realisiert als Maschinen- (Takt-) Zyklen, zu rechnen. Dazu muß die zeitliche Dauer eines Maschinenzyklus festgelegt werden.

Der Maschinenzyklus richtet sich nach absoluten Zeitforderungen und nach der längsten Schaltungskette, die in einem Ablaufschritt durchgeschaltet werden soll. Ein wichtiger Komplex ist bei diesen Überlegungen der Speicher, der - wenn nur irgend möglich - in einem Zyklus einmal gelesen oder geschrieben werden soll.
Aus den hier geltenden Randbedingungen folgt für den Speicherzyklus: Der Speicher dient sowohl als Operativspeicher für die Befehlsabarbeitung als auch Bildhintergrundspeicher für den Videoteil. Die von ihm zu erbringende Gesamtdatenrate setzt sich demzufolge aus zwei Teilen zusammen.

Je Befehl müssen fünf Befehlsbytes gelesen und im Durchschnitt etwa zehn Operandenbytes gelesen oder geschrieben werden. Bei 30 000 Befehlen je Sekunde sind das etwa 450 000 Bytes, die je Sekunde zu übertragen sind.

Für den Bildaufbau müssen je Sekunde 25 Bilder mit je 625 Zeilen zu 52 Bytes gelesen werden. (Obwohl eine digitale Bildzeile aus zwei Fernsehzeilen besteht, müssen 625 Zeilen gelesen werden, weil nach dem Zeilensprungverfahren nur jede zweite Zeile gelesen wird, so daß die gleiche Information erst im zweiten Halbbild benutzt wird.) Der Bildaufbau erfordert also eine Übertragungsrate von 625 • 25 • 52 = 812 500 Bytes je Sekunde.

Insgesamt sind damit etwa 1,35 Millionen Bytes je Sekunde zu übertragen. Bei einer Aufrufbreite von einem Byte muß demzufolge die Zykluszeit 0,8 µs sein. Damit hat der mittlere Befehl etwa 40 Maschinenzyklen.

Nach dem ermittelten Mix gilt dann für die mittlere Zyklenzahl N_i einer Befehlsgruppe

$$40 = 0{,}5 \cdot N_{L/S} + 0{,}35 \cdot N_A + 0{,}12 \cdot N_{SP} + 0{,}03 \cdot N_{So} \qquad (179)$$

Wenn die algorithmisch einfacheren Lade-, Speicher- und Sprungbefehle mit 20 Zyklen angesetzt werden, so können die arithmetischen und sonstigen Befehle bei durchschnittlich etwa 70 Maschinenzyklen je Befehl liegen.

7.6. Innenarchitektur

Ausgehend von Bild 7.2, welches die Hauptbaugruppen des Systems andeutet, wird aus dem Rechnerkern zunächst der Speicher ausgegliedert, da er von RK und VZ gemeinsam benutzt werden soll. Dabei sollen die Lesezugriffe des Videoteils gegenüber RK höhere Priorität

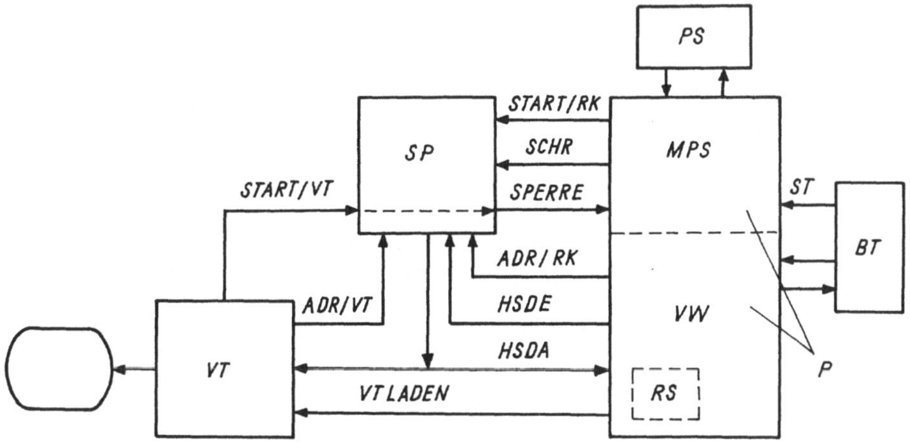

Bild 7.11. Konkretisierung der Systeminnenarchitektur

haben. Dies wird so gelöst, daß das Startsignal von VT gleichzeitig als Sperre für Zugriffe von RK wirkt.

Der Rechnerkern wird in ein Verarbeitungswerk VW und ein Steuerwerk SW unterteilt. VW realisiert die Befehls- und sonstigen Abläufe und enthält zu diesem Zweck entsprechende Register und Verknüpfungsschaltungen. Ein wesentlicher Teil ist dabei die Menge der zehn Basisregister. Sie sollen als spezieller Unterblock RS betrachtet werden.

Das Steuerwerk soll eine Mikroprogrammsteuerung MPS sein. Ihre genaue Spezifikation (Breite des Mikrobefehls, Mikrobefehlsanzahl, Mikroanweisungsentschlüsselung) erfolgt, wenn die Steuerbedürfnisse (Steuersignale, Steuerfolgen) von VW klar sind.

Um den Prozessor befinden sich ein Bedienteil BT und die Peripheriesteuerung PS. Sie sind mit bytebreiten Datenwegen zu VW verbunden; die Steuersignale von SP, BT und PS (nicht dargestellt) werden mit MPS ausgetauscht.

Bild 7.11 zeigt das Ergebnis dieser Überlegungen als Blockstruktur mit im wesentlichen genau bekannten Interfaces.

7.7. Register-Transfer-Struktur

Die Blöcke SP, VT, BT und PS werden nicht weiter betrachtet, lediglich VW und MPS sollen beispielhaft weiter detailliert werden. Die Komplexität der zu realisierenden Abläufe verlangt außer für RS keine weitere Blockstrukturierung, sondern gestattet sofort die Konzeption der auf den Ablaufentwürfen aufbauenden Register-Transfer-Struktur.

Der Ausgangspunkt des RT-Entwurfs ist eine globale, gewissermaßen unstrukturierte RT-Darstellung, wie sie für jedes sequentielle System durch Bild 5.6 gegeben ist. Im Zustandsvektor sind hierbei alle in der Blockfunktion definierten Zustandsvariablen enthalten. Das sind im Fall des Rechnerkerns - die Speicherplätze sind bereits separiert - der Befehlszähler, das Akkumulator-Register und die zehn Basisregister.

Die weitere Detaillierung folgt daraus, daß nicht sämtliche Funktionen in einem Schritt von T auf T+1 realisiert werden, sondern als Ablauf über mehrere Schritte. Das heißt, die Systemfunktion wird zunächst seriell dekomponiert mit zeitlicher Interfacebildung, d.h. Zwischenspeichern der Zwischenvariablen in Registern.

Bild 7.12 zeigt eine erste serielle Zerlegung der Befehlsfunktionen in die Schritte Befehlslesen, Adressenmodifikation, Befehlsausführung. In Klammern sind dazu die jeweils benutzten Rand- oder Zustandsvariablen angegeben. Im Bild 7.13 ist die daraus resultierende Struktur dargestellt. Sie ist durch Einführung eines Zwischenregisters BR, dem Befehlsregister, gekennzeichnet, in dem das Ergebnis des ersten und zweiten Schrittes, d.h. der gelesene und danach modifizierte Befehl eingetragen wird. Die Zustandsvariable B(I) (Basisregister) und AC sind zu einem lokalen Speicher LS zusammengefaßt (AC ist zu RS hinzugenommen), da diese Variablen stets nur für einen Verarbeitungsschritt benötigt werden. Die Zielvariable der Befehlsausführung sind der Speicher, der Lokalspeicher und der Befehlszähler. (Die Datenwege von und zu PS, BT und VT sind weggelassen, weil sie im folgenden nicht mit betrachtet werden. Bei der vollständigen Spezifizierung des Rechnerkerns mit allen Funktionen ließen sie sich in analoger Weise sinnvoll einbinden.)

Aus der Datenwegbreite vom und zum Speicher von einem Byte folgt, daß das Befehlslesen mindestens aus fünf Maschinenzyklen bestehen muß, um einen vollständigen Befehl zu lesen. Der Komplex BL enthält deshalb einen Teil, der den Befehlszähler mit jedem gelesenen Byte um eins erhöht, und einen Demultiplexer, der das gelesene Byte auf das Befehlsregister BR verteilt. Die Befehlsmodifikation BM addiert zum Adreßteil im Befehl den Inhalt eines Basisregisters, ist also im einfachsten Fall ein fünfstelliger Dezimaladdierer.

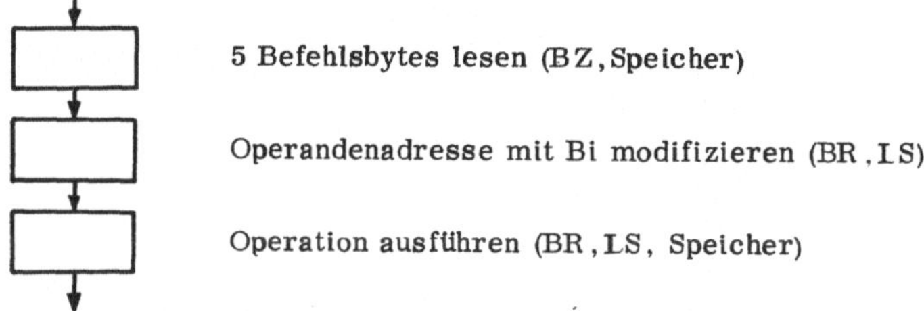

Bild 7.12. Allgemeines Schema der Befehlsausführung

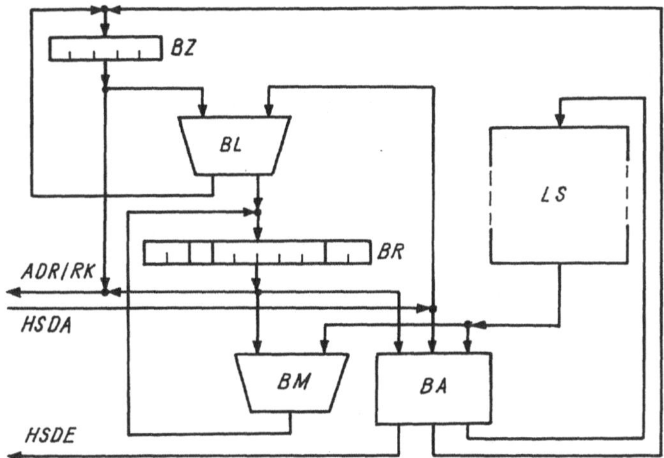

Bild 7.13. RT-Struktur des ersten Dekompositionsschrittes

Der Block BA symbolisiert einen Schaltungskomplex, in dem sämtliche definierten Befehlsfunktionen ausgeführt werden. Er ist als sequentieller Block dargestellt, weil zu erwarten ist, daß er Register zur Speicherung weiterer Zwischenvariablen enthalten wird. Seine genaue Spezifikation ergibt sich aus der Dekomposition der einzelnen Befehlsfunktionen in Ablaufschritte.

Als Beispiel sei der Multiplikationsbefehl betrachtet. Bild 7.14 zeigt eine erste Zerlegung in Teiloperationen. Dabei ist unterstellt, daß die eigentliche Multiplikation in der sog. gepackten Darstellung erfolgt, d.h. eine Ziffer je Tetrade. Vor der Multiplikation muß deshalb jeder Operand von Ziffer je Byte auf Ziffer je Tetrade verdichtet werden (Packen), wobei gleichzeitig Vorzeichen und Kommastellung analysiert werden. Nach der Multiplikation wird wieder auf Ziffer je Byte erweitert (Entpacken) und Ergebnisvorzeichen und Komma eingesetzt.

Die eigentliche Multiplikation soll nach dem Vorbild der schriftlichen Multiplikation aus stellenweise addierten Teilprodukten bestehen, wobei letztere durch wiederholte Addition gebildet werden. Bild 7.15 zeigt das Prinzip anhand der Multiplikation zweier vierstelliger Zahlen. Hierfür werden die vier Zustandsvariablen erster und zweiter Operand OP1 und OP2, Stellenzähler SZ und Faktorzähler FZ benötigt, die in BA als Register realisiert sein müssen. Bild 7.16 zeigt den daraus resultierenden Teilablauf, Bild 7.17 die dafür benötigte Struktur.

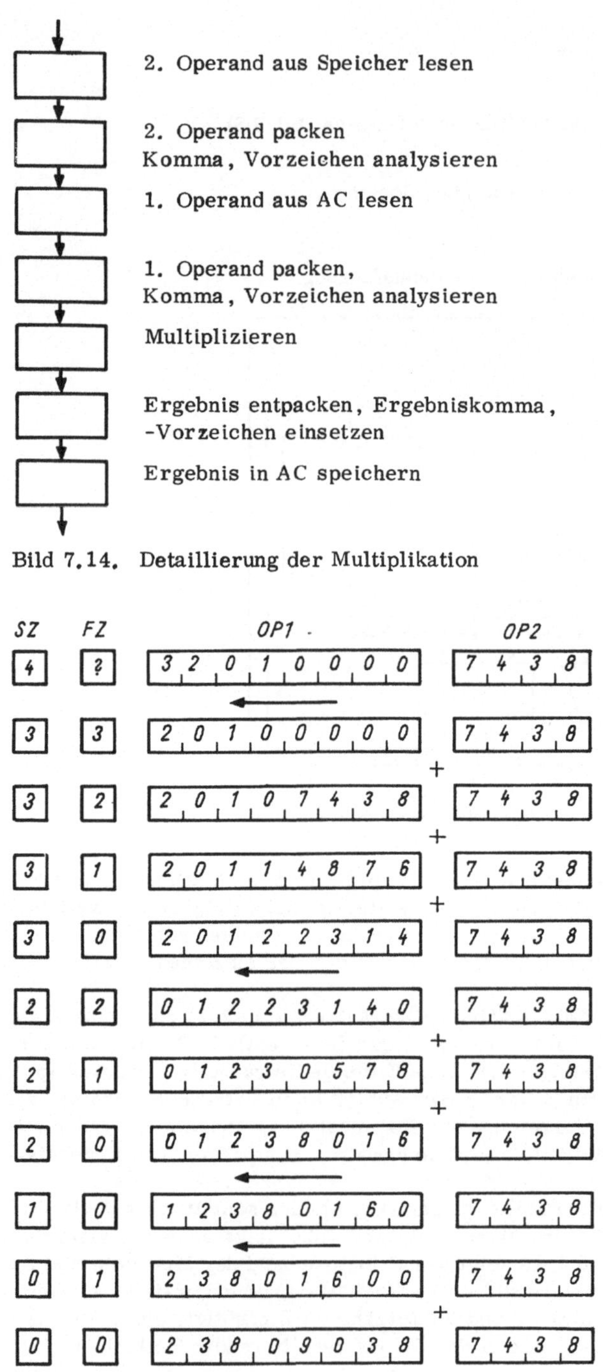

Bild 7.14. Detaillierung der Multiplikation

Bild 7.15. Zahlenbeispiel zum Multiplikationskern

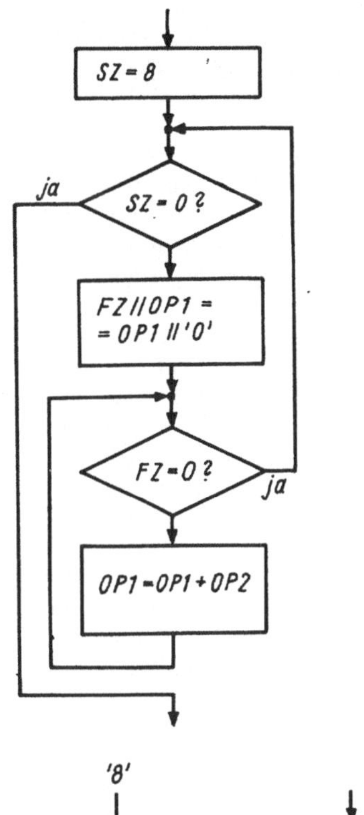

Bild 7.16
Ablaufgraph des Multiplikationskerns

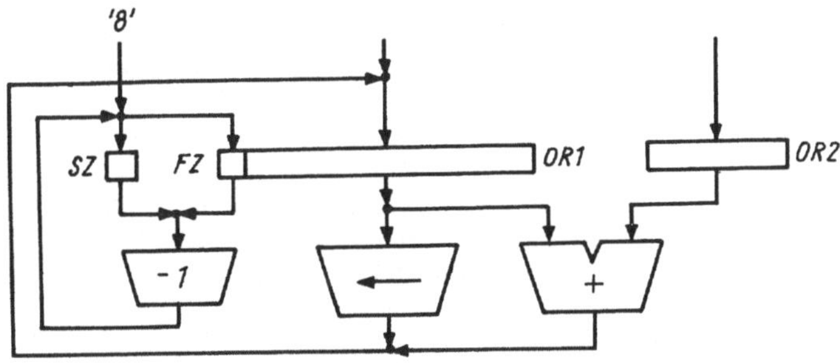

Bild 7.17. RT-Struktur des BA-Blocks für Multiplikation

Die anderen Teiloperationen der Multiplikation (Packen, Entpacken, Vorzeichen-, Kommabehandlung) müssen in ähnlicher Weise verfeinert werden. Das Packen läßt sich z.B. auf der Grundlage der Tetradenrechtsverschiebung realisieren, für das Entpacken wäre eine Linksverschiebung (Symmetrieprinzip!) günstig. Die Verarbeitung der Vorzeichen und Kommas nach den bekannten Regeln zu Ergebnisvorzeichen und -komma erfordert noch einige Register zur Zwischenspeicherung während der eigentlichen Multiplikation. Darauf soll jedoch nicht näher eingegangen werden.

An dieser Stelle ist eine überschlägliche Schätzung angebracht, ob bei dieser Ablaufkonzeption die nach festgelegtem Mix erforderlichen Zyklenzahlen erreicht werden. Falls die Zahl überschritten wird, ist eine Beschleunigung notwendig (breitere Verarbeitung), falls die Operation zu schnell ist, kann eine Verlangsamung mit der Möglichkeit zum Einsparen von Schaltungsaufwand diskutiert werden.

Aus Bild 7.14 bzw. 7.16 entnimmt man etwa folgende grobe Zyklenzahlen für die einzelnen Schritte: 10 Zyklen Lesen des 1. Operanden aus dem Speicher, 20 Zyklen Packen des 1. Operanden, ein Zyklus Lesen des 2. Operanden aus AC und 20 Zyklen Packen, Multiplizieren besteht aus acht Verschiebezyklen und acht Teilproduktbildungen mit durchschnittlich 4,5 Teiladditionen, benötigt also zusammen 52 Zyklen, Entpacken und Speichern des Ergebnisses in AC dauert noch einmal 21 Zyklen.

Die Multiplikation liegt damit bei 130 Zyklen. Das ist akzeptabel, wenn man bedenkt, daß nach Ablaufbeispiel im Bild 7.8 zwischen Multiplikation und Addition bzw. Subtraktion ein Verhältnis von etwa 1 : 6 besteht. Da die Addition bzw. Subtraktion ungefähr 60 Zyklen benötigt, wird damit für die arithmetischen Befehle im Mittel der vorgegebene Zielwert von 70 Zyklen erreicht ($70 = 1/7 \cdot 130 + 6/7 \cdot 60$).

Die im Bild 7.13 dargestellten Werke BL, BM und BA arbeiten im wesentlichen nicht gleichzeitig, was ihre tatsächlich selbständige Realisierung erfordern würde, sondern wegen der seriellen Dekomposition eines Befehls gemäß Bild 7.12 nacheinander. Das heißt, zu jedem Zeitpunkt ist jeweils nur einer dieser Komplexe aktiv, so daß ihre Vereinheitlichung zu einer Struktur, die alle notwendigen Teiloperationen ausführen kann, wünschenswert ist.

Man geht dabei so vor, daß alle Werke mit geringerem Funktionsumfang als das mit den höchsten Anforderungen entsprechend erweitert und danach miteinander vereinigt werden. Im Beispiel bestimmt BA die erforderlichen Teilfunktionen, dargestellt im Bild 7.17, und es muß versucht werden, die Funktionen von BL und BM mit den in BA vorhandenen Mitteln zu realisieren. Dies ist im vorliegenden Fall ziemlich einfach: Die erforderliche Zählung von Befehls- bzw. Operandenadresse wird durch Addition von eins im Addierwerk realisiert und das Aufbauen des byteweise gelesenen Befehls bzw. Operanden durch die in BA vorhandene Verschiebeschaltung.

Das Ergebnis der Zusammenfassung ist im Bild 7.18 dargestellt. Es zeigt eine RT-Struktur, die aus verschiedenen Registern, Netzwerken und Datenwegen besteht. Zunächst sind die bekannten Register BR und BZ vorhanden, weiterhin die für die Multiplikation notwendigen Register SZ, FZ sowie als Rechenregister RR1 und RR2, in OR entstehen die Ergebnisse aller Teiloperationen.

Wesentlich ist, daß für diese Realisierung der Maschinenzyklus als Zwei-Takt-Zyklus mit den Taktphasen T1 und T2 ausgebildet ist, d.h., alle Teiloperationen je Zyklus sind wiederum zweischrittig: Mit T1 werden die jeweiligen Operanden in die entsprechenden Vorregister SZH, FZH, RR1 oder RR2 übernommen, von wo sie in den sich anschließenden Werken verarbeitet und in die jeweiligen Zielregister übertragen werden.

Neben möglichen Einsparungen, z.B. nur ein Zählwerk für SZ und FZ, ist der Hauptgrund für diese Lösung, daß die aus dem Hauptspeicher gelesenen Daten nicht zum selben Zeitpunkt in ein Register eingetragen werden können wie die Adresse, die zum Speicher geschickt wird. Wenn aber je Zyklus ein Speicherzugriff erfolgen soll, so muß im Zyklus ein späterer Zeitpunkt für die Datenübernahme definiert sein, das ist T2. Die Adressen oder Schreibdaten werden mit T1 in RR2 bzw. SUBSTR(RR1,1,8) bereitgestellt, die empfangenen Daten werden im zweiten Halbzyklus mit T2 in SUBSTR(OR,83,8) übernommen.

Weiterhin ist erwähnenswert, daß der Lokalspeicher nicht nur die zehn Basisregister enthält, sondern auch den AC, bestehend aus zwei Plätzen zu je fünf Byte (die Plätze bestimmen sich praktisch aus der zweiten Tetrade des Operationscodes von LAC bzw. LACH) sowie eventuell weitere Hilfsspeicherplätze für andere Zwecke. Der Lokalspeicher befindet sich - faktisch wie der Hauptspeicher - zeitlich zwischen T1 und T2, d.h., die Speicherplatzadresse und Schreibdaten werden mit T1 in RR2 bzw. RR1 bereitgestellt, die gelesenen Daten können mit T2 nach SUBSTR(OR,1,40) bzw. SUBSTR(OR,41,40) übernommen werden.

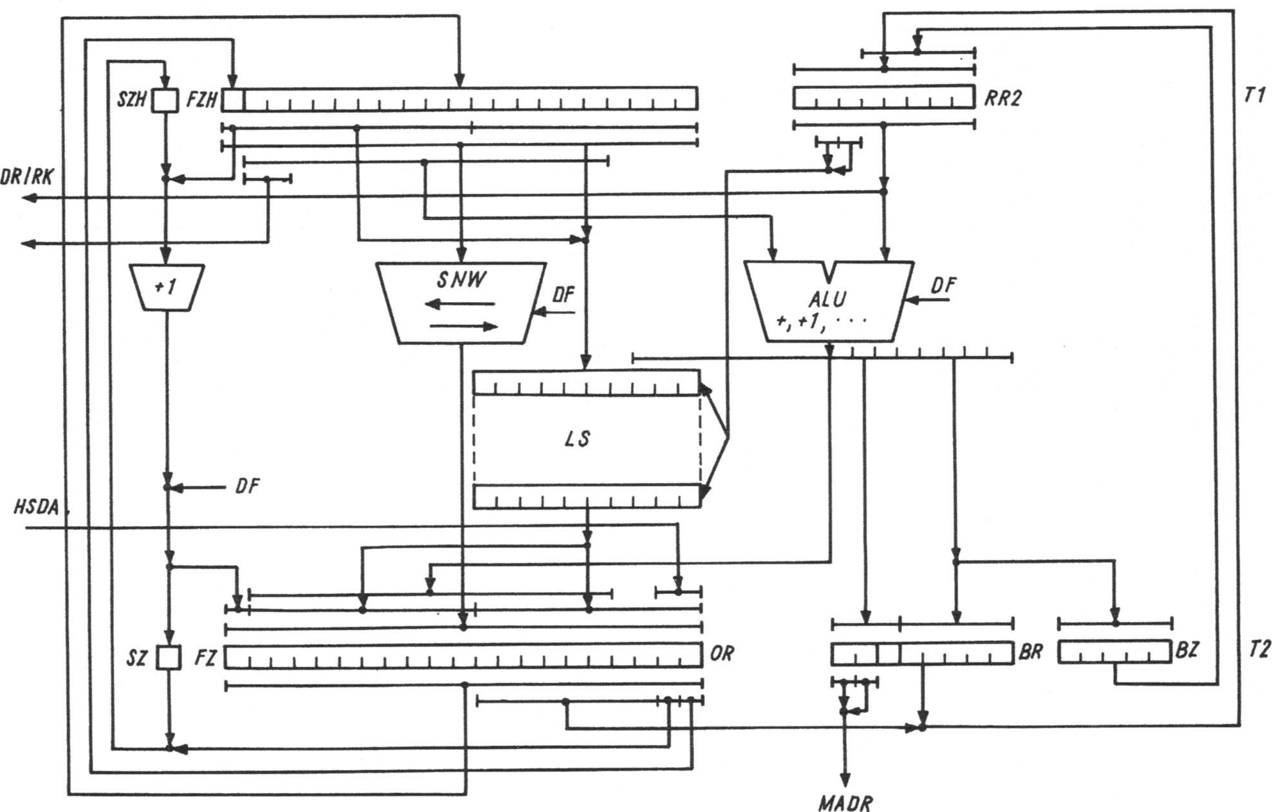

Bild 7.18. Detaillierte RT-Struktur nach Vereinheitlichung der analysierten Ablaufbeispiele

Zum Verständnis der Arbeit in dieser Struktur sind im Bild 7.19 die Teiloperationen Multiplikation und Befehlsaufruf detailliert dargestellt.

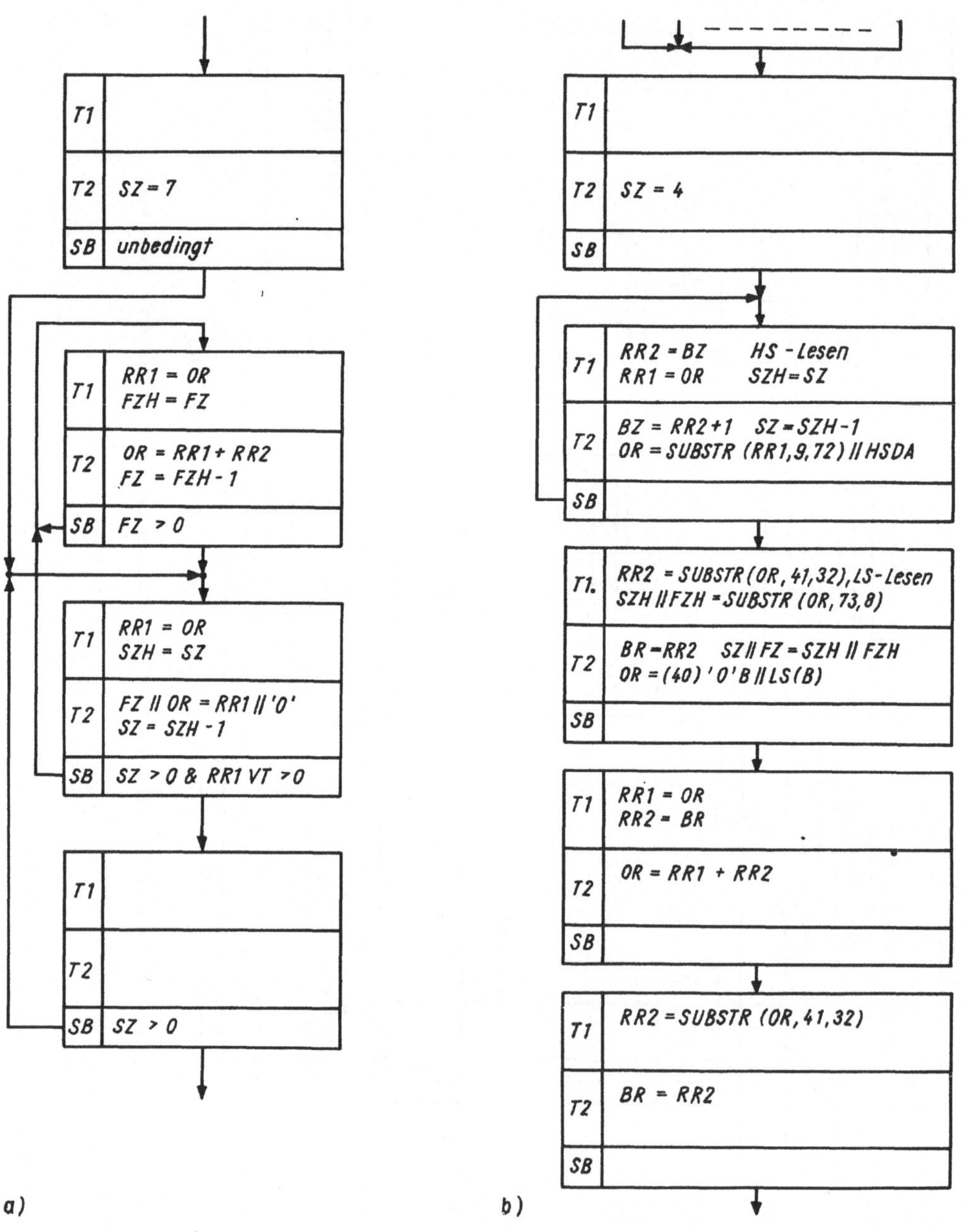

Bild 7.19
Detaillierte Ablaufgraphen für die RT-Struktur von Bild 7.18

Die RT-Struktur ist auch die Basis für eine detailliertere Aufwandsschätzung und eine ins einzelne gehende Planung des Entwicklungsablaufs. Für die Aufwandsschätzung wird aus der RT-Struktur zunächst die Anzahl von Flipflops, Bits in Speicherblöcken und Elementargattern in kombinatorischen Schaltungen ausgezählt bzw. mit Hilfe von Detailentwurfsskizzen geschätzt. Zusammen mit der geplanten Basistechnologie ergeben sich daraus Aufwandszahlen hinsichtlich Schaltkreisen, Baugruppen (Steckeinheiten, Einschüben, Schränken) und Verbindungen. Mit zeitlichen und personellen Randbedingungen ist dies dann wiederum die Grundlage für die exakte Organisation des Entwicklungsprozesses.

7.8. Mikroprogrammsteuerwerk

Der Entwurf des Mikroprogrammsteuerwerks ist ein spezieller Teil des RT-Entwurfs, der aus der RT-Struktur des Verarbeitungswerks abgeleitet wird. Die prinzipielle Gestalt des Mikroprogrammsteuerwerks für das Beispiel ist im Bild 7.20 gezeigt. Es arbeitet parallel zur Verarbeitungsstruktur nach Bild 7.18 und liest mit der Mikrobefehlsadresse aus MAD bereits einen neuen Mikrobefehl nach MB1 aus, währenddem noch aus MB2 die Anweisungen des vorhergehenden Mikrobefehls in VW wirken.

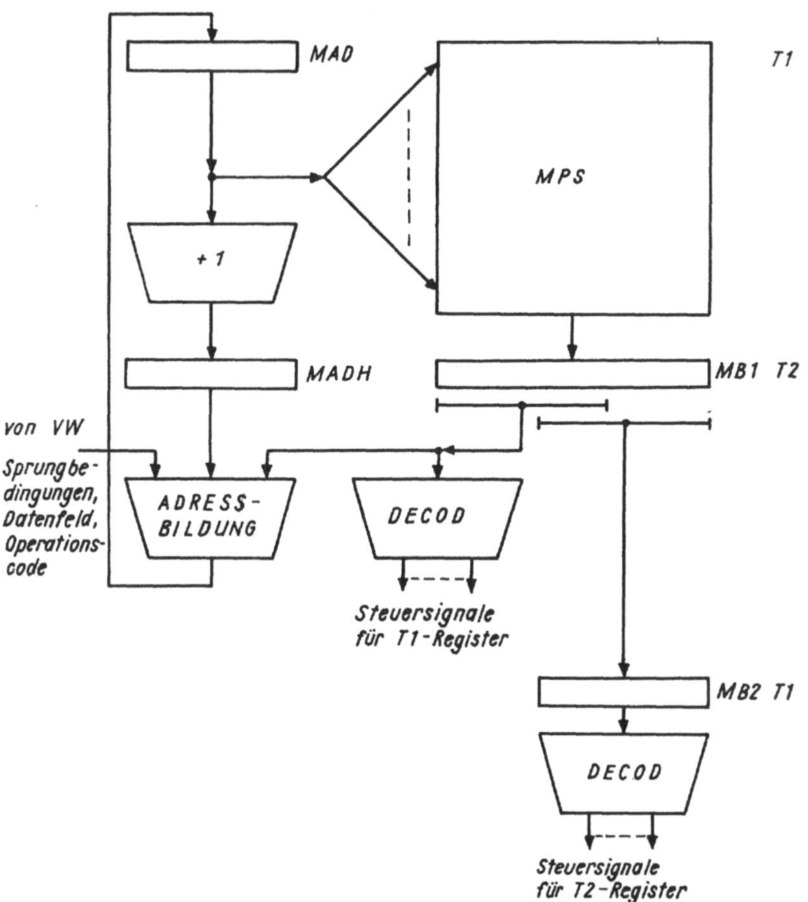

Bild 7.20. RT-Struktur des Mikroprogrammsteuerwerks

Die konkrete Breite der Register MAD bzw. MADH und MB1 bzw. MB2 ist durch die erforderliche Mikrobefehlsanzahl und durch die Anzahl von Mikroanweisungen insgesamt bzw. unabhängig wirkenden Anweisungen je Verarbeitungsschritt bestimmt. Die Mikrobefehlsanzahl muß aus dem geschätzten Bedarf an Mikrobefehlen aller Funktionsabläufe ermittelt werden. Es sei hier - ohne detaillierte Begründung - angenommen, daß insgesamt

2048 Mikrobefehle für die Realisierung aller Funktionen ausreichen, so daß MAD und MADH mit zwölf Bits festgelegt werden können.

Die Breite des Mikrobefehls und seine Strukturierung hinsichtlich der benötigten Steuerwirkungen folgt aus der Analyse der Funktionsabläufe, wie sie beispielsweise im Bild 7.19 dargestellt sind. Eine optimale Festlegung der Mikroanweisungen erfordert, daß alle Funktionsabläufe in der RT-Struktur entworfen und damit alle notwendigen Steuerwirkungen bekannt sind. Dann ist eine Decodierung des Mikrobefehls in Mikroanweisungen möglich, die mit minimaler Mikrobefehlsbreite auskommt.

Der Nachteil dieser Vorgehensweise ist jedoch, daß der Entwurf des Mikroprogrammsteuerwerks erst nach der Fertigstellung aller Abläufe durchgeführt werden kann und daß außerdem die minimale Mikrobefehlsbreite (d.h. maximale Verschlüsselung der Belegung eines Mikrobefehls) i.allg. eine schlechte Flexibilität der Steuerung bei Änderungen oder später hinzukommenden Ergänzungen zur Folge hat.

Deshalb wird die Decodierung des Mikrobefehls meist so festgelegt, daß eine relativ große Selbständigkeit und Unabhängigkeit der Anweisungen erreicht wird. Dabei werden lediglich geschwindigkeitsbestimmende Abläufe in die Betrachtung einbezogen, um für diese optimale Steuerverhältnisse zu bekommen. Weniger kritische Abläufe sind dann meist bei hinreichender Steuerflexibilität ohne Schwierigkeiten zu realisieren. Bild 7.21 zeigt eine mögliche Festlegung der Steuerwirkungen des Mikrobefehls, wie sie für das hier diskutierte Beispiel sinnvoll erscheint. Tafel 7.3 zeigt die Gestalt derjenigen Mikroprogrammstücke bei dieser Decodierung, deren Abläufe im Bild 7.19 dargestellt sind.

Tafel 7.3. Codierung zweier Mikroprogrammstücke

ADR	Gruppencodierung	MB-Inhalt (hexadezimal)
Multiplikationskern:		
410	SA=2,SB=1,DF=7,SF=5	21007A0
411	SA=1,SB=2,ZH=1,R=1,SF=2,OB=1	1260044
412	SA=1,SB=4,ZH=2,R=1,SF=4,OB=4	14A0090
413	SA=2,SB=3	2300000
Befehlsaufruf		
100	SF=5,DF=4	00004A0
101	SA=1,SB=3,ZH=1,R=1,RR=1,SP=4, DF=1,SF=4,OB=6	13AC198
102	ZH=3,RR=2,SP=6,SF=6,OB=3	00D60CC
103	R=1,RR=3,OB=1	0038004
104	RR=2,OB=3	001000C

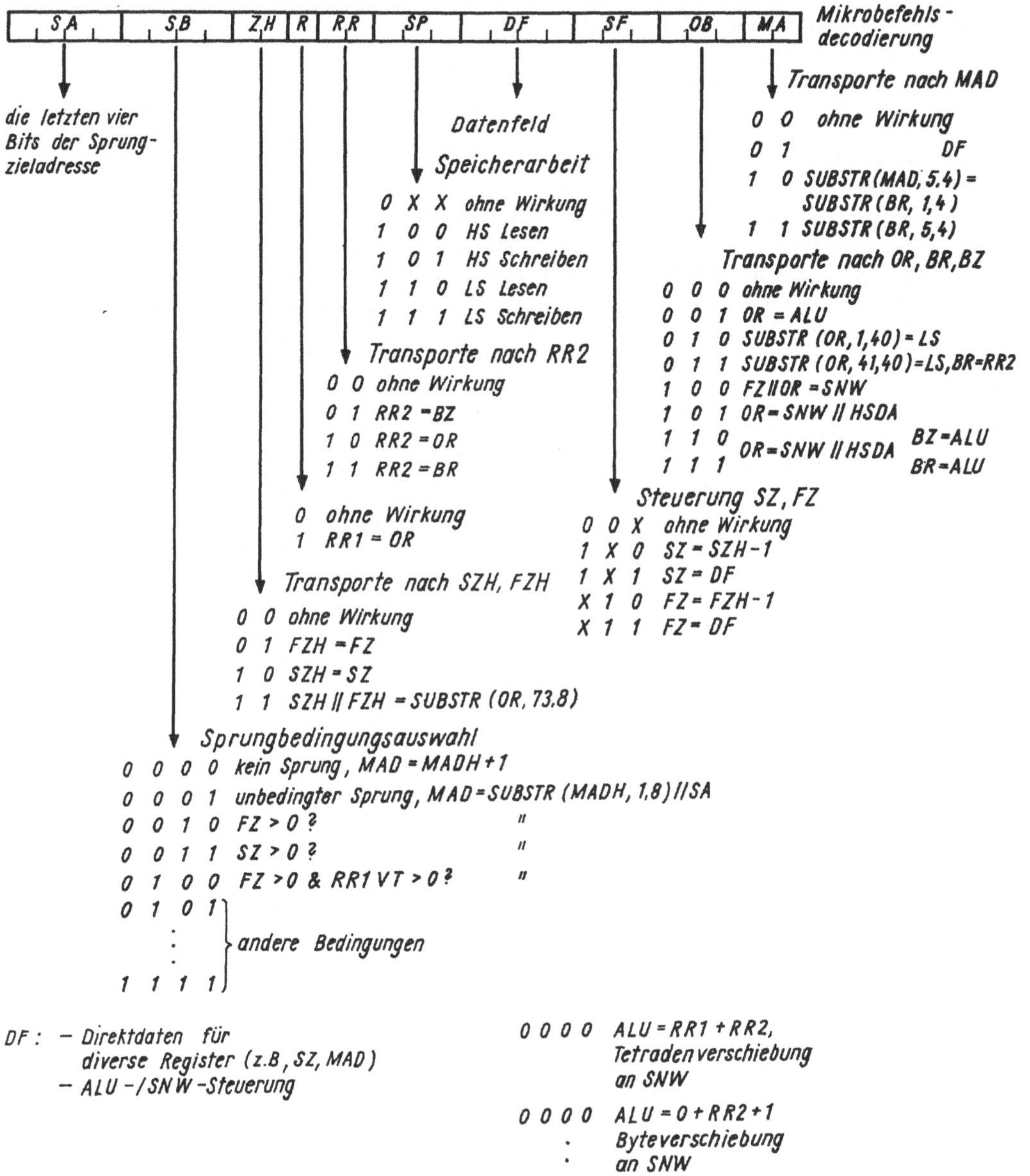

Bild 7.21. Detaillierte Steuerwirkungen des Mikrobefehls

7.9. Abschließende Bemerkungen

Wie schon einleitend zu diesem Abschnitt gesagt wurde, konnte hier kein vollständiger Entwurf bzw. Entwurfsprozeß für dieses schon einigermaßen komplizierte Beispielsystem dargestellt werden. Die Erläuterung konnte sich jeweils nur nach Art einer Ausschnittvergrößerung mit bestimmten Teilen beschäftigen. Dadurch erfüllt die erreichte Entwurfskonkretisierung auch nicht alle Erfordernisse der vorher formulierten Aufgabe. Beispielsweise sind alle Probleme der Kettendatenbefehle nicht näher betrachtet worden, so daß in der RT-Struktur von Bild 7.18 Ergänzungen notwendig wären. Die Darlegungen zeigen aber die prinzipielle Vorgehensweise beim Konkretisieren einer RT-Struktur, so daß jeder Interessent zu Übungszwecken versuchen kann, das vorliegende Entwurfsfragment zu vervollständigen.

Weiterhin konnte nicht auf die in der Praxis große Fülle origineller Detaillösungen mit beschleunigendem oder aufwandssparendem Effekt eingegangen werden. Auch in dieser Beziehung kann dem Leser eine weitere kritische Auseinandersetzung mit den dargelegten Gedanken empfohlen werden.

Schließlich ist zu sagen, daß es der hier gesteckte Rahmen nicht erlaubt, den auf den RT-Entwurf folgenden Schaltungsentwurf ausführlich zu behandeln. Dazu wäre eine zu umfangreiche Diskussion der anzunehmenden technologischen Basis (logische Bauelemente, Trägermaterialien wie Leiterkarten, Einschübe usw. und Verbindungstechnik) erforderlich gewesen, die hier nicht möglich ist. Darauf kann jedoch mit einiger Berechtigung verzichtet werden, da hierzu sowohl auf die vorhandenen Erfahrungen als auch auf die reichlich verfügbare Literatur verwiesen werden kann.

Literaturverzeichnis

[1] Graef, M.: 350 Jahre Rechenmaschinen. München: Carl Hanser Verlag 1973

[2] Höfflinger, B., u.a.: Großintegration, Technologie - Entwurf - Systeme. München/Wien: R. Oldenbourg-Verlag 1978

[3] Kämmerer, W.: Einführung in mathematische Methoden der Kybernetik. Berlin: Akademie-Verlag 1971

[4] Danner, G. M.; Gatermann, H.-G.: Methodischer Entwurf digitaler Funktionsgruppen, Geräte und Anlagen. München/Wien: R. Oldenbourg-Verlag 1978

[5] Starke, P. H.: Abstrakte Automaten. Berlin: Deutscher Verlag der Wissenschaften 1969

[6] Kobrinskij, N. E.; Trachtenbrot, B. A.: Einführung in die Theorie endlicher Automaten. Berlin: Akademie-Verlag 1967

[7] Hartmanis, J.; Stearns, R. E.: Algebraic Structure Theory of Sequential Machines. Englewood-Cliffs: Prentice-Hall 1966

[8] Fey, P.: Informationstheorie. Berlin: Akademie-Verlag 1966

[9] Herschel, R.: Einführung in die Theorie der Automaten, Sprachen und Algorithmen. München/Wien: R. Oldenbourg-Verlag 1974

[10] Trachtenbrot, B. A.: Wieso können Automaten rechnen? Berlin: Deutscher Verlag der Wissenschaften 1966

[11] Autorenkollektiv: Kleine Enzyklopädie Mathematik. Leipzig: Bibliographisches Institut 1968

[12] Caldwell, S. H.: Der logische Entwurf von Schaltkreisen. München/Wien: R. Oldenbourg-Verlag 1964

[13] Pospelov, D. A.: Analyse und Synthese von Schaltsystemen. Berlin: VEB Verlag Technik 1973

[14] Stürz, H.; Cimander, W.: Logischer Entwurf digitaler Schaltungen. Berlin: VEB Verlag Technik 1976

[15] Kämmerer, W.: Digitale Automaten. Berlin: Akademie-Verlag 1969

[16] Zemanek, H.: Zukunft der Informationssysteme. In: Hansen, H. R. (Hrsgb.): Entwicklungstendenzen der Systemanalyse. München/Wien: R. Oldenbourg-Verlag 1978

[17] Isaacson, P.; Juliussen, E.: Window on the 80's. Computer 13 (1980) 1, S. 4-7

[18] Schwarz, W.; Meyer, G.; Eckhard, D.: Mikrorechner - Wirkungsweise, Programmierung, Applikation. Berlin: VEB Verlag Technik 1980

[19] Zemanek, H.: Entwurf und Verantwortung. In: NTG/GI Fachtagung „Systementwurf". München 1978

[20] Gonzales, M. J., Jr.: The Science of Design. Computer 12 (1979) 12, S. 112-117

[21] Rumpf, K.-H.; Pulvers, M.: Transistor-Elektronik. Berlin: VEB Verlag Technik 1973

[22] Hilberg, W.; Piloty, R.: Grundlagen digitaler Schaltungen. München/Wien: R. Oldenbourg-Verlag 1978

[23] Ahlers, H.; Gaskarow, D.; Waldmann, J.: Bauelemente- und Schaltungsentwurf. Berlin: VEB Verlag Technik 1978

[24] Speiser, A. P.: Digitale Rechenanlagen. Berlin: Springer-Verlag 1967

[25] Dotzauer, E.: Grundlagen der Datenverarbeitung, Teil 2. München: Carl Hanser Verlag 1971

[26] Standard RGW 358-76: Rechenmaschinen und Datenverarbeitungssysteme, 8-Bit-Codes.

[27] Liebscher, S.; Nast, H.: Technisches Zeichnen Informations- und Elektrotechnik. Berlin: Verlag Technik 1980

[28] Aiserman, M. A. u.a.: Logik, Automaten, Algorithmen. Berlin: Akademie-Verlag 1967

[29] Szász, G.: Einführung in die Verbandstheorie. Leipzig: B. G. Teubner Verlagsgesellschaft 1962

[30] Asser, G.: Einführung in die mathematische Logik, Teil 1 Aussagenkalkül. Leipzig: B. G. Teubner Verlagsgesellschaft 1965

[31] Klaus, G.: Moderne Logik. Berlin: Deutscher Verlag der Wissenschaften 1964

[32] Bochmann, D.; Posthoff, Ch.: Binäre dynamische Systeme. Berlin: Akademie-Verlag 1981

[33] Mano, M. M.: Computer Logic Design. Englewood Cliffs: Prentice Hall 1972

[34] Bochmann, D.; Roginskij, V. N. (Hrsgb.): Dynamische Prozesse in Automaten. Berlin: VEB Verlag Technik 1977

[35] Kühn, E.; Schmied, H.: Handbuch integrierter Schaltkreise. Berlin: VEB Verlag Technik 1979

[36] Köcher, D.: Einführung in das automatische Testen bestückter Leiterplatten. München: Verlag Markt & Technik 1979

[37] DeMan, H.-J.: Computer-aided Design for Integrates Circuits: Trying to Bridge the Gap. IEEE J. of Solid-State Circuits, SC-14 (1979) 3, S. 613-621

[38] Dahl, O. J.; Dijkstra, E. W.; Hoare, C. A. R.: Structured Programming. New-York: Academic Press 1972

[39] Risack, V.: Methoden der rationellen Programmentwicklung. Leipzig: B. G. Teubner Verlagsgesellschaft 1978

[40] Kopetz, H.: Softwarezuverlässigkeit. Leipzig: B. G. Teubner Verlagsgesellschaft 1977

[41] Baer, J. L.: Computer Systems Architectures. Potomac: Computer Science Press 1980

[42] Mead, C.; Conway, L.: Introduction to VLSI Systems. Menlo Park: Addison-Wesley Publishing Company 1980

[43] Ramamoorthy, C. V.: Connectivity Considerations of Graphs Representing Discrete Systems. IEEE Trans. Electr. Comp., EC-14 (1965) S. 724-727

[44] Reinert, D.: Untersuchung struktureller Probleme diskreter informationsverarbeitender Systeme mit Hilfe eines speziellen Matrixkalküls. EIK 10 (1974) 8/9, S. 495-517

[45] Gröbner, W.: Matrizenrechnung. München: R. Oldenbourg-Verlag 1956

[46] Reinert, D.: Prüftheorie diskreter Systeme. Berlin: VEB Verlag Technik 1979

[47] Wulf, W. A.: Trends in the Design and Implementation of Programming Languages. Computer 13 (1980) 1, S. 14-22

[48] Proc. 14. International Symposium on Computer Hardware Description Languages. New-York: IEEE Computer Society 1979

[49] Petrenko, A. U.; Zurin, O. F.; Kiselev, G. D.: Avtomatizacija proektirovanija zifrovych schem. Kiew: Wisca Skola 1978

[50] Bode, A.; Händler, W.: Rechnerarchitektur - Grundlagen und Verfahren. Berlin: Springer-Verlag 1980

[51] Schmid, D.; Schmitt, T.: Beschreibung einiger Register-Transfer-Sprachen. Elektr. Rechenanl. 21 (1979) 6, S. 269-277

[52] Grund, F.; Issel, W.: PL/I-Programmierung. Berlin: Deutscher Verlag der Wissenschaften 1980

[53] Reinert, D.; Seeger, W.: Ein Sprachkonzept für Entwurf, Dokumentation, Simulation und Testgenerierung diskreter Systeme. Proc. 24. IWK der Technischen Hochschule Ilmenau 1979, S. 45-48

[54] Reinert, D.; Seeger, W.: AS1 - Allgemeine Simulation deterministischer Systeme, Proc. 27. IWK der Technischen Hochschule Ilmenau 1982, S. 153-156

[55] Reinert, D.: Bidirectional Simulation - A New Approach to Test Set Generation. Proc. Int. Conf. FTSD Brno 1981, S. 157-162

[56] Killenberg, H.: Verhaltensbeschreibung von Schaltsystemen mit Hilfe von Programmablaufgraphen. msr 19 (1976) 10, S. 572-578

[57] Oberst, E.; Koegst, M.; Franke, G.: Beschreibung binärer Steuerungen durch Steuergraphen. msr 21 (1978) 10, S. 572-578

[58] Starke, P. H.: Petri-Netze. Berlin: Deutscher Verlag der Wissenschaften 1980

[59] Meyer, G.: Petri-Netze zur Beschreibung von Steuerungsvorgängen. msr 24 (1981) 5, S. 253-255

[60] Wendt, S.: Using Petri-Nets in the Design for Interacting Asynchronous Sequential Circuits. Proc. IFAC Symp. Discrete Systems Dresden 1977, S. 130-138

[61] Keßler, G.: Anwendung der Rechentechnik zur Intensivierung von Forschungs- und Entwicklungsprozessen. rechentechnik/datenverarbeitung 18 (1981) Beiheft 1, S. 2-8

[62] Jevsukov, K. N.; Kolin, K.: Osnovy proektirovanija informacionno-vyczislitel'nych sistem. Moskau: Statistika 1977

[63] Breuer, M. A.: Design Automation of Digital Systems. Englewood Cliffs: Prentice-Hall 1972

[64] Roth, P. J.: Computer Logic, Testung, and Verification. Potomac: Computer Science Press 1980

[65] Golden, R. L.; Latus, P. A.; Lowy, P.: Design Automation and the Programmable Logic Array Macro. IBM J. of Res. and Developm. 24 (1980) 1, S. 23-31

[66] Glushkov, W. M.; Kapitonova, Ju. V.; Leticevskij, A. A.: Avtomatizacia proektirovania vycislitelnych maschin. Kiew: Naukova dumka 1975

[67] Yourdon, E.; Constantine, L.: Structured Design. New York: Yourdon Press 1975

[68] Heilmann, H.; Heilmann, W.: Strukturierte Systemplanung und Systementwicklung. Stuttgart: Forkel-Verlag 1979

[69] Fairly, R.: Modern Software Design Techniques. Proc. Symp. on Computer Software Engieering 1976, S. 11-30

[70] Mills, H. D., u.a.: The Management of Software Engineering. IBM System Journal 19 (1980) 4, S. 414-477

[71] Wirth, N.: Program Development by Stepwise Refinement. CACM 14 (1971) 4, S. 221-227

[72] Fey, P.: Schieberegister und ihre Anwendungen. Nachrichtentechnik 20 (1970) 617, S. 227-230, 274-278

[73] Gössel, M.: Angewandte Automatentheorie. Berlin: Akademie-Verlag 1972

[74] Autorenkollektiv: Digitale Speicher. NTG-Fachberichte, Band 58. Berlin: VDE-Verlag 1977

[75] Hilberg, W.: Elektronische digitale Speicher. München/Wien: R. Oldenbourg-Verlag 1975

[76] Hilberg, W.: Zur Struktur und Kapazität elektronischer digitaler Speicher. Elektron. Rechenanl. 18 (1976) 3, S. 114-122

[77] Kohonen, T.: Associative Memory. Berlin/Heidelberg/New-York: Springer-Verlag 1978

[78] Niedereichholz, J.: Pufferspeicherarchitekturen. Elektron. Rechenanl. 18 (1976) 3, S. 122-127

[79] Motsch, W.: Assoziativspeicher, inhaltsadressierte Speicher, programmierbare Logikmatrizen - Versuch einer begrifflichen Präzisierung. Elektron. Rechenanl. 19 (1977) 6, S. 274-283

[80] Motsch, W.: Integrationsfreundliche Baustein- und Systemorganisation inhaltsadressierbarer Datenspeicher. NTG-Fachberichte, Band 68. Berlin: VDE-Verlag 1979, S. 30-34

[81] Lea, R. M.: A Nand-Gate Implementation für High-Speed Associative Memory. Digital Processes 2 (1976) 1, S. 83-88

[82] Grass, W.: Steuerwerke - Entwurf von Schaltwerken und Festwertspeichern. Berlin: Springer-Verlag 1972

[83] Rauscher, T. G.; Adams, P. M.: Microprogramming: A Tutorial and Survey of Recent Developments. IEEE Trans. Comput. C-29 (1980) 1, S. 2-20

[84] Hoffmann, R.: Rechenwerke und Mikroprogrammierung. München/Wien: R. Oldenbourg-Verlag 1977

[85] Giloi, W. K. (Hrsgb.): Firmwareengineering. Berlin/Heidelberg/New-York: Springer-Verlag 1980

[86] The TTL Data Book for Design Engineers. Dallas: Texas Instruments 1976

[87] Hilberg, W.; Piloty, R. (Hrsgb.): Mikroprozessoren und ihre Anwendungen. München/Wien: R. Oldenbourg-Verlag 1979

[88] Wolfe, C. F.: Bit-Slice Processors Come to Mainframe Design. Electronics 53 (1980) 5, S. 118-123

[89] Bursky, D.: Overview of Programmable Logic and Memory Devices. Proc. Wescow 79, 7/0

[90] Cavlan, N.: Design Flexibility with Programmable Logic. Proc. Wescow 79, 7/2

[91] Gate-Arrays, ihr Konzept und ihre Vorteile. Elektroniker 20 (1981) 4, S. 26-28

[92] Posa, J. G.: Gate Arrays - A Special Report. Electronics 53 (1980) 21, S. 145-158

[93] Blumberg, R. J.; Brenner, S.: A 1500 Gate, Random Logic, LSI Masterslice. IEEE J. of Solid-State Circuits SC-14 (1979) 5, S. 818-822

[94] Capece, R. P.: Tackling the Very-Large-Scale Problems of VLSI: A Special Report. Electronics 51 (1978) 24, S. 111-125

[95] Patterson, D. A.; Siquin, C. H.: Design Consideration of Single-Chip Computer of the Future. IEEE Trans. Comput. C-29 (1980) 2, S. 108-115

[96] Cragon, H. G.: The Elements of Single-Chip Microcomputer Architecture. Computer 13 (1980) 10, S. 27-41

[97] Waller, L.: VLSI Makers Eye Hierarchical Approach. Electronics 53 (1980) 14, S. 56-58

[98] Foster, M. J.; Kung, H. T.: Design of Special-Purpose VLSI-Chips. Computer 13 (1980) 1, S. 26-40

[99] Durniak, A.: VLSI Shakes the Foundations of Computer Architecture. Electronics 52 (1979) 11, S. 111-133

[100] Faggin, F.: VLSI verändert Computer-Strukturen. Elektronik 27 (1978) 12, S. 57-61

[101] Marshall, M.; Waller, L.: VLSI Pushes Super-CAD Techniques. Electronis 53 (1980) 17, S. 73-80

[102] Izuma, D.: The Challenge of Microrprocessor Chip Testing. San Jose: Fairschild Syst. Techn. 1976

[103] Hindin, J. H.: Roundup: Fiber-Optic Links Spezialize. Electronics 54 (1981) 2, S. 149-151

[104] Glaser, W.: Lichtleitertechnik - Eine Einführung. Berlin: VEB Verlag Technik 1981

[105] Eggers, J.: Grundzüge eines geschlossenen CAD-Systems zum Entwurf intergrierter Schaltungen. in: NTG-Fachberichte Band 68. Berlin: VDE-Verlag 1979, S. 68-71

[106] Schulz, A.: Programmentwurf. in: Hansen, H. R.: Entwicklungstendenzen der Systemanalyse. München/Wien: R. Oldenbourg-Verlag 1978

[107] Heilmann, H. (Hrsgb.): 7. Jahrbuch der EDV 1978, Planung und Kontrolle von EDV-Projekten. Stuttgart/Wiesbaden: Forkel-Verlag 1978

[108] Blaauw, G. A.: Computer Architecture. Elektron. Rechenanl. 14 (1972) 4, S. 154-159

[109] Jessen, E.: Architektur digitaler Rechenanlagen. Berlin/Heidelberg/New-York: Springer-Verlag 1975

[110] Iverson, K. E.: A Programming Language. New-York/London/Sydney: J. Wiley & Sons 1962

[111] Falkoff, A. D.; Iverson, K. E.; Suessenguth, E. H.: A Formal Decription of System/360. IBM System Journal 3 (1964) 2, S. 198-258

[112] Bachmann, K.-H.: Die Programmiersprachen PASCAL und ALGOL 68. Berlin: Akademie-Verlag 1976
[113] Barbacci, M. R.: Instruction Set Processor Specifications (ISPS): The Notation and Its Applications. IEEE Trans. Comput. C-30 (1981) 1, S. 24-40
[114] Case, R. P.; Padegs, A.: Architecture of the IBM System 1370. CACM 21 (1978) 1, S. 72-96
[115] Naas, J.; Schmid, H. L.: Mathematisches Wörterbuch. Berlin: Akademie-Verlag, Leipzig: B. G. Teubner-Verlagsgesellschaft (1961)
[116] Wolf, F.; Schmitt, A.: Modelle lernender Automaten. elektronische datenverarbeitung (1966) Beiheft 8
[117] Zypkin, J. A.: Grundlagen der Theorie lernender Systeme. Berlin: VEB Verlag Technik 1972
[118] Lipovski, G. J.; Keith, L. D.: Developments and Directions in Computer Architecture. Computer 11 (1978) 8, S. 54-67
[119] Polze, Ch.: Betriebssysteme digitaler Rechenanlagen. Berlin: Verlag Die Wirtschaft 1981
[120] Marsan, M. A.; Gerla, M.: Markov Models for Multiple Bus Multiprocessor Systems. IEEE Trans. Comput. C-31 (1982) 3, S. 239-248
[121] Schnupp, P.: Rechnernetze - Entwurf und Realisierung. Berlin/New-York: W. de Gruyter 1978
[122] Special Issue on Interconnection Networks for Parallel and Distributed Processing. IEEE Trans. Comput. C-30 (1981) 4
[123] Gerlach, J.: Rechnergestützte Prozesse im logischen Entwurf von Rechnersystemen. rechentechnik/datenverarbeitung 18 (1981) Beiheft 1, S. 8-12
[124] Baitinger, U. G.: Mikroprogrammierung - eine Methode zur Implementierung von Systemarchitekturen. IBM-Nachrichten 29 (1979)
[125] Scheffler, G.; Leimert, W.: Automatisierung technisch-konstruktiver Entwurfsarbeiten von Rechnern. rechentechnik/datenverarbeitung 18 (1981) Beiheft 1, S. 13-17
[126] Klix, F., u.a. (Hrsgb.): Mathematische Modellbildung in Naturwissenschaft und Technik. Berlin: Akademie-Verlag 1976
[127] Peschel, M.: Modellbildung für Signale und Systeme. Berlin: VEB Verlag Technik 1978
[128] Gordon, G.: Systemsimulation. München/Wien: R. Oldenbourg-Verlag 1972
[129] Bauknecht, K.; Kohlas, J.; Zahnder, C. A.: Simulationstechnik. Berlin-Heidelberg/New-York: Springer-Verlag 1976
[130] Frank, M.; Lorenz, P.: Simulation diskreter Prozesse. Leipzig: Fachbuchverlag 1979
[131] Ruehli, A. E.: Survey of Analysis, Simulation and Modeling for Large Scale Logic Circuits. Proc. 18. Design Automation Conference 1981
[132] Londendorfer, B.; Schneider, D.: Revolution, not Evolution, Required for Digital Simulators. Proc. IEEE Test Conference 1980, S. 377
[133] Möschwitzer, A.; Jorke, G.: Mikroelektronische Schaltkreise. Berlin: VEB Verlag Technik 1979
[134] Szygenda, S. A.; Thompson, E. W.: Digital Logic Simulation in a Time-Based, Table-Driven Environment. Computer 8 (1975) 3, S. 23-36
[135] Armstrong, J. R.; Woodruff, G. W.: Chip-Level Simulation of Microprocessors. Computer 13 (1980) 1, S. 94-100
[136] Newton, A. R.: Techniques for the Simulation of LSI-Circuits. IEEE Trans. Circuits and Systems CAS-26 (1979) 9, S. 741-749
[137] Szygenda, S. A.: TEGAS 2 - Anatomy of a General Purpose Test Generation and Simulation System for Digital Logic. Proc. ACM Design Automation Workshop (1972), S. 116-127
[138] Vogel, A. T.; Rammig, F. J.: Ein Simulator digitaler Schaltwerke SIMAL. Digital Processes 2 (1976) 2, S. 119-141
[139] Szygenda, S. A.; Thompson, E.: Modeling and Digital Simulation for Design Verification and Diagnosis. IEEE Trans. Comp. C-25 (1976) 12, S. 1242-1251

[140] Görke, W. (Hrsgb.): Zuverlässigkeit von Rechensystemen. München/Wien: R. Oldenbourg-Verlag 1979

[141] Geisselhardt, W.: Fehlerdiagnose in Geräten der Digitaltechnik. München/ Wien: Carl Hanser-Verlag 1978

[142] Dal Cin, M.: Fehlertolerante Systeme. Stuttgart: B. G. Teubner Verlagsgesellschaft 1979

[143] Siewiorek, D. P.; Swarz, R. S.: The Theory and Practice of Reliable System Design. Bedford: Digital Press 1982

[144] Avizienis, A.: Fault Tolerant Computing - Progress, Problems, and Prospects. Proc. IFIP Congress (1977), S. 405-420

[145] Muehldorf, E. I.; Savkar, A. D.: LSI Logic Testing - An Overview. IEEE Trans. Comp. C-30 (1981) 1, S. 1-17

[146] Hlavicka, J.; Kottek, E.: Faultmodel for TTL Circuits. Digital Processes 2 (1974) 3, S. 169-180

[147] Nickel, V. V.: The Inadequacy of the Stuck-at-Fault-Model. Proc. Test Conf. (1980), S. 378-383

[148] Peterson, W. W.: Prüfbare und korrigierbare Codes. München: R. Oldenbourg-Verlag 1967

[149] Reinert, D.: Eignung systematischer Codes zur Fehlerkontrolle in beliebigen binären Parallelnetzwerken. Nachrichtentechnik/Elektronik 23 (1973) 1, S. 13-16

[150] Sellers, F. F.: Error-Detecting Logic for Digital Computers. New-York/ Toronto/London: McGraw Hill Book Company 1968

[151] Smith, J. E.; Metze, G.: Strongly Fault Secure Logic Networks. IEEE Trans. Comp. C-27 (1978) 6, S. 491-499

[152] Anderson, D. A.; Metze, G.: Design of Totally Self-Checking Circuits for m-out-of-n-Codes. IEEE Trans. Comp. C-22 (1977) 8, S. 737-744

[153] Ashjaee, M. J.; Reddy, S. M.: On Totally Self-Checking Checkers for Separable Codes. IEEE Trans. Comp. C-26 (1977) 8, S. 737-744

[154] Hermann, L., u.a.: Rechnergestützte Diagnoseverfahren für digitale Schaltungen. Nachrichtentechnik/Elektronik 30 (1980) 8, S. 317-326

[155] Huston, R.: Microprocessor Testing: A Testing Turnaround-Smart Diet Runs the Tester. In: San Jose: Fairschild Syste. Techn. 1976, S. 16-25

[156] Roth, J. P.: Diagnosis of Automata Failures: A Calculus and a Method. IBM J. Res. and Developm. 10 (1966) 4, S. 278-291

[157] Muth, P.: Erstellen von Fehlererkennungsexperimenten für Schaltnetze und Schaltwerke unter Verwendung eines neunwertigen Schaltungsmodells. In: NTG-Fachberichte, Band 49. Berlin: VDE-Verlag 1974, S. 175-183

[158] Akers, S.B.: A Logic System for Fault Test Generation. IEEE Trans. Comp. C-25 (1976) 6, S. 620-629

[159] Sziray, J.: Test Calculation for Logic Networks by Composite Justification. Digital Processes 5 (1979) 1/2, S. 3-15

[160] Bennets, R. G., u.a.: A Modular Approach to Test Sequence Generation for Large Digital Networks. Digital Processes 1 (1975) 1, S. 3-24

[161] Chiang, A. C. L.; McCaskill, R.: Two New Approaches Simplify Testing of Microprocessors. Electronics 22 (1976) 1, S. 100-105

[162] Barraclough, W.; Chiang, A. C. L.; Sohl, W.: Techniques for Testing the Microprocessor Family. Proc. IEEE 64 (1976) 6, S. 943-950

[163] Autorenkollektiv: Funktionsprinzipien des ESER, Reihe 2. Berlin: Verlag Die Wirtschaft 1979

[164] Srini, V. P.: Fault Diagnosis of Microprocessor Systems. Computer 10 (1977) 1, S. 60-65

[165] Ramamoorthy, C. V.; Chang, L. C.: System Modeling and Testing Procedures for Microdiagnostics. IEEE Trans. Comp. C-21 (1972) 11, S. 1169-1183

[166] Ramamoorthy, C. V.: Testing Large Software with Automated Software Evaluated System. IEEE Trans. Softw. Engin. SE-1 (1975) 1, S. 46-58

[167] Howden, W. E.: Methodology for the Generation of Test Data. IEEE Trans. Comp. C-24 (1975) 5, S. 554-559

[168] Persch, G.; Winterstein, G.: Testdatengenerierungssystem für PASCAL-Programme. In: Wippermann, H.-W. (Hrsgb.): PASCAL. Carl Hanser-Verlag 1978, München/Wien
[169] Thatte, S. M.; Abraham, J. A.: Test Generation for Microprocessors. IEEE Trans. Comput. C-29 (1980) 6, S. 429-441
[170] Schnurmann, H. D.; Lindbloom, E.; Carpenter, R. G.: The Weighted Random Test-Pattern Generator. IEEE Trans. Comput. C-24 (1975) 7, S. 695-700
[171] Rada, J.: Adaptive Random Test Generator. Proc. 4. FTSD-Conference (1981) Brno, S. 123-127
[172] Breuer, M. A.; Friedman, A.D.: Functinonal Level Primitives in Test Generation. IEEE Trans. Comp. C-29 (1980) 3, S. 223-235
[173] Fischer, D.: Praktische und meßtechnische Aspekte der Zuverlässigkeit von Halbleiterspeichern. Stuttgart: Mitteilung aus dem Forschungszentrum der SEL AG
[174] Autorenkollektiv: Soft Error Testing. Proc. IEEE Test Conf. (1980), S. 137-150
[175] Hentz, M.: An Advanced Pattern Generator for Memory Testing. Proc. IEEE Test Conf. (1980), S. 45-49
[176] Nickel, V. V.; Rosenberg, P. A.: An Innovative Interactive System to Generate Testware. Proc. IEEE Test Conf. (1980), S. 321-325
[177] David, R.: Testing by Feedback Shift Registers. IEEE Trans. Comput. C-29 (1980) 7, S. 668-673
[178] Frohwerk, R. A.: Signature Analysis: A New Digital Field Service Method. Hewlett Packard Journal 28 (1977) 5, S. 2-8
[179] Voelkel, L.: Fehlerdiagnose durch Kennzeichenauswertung. Nachrichtentechnik/Elektronik 31 (1981) 4, S. 139-142
[180] Thompson, E. W.: Simulation - A Tool in an Integrated Testing Environment. Proc. IEEE Test Conf. (1980), S. 7-12
[181] Menon., P.P.; Chappell, S. G.: Deductive Fault Simulation with Functional Blocks. IEEE Trans. Comput. C-27 (1978) 8, S. 689-695
[182] Henckels, L. P.; Brown, K. M.; Lo, C.: Functional Level Concurrent Fault Simulation. Proc. IEEE Test Conf. (1980), S. 479-487
[183] Graf, S.; Reinert, D.: Verfahren und Anordnung zur Fehlersuche in getaktet arbeitenden digitalen elektronischen Geräten. Patentanmeldung 1981
[184] Ball, M.; Hardie, F. H.: IBM Proposes Triple Redundant Aerospace Computer. Comp. Design 6 (1967) 11, S. 34-38
[185] Hecht, H.: Figure of Merit for Fault-Tolerant Space Computers. IEEE Trans. Comput. C-22 (1973) 3, S. 246-251
[186] Schwertfeger, H.-J.: Fehlererkennung und Fehlerkorrektur durch systematische Codes unter Anwendung von Erzeuger- und Kontrollmatrix. Nachrichtentechnik 21 (1971) 3, S. 81-87
[187] Ramamoorthy, C. V.; Mayeda, W.: Computer Diagnosis Using the Blocking Gate Approach. IEEE Trans. Comput. C-20 (1971) 11, S. 1294-1299
[188] Ramamoorthy, C. V.; Chang, L. C.: System Modeling and Testing Procedures for Microdiagnostics. IEEE Trans. Comput. C-21 (1972) 11, S. 1169-1183
[189] Könemann, B.; Mucha, J.; Zwiechoff, G.: Signaturregister für selbsttestende IC's. NTG.Fachberichte, Band 68. Berlin: VDE-Verlag 1979, S. 109-112
[190] Parker, K. P.: Compact Testing: Testing with Compressed Data. Proc. Int. Symp. Fault-Tolerant-Computing (1976), S. 93-98
[191] Berglund, N. L.: Level-Sensitive Scan Design (LSSD) Tests Chips, Boards, Systems. Electronics 52 (1979) 6, S. 108-110
[192] Fox, J. R.: Test-Point Condensation in the Diagnosis of Digital Circuits. Proc. IEEE 65 (1977) 2, S. 89-94
[193] Blunden, D. F.; Bloyce, A. H.; Lawson, D. J.: Some Aspects of Testing Logic Circuits. Digital Processes 1 (1975) 2, S. 171-176
[194] Williams, T. W.; Parker, K.P.: Testing Logic Networks and Designing for Testability. Computer 12 (1979) 10, S. 9-22

[195] Clary, J. B.; Sacane, P. A.: Self-Testing Computers. Computer 12 (1979) 10, S. 49-59

[196] Bennetts, R. G.: A Review of Fault-Tolerance and its Application to Digital Systems Containing VLSI Components. Proc. FTSD-Conference Brno (1979), S. 1-12

[197] Hedtke, R.: Fehlertolerierende Methoden zur Kostensenkung bei der Herstellung hochintegrierter Halbleiterspeicher. NTG-Fachberichte, Band 68. Berlin: VDE-Verlag 1979, S. 35-38

[198] Auth, W.: Prüfstrukturen auf hochintegrierten LSI-Schaltkreisen. Ebenda, S. 189-192

Sachwörterverzeichnis